21世纪高等学校规划教材｜电子信息

EDA技术及应用

（第2版）

朱正伟　王其红　韩学超　编著

U0384140

清华大学出版社

北　京

内容简介

本教材在编写时突破传统课程体系的制约，对课程体系等进行综合改革，融入了本领域最新的科研与教学改革成果，确保课程的系统性与先进性，使之能更好地适应 21 世纪人才培养模式的需要。教材的主要特点有：①创新性。本教材突破传统的 VHDL 语言教学模式和流程，将普遍认为较难学习的 VHDL 用全新的教学理念和编排方式给出，并与 EDA 工程技术有机结合，达到了良好的教学效果，同时大大缩短了授课时数。全书以数字电路设计为基点，从实例的介绍中引出 VHDL 语句语法内容，通过一些简单、直观、典型的实例，将 VHDL 中最核心、最基本的内容解释清楚，使读者在很短的时间内就能有效地把握 VHDL 的主干内容，并付诸设计实践。②系统性。本教材内容全面，注重基础，理论联系实际，并使用大量图表说明问题，编写简明精练、针对性强，设计实例都通过了编译，设计文件和参数选择都经过验证，便于读者对内容的理解和掌握。③实用性。本教材注重实用、讲述清楚、由浅入深，书中的实例具有很高的参考价值和实用价值，能够使读者掌握较多的实战技能和经验。它既可作为高等院校电气、自动化、计算机、通信、电子类专业的研究生、本科生的教材或参考书，也可供广大 ASIC 设计人员和电子电路设计人员阅读参考。

图书在版编目(CIP)数据

EDA 技术及应用/朱正伟等编著. —2 版. —北京：清华大学出版社，2013.3(2020.12 重印)
 (21 世纪高等学校规划教材·电子信息)
 ISBN 978-7-302-31260-4

Ⅰ. ①E… Ⅱ. ①朱… Ⅲ. ①电子电路—电路设计—计算机辅助设计 Ⅳ. ①TM702

中国版本图书馆 CIP 数据核字(2013)第 001662 号

责任编辑：魏江江　薛　阳
封面设计：傅瑞学
责任校对：梁　毅
责任印制：吴佳雯

出版发行：清华大学出版社
　　　　网　　址：http://www.tup.com.cn，http://www.wqbook.com
　　　　地　　址：北京清华大学学研大厦 A 座　　　　　　邮　　编：100084
　　　　社 总 机：010-62770175　　　　　　　　　　　　邮　　购：010-83470235
　　　　投稿与读者服务：010-62776969，c-service@tup.tsinghua.edu.cn
　　　　质量反馈：010-62772015，zhiliang@tup.tsinghua.edu.cn
　　　　课件下载：http://www.tup.com.cn，010-83470236
印 装 者：北京嘉实印刷有限公司
经　　销：全国新华书店
开　　本：185mm×260mm　　　印　　张：23.75　　　字　　数：589 千字
版　　次：2005 年 10 月第 1 版　　2013 年 3 月第 2 版　　印　　次：2020 年 12 月第 9 次印刷
印　　数：16501～18000
定　　价：39.50 元

产品编号：039158-01

编审委员会成员

出版说明

随着我国改革开放的进一步深化,高等教育也得到了快速发展,各地高校紧密结合地方经济建设发展需要,科学运用市场调节机制,加大了使用信息科学等现代科学技术提升、改造传统学科专业的投入力度,通过教育改革合理调整和配置了教育资源,优化了传统学科专业,积极为地方经济建设输送人才,为我国经济社会的快速、健康和可持续发展以及高等教育自身的改革发展做出了巨大贡献。但是,高等教育质量还需要进一步提高以适应经济社会发展的需要,不少高校的专业设置和结构不尽合理,教师队伍整体素质亟待提高,人才培养模式、教学内容和方法需要进一步转变,学生的实践能力和创新精神亟待加强。

教育部一直十分重视高等教育质量工作。2007 年 1 月,教育部下发了《关于实施高等学校本科教学质量与教学改革工程的意见》,计划实施"高等学校本科教学质量与教学改革工程"(简称"质量工程"),通过专业结构调整、课程教材建设、实践教学改革、教学团队建设等多项内容,进一步深化高等学校教学改革,提高人才培养的能力和水平,更好地满足经济社会发展对高素质人才的需要。在贯彻和落实教育部"质量工程"的过程中,各地高校发挥师资力量强、办学经验丰富、教学资源充裕等优势,对其特色专业及特色课程(群)加以规划、整理和总结,更新教学内容、改革课程体系,建设了一大批内容新、体系新、方法新、手段新的特色课程。在此基础上,经教育部相关教学指导委员会专家的指导和建议,清华大学出版社在多个领域精选各高校的特色课程,分别规划出版系列教材,以配合"质量工程"的实施,满足各高校教学质量和教学改革的需要。

为了深入贯彻落实教育部《关于加强高等学校本科教学工作,提高教学质量的若干意见》精神,紧密配合教育部已经启动的"高等学校教学质量与教学改革工程精品课程建设工作",在有关专家、教授的倡议和有关部门的大力支持下,我们组织并成立了"清华大学出版社教材编审委员会"(以下简称"编委会"),旨在配合教育部制定精品课程教材的出版规划,讨论并实施精品课程教材的编写与出版工作。"编委会"成员皆来自全国各类高等学校教学与科研第一线的骨干教师,其中许多教师为各校相关院、系主管教学的院长或系主任。

按照教育部的要求,"编委会"一致认为,精品课程的建设工作从开始就要坚持高标准、严要求,处于一个比较高的起点上。精品课程教材应该能够反映各高校教学改革与课程建设的需要,要有特色风格、有创新性(新体系、新内容、新手段、新思路,教材的内容体系有较高的科学创新、技术创新和理念创新的含量)、先进性(对原有的学科体系有实质性的改革和发展,顺应并符合 21 世纪教学发展的规律,代表并引领课程发展的趋势和方向)、示范性(教材所体现的课程体系具有较广泛的辐射性和示范性)和一定的前瞻性。教材由个人申报或各校推荐(通过所在高校的"编委会"成员推荐),经"编委会"认真评审,最后由清华大学出版社审定出版。

目前,针对计算机类和电子信息类相关专业成立了两个"编委会",即"清华大学出版社计算机教材编审委员会"和"清华大学出版社电子信息教材编审委员会"。推出的特色精品教材包括:

(1) 21世纪高等学校规划教材·计算机应用——高等学校各类专业,特别是非计算机专业的计算机应用类教材。

(2) 21世纪高等学校规划教材·计算机科学与技术——高等学校计算机相关专业的教材。

(3) 21世纪高等学校规划教材·电子信息——高等学校电子信息相关专业的教材。

(4) 21世纪高等学校规划教材·软件工程——高等学校软件工程相关专业的教材。

(5) 21世纪高等学校规划教材·信息管理与信息系统。

(6) 21世纪高等学校规划教材·财经管理与应用。

(7) 21世纪高等学校规划教材·电子商务。

(8) 21世纪高等学校规划教材·物联网。

清华大学出版社经过三十多年的努力,在教材尤其是计算机和电子信息类专业教材出版方面树立了权威品牌,为我国的高等教育事业做出了重要贡献。清华版教材形成了技术准确、内容严谨的独特风格,这种风格将延续并反映在特色精品教材的建设中。

清华大学出版社教材编审委员会
联系人:魏江江
E-mail:weijj@tup.tsinghua.edu.cn

前 言

　　EDA(Electronic Design Automation,电子设计自动化)技术是现代电子工程领域的一门新技术,它提供了基于计算机和信息技术的电路系统设计方法。EDA 技术的发展和推广应用极大地推动了电子工业的发展。随着 EDA 技术的发展,硬件电子电路的设计几乎全部可以依靠计算机来完成,这样就大大缩短了硬件电子电路设计的周期,从而使制造商可以迅速开发出品种多、批量小的产品,以满足市场的需求。EDA 教学和产业界的技术推广是当今世界的一个技术热点,EDA 技术是现代电子工业中不可缺少的一项技术。

　　本书在《EDA 技术及应用》(清华大学出版社,2005 年)的基础上,根据 EDA 技术的发展,对原书内容总结提高、修改增删而成。教材修订时主要做了如下改进工作:①改写了第1 章和第 2 章的大部分内容,介绍了 EDA 技术的最新发展趋势,增加了一些工程应用方面的知识的介绍。②考虑到 EDA 工具软件的发展,专门增加了第 7 章,通过实例介绍了Quartus Ⅱ 9.0 的应用方法,但考虑到部分教学单位可能仍然使用 MAX+plus Ⅱ,因此MAX+plus Ⅱ工具软件的介绍仍然保留。③考虑到 EDA 技术在通信领域的广泛应用,在实例介绍时增加 EDA 技术在通信系统中的应用例子。④重新整理并增删了部分章节所附的习题,帮助学生加深对课程内容的理解,以使学生在深入掌握课程内容的基础上扩展知识。

　　本书共分 8 章,第 1 章对 EDA 技术作了综述,解释了有关概念;第 2 章介绍 PLD 器件的发展、分类,CPLD/FPGA 器件的结构及特点,以及设计流程等;第 3 章介绍了原理图输入设计方法;第 4 章通过几个典型的实例介绍了 VHDL 设计方法;第 5 章进一步描述了VHDL 语法结构及编程方法;第 6 章介绍了状态机设计方法;第 7 章通过实例详细介绍了基于 Quartus Ⅱ 9.0 的输入设计流程,包括设计输入、综合、适配、仿真测试和编程下载等方法;第 8 章通过 12 个数字系统设计实践,进一步介绍了用 EDA 技术来设计大型复杂数字逻辑电路的方法。本书的所有实例都经过上机调试,许多实例给出了仿真波形,希望对读者在学习过程中能够有所帮助。

　　本书在编写过程中,引用了诸多学者、专家的著作和论文中的研究成果,在这里向他们表示衷心的感谢。清华大学出版社的同志也为本书的出版付出了艰辛的劳动,在此一并表示深深的敬意和感谢。

　　本书由朱正伟教授主编,并编写第 3~5 章及第 8 章部分内容,副主编王其红教授编写了第 1 章、第 2 章及第 8 章部分内容,副主编韩学超老师编写了第 7 章及第 8 章部分内容,第 6 章由张小鸣教授编写,储开斌老师参加了部分章节的编写。

　　由于 EDA 技术发展迅速,加之作者水平有限,时间仓促,错误和疏漏之处在所难免,敬请各位读者不吝赐教。

编　者

2012.11

目 录

第 1 章

EDA技术概述

在现代电子设计领域,随着微电子技术的迅猛发展,无论是电路设计、系统设计还是芯片设计,其设计的复杂程度都在不断地增加,而且电子产品更新换代的步伐也越来越快。此时,仅仅依靠传统的手工设计方法已经不能够满足要求,而电子设计自动化技术的发展给电子系统设计带来了革命性的变化,大部分设计工作都可以在计算机上借助 EDA 工具来完成。

1.1 EDA 技术及其发展

1.1.1 EDA 技术含义

EDA(Electronic Design Automation,电子设计自动化)是近几年来迅速发展起来的将计算机软件、硬件、微电子技术交叉运用的现代电子学科,是 20 世纪 90 年代初从 CAD(Computer Aided Design,计算机辅助设计)、CAM(Computer Aided Manufacturing,计算机辅助制造)、CAT(Computer Aided Testing,计算机辅助测试)和 CAE(Computer Aided Engineering,计算机辅助工程)的概念发展而来的。EDA 技术就是以计算机为工作平台,以 EDA 软件工具为开发环境,以硬件描述语言为设计语言,以 ASIC(Application Specific Integrated Circuits)为实现载体的电子产品自动化设计过程。在 EDA 软件平台上,根据原理图或硬件描述语言(Hardware Description Language,HDL)完成的设计文件,自动地完成逻辑编译、化简、分割、综合及优化、布局布线、仿真、目标芯片的适配编译、逻辑映射和编程下载等工作。设计者的工作仅限于利用软件的方式来完成对系统硬件功能的描述,在 EDA 工具的帮助下,应用相应的复杂可编程逻辑器件和现场可编程门阵列,就可以得到最后的设计结果。尽管目标系统是硬件,但整个设计和修改过程如同完成软件设计一样方便和高效。当然,这里的所谓 EDA 是狭义的 EDA,主要是指数字系统的自动化设计,因为这一领域的软硬件方面的技术已比较成熟,应用的普及程度也已比较大。而模拟电子系统的 EDA 正在进入实用,其初期的 EDA 工具不一定需要硬件描述语言。此外,从应用的广度和深度来说,由于电子信息领域的全面数字化,基于 EDA 的数字系统的设计技术具有更大的应用市场和更紧迫的需求性。

1.1.2 EDA 技术的发展历程

集成电路技术的发展不断给 EDA 技术提出新的要求,对 EDA 技术的发展起了巨大的推动作用。从 20 世纪 60 年代中期开始,人们就不断地开发出各种计算机辅助设计工具来帮助设计人员进行集成电路和电子系统的设计。一般认为 EDA 技术大致经历了 CAD、CAE 和 ESDA(Electronic System Design Automation,电子系统设计自动化)3 个发展阶段。

1. CAD 阶段

20 世纪 70 年代,随着中、小规模集成电路的开发和应用,传统的手工制图设计印制电路板和集成电路的方法已无法满足设计精度和效率的要求,于是工程师们开始进行二维平面图形的计算机辅助设计,这样就产生了第一代 EDA 工具,设计者也从繁杂、机械的计算、布局和布线工作中解放了出来。但在 EDA 发展的初始阶段,一方面计算机的功能还比较有限,个人计算机还没有普及;另一方面电子设计软件的功能也较弱。人们主要是借助于计算机对所设计电路的性能进行一些模拟和预测。另外就是完成印制电路板的布局布线、简单版图的绘制等工作。例如,目前常用的 PCB(Printed Circuit Board)布线软件 Protel 的早期版本 Tango、用于电路模拟的 SPICE(Simulation Program with Integrated Circuit Emphasis)软件以及后来产品化的 IC 版图编辑与设计规则检查系统等软件,都是这个时期的产品。

20 世纪 80 年代初,随着集成电路规模的增大,EDA 技术有了较快的发展。更多的软件公司,如当时的 Mentor 公司、Daisy Systems 及 Logic System 公司等进入 EDA 领域,开始提供带电路图编辑工具和逻辑模拟工具的 EDA 软件,主要解决了设计之前的功能检验问题。

总的来说,这一阶段的 EDA 水平还很低,对设计工作的支持十分有限,主要存在两个方面的问题需要解决。

(1) EDA 软件的功能单一、相互独立。这个时期的 EDA 工具软件都是分别针对设计流程中的某个阶段开发的,一个软件只能完成其中一部分工作,所以设计者不得不在设计流程的不同阶段分别使用不同的 EDA 软件包。然而,由于不同的公司开发的 EDA 工具之间的兼容性较差,为了使设计流程前一级软件的输出结果能够被后一级软件接受,就需要人工处理或再运行另外的转换软件,这往往很复杂,势必影响设计的速度。

(2) 对于复杂电子系统的设计,不能提供系统级的仿真和综合,所以设计中的错误往往只能在产品开发的后期才能被发现,这时再进行修改十分困难。

2. CAE 阶段

进入 20 世纪 80 年代以后,随着集成电路规模的扩大及电子系统设计的逐步复杂,使得电子设计自动化的工具逐步完善和发展,尤其是人们在设计方法学、设计工具集成化方面取得了长足的进步。各种设计工具,如原理图输入、编译与连接、逻辑模拟、逻辑综合、测试码生成、版图自动布局以及各种单元库均已齐全。不同功能的设计工具之间的兼容性得到了很大改善,那些不走兼容道路、想独树一帜的 CAD 工具受到了用户的抵制,逐渐被淘汰。EDA 软件设计者采用统一数据管理技术,把多个不同功能的设计软件结合成一个集成设计环境。按照设计方法学制定的设计流程,在一个集成的设计环境中就能实现由寄存器传输级(Register Transfer Level,RTL)开始,从设计输入到版图输出的全程设计自动化。在这个阶段,基于门阵列和标准单元库设计的半定制 ASIC 得到了极大的发展,将电子系统设计推入了 ASIC 时代。但是,大部分从原理图出发的 CAE 工具仍然不能适应复杂电子系统的要求,而且具体化的元件图形制约着优化设计。

3. ESDA 阶段

20 世纪 90 年代以来,集成电路技术以惊人的速度发展,其工艺水平已经达到了深亚微米级,在一个芯片上已经可以集成上百万、上千万乃至上亿个晶体管,芯片的工作频率达到了千兆赫兹(GHz)。这不仅为片上系统(System On Chip,SOC)的实现提供了可能,同时对电子设计的工具提出了更高的要求,促进了 EDA 技术的发展。

在这一阶段,出现了以硬件描述语言、系统级仿真和综合技术为基本特征的第三代 EDA 技术,它使设计师们摆脱了大量的具体设计工作,而把精力集中于创造性的方案与概念构思上,从而极大地提高了系统设计的效率,缩短了产品的研制周期。EDA 技术在这一阶段的发展主要有以下几个方面。

1) 用硬件描述语言来描述数字电路与系统

这是现代 EDA 技术的基本特征之一,并且已经形成了 VHDL 和 Verilog HDL 两种硬件描述语言,它们都符合 IEEE(The Institute of Electrical and Electronics Engineers,电气和电子工程师协会)标准,均能支持系统级、算法级、RTL 级(又称数据流级)和门级各个层次的描述或多个不同层次的混合描述,涉及的领域有行为描述和结构描述两种形式。硬件描述与实现工艺无关,而且还支持不同层次上的综合与仿真。硬件描述语言的使用,规范了设计文档,便于设计的传递、交流、保存、修改及重复使用。

2) 高层次的仿真与综合

所谓综合,就是由较高层次描述到低层次描述、由行为描述到结构描述的转换过程。仿真是在电子系统设计过程中对设计者的硬件描述或设计结果进行查错、验证的一种方法。对应于不同层次的硬件描述,有不同级别的综合与仿真工具。高层次的综合与仿真将自动化设计的层次提高到了算法行为级,使设计者无须面对低层电路,而把精力集中到系统行为建模和算法设计上,而且可以帮助设计者在最早的时间发现设计中的错误,从而大大缩短了设计周期。

3) 平面规划技术

平面规划技术对逻辑综合和物理版图设计进行联合管理,做到在逻辑综合早期设计阶段就考虑到物理设计信息的影响。通过这些信息,可以再进一步对设计进行综合和优化,并保证不会对版图设计带来负面影响。这在深亚微米级时代,布线时延已经成为主要时延的情况下,对加速设计过程的收敛与成功是有所帮助的。在 Synopsys 和 Cadence 等著名公司的 EDA 系统中都采用了这项技术。

4) 可测试性综合设计

随着 ASIC 规模和复杂性的增加,测试的难度和费用急剧上升,由此产生了将可测试性电路结构做在 ASIC 芯片上的思想,于是开发出了扫描插入、内建自测试(Built-In Self Test,BIST)和边界扫描等可测试性设计(Design For Test,DFT)工具,并已集成到 EDA 系统中。如 Compass 公司的 Test Assistant 和 Mentor Graphics 公司的 LBLST Achitect、BSD Achitect 和 DFT Advistor 等。

5) 开放性、标准化框架结构的集成设计环境和并行设计工程

近年来,随着硬件描述语言等设计数据格式的逐渐标准化,不同设计风格和应用的要求使得有必要建立开放性、标准化的 EDA 框架。所谓框架,就是一种软件平台结构,为 EDA 工具提供操作环境。框架的关键在于建立与硬件平台无关的图形用户界面以及工具之间的通信、设计数据和设计流程的管理等,此外还包括各种与数据库相关的服务项目。任何一个 EDA 系统只要建立一个符合标准的开放式框架结构,就可以接纳其他厂商的 EDA 工具一起进行设计工作。这样,框架作为一套使用和配置 EDA 软件包的规范,就可以实现各种 EDA 工具间的优化组合,并集成在一个易于管理的统一环境下,实现资源共享。

针对当前电子设计中数字电路与模拟电路并存、硬件设计与软件设计并存以及产品更新换代快的特点,并行设计工程要求一开始就从管理层次上把工艺、工具、任务、智力和时间安排协调好。在统一的集成设计环境下,由若干相关设计小组共享数据库和知识库,同步进行设计。

由此可见,EDA 技术可以看作是电子 CAD 的高级阶段,EDA 工具的出现,给电子系统设计带来了革命性的变化。随着当前 Intel 公司 Penium 处理器的推出,Xilinx 等公司几十万门规模的 FPGA 的上市,以及大规模的芯片组和高速高密度印制电路板的应用,EDA 技术在仿真、时序分析、集成电路自动测试、高速印制电路板设计及操作平台的扩展等方面都面临着新的巨大的挑战,这些问题实际上也是新一代 EDA 技术未来发展的趋势。

1.1.3　EDA 技术的基本特征

现代 EDA 技术的基本特征是采用高级语言描述,具有系统级仿真和综合能力,具有开放式的设计环境,具有丰富的元件模型库等。下面介绍这些 EDA 技术的基本特征。

1. 硬件描述语言设计输入

用硬件描述语言进行电路与系统的设计是当前 EDA 技术的一个重要特征,硬件描述语言输入是现代 EDA 系统的主要输入方式。统计资料表明,在硬件语言和原理图两种输入方式中,前者占 75% 以上,并且这个趋势还在继续增长,与传统的原理图输入设计方法相比较,硬件描述语言更适合规模日益增大的电子系统,它还是进行逻辑综合优化的重要工具。硬件描述语言使得设计者在比较抽象的层次上描述设计的结构和内部特征,其突出优点是:语言的公开可利用性,设计与工艺的无关性,宽范围的描述能力,便于组织大规模系统的设计,便于设计的复用和继承等。

2. "自顶向下"设计方法

现在,电子系统的设计方法发生了很大的变化,过去,电子产品设计的基本思路一直是先选用通用集成电路芯片,再由这些芯片和其他元件自下而上地构成电路、子系统和系统,以此流程,逐步向上递推,直至完成整个系统的设计。这样的设计方法就如同一砖一瓦地建造金字塔,不仅效率低、成本高,而且还容易出错。

EDA 技术为我们提供了一种"自顶向下"的全新设计方法。这种设计方法首先从系统设计入手,在顶层进行功能方框图的划分和结构设计。在方框图一级进行仿真、纠错,并用硬件描述语言对高层次的系统行为进行描述,在系统一级进行验证。然后用综合优化工具

生成具体电路的网表，其对应的物理实现级可以是印制电路板或专用集成电路。由于设计的主要仿真和调试过程是在高层次上完成的，这不仅有利于早期发现结构设计上的错误，避免设计工作的浪费，而且也减少了逻辑功能仿真的工作量，提高了设计的一次成功率。

3．逻辑综合与优化

逻辑综合是 20 世纪 90 年代电子学领域兴起的一种新的设计方法，是以系统级设计为核心的高层次设计。逻辑综合是将最新的算法与工程界多年积累的设计经验结合起来，自动地将用真值表、状态图或 VHDL 硬件描述语言等所描述的数字系统转化为满足设计性能指标要求的逻辑电路，并对电路进行速度、面积等方面的优化。

逻辑综合的特点是将高层次的系统行为设计自动翻译成门级逻辑的电路描述，做到了设计与工艺的相互独立。逻辑综合的作用是根据一个系统的逻辑功能与性能的要求，在一个包含众多结构、功能和性能均已知的逻辑元件的逻辑单元库的支持下，寻找出一个逻辑网络结构最佳的实现方案。逻辑综合的过程主要包含以下两个方面。

（1）逻辑结构的生成与优化。主要是进行逻辑化简与优化，达到尽可能地用较少的元件和连线形成一个逻辑网络结构（逻辑图）、满足系统逻辑功能的要求。

（2）逻辑网络的性能优化。利用给定的逻辑单元库，对已生成的逻辑网络进行元件配置，进而估算实现该逻辑网络的芯片的性能与成本。性能主要指芯片的速度，成本主要指芯片的面积与功耗。速度与面积或速度与功耗是矛盾的，这一步允许使用者对速度与面积或速度与功耗相矛盾的指标进行性能与成本的折中，以确定合适的元件配置，完成最终的、符合要求的逻辑网络结构。

4．开放性和标准化

开放式的设计环境也称为框架结构。框架是一种软件平台结构，它在 EDA 系统中负责协调设计过程和管理设计数据，实现数据与工具的双向流动，为 EDA 工具提供合适的操作环境。框架结构的核心是可以提供与硬件平台无关的图形用户界面以及工具之间的通信、设计数据和设计流程的管理等，还包括各种与数据库相关的服务项目。

任何一个 EDA 系统只要建立了一个符合标准的开放式框架结构，就可以接纳其他厂商的 EDA 工具一起进行设计工作。框架结构的出现，使国际上许多优秀的 EDA 工具可以合并到一个统一的计算机平台上，成为一个完整的 EDA 系统，充分发挥每个设计工具的技术优势，实现资源共享。在这种环境下，设计者可以更有效地运用各种工具，提高设计质量和效率。

近年来，随着硬件描述语言等设计数据格式的逐步标准化，不同设计风格和应用的要求导致各具特色的 EDA 工具被集成在同一个工作站上，从而使 EDA 框架标准化。新的 EDA 系统不仅能够实现高层次的自动逻辑综合、版图综合和测试码生成，而且可以使各个仿真器对同一个设计进行协同仿真，从而进一步提高了 EDA 系统的工作效率和设计的正确性。

5．库

EDA 工具必须配有丰富的库（元件图形符号库、元器件模型库、工艺参数库、标准单元库、可复用的电路模块库、IP 库等），才能够具有强大的设计能力和较高的设计效率。

在电路设计的每个阶段,EDA系统需要各种不同层次和不同种类的元器件模型库的支持。例如,原理图输入时需要元器件外形库,逻辑仿真时需要逻辑单元的功能模型库,电路仿真时需要模拟单元和器件的模型库,版图生成时需要适应不同层次和不同工艺的底层版图库,测试综合时需要各种测试向量库等。每一种库又按其层次分为不同层次的单元或元素库,例如逻辑仿真的库又按照行为级、寄存器级和门级分别设库。而VHDL语言输入所需要的库则更为庞大和齐全,几乎包括上述所有库的内容。各种模型库的规模和功能是衡量EDA工具优劣的一个重要标志。

1.2　EDA技术的实现目标与ASIC设计

1.2.1　EDA技术的实现目标

一般来说,利用EDA技术进行电子系统设计,主要有4个应用领域,即印制电路板(PCB)设计、集成电路(IC或ASIC)设计、可编程逻辑器件(FPGA/CPLD)设计以及混合电路设计。

印制电路板的设计是EDA技术的最初的实现目标。电子系统大多采用印制电路板的结构,在系统实现过程中,印制电路板设计、装配和测试占据了很大的工作量,印制电路板设计是一个电子系统进行技术实现的重要环节,也是一个很有工艺性、技巧性的工作,利用EDA工具来进行印制电路板的布局布线设计和验证分析是早期EDA技术最基本的应用。

集成电路设计是指通过一系列特定的加工工艺,将晶体管、二极管等有源器件和电阻、电容等无源器件,按照一定的电路互连,"制作"(集成)在一块半导体单晶薄片上,经过封装而形成的具有特定功能的完整电路。集成电路一般要通过"掩膜"来制作,按照实现的工艺,又分为全定制或半定制的集成电路。集成电路设计包括逻辑(或功能)设计、电路设计、版图设计和工艺设计等多个环节。随着大规模和超大规模集成电路的出现,传统的手工设计方法遇到的困难越来越多,为了保证设计的正确性和可靠性,必须采用先进的EDA软件工具来进行集成电路的逻辑设计、电路设计和版图设计。集成电路设计是EDA技术的最终实现目标,也是推动EDA技术推广和发展的一个重要源泉。

可编程逻辑器件(Programmable Logic Device,PLD)是一种由用户根据需要而自行构造逻辑功能的数字集成电路,其特点是直接面向用户,具有极大的灵活性和通用性,使用方便,开发成本低,上市时间短,工作可靠性好。可编程器件目前主要有两大类型:复杂可编程逻辑器件(Complex PLD,CPLD)和现场可编程门阵列(Field Programmable Gate Array,FPGA)。它们的基本方法是借助于EDA软件,用原理图、状态机、布尔表达式、硬件描述语言等方法,生成相应的目标文件,最后用编程器或下载电缆,由目标器件实现。可编程逻辑器件的开发与应用是EDA技术将电子系统设计与硬件实现进行有机融合的一个重要体现。

随着集成电路复杂程度的不断提高,各种不同学科技术、不同模式、不同层次的混合设计方法已被认为是EDA技术所必须支持的方法。不同学科的混合设计方法主要指电子技术与非电学科技术的混合设计方法;不同模式的混合方法主要指模拟电路与数字电路的混合,模拟电路与DSP(Digital Signal Processing)技术的混合,电路级与器件级的混合方法等；不同层次的混合方法主要指逻辑行为级、寄存器级、门级以及开关级的混合设计方法。目前在各种应用领域，如数字电路、模拟电路、DSP专用集成电路、多芯片模块以及印制电路系统的设计都需要采用各种混合设计方法。

1.2.2 ASIC 的特点与分类

ASIC的概念早在20世纪60年代就有人提出，但由于当时设计自动化程度低，加上工艺基础、市场和应用条件均不具备，因而没有得到适时发展。进入20世纪80年代后，随着半导体集成电路的工艺技术、支持技术、设计技术、测试评价技术的发展，集成度的大大提高，电子整机、电子系统高速更新换代的竞争态势不断加强，为开发周期短、成本低、功能强、可靠性高以及专利性与保密性好的专用集成电路创造了必要而充分的发展条件，并很快形成了用ASIC取代中、小规模集成电路来组成电子系统或整机的技术热潮。

ASIC的出现和发展说明集成电路进入了一个新的阶段。通用的、标准的集成电路已不能完全适应电子系统的急剧变化和更新换代。各个电子系统生产厂家都希望生产出具有自己特色和个性的产品，而只有ASIC产品才能实现这种要求。这也是自20世纪80年代中期以来ASIC得到广泛传播和重视的根本原因。目前ASIC在总的IC市场中的占有率已超过1/3，在整个逻辑电路市场中的占有率已超过一半。与通用集成电路相比，ASIC在构成电子系统时具有以下几个方面的优越性。

(1) 缩小体积、减轻重量、降低功耗。

(2) 提高可靠性。用ASIC芯片进行系统集成后，外部连线减少，可靠性明显提高。

(3) 易于获得高性能。ASIC针对专门的用途而特别设计，它是系统设计、电路设计和工艺设计的紧密结合，这种一体化的设计有利于得到前所未有的高性能系统。

(4) 可增强保密性。电子产品中的ASIC芯片对用户来说相当于一个"黑盒子"。

(5) 在大批量应用时，可显著降低系统成本。

ASIC按功能的不同可分为数字ASIC、模拟ASIC、数模混合ASIC和微波ASIC；按使用材料的不同可分为硅ASIC和砷化镓ASIC。一般来说，数字ASIC和模拟ASIC主要采用硅材料，微波ASIC主要采用砷化镓材料。砷化镓具有高速、抗辐射能力强、寄生电容小和工作温度范围宽等优点，目前已在移动通信、卫星通信等方面得到广泛应用。但总的来说，由于砷化镓的研究较硅晚了十多年，目前仍是硅ASIC占主导地位。对于硅材料ASIC，按制造工艺的不同还可进一步将其分为MOS型、双极型和BiCMOS型，其中MOS型ASIC占了整个ASIC市场的70%以上，双极型ASIC约占16%，BiCMOS型ASIC占11%左右。

1.2.3 ASIC 的设计方法

目前ASIC已经渗透到各个应用领域，它的品种非常广泛，从高性能的微处理器、数字信号处理器一直到彩电、音箱和电子玩具电路，可谓五花八门。由于品种不同，在性能和价格上会有很大差别，因而实现各种设计的方法和手段也就有所不同。

ASIC的设计按照版图结构及制造方法分，有全定制和半定制两种实现方法，如图1-1所示。全定制法是一种手工设计版图的设计方法，设计者需要使用全定制版图设计工具来完成。半定制法是一种约束性设计方法，约束的目的是简化设计，缩短设计周期，降低设计成本,提高设计的正确率。对于数字 ASIC 设计而言,其半定制法按逻辑实现的方式不同,可再分为门阵列法、标准单元法和可编程逻辑器件法。

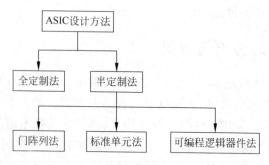

图 1-1　ASIC 实现方法

对于某些性能要求很高、批量较大的芯片,一般采用全定制法设计。例如半导体厂家推出的新的微处理器芯片,为了提高芯片的速度,设计时须采用最佳的随机逻辑网络,且每个单元都必须精心设计,另外还要精心地布局布线,将芯片设计得最紧凑,以节省每一小块面积,降低成本。但是,很多产品的产量不大或者不允许设计时间过长,这时只能牺牲芯片面积或性能,并尽可能采用已有的、规则结构的版图。或者为了争取时间和市场,也可采用半定制法,先用最短的时间设计出芯片,在占领市场的过程中再予以改进,进行二次开发。因此半定制与全定制两种设计方式的优缺点是互补的,设计人员可根据不同的要求选择各种合适的设计方法。下面简要介绍几种常用的设计方法和它们的特点。

1. 全定制法

全定制法是一种基于晶体管级的设计方法,它主要针对要求得到最高速度、最低功耗和最省面积的芯片设计。为满足要求,设计者必须使用版图编辑工具从晶体管的版图尺寸、位置及互连线开始亲自设计,以得到 ASIC 芯片的最优性能。

运用全定制法设计芯片,当芯片的功能、性能、面积和成本确定后,设计人员要对芯片结构、逻辑、电路等进行精心的设计,对不同的方案进行反复比较,对单元电路的结构、晶体管的参数要反复地模拟优化。在版图设计时,设计人员要手工设计版图并精心地布局布线,以获得最佳的性能和最小的面积。版图设计完成后,要进行完整的检查、验证,包括设计规则检查、电学规则检查、连接性检查、版图参数提取、电路图提取、版图与电路图一致性检查等。最后,通过后模拟,才能将版图转换成标准格式的版图文件交给厂家制造芯片。

由此可见,采用全定制法可以设计出高速度、低功耗、省面积的芯片,但人工参与的工作量大,设计周期长,设计成本高,而且容易出错,一般只适用于批量很大的通用芯片(如存储器、乘法器等)设计或有特殊性能要求(如高速低功耗芯片)的电路设计。

2. 门阵列法

门阵列法是最早开发并得到广泛应用的 ASIC 设计技术,它是在一个芯片上把门阵列排列成阵列形式,严格地讲是把含有若干个器件的单元排列成阵列形式。门阵列设计法又称"母片"法,母片是 IC 工厂按照一定规格事先生产的半成品芯片。在母片上制作了大量规则排列的单元,这些单元依照要求相互连接在一起即可实现不同的电路要求。母片完成了绝大部分芯片工艺,只留下一层或两层金属铝连线的掩膜需要根据用户电路的不同而定制。典型的门阵列母片结构如图1-2所示。

门阵列法的设计一般是在IC厂家提供的电路单元库基础上进行的逻辑设计,而且门阵列设计软件一般都具有较高的自动化水平,能根据电路的逻辑结构自动调用库单元的版图,自动布局布线。因此,设计者只要掌握很少的集成电路知识,设计过程也很简便,设计制造周期短,设计成本低。但门的利用率不高,芯片面积较大,而且母片上制造好的晶体管都是固定尺寸的,不利于设计高性能的芯片。所以这种方法适用于设计周期短、批量小、成本低、对芯片性能要求不高的芯片设计。一般采用这种方法迅速设计出产品,在占领市场后再用其他方法"再设计"。

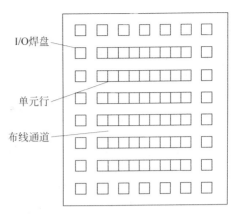

图1-2 通道型门阵列的母片结构

3. 标准单元法

标准单元法以精心设计好的标准单元库为基础。设计时可根据需要选择库中的标准单元构成电路,然后调用这些标准单元的版图,并利用自动布局布线软件完成电路到版图一一对应的最终设计。标准单元库一般应包括以下几方面的内容。

(1)逻辑单元符号库。包含各种标准单元的名称、符号、输入输出及控制端,供设计者输入逻辑图时调用。

(2)功能单元库。该库是在单元版图确定后,从中提取分布参数再进行模拟得到标准单元的功能与时序关系,并将此功能描述成逻辑与时序模拟所需的功能库形式,供逻辑与时序模拟时调用。

(3)拓扑单元库。该库是单元版图主要特征的抽象表达,去掉版图细节,保留版图的高度、宽度及I/O、控制端口的位置。这样用拓扑单元进行布局布线,既保留了单元的主要特征,又大大减少了设计的数据处理量,提高了设计效率。

(4)版图单元库。该库以标准的版图数据格式存放各单元精心设计的版图。

相比于全定制设计法,标准单元法设计的难度和设计周期都小得多,而且也能设计出性能较高、面积较小的芯片。与门阵列法相比,标准单元法设计的电路性能、芯片利用率以及设计的灵活性均比门阵列好,既可用于设计数字ASIC,又可用于设计模拟ASIC。标准单元法存在的问题是,当工艺更新以后,标准单元库要随之更新,这是一项十分繁重的工作。此外,标准单元库的投资较大,而且芯片的制作需要全套的掩膜版和全部工艺过程,因此生产周期及成本均比门阵列高。

4. 可编程逻辑器件法

可编程逻辑器件法是ASIC的一个重要分支。与前面介绍的几类ASIC不同,它是一种已完成了全部工艺制造、可直接从市场上购得的产品,用户只要对它编程就可实现所需要的电路功能,所以称为可编程ASIC。前面3种方法设计的ASIC芯片都必须到IC厂家去加工制造才能完成,设计制造周期长,而且一旦有了错误,需重新修改设计和制造,成本和时间要大大增加。采用可编程逻辑器件,设计人员在实验室即可设计和制造出芯片,而且可反复编程,进行电路更新。如果发现错误,则可以随时更改,完全不必关心器件实现的具体工艺,这就大大地方便了设计者。

可编程逻辑器件发展到现在,规模越来越大,功能越来越强,价格越来越便宜,相配套的EDA软件越来越完善,因而深受设计人员的喜爱。目前,在电子系统的开发阶段的硬件验证过程中,一般都采用可编程逻辑器件,以期尽快开发产品,迅速占领市场。等大批量生产时,再根据实际情况转换成前面3种方法中的一种进行"再设计"。

1.2.4　IP 核复用技术与 SOC 设计

电子系统的复杂性越来越高,系统集成芯片是目前超大规模集成电路的主流,现行的面向逻辑的集成电路设计方法在超深亚微米(VDSM)集成电路设计中遇到了难以逾越的障碍,基于标准单元库的传统设计方法已被证明不能胜任 SOC 的设计,芯片设计涉及的领域不再局限于传统的半导体,而是必须与整机系统结合。因此,基于 IP 复用(IP Reuse)的新一代集成电路设计技术越来越显示出其优越性。

1. IP 核的基本概念

IP 的原来含义是知识产权、著作权等。实际上,IP 的概念早已在 IC 设计中使用,应该说前面介绍的标准单元库中功能单元就是 IP 的一种形式,因此,在 IC 设计领域可将其理解为实现某种功能的设计。美国著名的 Dataquest 咨询公司则将半导体产业的 IP 定义为用于 ASIC 或 FPGA/CPLD 中的预先设计好的电路功能模块。

随着信息技术的飞速发展,用传统的手段来设计高复杂度的系统级芯片,设计周期将变得冗长,设计效率降低。解决这一设计危机的有效方法是复用以前的设计模块,即充分利用已有的或第三方的功能模块作为宏单元,进行系统集成,形成一个完整的系统,这就是集成电路设计复用的概念。这些已有的或由第三方提供的具有知识产权的模块(或内核)称为IP 核,它在现代 EDA 技术和开发中具有十分重要的地位。

可复用的 IP 核一般分为硬核、固核和软核 3 种类型。

硬核是以版图形式描述的设计模块,它基于一定的设计工艺,不能由设计者进行修改,可有效地保护设计者的知识产权。换句话说,用户得到的硬核仅是产品的功能,而不是产品的设计。由于硬核的布局不能被系统设计者修改,所以也使系统设计的布局布线变得更加困难,特别是在一个系统中集成多个硬件 IP 核时,系统的布局布线几乎不可能。

固核由 RTL 描述和可综合的网表组成。与硬核相比,固核可以在系统级重新布局布线,使用者按规定增减部分功能。由于 RTL 描述和网表对于系统设计者是透明的,这使得固核的知识产权得不到有效的保护。固核的关键路径是固定的,其实现技术不能更改,不同厂家的固核不能互换使用。因此,硬核和固核的一个共同缺陷就是灵活性比较差。

软核是完全用硬件描述语言(VHDL/Verilog HDL)描述出来的 IP 核,它与实现技术无关,可以按使用者的需要进行修改。软核可以在系统设计中重新布局布线,在不同的系统设计中具有较大的灵活性,可优化性能或面积达到期望的水平。由于每次应用都要重新布局布线,软核的时序不能确定,从而增加了系统设计后测试的难度。

一个 IP 模块,首先要有功能描述文件,用于说明该 IP 模块的功能时序要求等,其次还要有设计实现和设计验证两个方面的文件。硬核的实现比较简单,类似于 PCB 设计中的 IC 芯片的使用;软核的使用情况较为复杂,实现后的性能与具体的实现方式有关。为保证软核的性能,软核的提供者一般还提供综合描述文件,用于指导软核的综合。固核的使用介于软核和硬核两者之间。

用户在设计一个系统时,可以自行设计各个功能模块,也可以用 IP 模块来构建。IP 核作为一种商品,已经在 Internet 上广泛销售,而且还有专门的组织——虚拟插座接口协会(Virtual Socket Interface Association,VSIA)来制定关于 IP 产品的标准与规范。对设计者而言,想要在短时间内开发出新产品,一个比较好的方法就是使用 IP 核完成设计。

目前,尽管对 IP 还没有统一的定义,但 IP 的实际内涵已经有了明确的界定:首先它必须是为了易于重用而按照嵌入式应用专门设计的;其次是必须实现 IP 模块的优化设计。优化的目标通常可用"四最"来表达,即芯片的面积最小、运算速度最快、功率消耗最低、工艺容差最大。所谓工艺容差大,是指所做的设计可以经受更大的工艺波动,因为 IP 必须能经受得起成千上万次的使用。

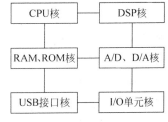

2. 基于 IP 模块的 SOC 设计

SOC 又称为芯片系统,是指将一个完整的系统集成在一个芯片上,简单地说就是用一个芯片实现一个功能完整的系统。一个由微处理器核(CPU 核)、数字信号处理器核(DSP 核)、存储器核(RAM、ROM 核)、模数转换核(A/D、D/A核)以及 USB 接口核等构成的系统芯片,如图 1-3 所示。

图 1-3　系统芯片示意图

随着集成电路的规模越来越复杂,而产品的上市时间却要求越来越短,嵌入式设计方法应运而生。这种方法除了继续采用"自顶向下"的设计和综合技术外,其最主要特点是大量知识产权 IP 模块的复用,这就是基于 IP 模块的 SOC 设计方法,如图 1-4 所示。在系统设计中引入 IP 模块,就可以使设计者只设计实现系统其他功能的部分以及与 IP 模块的互连部分,从而简化设计,缩短设计时间。

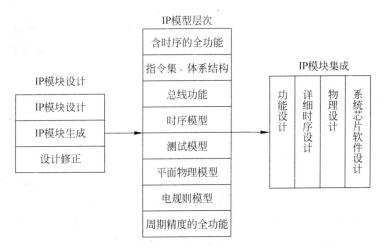

图 1-4　基于 IP 模块的 SOC 设计

　　SOC 设计的第一个内容是系统级设计方法。传统的集成电路设计属于硬件设计范畴，很少的软件也是固化到芯片内部的存储器中。在进行 SOC 系统级设计时，设计者面临的一个新挑战是，不仅要考虑复杂的硬件逻辑设计，而且还要考虑系统的软件设计问题，这就是软硬件协同设计(Software/Hardware Co-Design)技术。软/硬件协同设计要求硬件和软件同时进行设计，并在设计的各个阶段进行模拟验证，减少设计的反复，缩短设计时间。

　　软/硬件协同设计的流程是：首先用 VHDL 语言和 C 语言进行系统描述并进行模拟仿真和系统功能验证；然后再对软/硬件实现进行功能划分，定义实现系统的软/硬件边界；如无问题，则进行软件和硬件的详细设计；最后进行系统测试。

　　SOC 设计的第二个内容是 IP 核的设计和使用。IP 核的设计不是简单的设计抽取和整理，它涉及设计思路、时序要求和性能要求等。IP 核的使用也绝不等同于集成电路设计中的单元库使用，它主要包括 IP 核的测试、验证、模拟、低功耗等。

　　SOC 设计的第三个内容是超深亚微米集成电路的设计技术。尽管这个课题的提出已经有了相当长的时间，但是研究的思路和方法仍然在面向逻辑的设计思路中徘徊，也许布局规划和时序驱动的方法还能够解决当前大部分的实际问题，但是当我们面对 $0.13\mu m$ 甚至更细线条的时候，无法保证现在的做法有效，此时就应该从面向逻辑的设计方法转向面向路径的设计方法。深亚微米集成电路设计方法的根本性突破显然是 SOC 设计方法中最具挑战性的。

　　目前，基于 IP 模块的 SOC 设计急需解决上述 3 方面的关键技术问题，即软/硬件协同设计技术、IP 核设计及复用技术和超深亚微米集成电路设计技术，而 IP 核的设计再利用则是保证系统级芯片开发效率和质量的重要手段。

3. SOC 的实现

　　微电子制造工艺的进步为 SOC 的实现提供了硬件基础，而 EDA 软件技术的提高则为 SOC 创造了必要的开发平台。SOC 可以采用全定制的方式来实现，即把设计的网表文件提交给半导体厂家流片就可以得到，但采用这种方式的风险性高，费用大，周期长。还有一种就是以可编程片上系统(System On a Programmable Chip,SOPC)的方式来实现，即利用大规模可编程逻辑器件 FPGA/CPLD。现在，FPGA 和 CPLD 器件的规模越来越大，速度也越来越快，设计者完全可以在其上通过编程实现各种复杂的设计，不仅能用它们实现一般的逻辑功能，还可以将微处理器、DSP、存储器、标准接口等功能部件全部集成在其中，真正实现"System On a Chip"。

1.3　硬件描述语言

　　硬件描述语言(HDL)是相对于一般的计算机软件语言(如 C、Pascal)而言的。HDL 是用于设计硬件电子系统的计算机语言，它描述电子系统的逻辑功能、电路结构和连接方式。设计者可以利用 HDL 程序来描述所希望的电路系统，规定其结构特征和电路的行为方式，然后利用综合器和适配器将此程序变成能控制 FPGA 和 CPLD 内部结构，并实现相应逻辑功能的门级或更底层的结构网表文件和下载文件。硬件描述语言的发展至今已有二十多年的历史，它是 EDA 技术的重要组成部分，也是 EDA 技术发展到高级阶段的一个重要标志。

较常用的 HDL 主要有 VHDL、Verilog HDL 、ABEL-HDL、System-Verilog 和 System C 等。而 VHDL 和 Verilog HDL 是当前最流行并已成为 IEEE 工业标准的硬件描述语言,得到了众多 EDA 公司的支持,在电子工程领域已成为事实上的通用硬件描述语言。专家认为,在 21 世纪,VHDL 与 Verilog HDL 语言将承担起几乎全部的数字系统设计任务。

1.3.1　VHDL

VHDL(Very-High-Speed Integrated Circuit Hardware Description Language)诞生于 1982 年。1987 年年底,VHDL 被 IEEE 和美国国防部确认为标准硬件描述语言。自 IEEE 公布了 VHDL 的标准版本(IEEE-1076)之后,各 EDA 公司相继推出了自己的 VHDL 设计环境。此后,VHDL 在电子设计领域受到了广泛的接受,并逐步取代了原有的非标准 HDL。1993 年,IEEE 对 VHDL 进行了修订,从更高的抽象层次和系统描述能力上扩展 VHDL 的内容,公布了新版本的 VHDL,即 IEEE 标准的 1076-1993 版本。现在公布的最新 VHDL 标准版本是 IEEE 1076-2002。

VHDL 主要用于描述数字系统的结构、行为、功能和接口。就目前流行的 EDA 工具和 VHDL 综合器而言,将基于抽象的行为描述风格的 VHDL 程序综合成为具体的 FPGA 和 CPLD 等目标器件的网表文件已不成问题。应用 VHDL 进行工程设计的优点是多方面的,具体如下。

(1) 与其他硬件描述语言相比,VHDL 具有更强的行为描述能力,从而决定了它成为系统设计领域最佳的硬件描述语言。强大的行为描述能力是避开具体的器件结构,从逻辑行为上描述和设计大规模电子系统的重要保证。

(2) VHDL 最初是作为一种仿真标准格式出现的,因此 VHDL 既是一种硬件电路描述和设计语言,也是一种标准的网表格式,还是一种仿真语言。它有丰富的仿真语句和库函数,设计者可以在系统设计的早期随时对设计进行仿真模拟,查验所设计系统的功能特性,从而对整个工程设计的结构和功能可行性作出决策。

(3) VHDL 的行为描述能力和程序结构决定了它具有支持大规模设计和分解已有设计的再利用功能,满足了大规模系统设计要由多人甚至多个开发组共同并行工作来实现的这种市场需求。VHDL 中实体的概念、程序包的概念、库的概念为设计的分解和并行工作提供了有力的支持。

(4) 对于用 VHDL 完成的一个确定设计,可以利用 EDA 工具进行逻辑综合和优化,并自动地将 VHDL 描述转变成门级网表,生成一个更高效、更高速的电路系统。此外,设计者还可以容易地从综合优化后的电路获得设计信息,返回去更新修改 VHDL 设计描述,使之更为完善。这种方式突破了门级设计的瓶颈,极大地减少了电路设计的时间和可能发生的错误,降低了开发成本。

(5) VHDL 对设计的描述具有相对独立性,设计者可以不懂硬件的结构也不必管最终设计实现的目标器件是什么,而进行独立的设计。正因为 VHDL 的硬件描述与具体的工艺技术和硬件结构无关,VHDL 设计程序的硬件实现目标器件有广阔的选择范围,其中包括各系列的 CPLD、FPGA 及各种门阵列实现目标。

(6) 由于 VHDL 具有类属描述语句和子程序调用等功能,对于已完成的设计,在不改变源程序的情况下,只需要改变端口类属参数或函数,就能轻易地改变设计的规模和结构。

1.3.2　Verilog HDL

Verilog HDL(以下简称 Verilog)最初由 Gateway Design Automation(GDA)公司的 PhilMoorby 在 1983 年创建。起初,Verilog 仅作为 GDA 公司的 Verilog-XL 仿真器的内部语言,用于数字逻辑的建模、仿真和验证。Verilog-XL 推出后获得了成功和认可,从而促使 Verilog HDL 的发展。1989 年 GDA 公司被 Cadence 公司收购,Verilog 语言成为了 Cadence 公司的私有财产。1990 年 Cadence 公司成立了 OVI(Open Verilog International)组织,公开了 Verilog 语言,并由 OVI 负责促进 Verilog 语言的发展。在 OVI 的努力下,1995 年,IEEE 制定了 Verilog 的第一个国际标准,即 IEEE Std 1364-1995,即 Verilog 1.0。

2001 年,IEEE 发布了 Verilog 的第二个标准版本(Verilog 2.0),即 IEEE Std 1364-2001,简称 Verilog-2001 标准。由于 Cadence 公司在集成电路设计领域的影响力和 Verilog 的易用性,Verilog 成为基层电路建模与设计中最流行的硬件描述语言。

Verilog HDL 是在 C 语言的基础上发展起来的一种硬件描述语言,因此,它具有很多 C 语言的优点。从表述形式上来看,Verilog 代码简明扼要,使用灵活,且语法规定不是很严谨,很容易上手。Verilog 具有很强的电路描述和建模能力,能从多个层次对数字系统进行建模和描述,从而大大简化了硬件设计任务,提高了设计效率和可靠性。在语言易读性、层次化和结构化设计方面表现出了强大的生命力和应用潜力。因此,Verilog 支持各种模式的设计方法:自顶向下与自低向上或混合方法,在面对当今许多电子产品生命周期缩短,需要多次重新设计以融入最新技术、改变工艺等方面,Verilog 具有良好的适应性。用 Verilog 进行电子系统设计的一个很大的优点是当设计逻辑功能时,设计者可以专心致力于其功能的实现,而不需要对不影响功能的与工艺有关的因素花费过多的时间和精力;当需要仿真验证时,可以很方便地从电路物理级别、晶体管级、寄存器传输级,乃至行为级等多个层次来作验证。

1.3.3　ABEL-HDL

ABEL-HDL 是一种最基本的硬件描述语言,它支持各种不同输入方式的 HDL,其输入方式即电路系统设计的表达方式,包括布尔方程、高级语言方程、状态图和真值表。ABEL-HDL 被广泛用于各种可编程逻辑器件的逻辑功能设计,由于其语言描述的独立性,以及上至系统、下至门级的宽口径描述功能,因而适用于各种不同规模的可编程器的设计。如 DOS 版的 ABEL 3.0 软件可对 GAL(Generic Array Logic)器件做全方位的逻辑描述和设计,而在诸如 Lattice 的 ISP EXPERT、Data I/O 的 Synario、Vantis 的 Design-Direct、Xilinx 的 Foundation 和 Web-Pack 等 EDA 软件中,ABEL-HDL 同样可用于更大规模的 CPLD/FPGA 器件功能设计。ABEL-HDL 还能对所设计的逻辑系统进行功能仿真而无须顾及实际芯片的结构。ABEL-HDL 的设计也能通过标准格式设计转换文件转换成其他设计环境,如 VHDL、Verilog HDL 等。与 VHDL、Verilog HDL 等硬件描述语言相比,ABEL-HDL 具有适用面宽(DOS、Windows 版及大、中小规模 PLD 设计)、使用灵活、格式简洁、编译要求宽松等优点,是一种适合于速成的硬件描述语言,比较适合初学者学习。虽然有不少 EDA 软件支持 ABEL-HDL,但提供 ABEL-HDL 综合器的 EDA 公司仅 Data I/O 一家。而且其描述风格一般只用门电路级描述方式,对于复杂电路的设计显得力不从心。

1.3.4 VHDL 和 Verilog HDL 的比较

一般的硬件描述语言可以在 3 个层次上进行电路描述,其描述层次依次可分为行为级、RTL 级和门电路级。VHDL 语言的特点决定了它更适用于行为级(也包括 RTL 级)的描述,有人将它称为行为描述语言;而 Verilog 属于 RTL 级硬件描述语言,通常只适于 RTL 级和更低层次的门电路级描述。

与 Verilog 语言相比,VHDL 语言是一种高级描述语言,适用于电路高级建模,比较适合于 FPGA/CPLD 目标器件的设计,或间接方式的 ASIC 设计;而 Verilog 语言则是一种较低级的描述语言,更易于控制电路资源,因此更适合于直接的集成电路或 ASIC 设计。

VHDL 和 Verilog 语言的共同特点是:能形式化地抽象表示电路的结构和行为,支持逻辑设计中层次与领域的描述,可借助于高级语言的精巧结构来简化电路的描述,具有电路仿真与验证机制以保证设计的正确性,支持电路描述由高层到低层的综合转换,便于文档管理,易于理解和设计重复利用。

1.4 常用 EDA 工具

EDA 工具在 EDA 技术应用中占据极其重要的位置,EDA 的核心是利用计算机完成电子设计全程自动化,因此,基于计算机环境的 EDA 软件的支持是必不可少的。EDA 工具大致可以分为如下 5 个模块。

- 设计输入编辑器;
- 仿真器;
- HDL 综合器;
- 适配器(或布局布线器);
- 下载器。

当然这种分类不是绝对的,现在往往把各 EDA 工具集成在一起,如 MAX+plus Ⅱ 等。

1.4.1 设计输入编辑器

在各可编程逻辑器件厂商提供的 EDA 开发工具中一般都含有这类输入编辑器,如 Xilinx 的 Foundation、Altera 的 MAX+plus Ⅱ 等。

通常专业的 EDA 工具供应商也提供相应的设计输入工具,这些工具一般与该公司的其他电路设计软件整合,这点体现在原理图输入环境上。如 Innovada 的 eProduct Designer 中的原理图输入管理工具 DxDesigner(原为 ViewDraw),既可作为 PCB 设计的原理图输入,又可作为 IC 设计、模拟仿真和 FPGA 设计的原理输入环境。

由于 HDL(包括 VHDL、Verilog HDL 等)的输入方式是文本格式,所以它的输入实现要比原理图输入简单得多,用普通的文本编辑器即可完成。如果要求 HDL 输入时有语法色彩提示,可用带语法提示功能的文本编辑器,如 Uitraedit、Vim、Vemacs 等。当然 EDA 工具中提供的 HDL 编辑器会更好用些,如 Aldec 的 Active HDL 的 HDL 编辑器。

1.4.2　综合器

综合器的功能就是将设计者在 EDA 平台上完成的针对某个系统项目的 HDL、原理图或状态图形描述,针对给定的硬件结构组件,进行编译、优化、转换和综合,最终获得门级电路甚至更底层的电路描述文件。由此可见,综合器工作前,必须给定最后实现的硬件结构参数,它的功能就是将软件描述与给定的硬件结构用某种网表文件的方式联系起来。显然,综合器是软件描述与硬件实现的一座桥梁。综合器的运行流程如图 1-5 所示。综合过程就是将电路的高级语言描述转换成低级的、可与 CPLD/FPGA 或构成 ASIC 的门阵列基本结构相映射的网表文件。目前比较著名的 EDA 综合器有 Synopsys 公司的 Design Compiler、FPGA Express、Synplicity 公司的 Synplify、Candence 公司的 Synergy、MentorGraphics 公司的 Autologic Ⅱ、DataI/O 公司的 Synari-o。

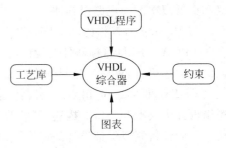

图 1-5　VHDL 综合器的运行流程

1.4.3　仿真器

EDA 技术中最为瞩目的和最具现代电子设计技术特征的功能就是日益强大的仿真测试技术。EDA 仿真测试技术只需通过计算机就能对所设计的电子系统从各种不同层次的系统性能特点完成一系列准确的测试与仿真操作,在完成实际系统的安装后还能对系统上的目标器件进行所谓边界扫描测试。这一切都极大地提高了大规模系统电子设计自动化程度。与单片机系统开发相比,利用 EDA 技术对 CPLD/FPGA 的开发,通常是一种借助于软件方式的纯硬件开发,因此可以通过这种途径进行所谓 ASIC 开发,而最终的 ASIC 芯片,可以是 CPLD/FPGA,也可以是专制的门阵列掩膜芯片,CPLD/FPGA 只起到硬件仿真 ASIC 芯片的作用。而利用计算机进行的单片机系统的开发,主要是软件开发,在这个过程中只需程序编译器就可以了,综合器和适配器是没有必要的,其仿真过程是局部的且比较简单。

按仿真电路描述级别的不同,HDL 仿真器可以单独或综合完成以下各仿真步骤。

- 系统级仿真;
- 行为级仿真;
- RTL 级仿真;
- 门级时序仿真。

按仿真是否考虑延时分类,可分为功能仿真和时序仿真,根据输入仿真文件的不同,可以由不同的仿真器完成,也可由同一个仿真器完成。

几乎各个 EDA 厂商都提供基于 Verilog/VHDL 的仿真器。常用的仿真器有:ModelSim 与 Verilog 等。

1.4.4　适配器

适配器的功能是将由综合器产生的网表文件配置于指定的目标器件中,产生最终的下载文件,如 JEDEC 格式的文件。适配所选定的目标器件(CPLD/FPGA 芯片)必须属于原综合器指定的目标器件系列。对于一般的可编程模拟器件所对应的 EDA 软件来说,一般仅需包含一个适配器就可以了,如 Lattice 公司的 PAC-Designer。通常,EDA 软件中的综合器可由专业的第三方 EDA 公司提供,而适配器则需由 CPLD/FPGA 供应商自己提供,因为适配器的适配对象直接与器件结构相对应。

1.4.5　编程下载

编程下载就是把设计下载到对应的实际器件,实现硬件设计。编程下载软件一般都由可编程逻辑器件的厂商来提供。

1.5　EDA 的工程设计流程

基于 EDA 工具的 CPLD/FPGA 开发流程如图 1-6 所示。

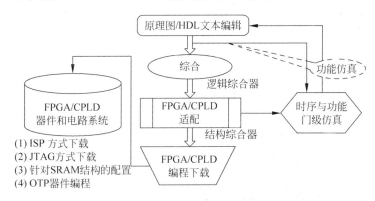

图 1-6　应用于 CPLD/FPGA 的 EDA 开发流程

1.5.1　设计输入

设计开始首先须利用 EDA 工具的文本或图形编辑器将设计者的设计意图用文本方式(如 VHDL、A BEL-HDL 程序)或图形方式(原理图、状态图等)表达出来。完成设计描述后即可通过编译器进行排错编译,变成特定的文本格式,为下一步的综合做准备。在此,对于多数 EDA 软件来说,最初的设计究竟采用哪一种输入形式是可选的,也可混合使用。一般原理图输入方式比较容易掌握,直观方便,所画的电路原理图(请注意,这种原理图与利用Protel 画的原理图有本质的区别)与传统的器件连接方式完全一样,很容易被人接受,而且编辑器中有许多现成的单元器件可资利用,自己也可以根据需要设计元件(元件的功能可用 HDL 表达,也可仍用原理图表达)。当然最一般化、最具普适性的输入方法是HDL 程序的文本方式。这种方式与传统的计算机软件语言编辑输入基本一致。当然,目前有些 EDA 输入工具可以把图形输入与 HDL 文本输入的优势结合起来,实现效率更高的输入。

1.5.2　综合

综合是将软件设计与硬件的可实现性挂钩,这是将软件转化为硬件电路的关键步骤。综合器对源文件的综合是针对某一 CPLD/FPGA 供应商的产品系列的,因此,综合后的结果具有硬件可实现性。在综合后,HDL 综合器一般可生成 EDIF、XNF 或 VHDL 等格式的网表文件,它们从门级描述了最基本的门电路结构。有的 EDA 软件,如 Synplify,具有为设计者将网表文件画成不同层次的电路图的功能。综合后,可利用产生的网表文件进行功能仿真,以便了解设计描述与设计意图的一致性。功能仿真仅对设计描述的逻辑功能进行测试模拟,以了解其实现的功能是否满足原设计的要求,仿真过程不涉及具体器件的硬件特性,如延迟特性。一般的设计,这一层次的仿真也可略去。

1.5.3　适配

综合通过后必须利用 CPLD/FPGA 布局布线适配器将综合后的网表文件针对某一具体的目标器件进行逻辑映射操作,其中包括底层器件配置、逻辑分割、逻辑优化、布局布线。适配完成后,EDA 软件将产生针对此项设计的多项结果,主要有以下几项。

- 适配报告,内容包括芯片内资源分配与利用、引脚锁定、设计的布尔方程描述情况等。
- 时序仿真用网表文件。
- 下载文件,如 JED 或 POF 文件。
- 适配错误报告等。

时序仿真是接近真实器件运行的仿真,仿真过程中已将器件硬件特性考虑进去了,因此仿真精度要高得多。时序仿真的网表文件中包含较为精确的延迟信息。

1.5.4　时序仿真与功能仿真

在编程下载前必须利用 EDA 工具对适配生成的结果进行模拟测试,就是所谓的仿真。仿真就是让计算机根据一定的算法和一定的仿真库对 EDA 设计进行模拟,以验证设计,排除错误。可以完成两种不同级别的仿真测试。

- 时序仿真。就是接近真实器件运行特性的仿真,仿真文件中已包含器件硬件特性参数,因而仿真精度高。但时序仿真的仿真文件必须来自针对具体器件的综合器与适配器。
- 功能仿真。是直接对 VHDL、原理图描述或其他描述形式的逻辑功能进行测试模拟,以了解其实现的功能是否满足原设计要求的过程,仿真过程不涉及任何具体的器件的硬件特性,不经历综合与适配阶段,在设计项目编译后即可进入门级仿真器进行模拟测试。

通常的做法是:首先进行功能仿真,待确认设计文件所表达的功能满足设计要求时,再进行综合、适配和时序仿真,以便把握设计项目在硬件条件下的运行情况。

1.5.5　编程下载

编程下载指将编程数据放到具体的可编程器件中去。如果以上的所有过程,包括编译、综合、布线/适配和行为仿真、功能仿真、时序仿真都没有发现问题，即满足原设计的要求，就可以将适配器产生的配置/下载文件通过 CPLD/FPGA 编程器或下载电缆载入目标芯片 FPGA 或 CPLD 中，对 CPLD 器件来说是将 JED 文件"下载(Down Load)"到 CPLD 器件中去，对 FPGA 来说是将数据文件"配置"到 FPGA 中。

器件编程需要满足一定的条件，如编程电压、编程时序和编程算法等。普通的 CPLD 器件和一次性编程的 FPGA 需要专用的编程器完成器件的编程工作，基于 SRAM 的 FPGA 可以由 EPROM 或其他存储体进行配置。在系统的可编程器件(ISP-PLD)则不需要专用的编程器，只要一根下载编程电缆就可以了。

器件在编程完毕之后，可以用编译时产生的文件对器件进行检验、加密等工作。对于具有边界扫描测试能力和在系统编程能力的器件来说，测试起来就更加方便。

1.5.6　硬件测试

最后是将含有载入了设计的 FPGA 或 CPLD 的硬件系统进行统一测试，以便在更真实的环境中检验设计的运行情况。

1.6　MAX＋plus Ⅱ 集成开发环境

Altera 可编程逻辑器件开发软件主要是 MAX＋plus Ⅱ 和 Quartus Ⅱ，其中 MAX＋plus Ⅱ 是 Altera 公司上一代的 PLD 开发软件，其发展到 10.2 版本后，Altera 已不再推出新版本，但 MAX＋plus Ⅱ 以方便易用的界面、完备的设计库、优良的性能，至今仍受到设计人员的喜爱，是经典的和大众化的设计工具。

1.6.1　MAX＋plus Ⅱ 简介

MAX＋plus Ⅱ (Multiple Array and Programming Logic User System)开发工具是 Altera 公司推出的一种 EDA 工具，具有灵活高效、使用便捷和易学易用等特点。Altera 公司在推出各种 CPLD 的同时，也在不断地升级相应的开发工具软件，已从早期的第一代 A＋plus、第二代 MAX＋plus 发展到第三代 MAX＋plus Ⅱ和第四代 Quartus。使用 MAX＋plus Ⅱ 软件，设计者无须精通器件内部的复杂结构，只需用所熟悉的设计输入工具，如硬件描述语言、原理图等进行输入，MAX＋plus Ⅱ 自动将设计转换成目标文件下载到器件中。MAX＋plus Ⅱ 开发系统具有以下特点。

(1) 多平台。MAX＋plus Ⅱ 软件可以在基于个人计算机的操作系统如 Windows 95、Windows 98、Windows 2000、Windows NT 下运行，也可以在 Sun SPAC Station 等工作站上运行。

(2) 开放的界面。MAX＋plus Ⅱ 提供了与其他设计输入、综合和校验工具的接口，接口符合 EDIF 200/300、LPM、VHDL、Verilog HDL 等标准。目前 MAX＋plus Ⅱ 所支持的主流第三方 EDA 工具主要有 Synopsys、ViewLogic、Mentor、Graphics、Cadence、OrCAD、Xilinx 等公司的工具。

(3) 模块组合式工具软件。MAX＋plus Ⅱ 具有一个完整的可编程逻辑设计环境，包括设计输入、设计处理、设计校验和下载编程 4 个模块,设计者可以按设计流程选择工作模块。

（4）与结构无关。MAX+plus Ⅱ 开发系统的核心——Compiler(编译器),它能够自动完成逻辑综合和优化,支持 Altera 的 Classic、MAX 5000、MAX 7000、FLEX 8000 和 FLEX 10K 等可编程器件系列,提供了一个与结构无关的 PLD 开发环境。

（5）支持硬件描述语言。MAX+plus Ⅱ 支持各种 HDL 设计输入语言,包括 VHDL、Verilog HDL 和 Altera 的硬件描述语言 AHDL。

（6）丰富的设计库。MAX+plus Ⅱ 提供丰富的库单元供设计者调用,其中包括一些基本的逻辑单元、74 系列的器件和多种特定功能的宏功能模块以及参数化的兆功能模块。调用库单元进行设计,可以大大减轻设计人员的工作量,缩短设计周期。

1.6.2　软件的安装

MAX+plus Ⅱ 软件按使用平台可分为个人计算机版和工作站版,按使用的对象可分为商业版、基本版和学生版。

- 商业版。支持全部输入方式和版本发行时的除 APEX 系列外的所有 Altera CPLD 器件。商业版运行时需要一个授权码和一个附加的并口硬件狗。
- 基本版。在商业版的基础上做了一些限制,如不支持 VHDL,不能进行功能仿真和时序仿真,不支持某些器件等。基本版不需要并口硬件狗,只需向 Altera 申请一个基本授权码即可使用。
- 学生版。支持商业版的全部功能,但可使用的逻辑功能模块受到限制,且只支持几个器件。若要安装学生版,应向 Altera 公司大学项目部申请学生版授权码。

MAX+plus Ⅱ 几种版本的安装方法基本相同,基本安装步骤如下。

- 将光盘插入光驱,假定光驱号为 F:。
- 选择"开始"→"运行",然后在打开的对话框输入"F:\PC\maxplus2\install",运行后出现安装对话框,单击 Next 按钮继续。
- 阅读完授权窗口信息后,选择 YES 接受协议,再选择适当的安装方式,商业版选择 Full→Custom→FLEXlm 选项,基本版或学生版选择 BASELINE→E+MAX 选项。
- 选择安装目录,假设选择的目录为"C:\Maxplus2",若要改变目录,则单击 Browse 按钮,选好目录后,即可开始安装。
- 安装成功后,readme 文件将自动出现,它包含一些重要信息。
- 第一次运行 MAX+plus Ⅱ,将会出现 MAX+plus Ⅱ Manager(管理器)界面,同时会在管理器窗口上出现 License Agreement 信息,选择其中的 Yes 选项。
- 接着会出现 Copy Protection 窗口。单击"是"按钮,将显示如何申请免费版本的授权文件;如果有硬件狗或授权文件,选择"否"选项,并将硬件狗插在计算机并口上。
- 执行 MAX+plus Ⅱ 管理器中的 Option→License Setup 命令,在对话框中输入带路径名的授权文件名,然后单击 OK 按钮。

1.6.3　软件组成

MAX+plus Ⅱ 软件采用模块化结构,包括设计输入、项目处理、项目校验和器件编程 4

个部分,所有这些部分都集成在一个可视化的操作环境下,如图 1-7 所示。

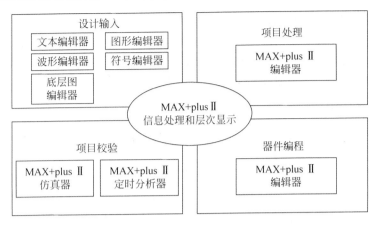

图 1-7 MAX＋plus Ⅱ 软件组成

(1) 设计输入。MAX＋plus Ⅱ的设计输入方法有多种,主要包括文本设计输入、原理图输入、波形设计输入等多种方式。另外,还可以利用第三方 EDA 工具生成的网表文件输入,该软件可接受的网表有 EDIF 格式、VHDL 格式及 Verilog 格式。MAX＋plus Ⅱ是一种层次设计工具,可根据实际情况灵活地使用最适合每一层次的设计方法。

(2) 项目处理。设计处理的任务就是对项目进行编译(Compile),编译实际就是将设计者编写的设计,改为可以用于生产的"语言"。编译器通过读入设计文件并产生用于编程、仿真和定时分析的输出文件来完成编译工作。MAX＋plus Ⅱ提供的编译软件,只需简单的操作,如参数选择、指定功能等,就可进行网表转换、逻辑分割和布线布局。

(3) 项目校验。MAX＋plus Ⅱ提供的设计校验过程包括仿真和定时分析,项目编译后,为确保设计无误,要再用专用软件进行仿真。如果发现了错误,则对设计输入进行部分修改直至无误。

(4) 器件编程。MAX＋plus Ⅱ通过编程器(Device Programmer)将编译器生成的编程文件编程或配置到 Altera CPLD 器件中,然后加入实际激励信号进行测试,检查是否达到设计要求。Altera 公司器件的编程方法有许多种,可通过编程器、JTAG 在系统编程及 Altera 在线配置等方式进行。

1.6.4 设计流程

使用 MAX＋plus Ⅱ进行可编程逻辑器件开发主要包括 4 个阶段:设计输入、编译处理、验证(包括功能仿真、时序仿真和定时分析)和器件编程,其设计流程图如图 1-8 所示。具体的输入方法见后续章节。

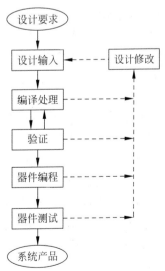

图 1-8 MAX＋plus Ⅱ 的设计流程

1.7　Quartus Ⅱ集成开发环境

Quartus Ⅱ是 Altera 公司新一代的 PLD 开发软件,适合大规模 FPGA 的开发,并且 Quartus Ⅱ可以完成 MAX+plus Ⅱ的所有设计任务。Quartus Ⅱ具有被业界所公认的简单易学、易用和设计环境可视化与集成化的优点。

1.7.1　Quartus Ⅱ简介

Quartus Ⅱ是 Altera 提供的 FPGA/CPLD 开发集成环境,Quartus Ⅱ在 21 世纪初推出,是 Altera 前一代 FPGA/CPLD 集成开发环境 MAX+plus Ⅱ的更新换代产品,其界面友好,使用便捷,Quartus Ⅱ提供了一种与结构无关的设计环境,使设计者能方便地进行设计输入、快速处理和器件编程。

Altera 的 Quartus Ⅱ提供了完整的多平台设计环境,能满足各种特定设计的需要,而且也是单芯片可编程系统(SOPC)设计的综合性环境和 SOPC 开发的基本设计工具,并为 Altera DSP 开发包进行系统模型设计提供了集成综合环境。

Quartus Ⅱ设计工具完全支持 Verilog、VHDL 的设计流程,其内部嵌有 Verilog、VHDL 逻辑综合器。Quartus Ⅱ也可以利用第三方的综合工具,如 Leonardo Spectrum、Synplify Pro、DC-FPGA,并能直接调用这些工具。同样,Quartus Ⅱ具备仿真功能,同时也支持第三方的仿真工具,如 ModelSim。此外,Quartus Ⅱ与 MATLAB 和 DSP Builder 结合可以进行基于 FPGA 的 DSP 系统开发,是 DSP 硬件系统实现的关键 EDA 工具。

Quartus Ⅱ包括模块化的编译器。编译器包括的功能模块有分析/综合器(Analysis&Synthesis)、适配器(Fitter)、装配器(Assembler)、时序分析器(Timing Analyzer)、设计辅助模块(Design Assistant)、EDA 网表文件生成器(EDA Netlist Writer)、编辑数据接口(Compiler Database Interface)等。可以通过选择 Start Compilation 来运行所有的编译器模块,也可以通过选择 Start 单独运行各个模块。还可以通过选择 Compiler Tool(Tools 菜单),在 Compiler Tool 窗口中运行相应的功能模块。在 Compiler Tool 窗口中,可以打开相应的功能模块所包含的设置文件或报告文件,或打开其他相关窗口。

此外,Quartus Ⅱ还包含许多十分有用的 LPM(Library of Parameterized Modules) 模块,它们是复杂或高级系统构建的重要组成部分,也可在 Quartus Ⅱ中与普通设计文件一起使用。Altera 提供的 LPM 函数均基于 Altera 器件的结构做了优化设计。在许多实用情况中,必须使用宏功能模块才可以使用一些 Altera 特定器件的硬件功能。例如各类片上存储器、DSP 模块、LVDS 驱动器、PLL 以及 SERDES 和 DDIO 电路模块等。

Quartus Ⅱ编译器支持的硬件描述语言有 VHDL、Verilog、System Verilog 及 AHDL,AHDL 是 Altera 公司自己设计、制定的硬件描述语言,是一种以结构描述方式为主的硬件描述语言,只有企业标准。

Quartus Ⅱ允许来自第三方的 EDIF、VQM 文件输入,并提供了很多 EDA 软件的接口。Quartus Ⅱ 支持层次化设计,可以在一个新的编辑输入环境中对使用不同输入设计方式完成的模块(元件)进行调用,从而解决了原理图与 HDL 混合输入设计的问题。在设计输入之后,Quartus Ⅱ 的编译器将给出设计输入的错误报告。Quartus Ⅱ 拥有性能良好的设计错误定位器,用于确定文本或图形设计中的错误。对于使用 HDL 的设计,可以使用 Quartus Ⅱ 带有的 RTL Viewer 观察综合后的 RTL 图。在进行编译后,可对设计进行时序仿真。在仿真前,需要利用波形编辑器编辑一个波形激励文件。编译和仿真经检测无误后,便可以将下载信息通过 Quartus Ⅱ 提供的编程器下载到目标器件中了。

1.7.2 Quartus Ⅱ 9.0 软件的安装

1. 系统配置要求

为了使 Quartus Ⅱ 9.0 软件的性能达到最佳,Altera 公司建议计算机的最低配置如下。

(1) CPU 为 Pentium Ⅳ 1.8GHz 以上型号,1GB 以上系统内存。

(2) 大于 4.5GB 安装 Quartus Ⅱ 9.0 软件所需的硬盘空间。

(3) Microsoft Windows NT 4.0(Service Pack 4 以上)、Windows 2000 或 Windows XP 系统。

(4) Microsoft Windows 兼容的 SVGA 显示器。

(5) DVD-ROM 驱动器。

(6) 至少有一种下面的接口:用于 ByteBlaster Ⅱ 或 ByteBlaster MV 下载电缆的并行接口(LPT 接口),用于 MasterBlaster 通信电缆的串行接口,用于 USB-Blaster 下载电缆、MasterBlaster 通信电缆以及 APU(Altera Programming Unit)的 USB 接口。

2. Quartus Ⅱ 9.0 软件的安装过程

在满足系统配置的计算机上,可以按照下面的步骤安装 Quartus Ⅱ 软件(这里以安装 Quartus Ⅱ 9.0 为例)。

(1) 插入 Quartus Ⅱ 9.0 安装光盘自动运行后,或在资源管理器中双击 install.exe 文件,出现安装界面。

(2) 单击安装界面中 Install Quartus Ⅱ and Related Software 按钮,进入安装 Quartus Ⅱ 9.0 软件的安装向导界面,如图 1-9 所示。

(3) 单击 Next 按钮,选择所要安装部分: Quartus Ⅱ 9.0、Modelsim-Altera(功能仿真和 HDL 测试激励软件,选装)、MegaCore IP Library(知识产权宏功能模块,选装)、Nios Ⅱ Embedded Processor、Evaluation Edition(Nios Ⅱ 相关软件,选装)。

(4) 选择完毕,单击 Next 按钮,阅读安装协议。

(5) 单击 Next 按钮,填写个人和公司信息。

(6) 单击 Next 按钮,选择安装目录。

(7) 单击 Next 按钮,选择程序文件夹。

(8) 单击 Next 按钮,选择安装类型:"完全安装"和"自定义安装",在"自定义安装"中,用户可以仅选择安装自己设计所需的器件系列,以节省磁盘空间。

(9) 单击 Next 按钮,进入安装信息总界面。

(10) 连续单击 Next 按钮,开始执行软件安装。

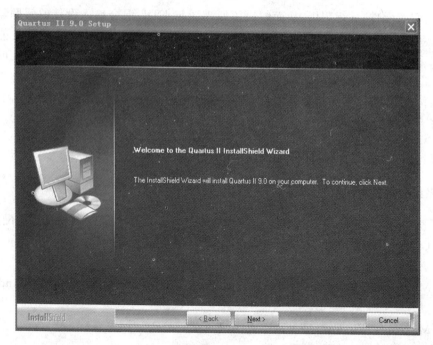

图 1-9　Quartus Ⅱ 9.0 软件的安装向导界面

　　Quartus Ⅱ 9.0 软件安装完成后,将给出提示界面,并显示是否安装成功的信息,应当仔细阅读所提示的相关信息。

3. Quartus Ⅱ 9.0 软件的授权

　　安装完 Quartus Ⅱ 9.0 软件之后,在首次运行它之前,还必须要有 Altera 公司提供的授权文件(license. dat)。

　　首次运行 Quartus Ⅱ 9.0,如果软件不能检测到一个有效的授权文件,会出现如图 1-10 所示的软件请求授权的界面。该界面给出 3 种选择:30 天试用期、自动从 Altera 网站请求授权文件、指定一个有授权文件的正确位置(前提是拥有有效的授权文件)。

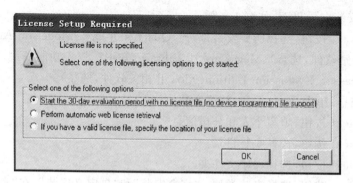

图 1-10　软件请求授权

　　如果拥有授权文件,则选择第三项,单击 OK 按钮。授权文件设置如图 1-11 所示。选择导入授权文件(license 文件),操作界面如图 1-12 所示。

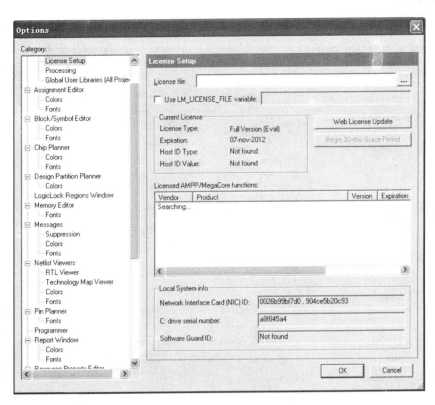

图 1-11　授权文件设置

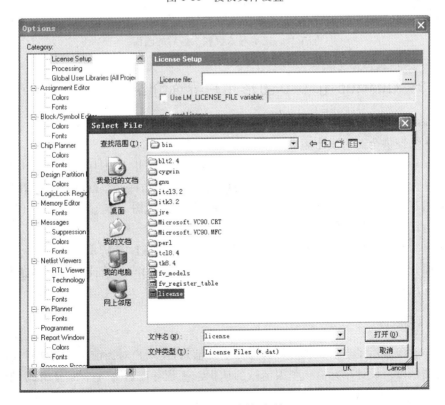

图 1-12　导入授权文件

导入授权文件后,用户信息显示如图 1-13 所示。

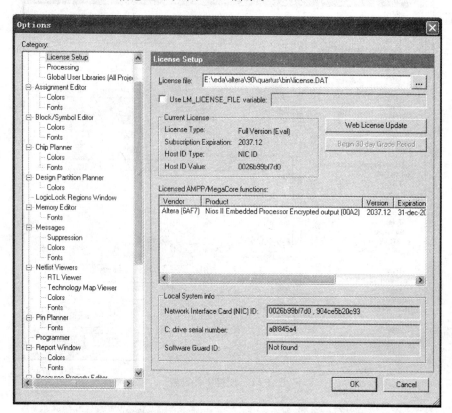

图 1-13　正确导入授权文件后的画面

1.7.3　Quartus Ⅱ 9.0 图形用户界面介绍

Quartus Ⅱ 设计软件提供完整的多平台设计环境,能够直接满足特定设计需要,为可编程芯片系统提供全面的设计环境。

Quartus Ⅱ 软件为设计流程的每个阶段提供 Quartus Ⅱ 图形用户界面、EDA 工具界面以及命令行界面。可以在整个流程中只使用这些界面中的一个,也可以在设计流程的不同阶段使用不同界面。本节介绍 Quartus Ⅱ 图形用户界面,图 1-14 显示了 Quartus Ⅱ 图形用户界面为设计流程每个阶段所提供的功能。

首次启动 Quartus Ⅱ 软件时出现的图形用户界面如图 1-15 所示。Quartus Ⅱ 9.0 图形用户界面分为 6 大区域:工程导航区、状态区、信息区、工作区、快捷命令工具条和菜单命令区,下面分别对这些区域进行介绍。

1. 工程导航区

工程导航区显示了当前工程的绝大部分重要信息,使用户对当前工程的文件层次结构、所有相关文档以及设计单元有一个很清晰的认识。工程导航区有 3 个部分组成,如图 1-16 所示。

设计输入
- 文本编辑器(Text Editor)
- 模块和符号编辑器(Block & Symbol Editor)
- MegaWizard 插件管理器

约束输入
- 分配编辑器(Assignment Editor)
- 引脚规划编辑器(Pin Planner)
- Settings 对话框
- 平面布局图编辑器(Floorplan Editor)
- 设计分区窗口

综合
- 分析和综合(Analysis & Synthesis)
- VHDL、Verilog HDL & AHDL
- 设计助手
- RTL 查看器(RTL Viewer)
- 技术映射查看器(Technology Map Viewer)
- 渐进式综合(Incremental Synthesis)
- 状态机查看器(State Machine Viewer)

布局布线
- 适配器(Fitter)
- 分配编辑器(Assignment Editor)
- 平面布局图编辑器(Floorplan Editor)
- 渐进式编译(Incremental Compilation)
- 报告窗口(Report Window)
- 资源优化顾问(Resource Optimization Advisor)
- 设计空间管理器(Design Space Explorer)
- 芯片编辑器(Chip Editor)

时序分析
- 时序分析仪(Timing Analyzer)
- TimeQuest Timing Analyzer
- 报告窗口(Report Window)
- 技术映射查看器(Technology Map Viewer)

仿真
- 仿真器(Simulator)
- 波形编辑器(Waveform Editor)

编程
- 汇编器(Assembler)
- 编程器(Programmer)
- 转换程序文件(Convert Programming Files)

系统级设计
- SOPC Builder
- DSP Builder

软件开发
- Software Builder

基于模块的设计
- LogicLock
- 平面布局图编辑器(Floorplan Editor)
- VQM Writer

EDA 接口
- EDA Netlist Writer

功耗分析
- PowerPlay Power Analyzer
- PowerPlay Early Power Estimator

时序逼近
- 时序逼近平面布局规划器(Timing Closure Floorplan)
- LogicLock
- 时序优化顾问(Timing Optimization Advisor)
- 设计空间管理器(Design Space Explorer)
- 渐进式编译(Incremental Compilation)

调试
- SignalTap II 逻辑分析仪
- 逻辑分析仪接口工具
- SignalProbe
- 在系统存储内容编辑器(In-System Content Editor)
- RTL 查看器(RTL Viewer)
- 技术映射查看器(Technology Map Viewer)
- 芯片编辑器(Chip Editor)

工程更改管理
- 芯片编辑器(Chip Editor)
- 资源属性编辑器(Resource Property Editor)
- 更改管理器(Change Manager)

图 1-14 Quartus II 图形用户界面的功能

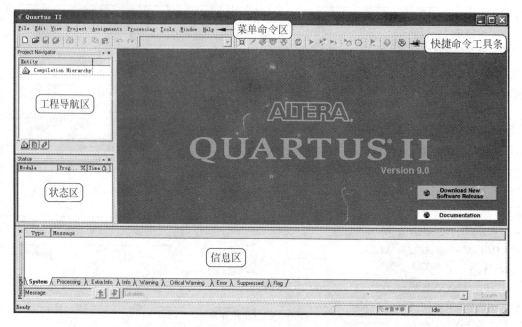

图 1-15　Quartus Ⅱ 9.0 图形用户界面

　　(1) Hierarchy。设计实体的层次结构,它清楚地显示了顶层实体和各调用实体的层次关系。

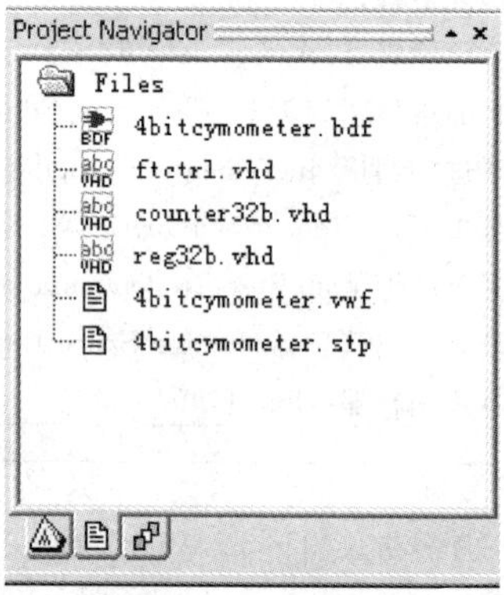

　　(2) Files。显示所有与当前工程相关联的文件,当把鼠标放在文件夹中的文件上时,软件会自动显示文件所在的绝对地址。用鼠标双击文件,则会在编辑窗口打开该文件。

　　(3) Design Units。当前工程中使用的所有设计单元,这些单元既包含 Quartus Ⅱ 中自带的设计模块(如乘法器、移位寄存器等),也包含用户自己设计的单元模块。

2. 状态区

　　状态区的作用是显示系统状态信息。它由一个显示窗口和一个位于系统环境最下方的状态条组成。图 1-17 中位于上面的窗口用于显示编译或仿真时的运行状态和进度,位于下方的状态条用于显示每个按钮或菜单的功能描述以及工程编译和波形仿真的进度。此外,当编译器和仿真器都不工作时,状态窗口显示系统处于空闲状态“Idle”。

3. 信息区

　　信息区用于显示系统在编译和仿真过程中所产生的指示信息。例如,语法信息、编译成功信息等。信息区提供 5 大类操作标记信息:Extra Info、Info、Warning、Critical Warning 以及 Error。关于各类信息的描述如表 1-1 所示。

图 1-16　工程导航区

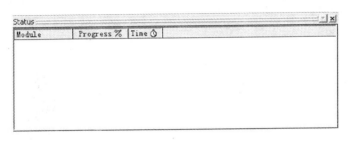

图 1-17 状态区的显示窗口和工作条

表 1-1 5 类操作标记信息

信息类型	信息描述
Extra Info	为设计者提供外部信息,例如外部匹配信息和细节信息
Info	显示编译、仿真过程中产生的操作信息
Warning	显示编译、仿真过程中产生的警告信息
Critical Warning	显示编译、仿真过程中产生的严重警告信息
Error	显示编译、仿真过程中产生的错误信息

警告信息和错误信息不同:当编译仿真或软件构造过程中产生错误信息时,用户的操作不会成功;而当出现警告信息时,操作仍能成功。但是这并不能说明用户的设计文件是完全正确的,尤其在综合和编译过程中更要注意警告信息,因为它可能代表逻辑上的错误或芯片性能不符合设计要求。所以在编译阶段,最好对每个警告信息都进行仔细检查并寻找原因,这样能保证设计的稳定性和正确性。

用户可以通过单击信息区的标签来选择显示相应的信息,也可以通过右击打开的菜单选择显示或隐藏某类信息,从而进行个性化定制,如图 1-18 所示。

为了便于设计人员查阅信息,除了 5 类操作信息外,Quartus Ⅱ 9.0 软件还在信息区中增加了 System、Processing、Suppressed 3 项标签信息,但此 3 项信息仍属于 5 大类标记信息。Processing 窗口显示所有操作标记信息,即上面提到的 5 类操作标记信息都会在这个窗口显示。System 窗口显示所有与设计过程无关的任务信息,例如,当把一个设计输入文件作为工程的顶层实体时,在 System 窗口中就会记录下这次任务操作。Suppressed 信息显示受 Message Suppressed Manager 对话框中的规则(由用户设置)限制的 Processing 信息,当信息符合受限条件时,它将被转移到 Suppressed 标签中,而 Processing 和其他所属大类型标签页中则不再显示此条信息。

4. 工作区

工作区是用户对输入文件进行设计的空间区域。在工作区中,Quartus Ⅱ 软件将显示设计文件和工具条以方便用户操作,如图 1-19 所示。

在默认情况下,Quartus Ⅱ 软件会根据用户打开的设计输入文件的类型以及用户当前的工作环境,自动地为用户显示不同的工具条。用户也可以自定义工具条和快捷命令按钮。

图 1-18　信息区

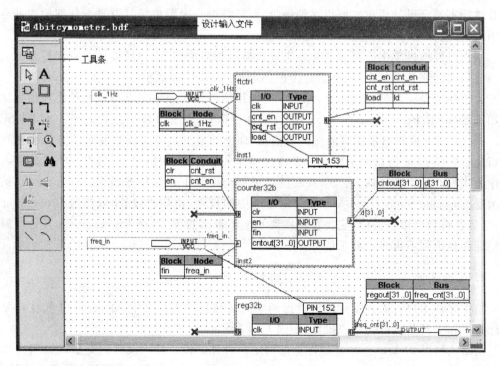

图 1-19　工作区

5. 快捷命令工具条

快捷命令工具条是由若干个按钮组成的,单击其中的按钮,可快速执行相应的操作。当把 Quartus Ⅱ 的所有工具条全部拖出显示时,会发现这些工具条中有很多按钮是重复的,这是 Quartus Ⅱ 为了方便用户在打开每个工具条时都能进行一些基本操作而做的设计。但是当用户同时打开多个工具条时,会使整个系统环境显得臃肿烦琐,而这种情况在用户只需要不同工具条中的几个简单功能时会显得更为突出。所以 Quartus Ⅱ 也为用户提供了个性化的设置功能,用户可以自定义工具条和快捷命令按钮。

自定义工具条可以通过以下步骤进行:选择 Tools→Customize→Toolbars 选项,也可在工具条或快捷命令按钮处右击,选择 Customize→Toolbars 选项,打开图 1-20 所示界面,然后就可自行添加或删减工具条。自定义快捷命令按钮的过程是:选择 Tools→Customize→Commands 选项,或在工具条和快捷命令按钮处右击,选择 Customize→Commands 选项,就会打开图 1-21 所示界面,然后选择不同类别下的快捷命令按钮并用鼠标拖到工具条,即可完成个性化设置。

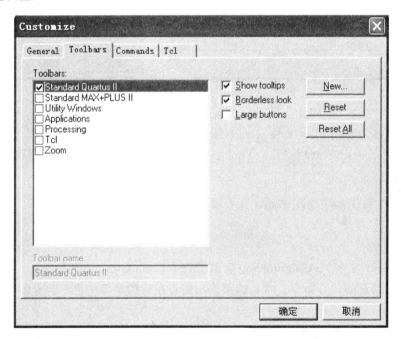

图 1-20　自定义工具条

将鼠标置于工具条按钮图标上方 1 秒钟左右,各工具条及其按钮的功能将会在弹出标签中显示。另外,在状态窗口下方的状态条也会显示其功能。工具条中的快捷命令按钮只是菜单选项的简便操作。

6. 菜单命令区

Quartus Ⅱ 软件的菜单命令区帮助操作人员方便快捷地操作软件,同时又可根据软件的功能不同,实时动态地改变菜单命令。

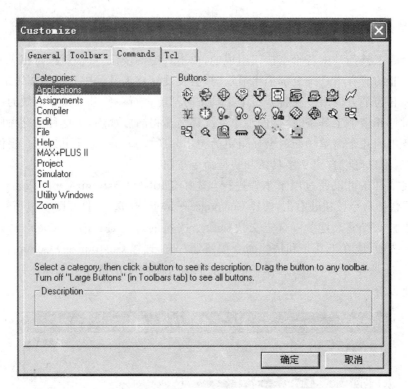

图 1-21   自定义快捷命令按钮

菜单命令区主要由 File(文件)、Edit(编辑)、View(视图)、Project(工程)、Assignments(资源分配)、Processing(处理操作)、Tools(工具)、Window(窗口)和 Help(帮助)菜单组成，如图 1-22 所示。

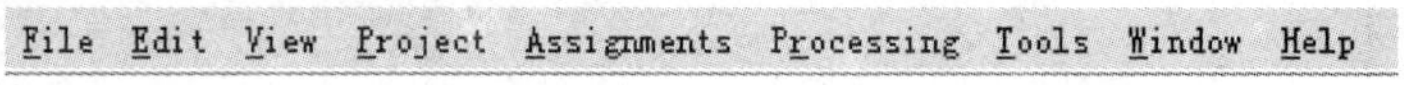

File Edit View Project Assignments Processing Tools Window Help

图 1-22   菜单命令区

其中 Project(工程)、Assignments(资源分配)、Processing(处理操作)、Tools(工具)菜单集中了软件系统的核心命令。常见的菜单功能将在后续章节中进一步介绍。

1.8   EDA 技术发展趋势

随着市场需求的增长,集成工艺水平及计算机自动设计技术的不断提高,促进单片系统,或称系统集成芯片成为 IC 设计的发展方向。这一发展趋势表现在如下几方面。

(1) 超大规模集成电路的集成度和工艺水平不断提高,深亚微米工艺,如 65nm、45nm 已经走向成熟,在一个芯片上完成系统级的集成已成为可能。

(2) 由于工艺线宽的不断减小,在半导体材料上的许多寄生效应已经不能简单地被忽略。这就对 EDA 工具提出了更高的要求,同时也使得 IC 生产线的投资更为巨大。这一变化使得可编程逻辑器件开始进入传统的 ASIC 市场。

（3）市场对电子产品提出了更高的要求，如必须降低电子系统的成本、减小系统的体积等，从而对系统的集成度不断提出更高的要求。同时，设计的速度也成了一个产品能否成功的关键因素，这促使 EDA 工具和 IP 核应用更为广泛。

（4）高性能的 EDA 工具得到长足的发展，其自动化和智能化程度不断提高，为嵌入式系统设计提供了功能强大的开发环境。

（5）计算机硬件平台性能大幅度提高，为复杂的 SOC 设计提供了物理基础。

但以往的 HDL 只提供行为级或功能级的描述，无法完成更复杂的系统级的抽象描述。人们正尝试开发一些新的系统级设计语言来完成这一工作，现在已开发出更趋于电路系统行为级的硬件描述语言，如 System Verilog、System C 及系统级混合仿真工具，可以在同一个开发平台上完成高级语言（如 C/C++ 等）与标准 HDL（Verilog HDL、VHDL）或其他更低层次描述模块的混合仿真。虽然用户用高级语言编写的模块只能部分自动转化成 HDL 描述，但作为一种针对特定应用领域的开发工具，软件供应商已经为常用的功能模块提供了丰富的宏单元库支持，可以方便地构建应用系统，并通过仿真加以优化，最后自动产生 HDL 代码，进入下一阶段的 ASIC 实现。

此外，随着系统开发对 EDA 技术的目标器件各种性能要求的提高，ASIC 和 FPGA 将更大程度相互融合。这是因为虽然标准逻辑 ASIC 芯片尺寸小、功能强大、功耗低，但设计复杂，并且有批量生产要求；可编程逻辑器件开发费用低廉，能在现场进行编程但却体积大、功能有限，而且功耗较大。因此，FPGA 和 ASIC 正在走到一起，互相融合，取长补短。由于一些 ASIC 制造商提供具有可编程逻辑的标准单元，可编程器件制造商重新对标准逻辑单元发生兴趣，而有些公司采取两头并进的方法，从而使市场开始发生变化，在 FPGA 和 ASIC 之间正在诞生一种"杂交"产品，以满足成本和上市速度的要求，例如将可编程逻辑器件嵌入标准单元。

尽管将标准单元核与可编程器件集成在一起并不意味着使 ASIC 更加便宜，或使 FPGA 降低功耗。但是可使设计人员将两者的优点结合在一起，通过去掉 FPGA 的一些功能，可减少成本和开发时间并增加灵活性。当然现今也在进行将 ASIC 嵌入可编程逻辑单元的工作。目前，许多 PLD 公司开始为 ASIC 提供 FPGA 内核。PLD 厂商与 ASIC 制造商结盟，为 SOC 设计提供嵌入式 FPGA 模块，使未来的 ASIC 供应商有机会更快地进入市场，利用嵌入式内核获得更长的市场生命期。

例如在实际应用中使用所谓可编程系统级集成电路（FPSLIC），即将嵌入式 FPGA 内核与 RISC（Reduced Instruction Set Computing）微控制器组合在一起形成新的 IC，广泛用于电信、网络、仪器仪表和汽车中的低功耗应用系统中。当然，也有 PLD 厂商不把 CPU 的硬核直接嵌入在 FPGA 中而使用了软 IP 核，并称为 SOPC。它也可以完成复杂电子系统的设计，只是代价将相应提高。

在新一代的 ASIC 器件中留有 FPGA 的空间。如果希望改变设计，或者由于开始的工作中没有条件完成足够的验证测试，稍后也可以根据要求对它编程，这使 ASIC 设计人员有了一定的再修改的自由度。采用这种小的可编程逻辑内核修改设计问题，很好地降低了设计风险。增加可编程逻辑的另一个原因是，考虑到设计产品的许多性能指标变化太快，特别是通信协议，为已经完成设计并投入应用的 IC 留有多次可自由更改的功能是十分有价值的事，这在通信领域中的芯片设计方面尤为重要。

可重构计算的概念已逐渐明晰,它试图在通用的计算机体系架构中引入新的计算模式,通过 CPU 加入可以动态重构的可编程逻辑,为每一个不同应用加载不同的可编程逻辑配置,以优化计算速度,这种模糊软硬件界限的技术,或许将获得长足发展。

现在传统 ASIC 和 FPGA 之间的界限正变得模糊。系统级芯片不仅集成 RAM 和微处理器,也集成 FPGA。整个 EDA 和 IC 设计工业都朝这个方向发展,这并非是 FPGA 与 ASIC 制造商竞争的产物,对于用户来说,意味着有了更多的选择。

思考题与习题

1. 什么叫电子设计自动化? 有什么特点?

2. EDA 技术的发展经历了哪几个发展阶段?

3. 什么是综合? 有哪些类型? 综合在电子设计自动化中的地位是什么?

4. 在 EDA 技术中,自顶向下的设计方法的重要意义是什么?

5. 简述在基于 CPLD/FPGA 的 EDA 设计流程中所涉及的 EDA 工具,及其在整个流程中的作用。

6. 叙述 EDA 的 CPLD/FPGA 设计流程。

7. EDA 技术与 ASIC 设计和 FPGA 开发有什么关系? FPGA 在 ASIC 设计中有什么用途?

8. 什么是 IP 核? 什么是 IP 复用技术?

第2章

可编程逻辑器件

20世纪80年代以来出现了一系列生命力强、应用广泛、发展迅猛的新型集成电路,即可编程逻辑器件(Programmable Logic Devices,PLD)。它们是一种由用户根据自己要求来构造逻辑功能的数字集成电路,一般可利用计算机辅助设计,即用原理图、状态机、布尔方程、硬件描述语言等方法来表示设计思想,经一系列编译或转换程序,生成相应的目标文件,再由编程器或下载电缆将设计文件配置到目标文件中,这时可编程器件就可作为满足用户要求的专用集成电路使用了。PLD适宜于小批量生产的系统,或在系统开发研制过程中采用。因此在计算机硬件、自动化控制、智能化仪表、数字电路系统等领域中得到了广泛的应用。它的应用和发展不仅简化了电路设计,降低了成本,提高了系统的可靠性和保密性,而且给数字设计方法带来了重大变化。

2.1 可编程逻辑器件概述

2.1.1 PLD 发展历程

最早的可编程逻辑器件是1970年出现的PROM(Programmable ROM),它由全译码的与阵列和可编程的或阵列组成,其阵列规模大、速度低,主要用途是作为存储器。

20世纪70年代中期出现了可编程逻辑阵列(Programmable Logic Array,PLA)器件,它由可编程的与阵列和可编程的或阵列组成。由于其编程复杂,开发有一定的难度,因而没有得到广泛的应用。

20世纪70年代末,推出了可编程阵列逻辑(Programmable Array Logic,PAL)器件,它由可编程的与阵列和固定的或阵列组成,采用熔丝编程方式,双极性工艺制造,器件的工作速度很高。由于它的输出结构种类很多,设计很灵活,因而成为第一个得到普遍应用的可编程的逻辑器件。

20世纪80年代初,Lattice公司发明了通用阵列逻辑器件,采用输出逻辑宏单元(Output Logic Macro Cell,OLMC)的形式和E^2CMOS工艺结构,具有可擦除、可重复编程、数据可长期保存和可重新组合结构等优点。GAL比PAL使用更加灵活,因而在20世纪80年代得到广泛的应用。

20世纪80年代中期,Xilinx公司提出现场可编程概念,同时生产出了世界上第一片现场可编程门阵列器件,它是一种新型的高密度PLD,采用CMOS SRAM工艺制作,内部由许多独立的可编程逻辑模块组成,逻辑块之间可以灵活地相互连接,具有密度高、编程速度快、设计灵活和可再配置设计能力等优点。同一时期,Altera 公司推出 EPLD(Erasable Programmable Logic Device)器件,它采用 CMOS 和 UVEPROM(Ultra Violet Erasable Programmable ROM)工艺制作,它比 GAL 器件有更高的集成度,可以用紫外线或电擦除,但内部互连能力比较弱。

20 世纪 80 年代末,Lattice 公司提出了在系统可编程技术。此后相继出现了一系列具备在系统编程能力的复杂可编程逻辑器件。CPLD 是在 EPLD 的基础上发展起来的,采用 E^2CMOS 工艺,增加了内部互连线,改进了内部结构体系,比 EPLD 性能更好,设计更加灵活。

进入 20 世纪 90 年代后,高密度 PLD 在生产工艺、器件的编程和测试技术等方面都有了飞速发展。器件的可用逻辑门数超过了百万门,并出现了内嵌复杂功能模块(如加法器、乘法器、RAM、CPU 核、DSP 核、PLL 等)的 SOPC。目前世界各著名半导体器件公司(如 Altera、Xilinx、Lattice 等)均可提供不同类型的 CPLD 和 FPGA 产品,新的 PLD 产品不断面世。众多公司的竞争促进了可编程集成电路技术的提高,使其性能不断完善,产品日益丰富。

2.1.2　目前流行可编程器件的特点

由于市场产品的需求和市场竞争的促进,标志着最新 EDA 技术发展成果的新器件不断涌现,其特点主要表现为以下几个方面。

(1) 大规模。逻辑规模已达数百万门,近十万逻辑宏单元,可以将一个复杂的电路系统,包括诸如一个至多个嵌入式系统处理器、各类通信接口、控制模块和 DSP 模块等装入一个芯片中,即能满足所谓的 SOPC 设计。典型的器件有 Altera 的 Stratix 系列、Excalibue 系列,Xilinx 的 Virtex-II Pro 系列、Spartan-3 系列(该系列达到了 90nm 工艺技术)。

(2) 低功耗。尽管一般的 FPGA 和 CPLD 在功能和规模上都能很好地满足绝大多数的系统设计要求,但对于有低功耗要求的便携式产品来说,通常都难于满足要求,但由 Lattice 公司最新推出的 ispMACH 4000Z 系列 CPLD 达到了前所未有的低功耗性能,静态功耗电流最大仅有 $20\mu A$,以至于被称为零功耗器件,而其他性能(如速度、规模、接口特性等)仍然保持了很好的指标。

(3) 模拟可编程。各种应用 EDA 工具软件设计、ISP 方式编程下载的模拟可编程及模数混合可编程器件不断出现。最具代表性的器件是 Lattice 的 ispPAC 系列器件,其中包括常规模拟可编程器件 ispPAC10、精密高阶低通滤波器设计专用器件 ispPAC80、模数混合通用在系统可编程器件 ispPAC20、在系统可编程电子系统电源管理器件 ispPAC-Power 等。

(4) 含多种专用端口和附加功能模块的 FPGA。例如 Lattice 的 ORT、ORSO 系列器件,含 sysHSI SERDES 技术的 FPGA 具有通信速度高达 3.7Gbps 的 SERDES 背板收发器,其中内嵌 8b/10b 编解码器,以及超过 40 万门的 FPGA 可编程逻辑资源;Altera 的 Stratix、Cyclone、APEX 等系列器件,除内嵌大量 ESB(嵌入式系统块)外,还含有嵌入的锁相环模块(用于时钟发生和管理)、嵌入式微处理器核等。此外,Stratix 系列器件还嵌有丰富的 DSP 模块。

2.1.3　可编程逻辑器件的基本结构和分类

1. 可编程逻辑器件的基本结构

可编程逻辑器件的基本结构是由与阵列和或阵列,再加上输入缓冲电路和输出电路组成,组成框图如图 2-1 所示。其中与阵列和或阵列是核心,与阵列用来产生乘积项,或阵列用来产生乘积项之和形式的函数。输入缓冲电路可以产生输入变量的原变量和反变量,输出结构可以是组合输出、时序输出或是可编程的输出结构,输出信号还可以通过内部通道反馈到输入端。

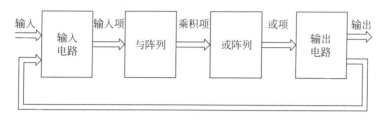

图 2-1　PLD 基本结构框图

2. 可编程逻辑器件的分类

可编程逻辑器件的分类没有统一标准,按其结构的复杂程度及结构的不同,可编程逻辑器件一般可分为 4 种:SPLD、CPLD、FPGA、和 ISP 器件。

1) 简单可编程逻辑器件

简单可编程逻辑器件(SPLD)是可编程逻辑器件的早期产品,包括可编程只读存储器、可编程逻辑阵列、可编程阵列逻辑和通用阵列逻辑。简单 PLD 的典型结构是由与门阵列、或门阵列组成,能够以“积之和”的形式实现布尔逻辑函数。因为任意一个组合逻辑都可以用“与或”表达式来描述,所以简单 PLD 能够完成大量的组合逻辑功能,并且具有较高的速度和较好的性能。

当与阵列固定,或阵列可编程时,称为可编程只读存储器,其结构如图 2-2 所示。这种可编程逻辑器件一般用作存储器,其输入为存储器的地址,输出为存储单元的内容。由于与阵列采用全译码器,随着输入的增多,阵列规模按输入的 2^n 增长。当输入的数目太大时,器件功耗增加,而巨大的阵列开关时间也会导致其速度缓慢。但 PROM 价格低,易于编程,同时没有布局、布线问题,性能完全可以预测。它不可擦除、不可重写的局限性也由于 EPROM、E^2PROM 的出现而得到解决,也还是具有一定应用价值的。

当与阵列和或阵列都是可编程时,称为可编程逻辑阵列,其结构如图 2-3 所示。由于与阵列可编程,使得 PROM 中由于输入增加而导致规模增加的问题

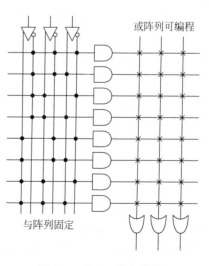

图 2-2　PROM 基本结构

不复存在,从而有效地提高了芯片的利用率。PLA用于含有复杂的随机逻辑置换的场合是较为理想的,但其慢速特性和相对高的价格妨碍了它被广泛使用。

当或阵列固定,与阵列可编程时,称为可编程阵列逻辑,其结构如图2-4所示。与阵列的可编程特性使输入项可以增多,而固定的或阵列又使器件得到简化。在这种结构中,每个输出是若干乘积项之和,其中乘积项的数目是固定的。PAL的这种基本门阵列结构对于大多数逻辑函数是很有效的,因为大多数逻辑函数都可以方便地化简为若干个乘积项之和,即与或表达式,同时这种结构也提供了较高的性能和速度,所以一度成为PLD发展史上的主流。PAL有几种固定的输出结构,不同的输出结构对应不同的型号,可以根据实际需要进行选择。

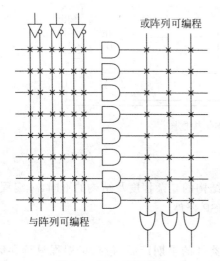

图 2-3　PLA 阵列结构

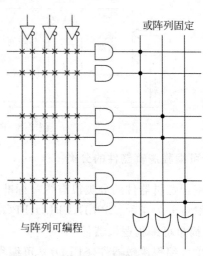

图 2-4　PAL 阵列结构

PAL的第二代产品GAL,吸收了先进的浮栅技术,并与CMOS的静态RAM结合,形成了E^2PROM技术,从而使GAL具有了可电擦写、可重复编程、可设置加密的功能。GAL的输出可由用户来定义,它的每个输出端都集成着一个可编程的输出逻辑宏单元。GAL16V8的逻辑框图如图2-5所示,在12～19号管脚内就各有一个OLMC。

GAL22V10的OLMC内部结构如图2-6所示。从图中可以看出,OLMC中除了包含或门阵列和D触发器之外,还有两个多路选择器(MUX),其中4选1MUX用来选择输出方式和输出极性,2选1 MUX用来选择反馈信号。这些选择器的状态都是可编程控制的,通过编程改变其连线可以使OLMC配置成多种不同的输出结构,完全包含PAL的几种输出结构。普通GAL器件只有少数几种基本型号就可以取代数十种PAL器件,因而GAL是名副其实的通用可编程逻辑器件。GAL的主要缺点是规模较小,对于较为复杂的逻辑电路显得力不从心。

2) 复杂可编程逻辑器件

复杂可编程逻辑器件出现于20世纪80年代末期,其结构区别于早期的简单PLD,最基本的一点在于:简单PLD为逻辑门编程,而复杂PLD为逻辑板块编程,即以逻辑宏单元为基础,加上内部的与或阵列和外围的输入/输出模块,不但实现了除简单逻辑控制之外的时序控制,又扩大了在整个系统中的应用范围和扩展性。

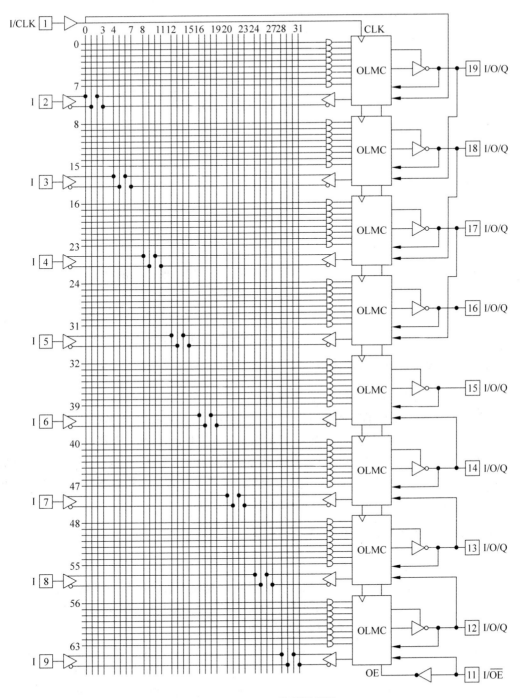

图 2-5 GAL16V8 的逻辑框图

3）现场可编程门阵列

现场可编程门阵列是一种可由用户自行定义配置的高密度专用集成电路，它将定制的 VLSI(Very Large Scale Integration)电路的单片逻辑集成优点和用户可编程逻辑器件的设计灵活、工艺实现方便、产品上市快捷的长处结合起来，器件采用逻辑单元阵列结构，静态随

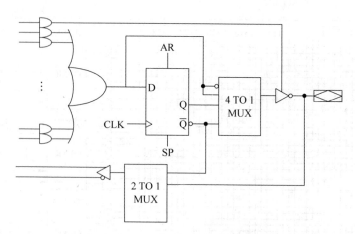

图 2-6　GAL22V10 的 OLMC 内部结构

机存取存储工艺,设计灵活,集成度高,可重复编程,并可现场模拟调试验证。

　　4) 在系统可编程逻辑器件

　　在系统可编程逻辑器件是一种新型可编程逻辑器件,采用先进的 E^2CMOS 工艺,结合传统的 PLD 器件的易用性、高性能和 FPGA 的灵活性、高密度等特点,可在系统内进行编程。

3. 可编程逻辑器件的互连结构

　　PLD 的互连结构有确定型和统计型两类。

　　(1) 确定型 PLD 提供的互连结构每次用相同的互连线实现布线,其特性常常是事先确定的,这类 PLD 是由 PROM 结构演变而来,目前除 FPGA 器件以外,基本上都采用这种结构。

　　(2) 统计型互连结构 PLD 设计系统每次执行相同的功能,但却能给出不同的布线模式,一般无法确切预知电路的时延。所以系统必须允许设计者提出约束条件,如关键路径的时延和关联信号的时延差等。FPGA 就是采用这种结构。

4. 可编程逻辑器件的编程特性及编程元件

　　可编程逻辑器件的编程特性有一次可编程和重复可编程两类。一次可编程的典型产品是 PROM、PAL 和熔丝型 FPGA,其他大多数是可重复编程的。用紫外线擦除的产品的编程次数一般在几十次的数量级,采用电擦除的次数多一些,采用 E^2CMOS 工艺的产品,擦写次数可达几千次,而采用 SRAM 结构,则可实现无限次编程。

　　最早的 PLD 器件(如 PAL),大多采用 TTL 工艺,后来的 PLD 器件(如 GAL、CPLD、FPGA 及 ISP-PLD)都采用 MOS 工艺(如 NMOS、CMOS、E^2CMOS 等)。一般有下列 5 种编程元件:熔丝开关(一次可编程,要求大电流)、可编程低阻电路元件(多次编程,要求中电压)、EPROM(要求有石英窗口,紫外线擦除)、E^2PROM、基于 SRAM 的编程元件。

2.1.4　PLD 相对于 MCU 的优势所在

1. MCU 经常面临的难题

　　MCU 逻辑行为上的普适性,常会引导人们认为 MCU 是无所不能的,任何一个电子系统设计项目,MCU 成为毋庸置疑的主角。但不深入考察 MCU 的优势和弱点,事事都以 MCU 越俎代庖、勉为其难,将严重影响了系统设计的最佳选择和性价比的提高。

(1) 运行速度。从理论上来说,MCU 几乎可以解决任何逻辑的实现,但 MCU 是通过内部的 CPU 逐条执行软件指令来完成各种运算和逻辑功能,无论多么高的工作时钟频率和多么好的指令时序方式,在排队式串行指令执行方式(DSP 处理器也不能逃脱这种工作方式)面前,其工作速度和效率必将大打折扣。因此,MCU 在实时仿真、高速工控或高速数据采样等许多领域尤显力不从心,速度是 MCU 及其系统面临的最大挑战。

(2) 复位。复位工作方式是 MCU 的另一致命弱点,任何 MCU 在工作初始都必须经历一个复位过程,否则将无法进行正常工作。MCU 的复位必须满足一定的电平条件和时间条件(长达毫秒级)。在工作电平有某种干扰性突变时,MCU 不可缺少的复位设置将成为系统不可靠工作的重要因素。而且这种产生于复位的不完全性,构成了系统不可靠工作的隐患,其出现方式极为随机和动态,一般方法难于检测。一些系统在工作中出现的"假复位"和不可靠复位带来的后果是十分严重的。尽管人们不断提出了种种改善复位的方法及可靠复位的电路,市场上也有层出不穷的 MCU 复位监控专用器件,但到目前为止,复位的可靠性问题仍然未能得到根本性的解决。

(3) 程序"跑飞"。在强干扰或某种偶然因素下,任何 MCU 的程序指针都极可能越出正常的程序流程"跑飞",这已是不争的事实。事实证明,无论多么优秀的 MCU,无论具有多么良好的抗干扰措施,包括设置任何方式的内外硬件看门狗,在受强干扰特别是强电磁干扰情况下,MCU 都无法保证其仍能正常工作而不进入不可挽回的"死机"状态。尤其是当程序指针"跑飞"与复位不可靠因素相交错时,情况将变得尤为复杂。

2. CPLD/FPGA 的优势

基于 CPLD/FPGA 器件的开发应用可以从根本上解决 MCU 所遇到的问题。与 MCU 相比,CPLD/FPGA 在某些领域的优势是多方面的和根本性的。

(1) 高速性。CPLD/FPGA 的时钟延迟仅纳秒级,结合其并行工作方式,在超高速应用领域和实时测控方面有非常广阔的应用前景。

(2) 高可靠性。在高可靠应用领域,MCU 的缺憾为 CPLD/FPGA 的应用留下了很大的用武之地。除了不存在 MCU 所特有的复位不可靠与程序指针可能"跑飞"等固有缺陷外,CPLD/FPGA 的高可靠性还表现在几乎可将整个系统下载于同一芯片中,从而大大缩小了体积,易于管理和屏蔽。

(3) 编程方式。采用 JTAG 在系统配置编程方式,可对正在工作的系统上的 CPLD/ FPGA 进行在系统编程。这对于工控、智能仪器仪表、通信和军事上有特殊的用途。同时为系统的调试带来极大的方便。

(4) 标准化设计语言。CPLD/FPGA 的设计开发工具,通过符合国际标准的硬件描述语言(如 VHDL 或 Verilog HDL)来进行电子系统设计和产品开发。由于开发工具的通用性、设计语言的标准化以及设计过程几乎与所用的 CPLD/FPGA 器件的硬件结构没有关系,所以设计成功的各类逻辑功能块软件有很好的兼容性和可移植性。

在电子应用系统设计中,充分了解系统的需求,认识 MCU 与 CPLD/FPGA 各自的优势所在,利用 MCU 与 CPLD/FPGA 在功能和性能上的互补性,在构成系统的功能模块中合理地选择 MCU 与 CPLD/FPGA,充分发挥 MCU 与 CPLD/FPGA 的所长,使应用系统实现最佳的技术配合。

2.2 CPLD 的结构与工作原理

复杂可编程逻辑器件是随着半导体工艺不断完善、用户对器件集成度要求不断提高的形势下发展起来的。最初是在 EPROM 和 GAL 的基础上推出可擦除可编程逻辑器件,也就是 EPLD(Erasable PLD),其基本结构与 PAL/GAL 相仿,但集成度要高得多。近年来器件的密度越来越高,所以许多公司把原来的 EPLD 的产品改称为 CPLD,但为了与 FPGA、ISP-PLD 加以区别,一般把限定采用 EPROM 结构实现较大规模的 PLD 称为 CPLD。

2.2.1 CPLD 的基本结构

CPLD 器件,可以认为是将多个可编程阵列逻辑器件集成到一个芯片,具有类似 PAL 的结构。CPLD 器件中至少包含 3 种结构:可编程逻辑功能块(Function Block,FB)、可编程 I/O 单元、可编程内部连线。FB 中包含有乘积项、宏单元等。图 2-7 是 CPLD 的结构原理图。

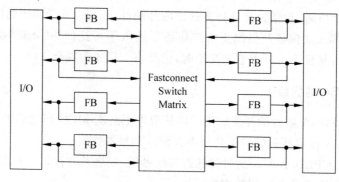

图 2-7 CPLD 的结构原理图

目前,世界上主要的半导体器件公司,如 Altera、Xilinx 和 Lattice 等,都生产 CPLD 产品。不同的 CPLD 有各自的特点,但总体结构大致相似。在本节中,将以 Altera 公司的 MAX7000 系列器件来介绍 CPLD 的基本原理和结构。

2.2.2 Altera 公司 MAX7000 系列 CPLD 简介

MAX7000 系列是高密度、高性能的 CMOS CPLD,采用先进的 $0.8\mu m$ CMOS E^2PROM 技术制造。MAX7000 系列提供 600~5000 可用门,引线端子到引线端子的延时为 6ns,计数器频率可达 151.5MHz。它主要有逻辑阵列块(Logic Array Block,LAB)、宏单元、扩展乘积项、可编程连线阵列(Programmable Interconnect Array)和 I/O 控制模块组成,其中的 EPM7128E 的结构框图如图 2-8 所示。EPM7128E 有 4 个专用输入,它们能用作通用输入,或作为每个宏单元和 I/O 引线端子的高速的、全局的控制信号,如时钟(Clock)、清除(Clear)和输出使能(Out Enable)。MAX7000 系列的其他器件结构类似。

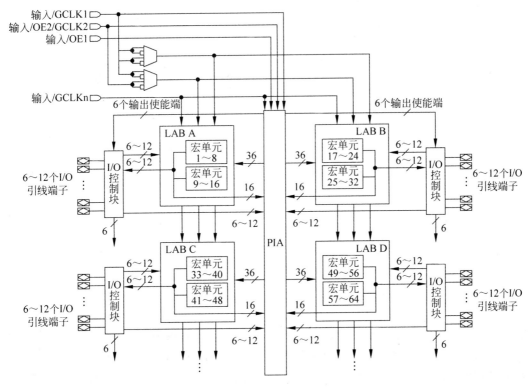

图 2-8　EPM7128E 的结构框图

1. 逻辑阵列块

由图 2-8 可见,EPM7128E 主要由逻辑阵列模块以及它们之间的连线构成的,而逻辑阵列块又有 16 个宏单元的阵列组成,LAB 通过可编程连线阵列和全局总线连接在一起。全局总线由所有的专用输入、I/O 引线端子和宏单元馈给信号组成。每个 LAB 有如下输入信号。

- 来自通用逻辑输入的 PIA 的 36 个信号。
- 用于寄存器辅助功能的全局控制信号。
- 从 I/O 引线端子到寄存器的直接输入通道。

2. 宏单元

MAX7000 宏单元能够独立地配置为时序或组合工作方式。宏单元由 3 个功能模块组成,它们是逻辑阵列、乘积项选择矩阵和可编程触发器,EPM7128E 的宏单元如图 2-9 所示。

逻辑阵列用于实现组合逻辑。它给每个宏单元提供 5 个乘积项。乘积项选择矩阵分配这些乘积项作为到"或"门和"异或"门的主要逻辑输入,以实现组合逻辑函数;或者把这些乘积项作为宏单元中触发器的辅助输入:置位、清除、时钟和时钟使能控制,每个宏单元的一个乘积项可以反相后送回到逻辑阵列。这个"可共享"的乘积项能够连到同一个 LAB 中任何其他乘积项上。

作为寄存器使用时,每个宏单元的触发器可以单独地编程为具有时钟控制的 D 触发

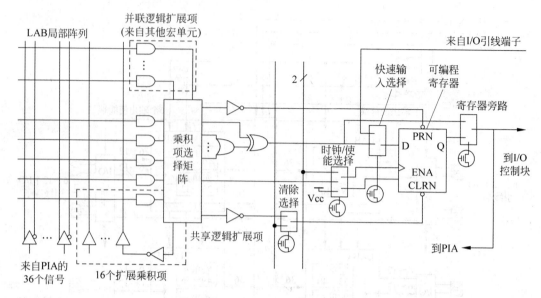

图 2-9　EPM7128E 的宏单元

器、T 触发器、JK 触发器或 RS 触发器。如果需要的话，可将触发器旁路，以实现组合逻辑工作方式。在输入时，规定所希望的触发器类型，然后 MAX＋plus Ⅱ 对每一个寄存器能选择最有效的触发器工作方式，以设计所需要的器件资源最少。每一个可编程的触发器可以按 3 种不同的方式实现时钟控制。

- 全局时钟信号。这种方式可以达到最快的从时钟到输出的性能。
- 全局时钟信号，并由高电平有效的时钟信号所使能。这种方式可以为每个触发器提供使能信号，并仍达到全局时钟的快速时钟到输出的性能。
- 用乘积项实现阵列的时钟。在这种方式下，触发器由来自隐埋的宏单元或 I/O 引线端子的信号来进行时钟控制。

EPM7128 可以得到两个全局时钟信号。这两个全局时钟信号可以是全局时钟引线端子 GCLK1 和 GCLK2 的信号，也可以是 GCLK1 和 GCLK2 求"反"后的信号。

每个触发器也支持异步清除和异步置位功能。如图 2-9 所示，乘积项选择矩阵分配乘积项来控制这些操作。虽然乘积项驱动触发器的置位和复位信号是高电平有效，但在逻辑阵列中将信号反相可得到低电平有效的控制。此外，每一个触发器的复位功能可以由低电平有效的、专用的全局复位引线端子 GCLRn 信号来驱动。

所有同 I/O 引线端子相联系的 EPM7128 宏单元还具有快速输入特性，这些宏单元的触发器有直接来自 I/O 引线端子的输入通道，它旁路了 PIA 组合逻辑。这些直接输入通道允许触发器作为具有极快（3ns）输入建立时间的输入寄存器。

3. 扩展乘积项

尽管大多数逻辑函数能够用每个宏单元中的 5 个乘积项实现，但有一些逻辑函数会更为复杂，需要附加乘积项。为提供所需的逻辑资源，不是利用另一个宏单元，而是利用 MAX7000 结构中具有的共享和并联扩展乘积项（"扩展项"）。这两种扩展项作为附加的乘积项直接送到本 LAB 的任意宏单元中。利用扩展项可保证在实现逻辑综合时,用尽可能少的逻辑资源,得到尽可能快的工作速度。

1) 共享扩展项

每个 LAB 有多达 16 个共享扩展项。共享扩展项就是由每个宏单元提供的一个未投入使用的乘积项,并将它们反相后反馈到逻辑阵列,便于集中使用。每个共享扩展项后增加一个短的延时。图 2-10 给出共享扩展项是如何馈送到多个宏单元的。

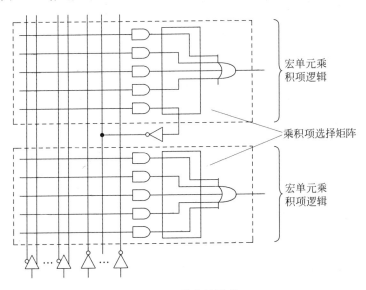

图 2-10 共享扩展项

2) 并联扩展项

并联扩展项是一些宏单元中没有使用的乘积项,并且这些乘积项可分配到邻近的宏单元去实现快速复杂的逻辑函数。并联扩展允许多达 20 个乘积项直接馈送到宏单元的"或"逻辑。其中 5 个乘积项由宏单元本身提供,15 个并联扩展项由 LAB 中邻近宏单元提供。

MAX＋plus Ⅱ编译器能够自动地给并联扩展项布线,可最多把 3 组,每组最多 5 个并联扩展项连到所需的宏单元上,每组扩展项将增加一个短的延时。例如,若一个宏单元需要 14 个乘积项,编译器采用本宏单元的 5 个专有的乘积项,并分配给它两组并联扩展项(第一组包含 5 个乘积项,第二组包含 4 个乘积项),于是总延时增加了 2 倍(由于用了两组并联扩展项,故为两倍延时)。

在 LAB 内有两组宏单元。每组含 8 个宏单元(例如,一组宏单元是 1～8,另一组是 9～16)。在 LAB 中形成两个出借或借用的并联扩展项的链。一个宏单元可以从较小编号的宏单元中借用并联扩展项,例如,宏单元 8 能够从宏单元 7,或从宏单元 7 和 6,或从宏单元 7、6 和 5 中共用并联扩展项。在 8 个宏单元的一个组内,最小编号的宏单元仅能出借并联扩展项,而最大编号的宏单元仅能借用并联扩展项。并联扩展项是如何从邻近的宏单元中借用的,如图 2-11 所示。

4. 可编程连线阵列

可编程连线阵列 PIA 的作用是在各逻辑宏单元之间以及逻辑宏单元和 I/O 单元之间

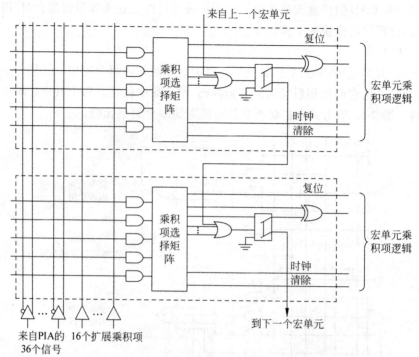

来自上一个宏单元

复位

乘积
项选
择矩
阵

宏单元乘
积项逻辑

时钟
清除

复位

乘积
项选
择矩
阵

宏单元乘
积项逻辑

时钟
清除

到下一个宏单元

来自PIA的　16个扩展乘积项
36个信号

(宏单元中不用的乘积项可分配给邻近的宏单元)

图 2-11　并联扩展项

提供互连网络。各逻辑宏单元通过可编程连线阵列接受来自专用输入或输出端的信号,并将宏单元的信号反馈到其需要到达的 I/O 单元或其他宏单元。这种互连机制有很大的灵活性,它允许在不影响引脚分配的情况下改变内部的设计。

图 2-12 是 PIA 布线示意图。CPLD 的 PIA 布线具有可累加的延时,这使得 CPLD 的内部延时是可预测的,从而带来较好的时序性能。

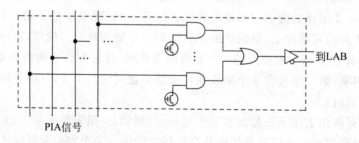

到LAB

PIA信号

图 2-12　PIA 布线示意图

5. I/O 控制块

I/O 控制块允许每个 I/O 引脚单独地配置为输入、输出和双向工作方式。所有 I/O 引脚都有一个三态缓冲器,它由全局输出使能信号中的一个信号控制,或者把使能端直接连到地(GND)或电源(Vcc)上。当三态缓冲器的控制端连到地时,输出为高阻态,此时 I/O 引脚可用作专用输入引脚。当三态缓冲器的控制端接高电平(VCC)时,输出被使能。图 2-13 给出了 EPM7128 的 I/O 控制块。它有 6 个全局输出使能信号,这 6 个使能信号由下述信号驱动:两个输出使能信号、一个 I/O 引线端子的集合或一个 I/O 宏单元,并且也可以是这些信号"反相"后的信号。

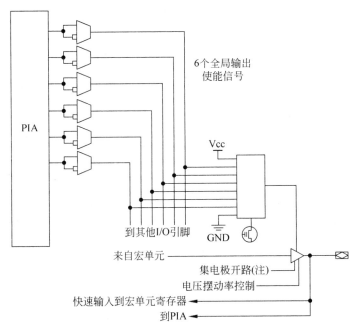

注: 集电极开路输出仅在MAX7000S器件中有效

图 2-13　EPM7128 的 I/O 控制块

2.3 FPGA 的结构与工作原理

FPGA 采用类似掩膜可编辑门阵列的结构,并结合可编程逻辑器件的特性,既继承了门阵列逻辑器件密度高和通用性强的优点,又具备可编程逻辑器件的可编程特性。自从 1985 年 Xilinx 公司首家推出后,FPGA 就备受数字系统设计者的一致好评。

2.3.1 FPGA 的基本结构

FPGA 器件在结构上,由逻辑功能块排列为阵列,它的结构可以分为 3 个部分:可编程逻辑块(Configurable Logic Blocks,CLB)、可编程 I/O 模块(Input/Output Block,IOB)和可编程内部连线(Programable Interconnect,PI),如图 2-14 所示。CLB 在器件中排列为阵列,周围有环形内部连线,IOB 分布在四周的管脚上。CLB 能够实现逻辑函数,还可以配置成 RAM 等复杂的形式。

常见 FPGA 的结构主要有 3 种类型:查找表结构、多路开关结构和多级与非门结构。

1. 查找表型 FPGA 结构

查找表型 FPGA 的可编程逻辑块是查找表,由查找表构成函数发生器,通过查找表实

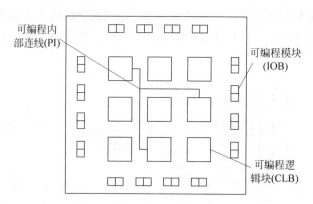

图 2-14　FPGA 的基本结构原理

现逻辑函数,查找表的物理结构是静态存储器。M 个输入项的逻辑函数可以由一个 2^M 位容量 SRAM 实现,函数值存放在 SRAM 中,SRAM 的地址线起输入线的作用,地址即输入变量值,SRAM 的输出为逻辑函数值,由连线开关实现与其他功能块的连接。

下面以全加器为例,说明查找表实现逻辑函数的方法。全加器的真值表如表 2-1 所示,其中,A_n 为加数,B_n 为被加数,C_{n-1} 为低位进位,S_n 为和,C_n 为产生的进位。这样的一个全加器可以由三输入的查找表实现,在查找表中存放全加器的真值表,输入变量作为查找表的地址。

表 2-1　全加器的真值表

A_n	B_n	C_{n-1}	S_n	C_n
0	0	0	0	0
0	0	1	1	0
0	1	0	1	0
0	1	1	0	1
1	0	0	1	0
1	0	1	0	1
1	1	0	0	1
1	1	1	1	1

理论上来讲,只要能够增加输入信号线和扩大存储器容量,查找表就可以实现任意多输入函数。但事实上,查找表的规模受到技术和经济因素的限制。每增加一个输入项,查找表 SRAM 的容量就需要扩大一倍,当输入项超过 5 个时,SRAM 容量的增加就会变得不可忍受。16 个输入项的查找表需要 64KB 容量的 SRAM,相当于一片中等容量的 RAM 的规模。因此,实际的 FPGA 器件的查找表输入项不超过 5 个,对多于 5 个输入项的逻辑函数则由多个查找表逻辑块组合或级联实现。此时逻辑函数也需要作些变换以适应查找表的结构要求,这一步在器件设计中称为逻辑分割。至于怎样才能用最少数目的查找表实现逻辑函数,是一个求最优解的问题,针对具体的结构有相应的算法来解决这一问题。这在 EDA 技术中属于逻辑综合的范畴,可由工具软件来进行。

2. 多路开关型 FPGA 结构

在多路开关型 FPGA 中,可编程逻辑块是可配置的多路开关。利用多路开关的特性对多路开关的输入和选择信号进行配置,接到固定电平或输入信号上,从而实现不同的逻辑功能。例如,2 选 1 多路开关的选择输入信号为 S,两个输入信号分别为 A 和 B,则输出函数为 $F = SA + \overline{S}B$。如果把多个多路开关和逻辑门连接起来,就可以实现数目巨大的逻辑函数。

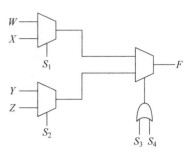

图 2-15 多路开关型 FPGA 逻辑块

多路开关型 FPGA 的代表是 Actel 公司的 ACT 系列 FPGA。以 ACT-1 为例,它的基本宏单元由 3 个二输入的多路开关和一个或门组成,如图 2-15 所示。

这个宏单元共有 8 个输入和 1 个输出,可以实现的函数为:

$$F = (\overline{S_3 + S_4})(\overline{S_1}W + S_1X) + (S_3 + S_4)(\overline{S_2}Y + S_2Z)$$

对 8 个输入变量进行配置,最多可实现 702 种逻辑函数。

当 $W = A_n$,$X = \overline{A_n}$,$S_1 = B_n$,$Y = \overline{A_n}$,$Z = A_n$,$S_2 = B_n$,$S_3 = C_n$,$S_4 = 0$ 时,输出等于全加器本地和输出 S_n:

$$S_n = (\overline{C + 0})(\overline{B_n}A_n + B_n\overline{A_n}) + (C_n + 0)(\overline{B_n}\,\overline{A_n} + B_nA_n) = A_n \oplus B_n \oplus C_n$$

除上述多路开关结构外,还存在多种其他形式的多路开关结构。在分析多路开关结构时,必须选择一组 2 选 1 的多路开关作为基本函数,然后再对输入变量进行配置,以实现所需的逻辑函数。在多路开关结构中,同一函数可以用不同的形式来实现,取决于选择控制信号和输入信号的配置,这是多路开关结构的特点。

3. 多级与非门型 FPGA 结构

采用多级与非门结构的器件是 Altera 公司的 FPGA。Altera 公司的与非门结构基于一个与、或、异或逻辑块,如图 2-16 所示。这个基本电路可以用一个触发器和一个多路开关

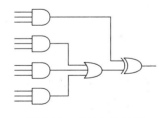

图 2-16 多级与非门型
FPGA 逻辑块

来扩充。多路开关选择组合逻辑输出、寄存器输出或锁存器输出。异或门用于增强逻辑块的功能,当异或门输入端分离时,它的作用相当于或门,可以形成更大的或函数,用来实现其他算术功能。

Altera 公司 FPGA 的多级与非门结构同 PLD 的与或阵列很类似,它是以"线与"形式实现与逻辑的。在多级与非门结构中线与门可编程,同时起着逻辑连接和布线的作用,而在其他 FPGA 结构中,逻辑和布线是分开的。

2.3.2 Cyclone Ⅲ 系列器件的结构原理

Cyclone Ⅲ 系列器件是 Altera 公司的一款低功耗、高性价比的 FPGA,它的结构和工作原理在 FPGA 器件中具有典型性,下面以此类器件为例,介绍 FPGA 的结构与工作原理。

Cyclone Ⅲ器件主要由逻辑阵列块、嵌入式存储器块、嵌入式硬件乘法器、I/O单元和嵌入式PLL等模块构成,在各个模块之间存在着丰富的互连线和时钟网络。

　　Cyclone Ⅲ器件的可编程资源主要来自逻辑阵列块LAB,而每个LAB都由多个逻辑宏单元(Logic Element,LE)构成。LE是Cyclone Ⅲ FPGA器件的最基本的可编程单元,图2-17显示了Cyclone Ⅲ FPGA的LE的内部结构。观察图2-17可以发现,LE主要由一个4输入的查找表LUT、进位链逻辑、寄存器链逻辑和一个可编程的寄存器构成。4输入的LUT可以完成所有的4输入1输出的组合逻辑功能。每一个LE的输出都可以连接到行、列、直连通路、进位链、寄存器链等布线资源。

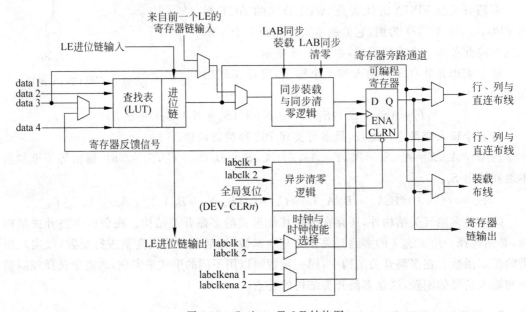

图2-17　Cyclone Ⅲ LE结构图

　　每个LE中的可编程寄存器可以被配置成D触发器、T触发器、JK触发器和RS触发器模式。每个可编程寄存器具有数据、时钟、时钟使能、清零输入信号。全局时钟网络、通用I/O口以及内部逻辑可以灵活配置寄存器的时钟和清零信号。任何一个通用I/O和内部逻辑都可以驱动时钟使能信号。在一些只需要组合电路的应用中,对于组合逻辑的实现,可将该可配置寄存器旁路LUT的输出作为LE的输出。

　　LE有3个输出驱动内部互连,一个驱动局部互连,另两个驱动行或列的互连资源,LUT和寄存器的输出可以单独控制。可以实现在一个LE中,LUT驱动一个输出,而寄存器驱动另一个输出(这种技术称为寄存器打包)。因而在一个LE中的寄存器和LUT能够用来完成不相关的功能,因此能够提高LE的资源利用率。

　　寄存器反馈模式允许在一个LE中寄存器的输出作为反馈信号,加到LUT的一个输入上,在一个LE中就完成反馈。

　　除上述的3个输出外,在一个逻辑阵列块中的LE还可以通过寄存器链进行级联。在同一个LAB中的LE里的寄存器可以通过寄存器链级联在一起,构成一个移位寄存器,那些LE中的LUT资源可以单独实现组合逻辑功能,两者互不相关。

Cyclone Ⅲ 的 LE 可以工作在下列两种操作模式:普通模式和算术模式。

在不同的 LE 操作模式下,LE 的内部结构和 LE 之间的互连有些差异,图 2-18 和图 2-19 分别是 Cyclone Ⅲ 的 LE 在普通模式和算术模式下的结构和连接图。

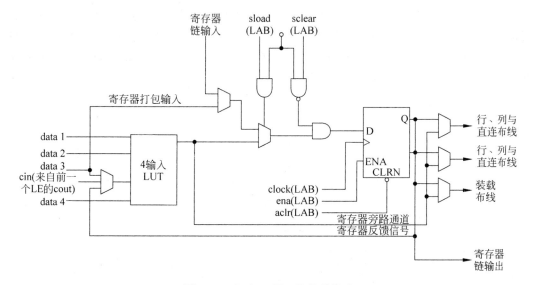

图 2-18 Cyclone Ⅲ LE 普通模式

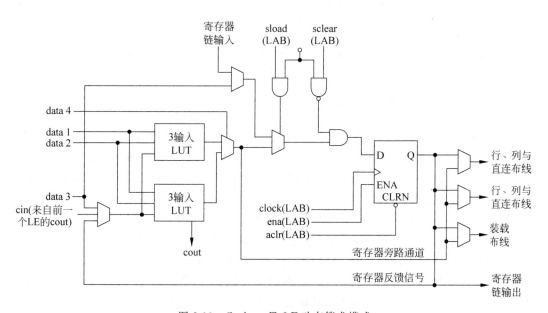

图 2-19 Cyclone Ⅲ LE 动态算术模式

普通模式下的 LE 适合通用逻辑应用和组合逻辑的实现。在该模式下,来自 LAB 局部互连的 4 个输入将作为一个 4 输入 1 输出的 LUT 的输入端口。可以选择进位输入(cin)信号或者 data3 信号作为 LUT 中的一个输入信号。每一个 LE 都可以通过 LUT 链直接连接到(在同一个 LAB 中的)下一个 LE。在普通模式下,LE 的输入信号可以作为 LE 中寄存器的异步装载信号。普通模式下的 LE 也支持寄存器打包与寄存器反馈。

在 Cyclone Ⅲ 器件中的 LE 还可以工作在算术模式下,在这种模式下可以更好地实现加法器、计数器、累加器和比较器。在算术模式下的单个 LE 内有两个 3 输入 LUT,可被配置成一位全加器和基本进位链结构。其中一个 3 输入 LUT 用于计算,另一个 3 输入 LUT 用来生成进位输出信号 cout。在算术模式下,LE 支持寄存器打包与寄存器反馈。逻辑阵列块 LAB 是由一系列相邻的 LE 构成的。每个 Cyclone Ⅲ 的 LAB 包含 16 个 LE,在 LAB 中、LAB 之间存在着行互连、列互连、直连通路互连、LAB 局部互连、LE 进位链和寄存器链。图 2-20 是 Cyclone Ⅲ LAB 的结构图。

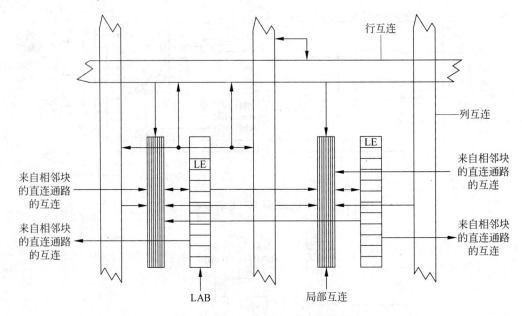

图 2-20　Cyclone Ⅲ LAB 的结构图

在 Cyclone Ⅲ 器件里面存在大量 LAB,图 2-20 中的多个 LE 排列起来构成 LAB,多个 LAB 排列起来形成 LAB 阵列,构成了 Cyclone Ⅲ FPGA 丰富的逻辑编程资源。

局部互连可以用来在同一个 LAB 的 LE 之间传输信号。进位链用来连接 LE 的进位输出和下一个 LE(在同一个 LAB 中)的进位输入。寄存器链用来连接下一个 LE(在同一个 LAB 中)的寄存器输出和下一个 LE 的寄存器数据输入。

LAB 中的局部互连信号可以驱动在同一个 LAB 中的 LE,可以连接行与列互连和在同一个 LAB 中的 LE。相邻的 LAB、左侧或者右侧的 PLL 和 M9K RAM 块(Cyclone Ⅲ 中的嵌入式存储器,图 2-21)通过直连线也可以驱动一个 LAB 的局部互连。每个 LAB 都有专用的逻辑来生成 LE 的控制信号,这些 LE 的控制信号包括两个时钟信号、两个时钟使能信号、两个异步清零、同步清零、异步预置/装载信号、同步装载和加/减控制信号。图 2-22 显示了 LAB 控制信号生成的逻辑图。

在 Cyclone Ⅲ FPGA 器件中所含的嵌入式存储器(Embedded Memory),由数十个 M9K 的存储器块构成。每个 M9K 存储器块具有很强的伸缩性,可以实现的功能有:8192 位 RAM(单端口、双端口、带校验、字节使能)、ROM、移位寄存器、FIFO 等。在 Cyclone Ⅲ FPGA 中的嵌入式存储器可以通过多种连线与可编程资源实现连接,这大大增强了 FPGA 的性能,扩大了 FPGA 的应用范围。

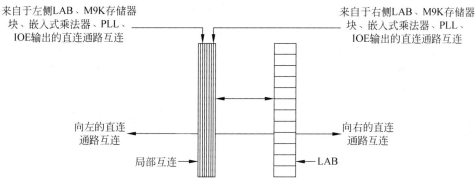

图 2-21　LAB 阵列间互连

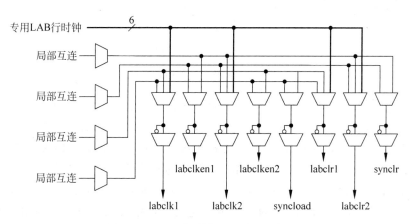

图 2-22　LAB 控制信号生成的逻辑图

在 Cyclone Ⅲ 系列器件中还有嵌入式乘法器(Embedded Multiplier)，这种硬件乘法器的存在可以大大提高 FPGA 在处理 DSP 任务时的能力。Cyclone Ⅲ 系列器件的嵌入式乘法器的位置和结构如图 2-23 所示，可以实现 9×9 乘法器或者 18×18 乘法器，乘法器的输入与输出可以选择是寄存的还是非寄存的(即组合输入输出)。可以与 FPGA 中的其他资源灵活地构成适合 DSP 算法的 MAC(乘加单元)。

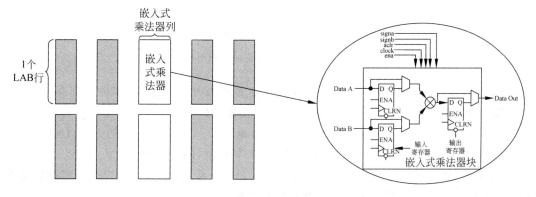

图 2-23　嵌入式乘法器的位置和结构

在数字逻辑电路的设计中,时钟、复位信号往往需要同步作用于系统中的每个时序逻辑单元,因此在 Cyclone Ⅲ 器件中设置有全局控制信号。由于系统的时钟延时会严重影响系统的性能,故在 Cyclone Ⅲ 中设置了复杂的全局时钟网络,如图 2-24 所示,以减少时钟信号的传输延迟。另外,在 Cyclone Ⅲ FPGA 中还含有 2~4 个独立的嵌入式锁相环 PLL,可以用来调整时钟信号的波形、频率和相位。

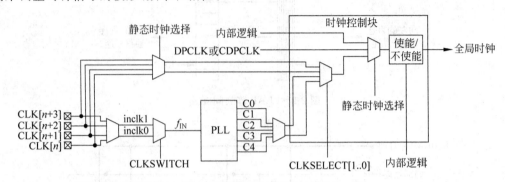

图 2-24　时钟网络的时钟控制

Cyclone Ⅲ 的 I/O 支持多种 I/O 接口,符合多种 I/O 标准,可以支持差分的 I/O 标准:如 LVDS(低压差分串行)和 RSDS(去抖动差分信号)、SSTL-2、SSTL-18、HSTL-18、HSTL-15、HSTL-12、PPDS、差分 LVPECL,当然也支持普通单端的 I/O 标准,如 LVTTL、LVCMOS、PCI 和 PCI-X I/O 等,通过这些常用的端口与板上的其他芯片沟通。

Cyclone Ⅲ 器件还可以支持多个通道的 LVDS 和 RSDS。Cyclone Ⅲ 器件内的 LVDS 缓冲器可以支持最高达 875Mbps 的数据传输速度。与单端的 I/O 标准相比,这些内置于 Cyclone Ⅲ 器件内部的 LVDS 缓冲器保持了信号的完整性,并具有更低的电磁干扰、更好的电磁兼容性(EMI)及更低的电源功耗。图 2-25 为 Cyclone Ⅲ 器件内部的 LVDS 接口电路。

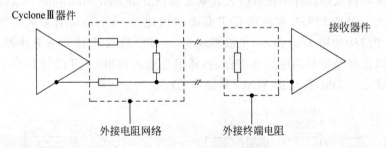

图 2-25　Cyclone Ⅲ 器件内部的 LVDS 接口电路

Cyclone Ⅲ 系列器件除了片上的嵌入式存储器资源外,可以外接多种外部存储器,如 SRAM、NAND、SDRAM、DDR SDRAM、DDR2 SDRAM 等。

Cyclone Ⅲ 的电源支持采用内核电压和 I/O 电压(3.3V)分开供电的方式,I/O 电压取决于使用时需要的 I/O 标准,而内核电压使用 1.2V 供电,PLL 供电 2.5V。

Cyclone Ⅲ 系列中有一个子系列是 Cyclone Ⅲ LS 系列,该器件系列可以支持加密功能,使用 AES 加密算法对 FPGA 上的数据进行保护。

2.4 可编程逻辑器件的测试技术

进入 21 世纪,集成电路技术飞速发展,CPLD、FPGA 和 ASIC 的规模越来越大,复杂程度也越来越高,特别在 FPGA 应用中,测试显得越来越重要。由于其本身技术的复杂性,测试也有多个部分:在"软"的方面,逻辑设计的正确性需要验证,这不仅在功能这一级上,对于具体的 FPGA 还要考虑种种内部或 I/O 上的时延特性;在"硬"的方面,首先在 PCB 板级需要测试引脚的连接问题,其次是 I/O 功能也需要专门的测试。

2.4.1 内部逻辑测试

对于 CPLD/FPGA 的内部逻辑测试是应用设计可靠性的重要保证。由于设计的复杂性,内部逻辑测试面临越来越多的问题。设计者通常不可能考虑周全,这就需要在设计时加入用于测试的专用逻辑,即进行可测性设计(Design For Test,DFT),在设计完成后用来测试关键逻辑。

在 ASIC 设计中的扫描寄存器,是可测性设计的一种,原理是把 ASIC 中关键逻辑部分的普通寄存器用测试扫描寄存器来代替,在测试中可以动态地测试、分析、设计其中寄存器所处的状态,甚至对某个寄存器加激励信号,以改变该寄存器的状态。

有的 FPGA 厂商提供一种技术,在可编程逻辑器件中可动态载入某种逻辑功能模块,与 EDA 工具软件相配合提供一种嵌入式逻辑分析仪,以帮助测试工程师发现内部逻辑问题。Altera 的 Signal Tap Ⅱ 技术是典型代表之一。

在内部逻辑测试时,还会涉及测试的覆盖率问题,对于小型逻辑电路,逻辑测试的覆盖率可以很高,甚至达到 100%。可是对于一个复杂数字系统设计,内部逻辑覆盖率不可能达到 100%,这就必须寻求其他更有效的方法。

2.4.2 JTAG 边界扫描

随着微电子技术、微封装技术和印制板制造技术的发展,印制电路板变得越来越小,密度越来越大,复杂程度越来越高,层数不断增加。面对这样的发展趋势,如果仍然沿用传统的如外探针测试法和"针床"夹具测试法来测试焊接上的器件不仅是困难的而且代价也会提高,很可能会把电路简化所节约的成本,被传统测试方法代价的提高而抵消掉。

20 世纪 80 年代,联合测试行动组(Joint Test Action Group,JTAG)开发了 IEEE 1149.1-1990 边界扫描测试技术规范。该规范提供了有效的测试引线间隔致密的电路板上集成电路芯片的能力。大多数 CPLD/FPGA 厂家的器件遵守 IEEE 规范,并为输入引脚和输出引脚以及专用配置引脚提供了边界扫描测试(Board Scan Test,BST)的能力。

设计人员使用 BST 规范测试引脚连接时,再也不必使用物理探针了,甚至可在器件正常工作时在系统捕获功能数据。器件的边界扫描单元能够从逻辑跟踪引脚信号,或是从引脚或器件核心逻辑信号中捕获数据。强行加入的测试数据串行地移入边界扫描单元,捕获的数据串行移出并在器件外部同预期的结果进行比较。图 2-26 说明了边界扫描测试法的概念。该方法提供了一个串行扫描路径,它能捕获器件核心逻辑的内容,或者测试遵守

IEEE 规范的器件之间的引脚连接情况。

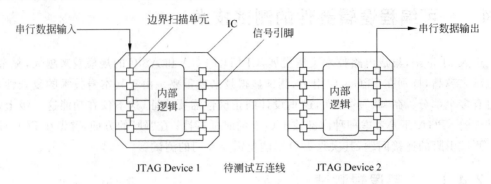

图 2-26   边界扫描电路结构

边界扫描测试标准 IEEE 1149.1 BST 的结构,即当器件工作在 JTAG BST 模式时,使用 4 个 I/O 引脚和一个可选引脚 TRST 作为 JTAG 引脚。4 个 I/O 引脚是 TDI、TDO、TMS 和 TCK,表 2-2 概括了这些引脚的功能。

表 2-2   边界扫描 I/O 引脚功能

引脚	描 述	功 能
TDI	测试数据输入	测试指令和编程数据的串行输入引脚。数据在 TCK 的上升沿移入
TDO	测试数据输出	测试指令和编程数据的串行输出引脚,数据在 TCK 的下降沿移出。如果数据没有被移出,该脚处于高阻态
TMS	测试模式选择	控制信号输入引脚,负责 TAP 控制器的转换。TMS 必须在 TCK 的上升沿到来之前稳定
TCK	测试时钟输入	时钟输入到 BST 电路,一些操作发生在上升沿,而另一些发生在下降沿
TRST	测试复位输入	低电平有效,异步复位边界扫描电路(在 IEEE 规范中,该引脚可选)

JTAG BST 需要下列寄存器。

- 指令寄存器。用来决定是否进行测试或访问数据寄存器操作。
- 旁路寄存器。这个一位寄存器用来提供 TDI 和 TDO 的最小串行通道。
- 边界扫描寄存器。由器件引脚上的所有边界扫描单元构成。

JTAG 边界扫描测试由测试访问端口的控制器管理。TMS、TRST 和 TCK 引脚管理 TAP 控制器的操作;TDI 和 TDO 为数据寄存器提供串行通道,TDI 也为指令寄存器提供数据,然后为数据寄存器产生控制逻辑。边界扫描寄存器是一个大型串行移位寄存器,它使用 TDI 引脚作为输入,TDO 引脚作为输出。边界扫描寄存器由 3 位的周边单元组成,它们可以是 I/O 单元、专用输入(输入器件)或专用的配置引脚。设计者可用边界扫描寄存器来测试外部引脚的连接,或是在器件运行时捕获内部数据。图 2-27 表示测试数据沿着 JTAG 器件的周边作串行移位的情况,图 2-28 是 JTAG BST 系统内部结构。

BST 系统中还有其他一些寄存器,如器件 ID 寄存器、ISP/ICR 寄存器等。图 2-29 为边界扫描与 FPGA 器件相关联的 I/O 引脚。3 位字宽的边界扫描单元在每个 IOE 中包括一套捕获寄存器和一组更新寄存器。捕获寄存器经过 OUTJ、OEJ 和 I/O 引脚信号同内部器

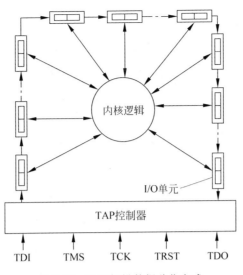

图 2-27 边界扫描数据移位方式

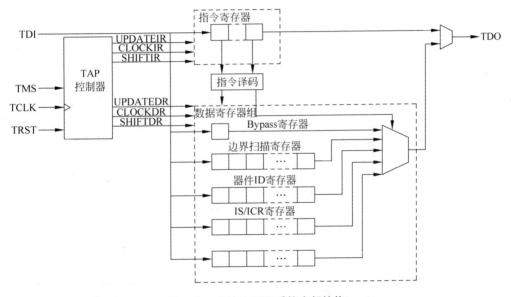

图 2-28 JTAG BST 系统内部结构

件数据相联系,而更新寄存器经过三态数据输入、三态控制和 INJ 信号同外部数据连接。
JTAG BST 寄存器的控制信号(即 SHIFF、CLOCK 和 UPDATE)由 TAP 控制器内部产生;
边界扫描寄存器的数据信号路径是从串行数据输入 TDI 信号到串行数据输出 TDO,扫描
寄存器的起点在器件的 TDI 引脚处,终点在 TDO 引脚处。

JTAG BST 操作控制器包括一个 TAP 控制器,这是一个 16 状态的状态机(详细情况
参见 JTAG 规范),在 TCK 的上升沿时刻,TAP 控制器利用 TMS 引脚控制器件中的 JTAG
操作进行状态转换。在上电后,TAP 控制器处于复位状态时,BST 电路无效,器件已处于正
常工作状态,这时指令寄存器也已完成了初始化。为了启动 JTAG 操作,设计者必须选择
指令模式,图 2-30 就是 BST 选择命令模式时序图,方法是使 TAP 控制器向前移位到指令

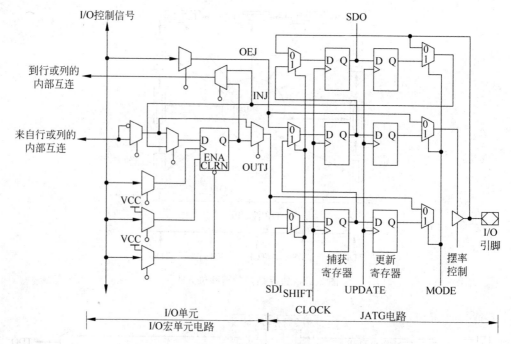

图 2-29 JTAG BST 系统与 FPGA 器件关联结构图

寄存器(SHIFT_IR)状态,然后由时钟控制 TDI 引脚上相应的指令码。

图 2-30 的波形图表示指令码向指令寄存器进入的过程。它给出了 TCK、TMS、TDI 和 TDO 的值,以及 TAP 控制器的状态。从 RESET 状态开始,TMS 受时钟作用,具有代码 01100,使 TAP 控制器运行前进到 SHIFT_IR 状态。

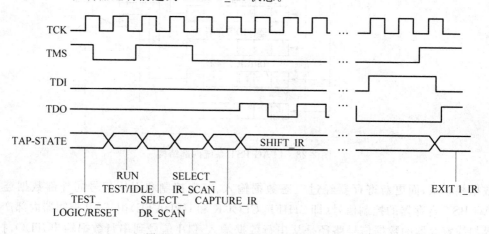

图 2-30 JTAG BST 选择命令模式时序

除了 SHIFT_IR 和 SHIFT_DR 状态之外,在所有状态中的 TDO 引脚都是高阻态, TDO 引脚在进入移位状态之后的第一个 TCK 下降沿时刻是有效的,而在离开移位状态之后的第一个 TCK 的下降沿时刻处于高阻态。当 SHIFT_IR 状态有效时,TDO 不再是高阻态,并且指令寄存器的初始化状态在 TCK 的下降沿时刻移出。只要 SHIFT_IR 状态保持有效,TDO 就会连续不断地向外移出指令寄存器的内容;而只要 TMS 维持在低电平,TAP

控制器就保持在 SHIFT_IR 状态。

在 SHIFT_IR 状态期间,指令码是在 TCK 的上升沿时刻通过 TDI 引脚上的移位数据送入的。操作码的最后一位必须通过时钟与下一状态 EXIT1_IR 有效处于同一时刻,由时钟控制 TMS 保持高电平时进入 EXIT1_IR 状态。一旦进入 EXIT1_IR 状态,TDO 又变成了高阻态。当指令码正确地进入之后,TAP 控制器继续向前运行,以多种命令模式工作,并以 SAMPLE/PRELOAD、EXTEST 或 BYPASS 3 种模式之一进行测试数据的串行移位。TAP 控制器的命令模式包括以下几种。

(1) SAMPLE/PRELOAD 指令模式。该指令模式允许在不中断器件正常工作的情况下,捕获器件内部的数据。

(2) EXTEST 指令模式。该指令模式主要用于校验器件之间的外部引脚连线。

(3) BYPASS 指令模式。如果 SAMPLE/PRELOAD 或 EXTEST 指令码都未被选中,TAP 控制器会自动进入 BYPASS 模式,在这种状态下,数据信号受时钟控制在 TCK 上升沿时刻从 TDI 进入旁路寄存器,并在同一时钟的下降沿时刻从 TDO 输出。

(4) IDCODE 指令模式。该指令模式用来标识 IEEE Std 1149.1 链中的器件。

(5) USERCODE 指令模式。该指令模式用来标识在 IEEE Std 1149.1 链中的用户器件的用户电子标签(User Electronic Signature,UES)。

边界扫描描述语言(Boundary-Scan Description Language,BSDL)是 VHDL 语言的一个子集。设计人员可以利用 BSDL 来描述遵从 IEEE Std 1149.1 BST 的 JTAG 器件的测试属性,测试软件开发系统使用 BSDL 文件来生成测试文件,进行测试分析、失效分析,以及在系统编程等。

2.4.3　嵌入式逻辑分析仪

从以上的介绍中不难理解 FPGA 引脚上的信号状态可以通过 JTAG 口读出。对于某些系列的 FPGA,甚至内部逻辑单元的信号状态也可以通过 JTAG 进行读取。利用这个特性,结合在 FPGA 中的嵌入式 RAM 模块和少量的逻辑资源,可以在 FPGA 中实现一个简单的嵌入式逻辑分析仪,用来帮助设计者调试。某些 FPGA 厂商提供了相应的工具来帮助设计者实现这种逻辑分析,如 Altera 的 Signal Tap Ⅱ、Xilinx 的 Chip Scope 等。

2.5　CPLD/FPGA 的编程与配置

在大规模可编程逻辑器件出现以前,人们在设计数字系统时,把器件焊接在电路板上是设计的最后一个步骤。当设计存在问题并得到解决后,设计者往往不得不重新设计印制电路板。设计周期被无谓地延长了,设计效率也很低。CPLD/FPGA 的出现改变了这一切。现在,人们在逻辑设计时可以在没有设计具体电路时,就把 CPLD/FPGA 焊接在印制电路板上,然后在设计调试时可以一次又一次地改变整个电路的硬件逻辑关系,而不必改变电路板的结构。这一切都有赖于 CPLD/FPGA 的在系统下载或重新配置功能。目前常见的大规模可编程逻辑器件的编程工艺有 3 种。

(1) 基于电可擦除存储单元的 E^2PROM 或 Flash 技术。CPLD 一般使用此技术进行编程。CPLD被编程后改变了电可擦除存储单元中的信息，掉电后可保存。某些FPGA也采用Flash工艺，如Actel的Pro ASIC Plus系列FPGA、Lattice的Lattice XP系列FPGA。

（2）基于SRAM查找表的编程单元。对该类器件，编程信息是保存在SRAM中的，SRAM在掉电后编程信息立即丢失，在下次上电后，还需要重新载入编程信息。因此该类器件的编程一般称为配置。大部分FPGA采用该种编程工艺。

（3）基于一次性可编程反熔丝编程单元。Actel的部分FPGA采用此种结构。

电可擦除编程工艺的优点是编程后信息不会因掉电而丢失，但编程次数有限，编程的速度不快。对于SRAM型FPGA来说，配置次数为无限，在加电时可随时更改逻辑但掉电后芯片中的信息即丢失，下载信息的保密性也不如前者。CPLD编程和FPGA配置可以使用专用的编程设备，也可以使用下载电缆，如Altera的ByteBlaster MV、ByteBlaster Ⅱ并行下载电缆，或使用USB接口的USB Blaster。下载电缆编程口与Altera器件的接口一般是10芯的接口，连接信号如表2-3所示。

表 2-3　各引脚信号名称

引脚	1	2	3	4	5	6	7	8	9	10
JATG模式	TCK	GND	TDO	VCC	TMS	—	—	—	TDI	GND
PS模式	DCK	GND	CONF_DONE	VCC	nCONFIG	—	nSTATUS	—	DATA0	GND

2.5.1　CPLD 在系统编程

在系统可编程就是当系统上电并正常工作时，计算机通过系统中的CPLD拥有的ISP接口直接对其进行编程，器件在编程后立即进入正常工作状态。这种CPLD编程方式的出现，改变了传统的使用专用编程器编程方法的诸多不便。图2-31是Altera CPLD器件的ISP编程连接图，其中ByteBlaster Ⅱ与计算机并口相连。

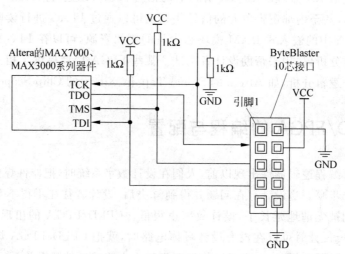

图 2-31　CPLD 编程下载连接图

必须指出，Altera的MAX7000、MAX3000A系列CPLD是采用IEEE 1149.1 JTAG接口方式对器件进行在系统编程的，在图2-31中与ByteBlaster Ⅱ的10芯接口相连的是

TCK、TDO、TMS 和 TDI 这 4 条 JTAG 信号线。JTAG 接口本来是用作边界扫描测的,把它用作编程接口则可以省去专用的编程接口,减少系统的引出线。由于 JTAG 是工业标准的 IEEE 1149.1 边界扫描测试的访问接口,用作编程功能有利于各可编程逻辑器件编程接口的统一。据此,便产生了 IEEE 编程标准 IEEE 1532,以便对 JTAG 编程方式进行标准化。

在讨论 JTAG BST 时曾经提到,在系统板上的多个 JTAG 器件的 JTAG 口可以连接起来,形成一条 JTAG 链。同样,对于多个支持 JTAG 接口 ISP 编程的 CPLD 器件,也可以使用 JTAG 链进行编程,当然也可以进行测试。图 2-32 就用了 JTAG 对多个器件进行 ISP 在系统编程。JTAG 链使得对各个公司生产的不同 ISP 器件进行统一的编程成为可能。有的公司提供了相应的软件,如 Altera 的 Jam Player 可以对不同公司支持 JTAG 的 ISP 器件进行混合编程。有些早期的 ISP 器件,如 Lattice 的支持 JTAG ISP 的 ispLSI 1000EA 系列采用专用的 ISP 接口,也支持多器件下载。

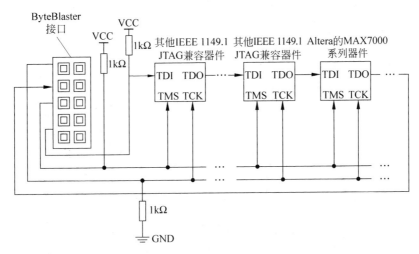

图 2-32　多 CPLD 芯片 ISP 编程连接方式

2.5.2　FPGA 配置方式

对于基于 SRAM LUT 结构的 FPGA 器件,由于是易失性器件,没有 ISP 的概念,代之则是 ICR(In-Circuit Reconfigurability,即在线可重配置方式)。FPGA 特殊的结构使之需要在上电后必须进行一次配置。电路可重配置是指允许在器件已经配置好的情况下进行重新配置,以改变电路逻辑结构和功能。在利用 FPGA 进行设计时可以利用 FPGA 的 ICR 特性,通过连接计算机的下载电缆快速地下载设计文件至 FPGA 进行硬件验证。Altera 的 SRAM LUT 结构的器件中,FPGA 可使用多种配置模式,这些模式通过 FPGA 上的模式选择引脚 MSEL(在 Cyclone Ⅲ 上有 4 个 MSEL 信号)上设定的电平来决定。

(1) 配置器件模式,如用 EPC 器件进行配置。

(2) PS(Passive Serial,被动串行)模式: MSEL 都为 0。

(3) PPS(Passive Parallel Synchronous,被动并行同步)模式。

(4) PPA(Passive Parallel Asynchronous,被动并行异步)模式。

(5) PSA(Passive Serial Asynchronous,被动串行异步)模式。

（6）JTAG 模式：MSEL 都为 0。

（7）AS(Active Serial,主动串行)模式。

通常,在电路调试的时候,使用 JTAG 进行 FPGA 的配置,可以通过计算机的打印机接口使用 ByteBlaster Ⅱ,或使用计算机的 USB 接口使用 USB Blaster 进行 FPGA 配置,如图 2-33 所示,但要注意 MSEL 上电平的选择,要都设置为 0,才能用 JTAG 进行配置。

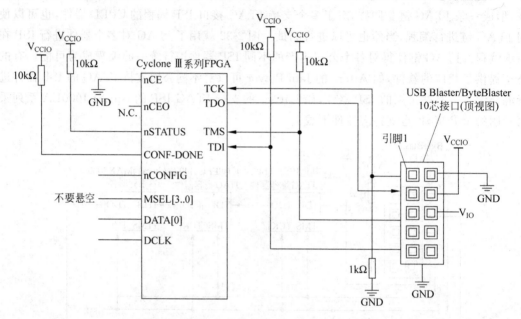

图 2-33　JTAG 在线配置 FPGA 的电路原理图

当设计的数字系统比较大,需要不止一个 FPGA 器件时,若为每个 FPGA 器件都设置一个下载口显然是不经济的。Altera FPGA 器件的 JTAG 模式同样支持多个器件进行配置。对于计算机而言,先在软件上要加以设置支持多器件,再通过下载电缆即可对多个FPGA 器件进行配置。

2.5.3　FPGA 专用配置器件

通过计算机对 FPGA 进行 ICR 在系统重配置,虽然在调试时非常方便,但当数字系统设计完毕需要正式投入使用时,在应用现场不可能在 FPGA 每次加电后,用一台计算机手动地去进行配置。上电后,自动加载配置对于 FPGA 应用来说是必需的。FPGA 上电自动配置,有许多解决方法,如用 EPROM 配置、用专用配置器件配置、用单片机控制配置、用CPLD 控制配置或用 Flash ROM 配置等。这里首先介绍使用专用配置芯片进行配置。专用配置器件通常是串行的 PROM 器件。大容量的 PROM 器件也提供并行接口,按可编程次数分为两类：一类是一次可编程(One Time Programable,OTP)的,另一类是多次可编程的。EPC1441 和 EPC1 是 OTP 型串行 PROM。

对于配置器件,Altera 的 FPGA 允许多个配置器件配置单个 FPGA 器件,也允许多个配置器件配置多个 FPGA 器件,甚至同时配置不同系列的 FPGA。

在实际应用中,常常希望能随时更新其中的内容,但又不希望再把配置器件从电路板上取下来编程。Altera 的可重复编程配置器件,如 EPCS4、EPC2 就提供了在系统编程的能力。EPCS 系列配置器件本身的编程通过 AS 直接或 JTAG 口间接完成;EPC2 的编程由 JTAG 口完成;而 FPGA 的配置既可由 USB Blaster、ByteBlaster Ⅱ 来配置,也可用 EPC2/EPCS 来配置,这时 ByteBlaster 接口的任务是对 EPC2 进行 ISP 方式下载。

对于 EPC2、EPC1 配置器件,当配置数据大于单个配置器件的容量时,可以级联使用多个此类器件,当使用级联的配置器件来配置 FPGA 器件时,级联链中配置器件的位置决定了它的操作。当配置器件链中的第一个器件或主器件加电或复位时,nCS 置低电平,主器件控制配置过程。在配置期间,主器件为所有的 FPGA 器件以及后续的配置器件提供时钟脉冲。在多器件配置过程中,主配置器件也提供了第一个数据流。在主配置器件配置完毕后,它将 nCASC 置低,同时将第一个从配置器件的 nCS 引脚置低电平。这样就选中了该器件,并开始向其发送配置数据。

对于 Cyclone Ⅱ、Cyclone Ⅲ、Cyclone Ⅳ 系列 FPGA,也可以使用 EPCS 系列配置器件进行配置。EPCS 系列配置器件需要使用 AS 模式或 JTAG 间接编程模式来编程。图 2-34 是 EPCS 系列器件与 Cyclone Ⅲ FPGA 构成的配置电路原理图。

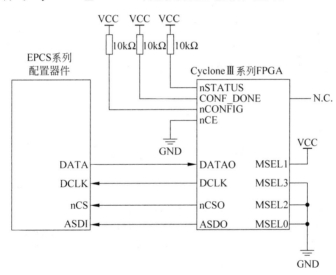

图 2-34 EPCS 器件配置 FPGA 的电路原理图

2.5.4 使用单片机配置 FPGA

在 PPGA 实际应用中,设计的保密和设计的可升级性是十分重要的。用单片机或 CPLD 器件来配置 FPGA 可以较好地解决上述两个问题。

PS 模式可利用计算机通过 USB Blaster 对 Altera 器件应用 ICR。这在 FPGA 的设计调试时是经常使用的。图 2-35 是 FPGA 的 PS 模式配置时序图,图中标出了 FPGA 器件的 3 种工作状态:配置状态、用户模式(正常工作状态)和初始化状态。配置状态是指 FPGA 正在配置的状态,用户 I/O 全部处于高阻态;用户模式是指 FPGA 器件已得到配置,并处于正常工作状态,用户 I/O 在正常工作;初始化状态指配置已经完成,但 FPGA 器件内部资源如寄存器还未复位完成,逻辑电路还未进入正常状态。

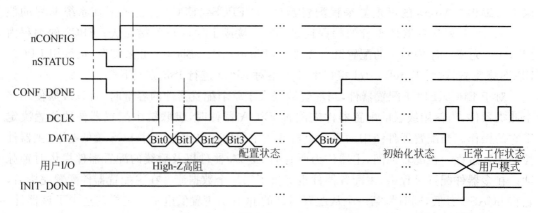

图 2-35　PS 模式的 FPGA 配置时序

对此,Altera 的基于 SRAM LUT 的 FPGA 提供了多种配置模式。除以上多次提及的 PS 模式可以用单片机配置外,PPS 被动并行同步模式、PSA 被动串行异步模式、PPA 被动并行异步模式和 JTAG 模式都适用于单片机配置。

用单片机配置 FPGA 器件,关键在于产生合适的时序。图 2-36 就是一个典型的应用示例。图中的单片机采用常见的 89S52,配置模式选为 PS 模式。由于 89S52 的程序存储器是内建于芯片的 Flash ROM,还有很大的扩展余地,如果把图中的"其他功能模块"换成无线接收模块,可以实现系统的无线升级。

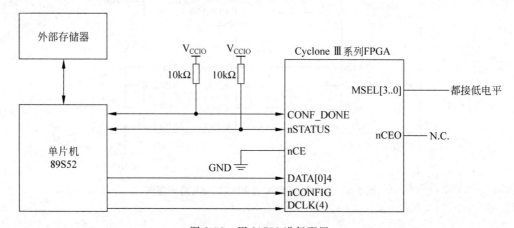

图 2-36　用 89S52 进行配置

利用单片机或 CPLD 对 FPGA 进行配置,除了可以取代昂贵的专用 OTP 配置 ROM 外,还有许多其他实际应用,如可对多家厂商的单片机进行仿真的仿真器设计、多功能虚拟仪器设计、多任务通信设备设计或 EDA 实验系统设计等。方法是在图 2-36 中的 ROM 内按不同地址放置多个针对不同功能要求设计好的 FPGA 的配置文件,然后由单片机接收不同的命令,以选择不同的地址控制,从而使所需的配置文件下载于 FPGA 中。这就是"多任务电路结构重配置"技术,这种设计方式可以极大地提高电路系统的硬件功能灵活性。因为从表面上看,同一电路系统没有发生任何外在结构上的改变,但通过来自外部不同的命令信号,系统内部将对应的配置信息加载于系统中的 FPGA,电路系统的结构和功能将在瞬间发生巨大的改变,从而使单一电路系统具备许多不同电路的功能。

2.5.5 使用 CPLD 配置 FPGA

使用单片机进行配置的缺点有：①速度慢,不适用于大规模 FPGA 和高可靠的应用；②容量小,单片机引脚少,不适合接大的 ROM 以存储较大的配置文件；③体积大,成本和功耗都不利于相关的设计。因此,如果将 CPLD 直接取代单片机将是一个好的选择,原来单片机中的配置控制程序可以用状态机来取代。图 2-37 是一个用 CPLD 作为配置控制器件的 FPGA 配置电路,此电路能很好地解决单片机配置存在的问题。

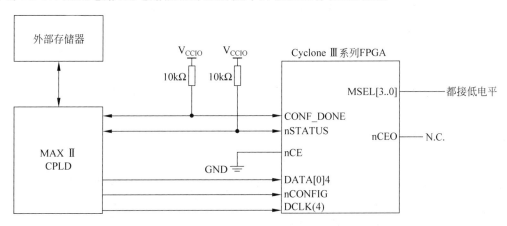

图 2-37　用 MAX Ⅱ CPLD 进行配置

2.6　CPLD/FPGA 开发应用选择

FPGA 和 CPLD 器件在电路设计中应用已十分广泛,已成为电子系统设计的重要手段。FPGA 是一种高密度的可编程逻辑器件。其集成密度最高达 100 万门/片,系统性能可达 200MHz。CPLD 是由 GAL 发展起来的,其主体结构仍是与或阵列,具有 ISP 功能的 CPLD 器件由于具有同 FPGA 器件相似的集成度和易用性,在速度上还有一定的优势,使其在可编程逻辑器件技术的竞争中与 FPGA 并驾齐驱,成为两支领导可编程器件技术发展的力量之一。

虽然 CPLD 和 FPGA 同属于可编程 ASIC 器件,都具有用户现场可编程特性,都支持边界扫描技术,但由于 CPLD 和 FPGA 在结构上的不同,决定了 CPLD 和 FPGA 在性能上各有特点。

(1) 在集成度上,FPGA 可以达到比 CPLD 更高的集成度,同时也具有更复杂的布线结构和逻辑实现。

(2) FPGA 更适合于触发器丰富的结构,而 CPLD 更适合于触发器有限而乘积项丰富的结构。

(3) CPLD 通过修改具有固定内连电路的逻辑功能来编程,FPGA 主要通过改变内部连线的布线来编程；FPGA 可在逻辑门下编程,而 CPLD 是在逻辑块下编程,在编程上

FPGA 比 CPLD 具有更大的灵活性。

（4）从功率消耗上看，CPLD 的缺点比较突出。一般情况下，CPLD 功耗要比 FPGA 大，且集成度越高越明显。

（5）从速度上看，CPLD 优于 FPGA。由于 FPGA 是门级编程，且 CLB 之间是采用分布式互连；而 CPLD 是逻辑块级编程，且其逻辑块互连是集总式的。因此，CPLD 比 FPGA 有较高的速度和较大的时间可预测性，产品可以给出引脚到引脚的最大延时。

（6）从编程方式来看，目前的 CPLD 主要是基于 E^2PROM 或 Flash 存储器编程，编程次数达 1 万次。其优点是在系统断电后，编程信息不丢失。FPGA 大部分是基于 SRAM 编程，其缺点是编程数据信息在系统断电时丢失，每次上电时，需从器件的外部存储器或计算机中将编程数据写入 SRAM 中。

（7）从使用方便性上看，CPLD 比 FPGA 要好。CPLD 的编程工艺采用 E^2PROM 或 Flash 技术，无须外部存储器芯片，使用简单，保密性好。而基于 SRAM 编程的 FPGA，其编程信息需存放在外部存储器上，需外部存储器芯片，且使用方法复杂，保密性差。

思考题与习题

1. 简单 PLD 器件包括哪几种类型的器件？它们之间有什么相同点和不同点？
2. CPLD 与 FPGA 在结构上有何异同？编程配置方法有何不同？
3. Altera 公司 MAX7000 系列 CPLD 有什么特点？
4. MAX7128E 的结构主要由哪几部分组成？它们之间有什么联系？
5. Altera 公司的 Cyclone Ⅲ 器件主要由哪几部分组成？
6. 简述 PLD 的开发流程。
7. 与传统的测试技术相比，边界扫描技术有何特点？
8. 解释编程与配置这两个概念。

第3章 原理图输入设计方法

利用 EDA 工具进行原理图输入,设计者能利用原有的电路知识迅速入门,完成较大规模的电路系统设计,而不必具备许多诸如编程技术、硬件语言等新知识。MAX+plus Ⅱ 的图形编辑器为用户提供所见即所得的设计环境,提供了功能强大、直观便捷和操作灵活的原理图输入设计功能,同时还配备了适用于各种需要的元件库。更为重要的是,MAX+plus Ⅱ 还提供了原理图输入的多层次设计功能,使用户能设计更大规模的电路系统。与传统的数字电路设计相比,MAX+plus Ⅱ 提供的原理图输入设计功能具有显著的优势。

3.1 原理图设计方法

以原理图进行设计的主要内容在于元件的引入与线的连接。当设计系统比较复杂时,应采用自顶向下的设计方法,将整个电路划分为若干相对独立的模块来分别设计。当对系统很了解且对系统速率要求较高时,或设计大系统中对时间特性要求较高的部分时,可以采用原理图输入方法。这种输入方法效率较低,但容易实现仿真,便于对信号的观察及电路的调整。

3.1.1 内附逻辑函数

在安装 MAX+plus Ⅱ 软件时已有数种常用的逻辑函数安装在目录内,这些逻辑函数被称为图元(Primitive)和符号(Symbol),也称为元件。在电路图编辑窗口中是以元件引入的方式将需要的逻辑函数引入,各设计电路的信号输入引脚与信号输出引脚也需要以这种方式引入。有 4 个不同的子目录分别放有不同种类的逻辑函数文件。

- 子目录 prim 下存放的是数字电路中一些常用的基本元件库,例如 AND、OR、VCC、GND、INPUT、OUTPUT 等。
- 子目录 mf 下存放的是数字电路中一些中规模器件库,包括常用的 74 系列逻辑器件等。将这些逻辑电路直接运用在逻辑电路图的设计上,可以简化许多设计工作。
- 子目录 mega_lpm 下存放的是一些比较大的并可作参数设置的元件,使用中需要对其参数进行设置,在一些特殊的应用场合,可以调用该目录下的元件。
- 子目录 edif 下存放的是一些符合 EDIF 格式的元件。

3.1.2　编辑规则

在进行原理图设计时,经常需要对一些引脚、文件等进行编辑与命名,进行命名时必须按一定的规则进行。

1. 引脚名称

利用原理图进行设计时,经常需要用到输入、输出信号,就需要使用输入、输出引脚,此时必须对输入、输出引脚进行命名,命名时可采用英文字母 A～Z 或 a～z,阿拉伯数字 0～9,或是一些特殊符号如"/"、"_"、"−"等。例如:abc、d1、123_abc 等都可以命名。要注意英文字母的大小写代表的意义是相同的,也就是说 abc 与 ABC 所代表的是同样的引脚名称,还要注意名称所包括的英文字母长度不可以超过 32 个字符,另外在同一个设计文件中不同的引脚名称不能重复。

2. 节点名称

节点在图形编辑窗口显示一条细线,它负责在不同的逻辑器件之间传送信号。也可以对节点进行命名,其命名规则与引脚名称相同,注意事项也相同。

3. 总线名称

总线在图形编辑窗口中显示一条粗线。一条总线代表很多节点的组合,可以同时传送多个信号。一条总线最少代表 2 个节点的组合,最多可代表 256 个节点。总线命名时,必须要在名称后面加上"$[m..n]$"表示一条总线内所含有的节点编号,m 和 n 都必须是整数,但谁大谁小均可,并无原则性规定。

4. 文件名称

原理图的文件名可以用任何英文名,扩展名为".gdf",文件名称小于等于 32 个字符,扩展名并不包括在 32 个字符的限制之内。

5. 项目名称

一个项目(Project)包括所有从电路设计文件编译后产生的文件,这些文件是由 MAX +plus Ⅱ 程序所产生的,有共同的文件名称但其扩展名称各不相同,而项目名称必须与最高层的电路设计文件名称相同。

3.1.3　原理图编辑工具

下面介绍的是在原理图编辑时所用到的快捷工具按钮,熟悉这些工具的基本性能,可大幅提高设计时的速度。

(1) ▱选择工具:可以选取、移动、复制对象,为最基本且最常用的功能。

(2) Ａ文字工具:可以输入或编辑文字,例如在指定名称或批注时使用。

(3) ▱画正交线工具:可以画水平线及垂直线。

（4）画直线工具：可以画直线及斜线。

（5）画弧线工具：可以画出一条弧线，而且可以根据需要拉出想要的弧度。

（6）画圆工具：可以画出一个圆形。

（7）放大工具：可以放大所编辑的图形。

（8）缩小工具：可以缩小所编辑的图形。

（9）与窗口适配工具：可以调整显示比例，使得在当前窗口下可显示整张原理图。

（10）连接点接/断工具：可以添加或删除节点。

（11）打开橡皮筋连接功能：可以使连线如橡皮筋一样，此时移动同连线相接的模块，连线也会随着移动而不会断开。

（12）关闭橡皮筋连接功能：可以使连线的橡皮筋功能断开，此时移动线段或同连线相接的模块，连线不会随着移动而断开。

3.1.4　原理图编辑流程

MAX＋plus Ⅱ的图形编辑器（Graphic Editor）原理图编辑流程如下。

1. 建立设计文件夹

任何一项设计都是一项工程（Project），都必须首先为此工程建立一个放置与此工程相关文件的文件夹，此文件夹被 EDA 软件默认为工作库（Work Library）。一般而言，不同的设计项目最好放在不同的文件夹中。一个设计项目可以包含多个设计文件，这些文件包括所有的层次设计文件和由设计者或 MAX＋plus Ⅱ软件产生的副文件。必须注意文件夹不能用中文，且不可带空格。

2. 进入原理图设计系统

在主菜单上选择 File→New 选项或单击工具栏上的图标，在弹出的 New 对话框中选择 Graphic Editor file（后缀为.gdf）选项后单击 OK 按钮，如图 3-1 所示。这时将会出现一个 Untitled 的无标题图形编辑窗口。

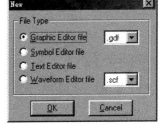

图 3-1　New 对话框

3. 输入元件

对于 MAX＋plus Ⅱ软件而言，系统本身自带了不少元件，可以直接调用，调用方法如下。

（1）首先单击左侧工具面板的选择工具 按钮，再到图形编辑窗口中单击以确定输入的位置（将出现一个插入点），然后选择 Symbol→Enter Symbol 选项，将出现如图 3-2 所示的对话框。快捷方式是双击或右击在弹出快捷菜单中选择 Enter Symbol 选项。

（2）在 Enter Symbol 对话框的 Symbol Libraries（符号库）选项区域中双击"c:\maxplus2\max2lib\prim"选项，在下面的 Symbol File 选项区域中元件将以列表方式显示出来。

（3）选择要输入的元件，然后单击 OK 按钮。

若输入的是 74 系列元件，则在 Symbol Libraries 选项区域中选择"c:\maxplus2\

max2lib\mf",然后在 Symbol File 选项区域中选择所需要的 74 系列元件。

参数可设置的元件在图形编辑器中的输入方法与上述基本相同。

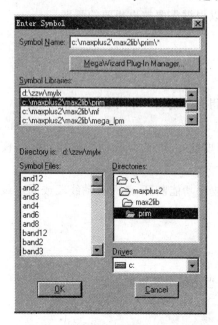

图 3-2　输入元件对话框

4. 元件的编辑

元件被放置到原理图中后,还需要调整它们的位置,使其布局合理。常采用以下方法进行调整。

(1) 移动。用鼠标左键选中待移动的元件后,出现一个红色选择框,然后将其拖到合适的位置松开即可。若要同时移动多个元件,则在空白处按下鼠标左键后画出一个矩形框,把要移动的元件置于其中,然后用鼠标拖动即可;也可以先选中一个元件,然后按住 Shift 键不放,选择多个元件后移动。

(2) 旋转。当元件的摆放方向不理想时,可以选择旋转对其进行调整。其方法是用鼠标选中该元件后,单击右键出现快捷菜单,可以选择 Flip Horizontal(水平翻转)、Flip Vertical(垂直翻转)、Rotate 90°/180°/270°(旋转)进行调整,也可以在菜单 Edit 下进行同样的操作。

(3) 删除。选中要删除的元件后按 Del 键即可,也可以选择 Edit→Del 选项进行操作。如果要同时删除多个元件时,按上面讲的方法同时选中多个元件后按 Del 键即可。

(4) 复制。当要放置多个相同的元件符号时,一般采用复制的方法。一种方法是选择菜单操作方式,用 Edit→Copy 进行拷贝,用 Edit→Paste 进行粘贴;另一种方法是选中要复制的元件后,按住 Ctrl 键再用鼠标进行拖动,这时元件边会出现一个小"+"号;还可以通过右击弹出的菜单来完成。

5. 连线

放置好元件后,接下来就要实现对功能模块间逻辑信号的连接。有两种方法可以将元件的相应管脚连接起来,第一种方法是直接连接法,即通过导线将模块间对应的管脚直接连接起来,具体方法如下。

(1) 如果需要连接两个端口,将鼠标移到其中的一个端口,则鼠标变为"+"形状。

(2) 一直按住鼠标的左键,将鼠标拖到待连接的另一个端口上。

(3) 放开左键,则一条连线画好了。

(4) 如果需要删除一根线,单击这根连线并按 Del 键。

这种方法的优点是直观,但当模块比较多、管脚比较多时,会使原理图中连线繁杂,看起来很混乱。为了使图形文件连线明了简洁,就需要采用另一种方法,即标注连接法,在要连接的元件的管脚上做相同的标注,系统在编译时,会认为标注相同的地方在逻辑关系上是连接在一起的。

6. 命名

连线完成后,可以给引线端子和节点命名。

(1) 给引线端子命名。可以在引线端子的 PIN_NAME 处双击鼠标左键,然后输入名字。也可以在引线端子符号任意处单击鼠标右键,在弹出菜单中选择 Edit Pin Name,然后输入名字,注意名字不能为空。

(2) 给节点命名。选中需命名的线,然后输入名字即可。

7. 总线

总线是一组相关的连线,最多可以包括 256 个独立的连线。总线的建立可以通过画线方式,只要在 Options 菜单或右击弹出菜单上的 Line Style 子菜单中选择粗线即可。对 n 位宽的总线命名可以用鼠标右键单击总线,在弹出菜单中选择 Name Node/Name Bus 进行命名,一般采用 $A_{[n-1..0]}$ 形式,其中单个信号用 $A_{n-1}, \cdots, A_2, A_1, A_0$ 形式,A_{n-1} 代表最高有效位,A_0 代表最低有效位。

8. 保存文件

选择 File→Save As 选项,将出现 Save As 对话框,如图 3-3 所示,在 File Name 中输入设计文件名 traffic. gdf(注意后缀是. gdf),然后单击 OK 按钮即可保存文件。文件保存后,可以选择 File→Project→Save & Check 选项,检查设计是否有错误。

图 3-3 保存文件对话框

9. 将当前设计项目设置成工程文件

将当前设计项目设定为工程文件设置成 Project 有两个途径。

(1) 选择 File→Project→Set Project to Current File 选项,即将当前设计文件设置成 Project。选择此项后可以看到图 3-4 所示的窗口左上角显示出所设文件的路径。此后的设计应该特别注意此路径的指向是否正确。

(2) 如果设计文件未打开,可选择 File→Project→Name 选项,然后在弹出的 Project Name 窗中找到所需文件,此时即选定此文件为本次设计的工程文件了。

注意:项目名称和顶层设计文件相同,但是没有扩展名,同一时间内只能对一个项目进行编译、仿真、定时分析和编程操作。

10. 创建元件

创建元件是建立一个新符号来代表当前设计文件,在其他高层设计文件中可以像调用一般元件一样直接调用它,类似其他软件的子电路生成功能。创建前,要首先选择 File→Project→Save&Check 选项,检查设计是否有错误,若正确无误,在 File 菜单中选择 Create Default Symbol 选项,即可在当前路径指定的目录中创建一个设计符号,扩展名为. sym。

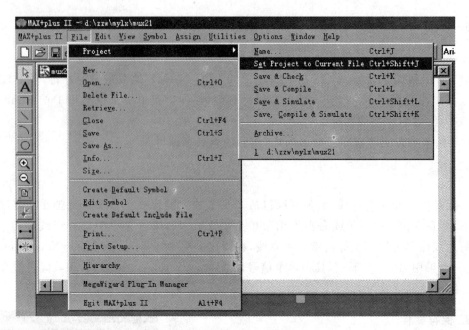

图 3-4　将当前设计文件设置成工程文件

创建完成后可以发现所设计的电路变成了一个具有输入和输出端口的元件,下次使用时直接调用就可以了。这样可以大大减轻设计者的工作量,缩短设计开发周期。

3.1.5　设计项目的处理

MAX＋plus Ⅱ 编译器是一个高速自动化的设计处理器,能完成对设计项目的编译。它能够将设计文件转换成器件编程、仿真、定时分析所需要的输出文件,是 MAX＋plus Ⅱ 系统的核心。

1. 项目编译

1) 启动编译器

在 MAX＋plus Ⅱ 菜单中选择 Compiler 选项或单击工具栏中按钮 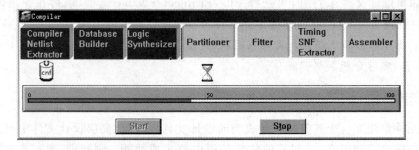 ,则出现编译器窗口,如图 3-5 所示。

图 3-5　MAX＋plus Ⅱ 编译器窗口

单击 Start 按钮即开始编译。MAX＋plus Ⅱ编译器将检查项目是否有错误，并对项目进行逻辑综合，然后配置到一个 Altera 器件中，同时产生编译文件、报告文件和仿真输出文件等。在编译器编译项目期间，所有的信息、错误和警告将在自动打开的 Message Processor 信息处理窗口中显示出来。如果发现有错误，选中该错误，然后单击 Locate 按钮，将找到该错误在设计文件中所处的位置。

2）编译器的编译过程

编译窗口中的 7 个进程模块分别是：Compiler Netlist Extractor(编译器网表文件提取器)、Database Builder(数据库建库器)、Logic Synthesizer(逻辑综合器)、Partitioner(逻辑分割器)、Fitter(适配器)、Timing SNF Extractor(时序仿真网表文件提取器)、Assembler(装配器)。

编译过程描述如下。

(1) 逻辑综合和拟合(Logic Synthesis ＆ Fitter)。逻辑综合的主要任务是根据设计者逻辑功能的描述及约束条件(如速度、功耗、成本、器件类型等)给出满足要求的最佳实现方案。MAX＋plus Ⅱ编译器的逻辑综合器选择适当的逻辑化简算法，使逻辑最简化并去除冗余逻辑。对于指定的器件结构，为保证尽可能有效地使用器件的逻辑资源，拟合程序模块运用试探规则，为综合的设计在一个或多个器件中选择最好的可实现方案。这种自动拟合将设计者从冗长的布局布线任务中解脱出来。拟合程序生成一个报告文件(.RPT)来标明器件中的设计实现及所有无用资源。拟合结果在 MAX＋plus Ⅱ Floorplan Editor 中显示出来。

(2) 定时驱动的编译(Timing-Driven Compilation)。MAX＋plus Ⅱ编译器能实现用户指定的定时要求，如传输延迟、时钟到输出延迟、时钟频率。设计者可在选定的逻辑功能上为整个设计指定定时要求。

(3) 设计规则检查(Design-Rule Checking)。MAX＋plus Ⅱ编译器含有一个设计规则检查程序，检查每个设计文件的逻辑问题以及是否会引起系统级可靠性问题，避免以往只有在设计制成产品后才能发现的问题。

(4) 多器件分割(Multi-Devices Partitioning)。如果一个设计太大，无法用单个器件实现，编译器的分割程序模块可将设计分割成同系列的多个器件。在使器件间通信的引线端子数量最少的同时，尽可能将一个设计用最少数量的器件来实现。

(5) 生成编程文件(Programming File Generation)。汇编程序模块为编译的设计生成一个或多个编程器文件(.pof)、SRAM 目标文件(.sof)和 JEDEC 文件(.jed)，使用这些文件和标准的硬件来对器件编程。

3）选择器件

在开始编译前，应该为设计项目选定一个具体器件，其方法是：在 Assign 菜单内选择 Device 选项，将打开 Device 对话框，如图 3-6 所示；然后选择一个器件系列；再选择某一器件或 AUTO 自动选择；最后单击 OK 按钮。

4）全局项目逻辑综合方式

MAX＋plus Ⅱ Compiler 的逻辑综合器选择适当的逻辑化简算法，使逻辑最简化并去除冗余逻辑，保证尽可能有效地使用器件的逻辑资源。设计人员可以为设计项目选择一种逻辑综合方式，以便在编译过程中指导编译器的逻辑综合模块工作，具体操作如下。

在 Assign Menu 菜单内选择 Global Project Logic Synthesis 选项,将出现 Global Project Logic Synthesis 对话框,如图 3-7 所示。

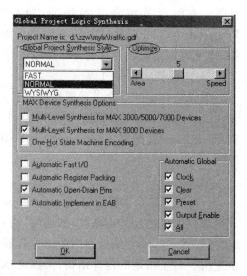

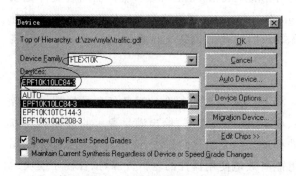

图 3-6　选择器件对话框　　　　图 3-7　设定全局逻辑综合方式

在 Global Project Synthesis Style 下拉列表框中选择所需要的类型。其中缺省的逻辑综合类型是 NORMAL;FAST 类型可改善项目性能,但通常使项目配置比较困难;WYS|WYG 类型可以进行最小逻辑综合,节省编译时间。

在 Optimize 移动条上,可以在 0~10 之间移动划块,移动到 0 位置时最先考虑占用器件的面积,移到 10 时,系统的执行速度得到优先考虑。

5) 启用设计规则检查工具

在 Processing 菜单下,有一些设计规则检查选项会对编译产生影响。

(1) Design Doctor。在编译期间,可选 Design Doctor 的工具来检查项目中的所有设计文件,以发现在编程的器件中可能存在的可靠性不好的逻辑。

(2) Functional SNF Extractor。如要进行功能仿真,则需打开功能仿真器的 .SCF 文件(模拟器网表文件)的网表提取器。

(3) Smart Recompile。当该选项有效时,编译器会将项目中以后编译器会用到的额外数据库信息保存下来,这样可以减少将来编译所需要的时间。

(4) Total Recompile。要求编译器重新生成编译器网表文件和层次互连文件。

(5) Report File。编译器的配置模块产生编译器使用器件资源的报告文件。

一般来说,对于一个并不是太复杂的项目可以选择以下设置减少编译时间。

(1) 选择 Processing→Smart Recompile 选项。

(2) 在 Global Project Synthesis Style 下拉列表框中选择 WYS|WYG 选项。

(3) 如果不进行仿真,关闭 Timing SNF Extractor。

2. 引线端子适配

MAX+plus Ⅱ的平面图编辑器(Floorplan Editor)能完成物理设备的分配和观察到编

译器的分割、适配结果。设计者可以在编译设计前直接分配引线端子和逻辑单元,也可以在编译后观察和修改其结果。

1) 打开平面图编辑器窗口

在 MAX+plus Ⅱ 菜单中选择 Floorplan Editor 选项或单击工具栏中按钮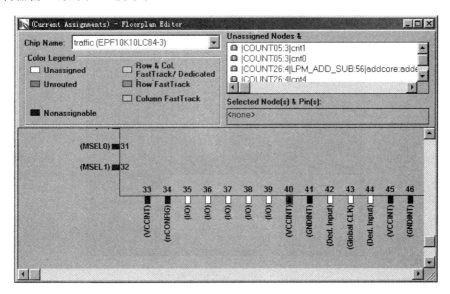,则出现平面图编辑器窗口,如图 3-8 所示。

图 3-8 平面图编辑窗口

2) 选择视图选择方式

在 Floorplan Editor 窗口中有两种显示方式:Device View(器件视图)和 LAB View(逻辑阵列块视图)。器件视图显示器件封装的所有引线端子以及它们的功能,逻辑阵列块视图显示器件的内部结构,包括所有的 LAB 和每个 LAB 中的逻辑单元。设计者可以在视图显示区的空白处采用双击的方式在这两种视图间进行切换,或者选择 Layout→Device View (LAB View)选项进行切换。

3) 显示最后一次编译所生成的平面图

选择 Layout→Last Compilation 选项或单击窗口左边的工具栏按钮█,平面图编辑器将显示由最后一次编译产生的不可编辑(只读)视图,该图存放在适配文件中。任何不合法的分配都将被高亮显示在未分配的节点和引线端子的列表中。

4) 编辑引线端子

Altera 推荐让编译器自动进行引线端子分配,如果认为有必要自己分配引线端子,在 Floorplan Editor 中有两种引线端子分配方法,即

方法一:按下面步骤进行操作

(1) 选择 Layout→Current Assignment Floorplan 选项或单击窗口左边的工具栏按钮█,所有输入、输出节点和引线端子都会出现在 Unassigned Nodes 栏内,如图 3-8 所示。

(2) 每一个节点和引线端子都有一个句柄,拖动它到视图上未用的某一引线端子上,松开鼠标左键,即可完成一个引线端子的分配;相反,也可以把一个已分配的引线端子放回到

未分配节点列表中或转移到视图的其他位置上。

注意：进行引线端子分配时要注意芯片上一些特定功能的引线端子。另外,在器件选择中,如果选择 Auto 选项,则不允许对引线端子再分配。

方法二：引线端子锁定方法

(1) 选择 Assign→Pin→Location→Chip 选项,出现如图 3-9 所示对话框。

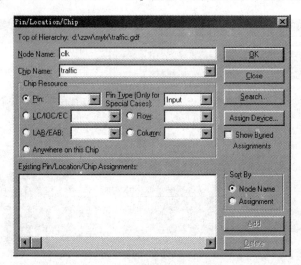

图 3-9　引线端子锁定对话框

(2) 在 Node Name 文本框内输入引线端子的名字。

(3) 在 Chip Resource 选项区域内,输入锁定的引线端子号。

(4) 单击 Add 按钮,分配的引线端子将出现在 Existing Pin/Location/Chip Assignments 文本框中。

(5) 单击 OK 按钮。

注意：引线端子分配后要重新编译该项目。

3.1.6　设计项目的校验

MAX+plus Ⅱ 的设计项目的校验包括设计项目的仿真(Simulate)、定时分析(Timing Analysis)两个部分。

1. 仿真

MAX+plus Ⅱ 的仿真器(Simullator)是一个测试电路的逻辑功能和内部时序的强大工具,可灵活地建立单个或多个器件的设计模型。一个设计项目完成输入和编译后只能保证为项目创建了一个编程文件,但还不能保证是否真正达到了设计要求,如逻辑功能和内部时序要求等,所以在器件编程之前还应进行全面模拟检测,以确保它在各种可能情况下的正确响应,这就是 MAX+plus Ⅱ 的仿真器的作用。

仿真包括功能仿真和时序仿真,这两项工作在设计处理过程中同时进行。

功能仿真是在设计输入完成后,选择具体器件进行编译之前的逻辑功能验证,因此又称为前仿真。仿真前,要先利用波形编辑器或硬件描述语言等建立波形文件或测试向量,仿真结果将会生成报告文件和输出信号波形,从中便可以观察到各个节点的信号变化,若发现错误,则返回设计输入修改逻辑设计。

时序仿真是在选择了器件并完成布局、布线之后进行的时序关系仿真,因此又称为后仿真或延时仿真。由于不同器件的内部延时不一样,不同的布局、布线方案也给延时造成不同的影响,因此在设计处理后,对系统和各功能模块进行时序仿真,分析其时序关系,实际上也是与实际器件工作情况基本相同的仿真。

设计人员可利用 MAX+plus Ⅱ 的仿真器进行功能和时序仿真。功能仿真是在不考虑器件延时的理想情况下仿真项目的逻辑功能,时序仿真是在考虑设计项目具体适配器件的各种延时情况下仿真设计项目的验证方法,不仅测试逻辑功能,还测试目标器件最差情况下的时间关系。在仿真过程中,需要给仿真器提供输入信号,仿真器将产生对应用于这些输入激励的输出信号,在时序仿真时,仿真结果与实际的可编程器件在同一条件下的时序关系完全相同。具体步骤如下。

1)创建仿真波形文件

(1)将设计指定为当前项目。

(2)创建一个波形文件。选择 MAX+plus Ⅱ→Waveform Editor 选项,打开仿真工具 Waveform Editor 窗口,或选择新建一个 Waveform Editor 文件,将创建一个新的无标题波形文件,如图 3-10 所示。

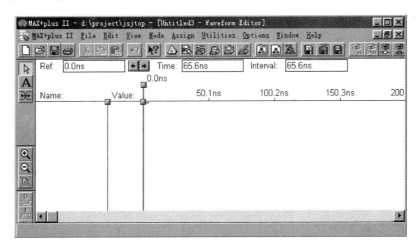

图 3-10 波形编辑窗口

(3)储存波形文件。选择 File→Save As 选项,在 File Name 文本框中,输入相应文件名,单击 OK 按钮存盘。

(4)设定时间轴网格大小。选择 Option→Grid Size 选项,输入时间间隔(如 20ns),单击 OK 按钮。通常用网格大小来表示在仿真过程中系统的最小单位时间。在对仿真波形文件中的输入时钟信号添加激励源时,对时钟的赋值是以网格时间为最小参考单位的,设计者只需填写时钟周期相对网格时间的倍数就行了。

(5)设定时间轴长度。选择 File→End Time 选项并输入文件的结束时间,它决定在仿真过程中仿真器何时终止施加输入向量。对于比较简单的电路,取系统默认的仿真终止时间 1μs 就可以了,因为此时只需判断电路的逻辑功能关系是否正确。但对于一个复杂的电路而言,有时需要经过很多帧,这样,在进行时序仿真时就要设定较长的仿真时间。

2)选择欲仿真的引线端子

(1)选择 Node→Enter Nodes from SNF 选项,打开如图 3-11 所示对话框。也可以在窗口的空白处右击,在弹出快捷菜单中,同样选择 Enter Nodes from SNF 选项。

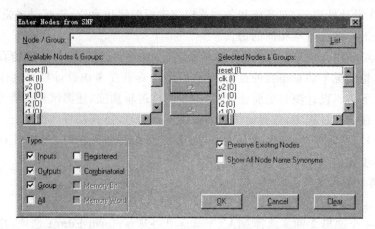

图 3-11　节点输入对话框

(2)在 Type 选项区域中选中 Input 和 Output 复选框,然后单击 List 按钮。

(3)在 Available Nodes & Groups 列表中将出现所有的节点,选择需要仿真的节点,用右移键将它们移到右边的 Selected Nodes & Groups 列表中。

(4)单击 OK 按钮完成。

这时出现如图 3-12 所示的结果。所有未编辑的输入节点的波形都默认为逻辑低电平(0),所有输出和隐含节点波形都默认为未定义逻辑电平(X)。

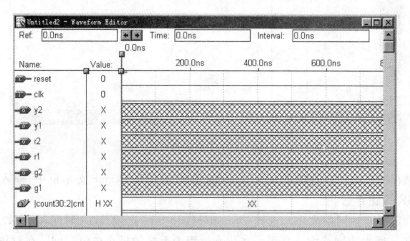

图 3-12　编辑仿真文件的端口和节点

3)编辑输入节点的仿真波形

首先介绍在波形编辑环境下,如图 3-10 所示的界面最左边常用控件按钮的功能。

（1）![按钮]：单击该按钮后，可以对选中的目标波形进行移动、剪切、复制、删除或编辑等操作。

（2）![按钮A]：单击该按钮后，可以插入一个新的文本说明或编辑已存在的文本说明。

（3）![按钮]：单击该按钮后，可以移动波形的上升沿或下降沿的位置，或对波形进行编辑。

（4）![按钮Q+]：单击该按钮后，可以对波形的时间轴尺寸放大。

（5）![按钮Q-]：单击该按钮后，可以对波形的时间轴尺寸缩小。

（6）![按钮]：单击该按钮后，可以调整时间轴的显示比例，使得在当前波形编辑环境下能够显示整个时间段的波形。

（7）![按钮0]：首先单击要编辑的波形，然后单击该按钮，可将选择的波形赋值为低电平（即逻辑"0"）。

（8）![按钮1]：首先单击要编辑的波形，然后单击该按钮，可将选择的波形赋值为高电平（即逻辑"1"）。

（9）![按钮X]：首先单击要编辑的波形，然后单击该按钮，可将选择的波形赋为不定态。

（10）![按钮Z]：首先单击要编辑的波形，然后单击该按钮，可将选择的波形赋为高阻态。

（11）![按钮INV]：首先单击要编辑的波形，然后单击该按钮，可将选择的波形进行逻辑取反操作。

（12）![按钮XO]：首先单击要编辑的波形，然后单击该按钮，可将选择的波形赋时钟信号。

（13）![按钮XC]：类似时钟赋值，首先单击要编辑的波形，然后单击该按钮，可对选择的波形赋予指定周期的周期信号。

（14）![按钮XG]：针对组群信号（即总线式信号），首先单击要编辑的总线波形，然后单击该按钮，可对选择的总线波形赋组值。

将输入节点的某段选中（变黑）后，单击左边工具栏的有关按钮，即可进行低电平、高电平、任意、高阻态、反相和总线数据等各种设置。图 3-13 是进行节点波形输入的一个具体实例。

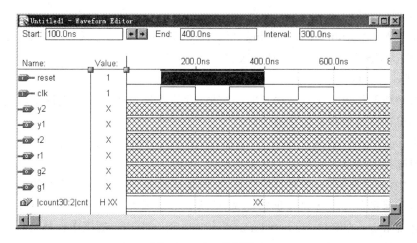

图 3-13　节点波形输入

4）仿真

保存文件后，在 MAX＋plus Ⅱ 菜单中选择 Simulator 选项，或单击工具栏按钮![按钮]，出现 Simulator 对话框,如图 3-14 所示,单击 Start 按钮开始仿真,若正确无误,单击 OK 按钮。仿真过程在后台进行,使得计算机能够同时做其他的工作。

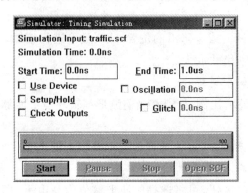

图 3-14　MAX+plus Ⅱ仿真器窗口

5)分析仿真结果

在仿真器窗口中选择 Open SCF 选项,即打开当前项目的仿真结果文件.scf。在这里,主要观察输入和输出之间的逻辑关系是否符合设计要求。

2. 定时分析

在编译完成之后,可以利用定时分析器(Timing Analyzer)来确定项目的性能。该分析器能按矩阵方式计算设计中点到点的延时,确定在器件引线端子上要求的上升时间和保持时间,估计最大时钟频率。MAX+plus Ⅱ的定时分析有 3 种模式如表 3-1 所示。

表 3-1　定时分析的 3 种模式

分析模式	快捷按钮	说明
延时矩阵(Delay Matrix)	▦	分析多个源节点和目标节点之间的传播延时路径,列出它们之间最短和最长的路径
时序电路性能(Registered Performance)	✷	分析时序电路的性能,包括限制性能的延时,最小时钟周期和最高工作频率
建立/保持矩阵(Setup/Hold Matrix)	▦	计算从输入引线端子到触发器、锁存器的信号所需的最少建立时间和保持时间

具体步骤如下。

1)启动定时分析工具

选择菜单 MAX+plus Ⅱ→Timing Analyzer 选项或单击工具栏按钮▣,即打开定时分析窗口,默认情况下进入 Delay Matrix 模式。

2)传播延时分析

该分析功能的作用是显示传播延时的结果,设计者只需简单地在设计中的起点和终点加上标识即可确定最短和最长传播延时。

进入 Delay Matrix 模式后单击 Start 按钮,则定时分析器立即开始分析该项目并计算项目中每对连接的节点之间的最大和最小延时,如图 3-15 所示。

在矩阵中,列是源节点,行是目标节点,中间是连接源节点和目标节点间的最大传播延时。源节点和目标节点也可以根据需要选择,方法是在菜单 Node→Time Analysis Source 选项中选择源节点;在菜单 Node→Time Analysis Destination 选项中选择目标节点。

3)时序逻辑电路性能分析

该分析可测算时序电路的延时性能,确定在最短时钟周期和最高时钟频率下的延时路径。

选择 Analysis→Registered Performance 选项,或单击工具栏按钮✷,进入时序逻辑电路性能分析,如图 3-16 所示。单击 Start 按钮开始进行分析。

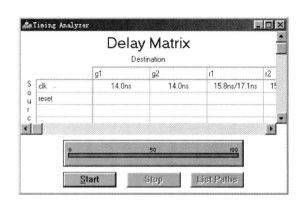

图 3-15 传播延时分析

图 3-16 时序逻辑电路性能分析

其中,

(1) Clock:显示被分析的延时路径,默认为最大延时路径。

(2) Source & Destination:显示制约性能的源节点和目标节点的名称。

(3) Clock Period & Frequency:显示在给定时钟下的时序电路要求的最小时钟周期和最高工作频率。

(4) Start:开始时序电路逻辑性能分析。

(5) List Path:在 Floorplan Editor 上显示延时路径。

4) 建立/保持时间分析

该功能是计算从输入引线端子到触发器、锁存器的信号所需的最少建立时间和保持时间,以及器件引线端子上信号的建立时间与保持时间。

选择 Analysis→Setup→Hold Matrix 选项,或单击工具栏按钮  ,进入时序逻辑电路性能分析,如图 3-17 所示。

图 3-17 建立/保持时间分析

3.1.7 器件编程

编程是指将编程数据放到具体的可编程器件中去。当成功编译和仿真一个项目后,可以对一个器件进行编程并在实际电路中进行测试。MAX+plus Ⅱ编程器完成对器件的编程工作。编程下载的方式有 ByteBlaster 并行下载、ByteBlaster MV 并行下载及 BitBlaster 串行下载等。下面以 ByteBlaster MV 并行下载为例,说明编程下载的步骤。

1. 项目编译

在编译过程中,MAX+plus Ⅱ编译器将为配置 FLEX10K/800/600 器件产生一个目标文件(.sof),为配置 MAX9000/7000S/7000A 器件产生一个 SRAM 目标文件(.pof)。

2．安装 ByteBlaster 电缆

将 ByteBlaster 电缆一端安装在计算机并行口上，另一端的 10 针阴极插头安装在装有可编程器件的 PCB 板上。该电路板必须给 ByteBlaster 电缆提供电源。

3．打开编程器

选择菜单 MAX＋plus Ⅱ/Programmer 选项打开编程器，或单击工具栏按钮，将打开编程器窗口，如图 3-18 所示，编程器窗口常用功能按钮说明如下。

（1）Program：将一个编程文件中的数据编程到一个 MAX 或 EPROM 器件中。

（2）Verify：校验器件中的内容是否与当前编程数据内容相同。

（3）Blank-Check：确认检查器件是否为空。

（4）Configure：将配置数据下载到一个 FLEX 器件中。

4．选择编程硬件

在 Option 菜单下选择 Hardware Setup 选项，将打开 Hardware Setup 对话框，如图 3-19 所示，在对话框中的 Hardware Type 下拉列表框中选择 ByteBlaster(MV)选项后，单击 OK 按钮。此编程方式对应计算机的并行口下载通道，"MV"是混合电压的意思，主要指对 Altera 的各类芯核电压(如 5V、3.3V、2.5V 与 1.8V 等)的 FPGA/CPLD 都能由此下载。此项设置只在初次装软件后第一次编程前进行，设置确定后就不必重复此设置了。

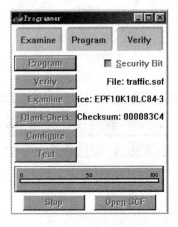

图 3-18　MAX＋plus Ⅱ编程窗口

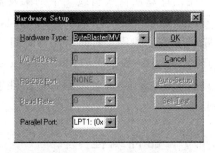

图 3-19　设定编程硬件对话框

MAX＋plus Ⅱ 将自动设置当前项目文件为编程文件。如果要选择其他的项目文件，可以选择菜单 File→Select Programming File 选项，在窗口中找到需要编程的文件，对于 FLEX10K/8000/6000 器件，选择.sof 文件；对于 MAX9000/7000S/7000A 器件，选择.pof 文件。

5．用 JTAG 或 FLEX 链在系统编程

（1）用 JTAG 链在系统编程，操作步骤如下。

① 在 JTAG 菜单中打开 Multi-Device JTAG Chain 并选择 Multi-Device JTAG Chain

Setup 选项,建立多器件的 JTAG 链,如图 3-20 所示。

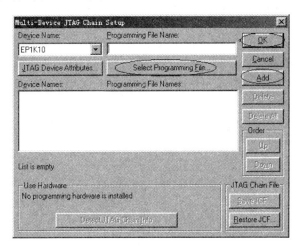

图 3-20 设立 JTAG 链对话框

② 单击 Select Programming File 按钮并选择待编程文件,在 Programming File Name 列表中将出现所选择的文件;如果选择的目标文件不是当前项目,系统将提示确认是否改变当前项目名。

③ 单击 Add 按钮。

④ 如果使用的是多个器件,重复使用以上步骤,确保与电路板上的次序相同。

⑤ 完成设置后,单击 OK 按钮。

⑥ 单击 Configure 或 Program 按钮,ByteBlaster 将把.sof 或.pof 文件中的数据配置到器件中。

(2) FLEX 链在系统编程,操作步骤如下。

在 FLEX 菜单中打开 Multi-Device FLEX Chain 并选择 Mult-Device FLEX Chain Setup 选项,建立多器件的 FLEX 链。

其他步骤与(1)相同。

3.2 1 位全加器设计

通过 3.1 节的介绍,对原理图设计方法有了一定的了解,下面通过一个 1 位全加器的实例,进一步介绍原理图设计方法。1 位全加器可以用两个半加器及一个或门连接而成,因此需要首先完成半加器的设计。以下将给出使用原理图输入的方法进行半加器底层元件设计和层次化设计全加器的主要步骤与方法,其主要流程与数字系统设计的一般流程基本一致。

3.2.1 建立文件夹

假设本项设计的文件夹取名为 MY_PRJCT,在 E 盘中,路径为 E:\MY_PRJCT。

3.2.2　输入设计项目和存盘

（1）打开 MUX＋plus Ⅱ 软件，选择 File→New 选项，在弹出的 File Type 窗中选择原理图编辑输入项（Graphic Editor File），单击 OK 按钮将打开原理图编辑窗口。

（2）在原理图编辑窗中分别调入元件 AND2、NOT、XNOR、INPUT 和 OUTPUT 并按图 3-21 连接好。然后用鼠标分别在 INPUT 和 OUTPUT 的 PIN_NAME 上双击使其变黑色，再用键盘分别输入各引脚名：a、b、co 和 so，如图 3-21 所示。

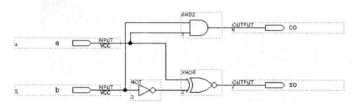

图 3-21　半加器 h_adder 原理图

（3）选择 File→Save As 选项，选出刚刚建立的目录 E:\MY_PRJCT，将已设计好的图文件取名为 h_adder.gdf，并存在此目录内。

3.2.3　将设计项目设置成工程文件

选择 File→Project→Set Project to Current File 选项，将设计项目 h_adder.gdf 设定为工程文件，此时的标题栏会显示出所设计文件的路径。

3.2.4　选择目标器件并编译

首先，在 Assign 下拉菜单中选择器件选择项（Device），在器件序列栏中选定目标器件对应的序列名，如 EPM7128S 对应的是 MAX7000S 系列，EPF10K10 对应的是 FLEX10K 系列等。为了选择 EPF10K10LC84-4 器件，应将此栏下方标有 Show Only Fastest Speed Grades 的勾消去，以便显示出所有速度级别的器件。完成器件选择后，单击 OK 按钮。

其次，启动编译器，首先选择左上角的 MAX＋plus Ⅱ 菜单，在其下拉菜单中选择编译器项（Compiler），此编译器的功能包括网表文件提取、设计文件排错、逻辑综合、逻辑分配、适配（结构综合）、时序仿真文件提取和编程下载文件装配等。

最后，单击 Start 按钮，开始编译。如果发现有错，排除错误后再次编译。

3.2.5　时序仿真

接下来应该测试设计项目的正确性，即逻辑仿真，具体步骤如下。

（1）建立波形测试文件。选择 File→New→Waveform Editor 选项，打开波形编辑窗。

（2）输入信号节点。波形编辑窗的上方选择 Node 选项，在下拉菜单中选择输入信号节点项 Nodes from SNF。在弹出的窗口单击 List 按钮，这时左窗口将列出该项设计所有信号节点。利用中间的"＝＞"按钮将需要观察的信号选到右栏中，然后单击 OK 按钮即可，如

图 3-22 所示。

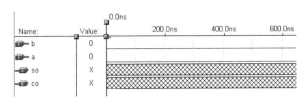

图 3-22 输入信号节点

（3）设置波形参量。图 3-22 所示的波形编辑窗中已经调入了半加器的所有节点信号，在为编辑窗口中半加器输入信号 a 和 b 设定必要的测试电平之前，首先设定相关的仿真参数。在 Options 选项中取消网格对齐 Snap to Grid 选项，以便能够任意设置输入电平位置，或设置输入时钟信号的周期。

（4）设定仿真时间宽度。选择 File→End Time 选项，在 End Time 窗中选择适当的仿真时间域，如可选 $34\mu s$，以便有足够长的观察时间。

（5）加上输入信号。现在可以为输入信号 a 和 b 设定测试电平了。如图 3-23 标出的那样，利用必要的功能按钮为 a 和 b 加上适当的电平，以便仿真后能测试 so 和 co 输出信号。

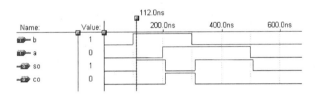

图 3-23 半加器 h_adder.gdf 的仿真波形

（6）波形文件存盘。选择 File→Save As 选项，单击 OK 按钮即可。由于图 3-23 所示的存盘窗中的波形文件名是默认的（这里是 h_adder.scf），所以直接存盘即可。

（7）运行仿真器。图 3-23 中的 so 和 co 是仿真运算完成后的时序波形。

（8）观察分析波形。可以看出，图 3-23 显示的半加器的时序波形是正确的。还可以进一步了解信号的延时情况。图 3-23 中的竖线是测试参考线，它上方标出的 112.0ns 是此线所在的位置，由图可见输入与输出波形间有一个小的延时量。

为了精确测量半加器输入与输出波形间的延时量，可打开时序分析器，方法是选择 MAX＋plus Ⅱ→Timing Analyzer 选项，单击打开的分析器窗口中的 Start 按钮，延时信息即刻显示在图表中，如图 3-24 所示。其中左排的列表是输入信号，上排列出输出信号，中间是对应的延时量，这个延时量是精确针对 EPF10K10LC84-4 器件的。

（9）包装元件入库。选择 File→Open 选项，在 Open 窗口中先单击原理图编辑文件项 Graphic Editor Files，选择 h_adder.gdf，重新打

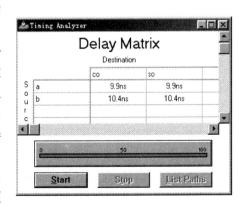

图 3-24 打开延时时序分析窗

开半加器设计文件,然后选择 File→Create Default Symbol 选项,此时即将当前文件变成了一个包装好的单一元件,并被放置在当前工程路径指定的目录中以备后用。

3.2.6　引脚锁定

如果以上的仿真测试正确无误,就应该将所进行的设计下载到选定的目标器件中,如 EPF10K10,作进一步的硬件测试,以便最终了解设计项目的正确性。这就必须根据评估板、开发电路系统或 EDA 实验板的要求对设计项目输入输出引脚赋予确定的引脚,以便能够对其进行实测。这里假设根据实际需要,要将半加器的 4 个引脚 a、b、co 和 so 分别与目标器件 EPF10K10 的第 5、6、17 和 18 脚相接,操作如下。

(1) 选择 Assign 选项及其中的引脚定位 Pin/Location/Chip 选项,在打开的对话框中的 Node Name 文本框中用输入半加器的端口名,如 a、b 等。如果输入的端口名正确,在右侧的 Pin Type 栏将显示该信号的属性。

(2) 在左侧的 Pin 一栏中,输入该信号对应的引脚编号,如 5、6、17 和 18 等,然后单击下面的 Add 按钮。如图 3-25 所示分别将 4 个信号锁定在对应的引脚上,单击 OK 按钮后结束。

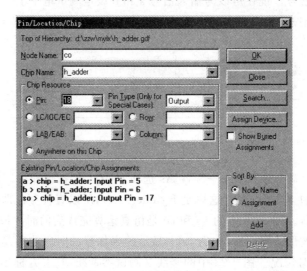

图 3-25　半加器引脚锁定

(3) 特别需要注意的是,在锁定引脚后必须再通过 MAX+plus II 的 Compiler 选项,对文件重新编译一次,以便将引脚信息编入下载文件中。

3.2.7　编程下载

引脚锁定后,就可进行编程下载,具体步骤如下。

(1) 用下载电缆把计算机的打印口与目标板连接好并打开电源。

(2) 选择 MAX+plus II →Programmer 选项,打开编程器窗口,然后选择 Options→Hardware Setup 选项,在其下拉菜单中选择 ByteBlaster(MV)编程方式。

(3) 单击编辑窗口中的 Configure 按钮,向 EPF10K10 下载配置文件,如果连线无误,应出现报告配置完成的信息提示。

3.2.8　设计顶层文件

可以将前面的工作看成是完成了一个底层元件的设计和功能检测,并被包装入库。现在利用已设计好的半加器,完成顶层项目全加器的设计,详细步骤可参考以下设计流程。

(1)打开一个新的原理图编辑窗,然后在元件输入窗口的本工程目录中找到已包装好的半加器元件 h_adder,并将它调入原理图编辑窗口中。这时如果双击编辑窗口中的半加器元件 h_adder,即刻打开此元件内部的原理图。

(2)完成全加器原理图设计,如图 3-26 所示,并以文件名 f_adder.gdf 存在同一目录中。

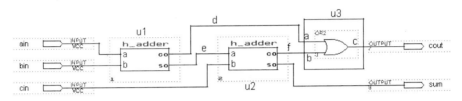

图 3-26　在顶层编辑窗口中设计全加器

(3)将当前文件设置成 Project,并选择目标器件为 EPF10K10LC84-4。

(4)编译此顶层文件 f_adder.gdf,然后建立波形仿真文件。

(5)对应 f_adder.gdf 的波形仿真文件如图 3-27 所示,参考图中输入信号 ain、bin 和 cin 输入信号电平的设置,启动仿真器 Simulator,观察输出波形的情况。

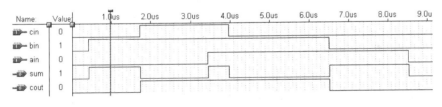

图 3-27　1 位全加器的时序仿真波形

(6)锁定引脚、编译并编程下载,可以硬件实测此全加器的逻辑功能。

3.3　数字电子钟设计

数字电子钟为计数器的综合应用,数字电子钟的秒针部分由六十进制计数器组成,分针部分也由六十进制计数器所组成。时针部分则可分为两种情况,12 小时制的为十二进制计数器,24 小时制的则为二十四进制计数器,在本例中采用十二进制计数器,分别说明如下。

3.3.1　六十进制计数器设计

1. 六进制计数器设计

要构成六十进制计数器,需要应用十进制计数器和六进制计数器,十进制计数器在基本的元件库中可以找到,而六进制计数器在基本库中没有,所以首先介绍用D触发器设计具有使能与预置功能的六进制计数器。当使能输入端"en"为"1"时,计数器可开始计数,当使能输入端"en"为"0"时,计数器则停止计数,保持原值。将具有使能功能的六进制计数器配合多路选择器的运用,可设计出含同步预置功能的六进制计数器,当预置控制端"load"为"0"时,会将输入数据送至触发器输入端,当预置控制端"load"为"1"时,计数器会停止预置。此计数器另有一串接进位端"co"可供多个计数器串接时进位使用。

1) 数据选择器设计

数据选择器是一种数据处理的逻辑电路,可以在许多输入数据中选取一个并将它送至单一的输出线上。它主要分为3部分:控制线、数据线与输出线。例如16对1的数据选择器有4条控制线,16条数据线,1条输出线。在此对2选1的数据选择器进行介绍,2选1的数据选择器的输入输出引脚如下。

①控制线1条定义为s。②数据输入线2条定义为d0、d1。③数据输出线1条定义为y。其真值表如表3-2所示。

设计电路图如图3-28所示。

表3-2 2选1数据选择器真值表

控制线(s)	输出线(y)
0	d0
1	d1

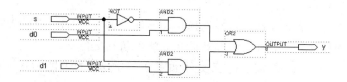

图3-28 2选1数据选择器电路图

2) 六进制计数器的真值表

六进制计数器的输入输出引脚介绍如下。

①脉冲输入端:clk。②清除控制端:clrn。③预置控制端:load。④使能端:en。⑤预置输入端:d2、d1、d0。⑥输出端:q2、q1、q0。⑦串接进位端co。其真值表如表3-3所示。

表3-3 六进制计数器的真值表

上周期输出			控　制　线				输　入　值			输　出		
q2	q1	q0	clk	clrn	load	en	d2	d1	d0	q2	q1	q0
×	×	×	×	0	×	×	×	×	×	0	0	0
×	×	×	↑	1	0	×	a	b	c	a	b	c
q2	q1	q0	↑	1	1	0	×	×	×	q2	q1	q0
0	0	0	↑	1	1	1	×	×	×	0	0	1
0	0	1	↑	1	1	1	×	×	×	0	1	0
0	1	0	↑	1	1	1	×	×	×	0	1	1
0	1	1	↑	1	1	1	×	×	×	1	0	0
1	0	0	↑	1	1	1	×	×	×	1	0	1
1	0	1	↑	1	1	1	×	×	×	0	0	0

3) 六进制计数器设计

在此利用D触发器设计,先设计含有使能输入的同步六进制计数器,再与2选1的多路选择器组合成含有预置与使能功能的六进制计数器。利用数字电路设计方法可设计出各触发器的 D 输入端的驱动方程分别为：

$$d2 = enq1q0 + \overline{en}q2 + q2\,\overline{q0}$$

$$d1 = q1\,\overline{q0} + \overline{en}q1 + en\,\overline{q2}\,\overline{q1}q0$$

$$d0 = en\,\overline{q0} + \overline{en}q0$$

$$co = q2q0en$$

根据以上驱动方程可设计出如图 3-29 所示的电路图。

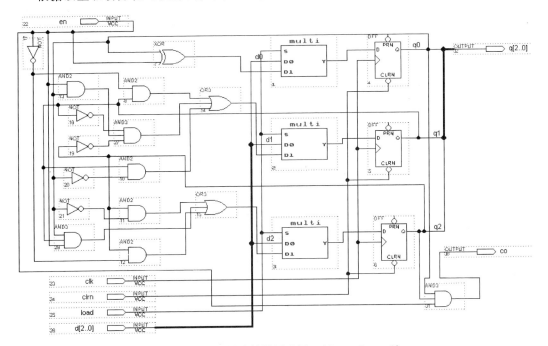

图 3-29　六进制计数器原理图 enldncout6_g.gdf

4）仿真六进制计数器

建立波形仿真文件，设置输入信号，如图 3-30 所示，可以看出，输出信号符合设计要求。

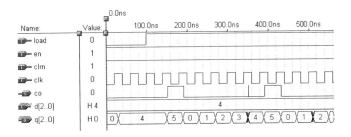

图 3-30　六进制计数器仿真结果

2．六十进制计数器设计

1）六十进制计数器的真值表

六十进制计数器的输入输出引脚介绍如下。

①脉冲输入端：clk。②清除端：clrn。③预置控制端：ldn。④使能端：en。⑤数据预置端：da[3..0]、db[2..0]。⑥输出端：qa[3..0]、qb[2..0]。⑦进位输出端 rco。其真值表如表 3-4 所示。

表 3-4　六十进制计数器真值表

控　制　端				十位预置	个位预置	十位输出	个位输出
clk	clrn	ldn	en	db[2..0]	da[3..0]	qb[2..0]	qa[3..0]
×	0	×	×	×	×	0	0
↑	1	0	×	b	a	b	a
↑	1	1	0	×	×	q(不变)	
↑	1	1	1	×	×	q=q+1(最高数到59)	

2）六十进制计数器设计

运用十进制计数器 74160 组件与前面完成的六进制计数器 enldncout6_g 完成六十进制计数器电路图编辑结果如图 3-31 所示。

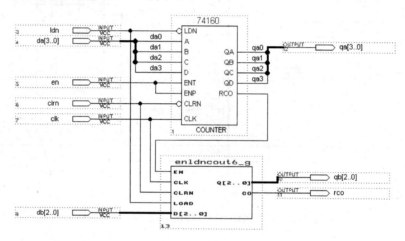

图 3-31　六十进制计数器原理图 enldncout60_g.gdf

3）仿真六十进制计数器

建立波形仿真文件，设置输入信号，如图 3-32 所示，可以看出，输出信号符合设计要求。

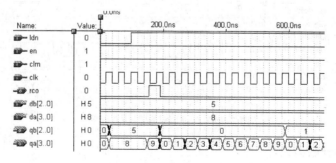

图 3-32　六十进制计数器仿真结果

3.3.2 十二进制计数器设计

1. 十二进制计数器真值表

十二进制计数器的输入输出引脚介绍如下。

①脉冲输入端：clk。②清除控制端：clrn。③预置控制端：ldn。④使能端：en。⑤预置输入端：da[3..0]、db。⑥输出端：qa[3..0]、qb。其真值表如表 3-5 所示。

表 3-5 十二进制计数器真值表

控 制 端				十位预置	个位预置	十位输出	个位输出
clk	clrn	ldn	en	db	da[3..0]	qb	qa[3..0]
×	0	×	×	×	×	0	0
↑	1	0	×	b	a	b	a
↑	1	1	0	×	×	q(不变)	
↑	1	1	1	×	×	q=q+1	

2. 十二进制计数器设计

1) 二进制计数器的设计

十二进制计数器的十位需要二进制计数器，为此首先设计二进制计数器，如图 3-33 所示。

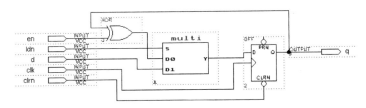

图 3-33 二进制计数器原理图 enldncout2_g.gdf

2) 十二进制计数器设计

运用十进制计数器 74160 器件与二进制计数器 enldncout2_g 可以完成十二进制计数器的设计，电路图编辑如图 3-34 所示。

3. 仿真十二进制计数器

建立波形仿真文件，设置输入信号，如图 3-35 所示，可以看出，输出信号符合设计要求。

3.3.3 数字电子钟顶层电路设计

1. 数字电子钟顶层电路设计

为简单起见，在此设计一从 0 点 0 分 0 秒数到 11 点 59 分 59 秒的数字电子钟电路。其输入输出引脚为，①脉冲输入端：clk。②预置控制端：ldn。③清除端：clrn。④使能端：

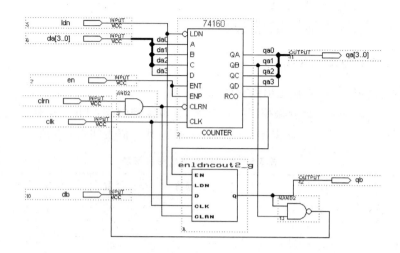

图 3-34　十二进制计数器原理图 enldncout12_g.gdf

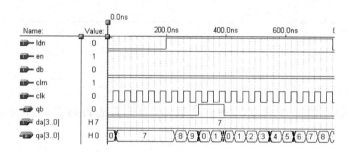

图 3-35　十二进制计数器仿真结果

en。⑤数据预置端：sa[3..0]、sb[2..0]、ma[3..0]、mb[2..0]、ha[3..0]、hb。⑥输出端：
qsa[3..0]、qsb[2..0]、qma[3..0]、qmb[2..0]、qha[3..0]、qhb。各引脚作用介绍如表 3-6
所示。

表 3-6　数字电子钟数据脚位

	时针十位	时针个位	分针十位	分针个位	秒针十位	秒针个位
数据预置端	hb	ha[3..0]	mb[2..0]	ma[3..0]	sb[2..0]	sa[3..0]
时钟输出端	qhb	qha[3..0]	qmb[2..0]	qma[3..0]	qsb[2..0]	qsa[3..0]
计数器进制	十二进制计数器		六十进制计数器		六十进制计数器	
显示数字	00~11		00~59		00~59	

制作数字电子钟时、分、秒电路图如图 3-36 所示。

2. 仿真数字钟

建立波形仿真文件，设置输入信号，如图 3-37 所示，可以看出，输出信号符合设计要求。

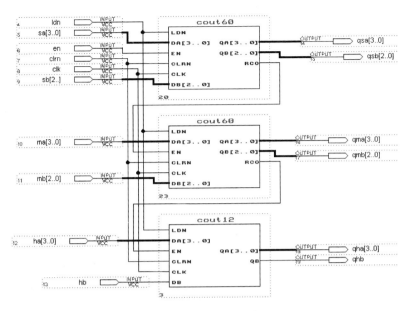

图 3-36 电子钟时分秒计数电路图

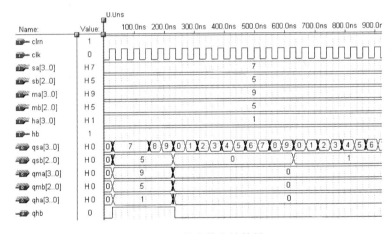

图 3-37 仿真数字钟结果

3.4 利用 LPM 兆功能块的电路设计

　　LPM(Library of Parameterized Modules,参数可设置模块库)是优秀的原理图设计人员智慧的结晶。具体来讲,一些模块的各种参数是由电路设计者为了适应设计电路的要求而定制的,通过修改 LPM 器件的某些参数,从而达到设计要求,使得基于 EDA 技术的电子设计的效率和可靠性有了很大的提高。

3.4.1 常用 LPM 兆功能块

　　作为 EDIF(电子设计交换格式)标准的一部分,LPM 形式得到了 EDA 工具的良好支持,LPM中功能模块的内容丰富。MAX＋plus Ⅱ中提供的LPM中有多种实用的LPM兆功能块,表3-7列出了MAX＋plus Ⅱ软件提供的主要的LPM兆功能块。常用的兆功能模块都可以在Mega-LPM库中看到,每一模块的功能、参数含义、使用方法、硬件描述语言模块参数设置及调用方法都可以在MAX＋plus Ⅱ中的Help中查阅到,方法是选择Help菜单中的Megafunctions/LPM选项。以下将以基于LPM_COUNTER的数控分频器的设计为例说明LPM模块的原理图使用方法。

表 3-7　常用兆功能块

分类	宏　单　元	注　　释
门单元函数	LPM_AND	参数化与门
	LPM_BUSTRI	参数化三态缓冲器
	LPM_CLSHIFT	参数化组合逻辑移位器
	LPM_CONSTANT	参数化常数产生器
	LPM_DECODE	参数化解码器
	LPM_INV	参数化反向器
	LPM_MUX	参数化多路选择器
	BUSMUX	参数化总线选择器
	MUX	多路选择器
	LPM_OR	参数化或门
	LPM_XOR	参数化异或门
算术运算函数	LPM_ABS	参数化绝对值运算
	LPM_ADD_SUB	参数化加/减法器
	LPM_COMPARE	参数化比较器
	LPM_COUNTER	参数化计数器
	LPM_MULT	参数化乘法器
存储函数	LPM_FF	参数化 D 触发器
	LPM_LATCH	参数化锁存器
	LPM_RAM_DQ	输入/输出分开的参数化 RAM
	LPM_RAM_IO	输入/输出复用的参数化 RAM
	LPM_ROM	参数化 ROM
	LPM_SHIFTREG	参数化移位寄存器
用户定制函数	CSFIFO	参数化先进先出队列
	CSDPRAM	参数化双口 RAM

3.4.2　基于 LPM_COUNTER 的数据分频器设计

数控分频器的功能要求当在其输入端给定不同的数据时,其输出脉冲具有相应的对输入时钟的分频比。设计流程是首先按照3.1.4节的设计步骤,通过在原理图编辑窗口中调入兆功能块,并按照图3-38的方式连接起来,其中计数器 LPM_COUNTER 模块的参数设置可按照以下介绍的方法进行。

双击图3-38中的LPM_COUNTER右上角的参数显示文字,然后在打开的参数设置对话框中选择合适的参数,在窗口的 Ports 和 Parameters 栏中计数器各端口/参数的含义如下。

- data[]：置入计数器的并行数据输入。
- clock：上升沿触发计数时钟输入。
- clk_en：高电平使能所有同步操作输入信号。
- cnt_en：计数使能控制，但不影响其他控制信号，如 sload、sset、sclr 等。
- updown：计数器加减控制输入。
- cin：最低进位输入。
- aclr：异步清零输入。
- aset：异步置位输入。
- sload：在 clock 的上升沿同步并行数据加载输入。
- q[]：计数输出。
- cout：计数进位或借位输出。
- LPM_WIDTH：计数器位宽。

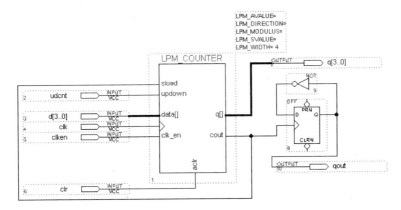

图 3-38 数控分频器电路原理图

设置情况如图 3-38 所示，计数器宽为 4，即 4 位计数器。工作原理如下。

当计数器计满"1111"时，由 cout 发出进位信号给并行加载控制信号 sload，使得 4 位并行数据 d[3..0]数据被加载进计数器中，此后计数器将在 d[3..0]数据的基础上进行加/减计数。如果是加法计数，则分频比为 $R=$"1111"$-$d[3..0]$+1$，即如果 d[3..0]$=12$，则 $R=4$，即 clk 每进入 4 个脉冲，cout 输出一个脉冲；而如果作减法计数时，分频比为 $R=$d[3..0]$+1$，即如果 d[3..0]$=12$，则 $R=13$。图 3-39 是当 d[3..0]$=12$（即 16 进制数 C）时的工作波形。

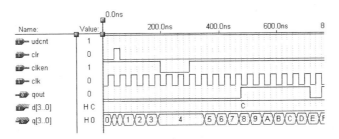

图 3-39 数控分频器工作波形

3.4.3 制作一个兆功能模块

在实际应用中,还可以制作兆功能模块,具体步骤如下。

(1) 选择 File→MegaWizard Plug-In Manager 选项,或者在图形编辑器窗口下选择 Symbol→Enter Symbol 选项,再在 Enter Symbol 对话框中选择 MegaWizard Plug-In Manager 选项,启动兆功能模块制作向导,打开如图 3-40 所示对话框。

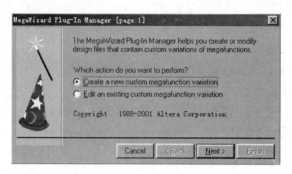

图 3-40　创建一个兆功能模块

(2) 选择 Create a New Custom Megafunction Variation 选项创建一个新的用户兆功能模块,单击 Next 按钮,打开如图 3-41 所示对话框。

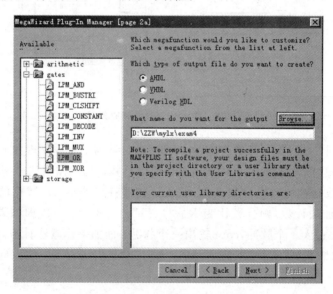

图 3-41　选择兆功能模块的类型并定义名称

(3) 这里创建一个 4 输入或门。在对话框左侧选择 gates→LPM_OR 选项,单击 Browse 按钮,浏览并确定自定义兆功能模块的路径和符号名称 D:\ZZW\mylx\exam4,单击 Next 按钮继续,打开如图 3-42 所示对话框。

(4) 在其中选择输入引脚的个数"4"及每个引脚的位数"1",单击 Next 按钮继续,打开如图 3-43 所示对话框。

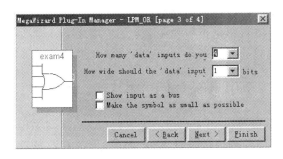

图 3-42　确定兆功能模块的输入引脚

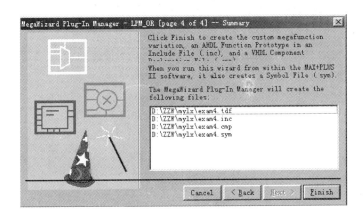

图 3-43　兆功能模块的汇总信息

（5）单击 Finish 按钮，即完成了 4 输入或门兆功能模块的制作。以后设计时就可以调用这个名为 exam4.sym 的兆功能模块了。

3.5　波形输入设计

MAX+plus Ⅱ 的波形编辑器（Waveform Editor）在软件中扮演两个角色：既是设计输入工具，又是测试输入和仿真结果查看工具。设计者可以用它创建包含设计逻辑的波形设计文件（文件扩展名为.wdf），也可创建用于仿真和功能测试的包含输入的仿真文件（文件扩展名为.scf）。

设计者可通过指定输入逻辑电平和期望的输出逻辑电平来创建波形设计文件（波形设计文件包括逻辑和状态机输入、输出组合、寄存器输出及状态机输出），也可用隐埋节点来帮助定义期望的输出情况。波形编辑器允许设计者复制、剪切、粘贴、放大和缩小波形；使用内部节点、触发器、状态机和存储器创建设计文件；将波形组合成组，用二进制、八进制、十进制或十六进制显示出来；将一组波形重叠到另一组波形上，对两组仿真结果进行比较；对波形文件做注释等。

波形设计输入最适合已完全确定了输入与输出之间时序关系或者重复功能的电路设计，例如状态机、计数器和寄存器等。同其他输入方法一样，波形设计输入可以生成 Symbol（原理图中的元件），为更高一级设计调用。

在本节中,用波形编辑器设计一个波形文件,它包含一个有正常、警告、罚单3种状态的速度状态机,其作用是检查汽车是否行驶在限定的速度之下。当汽车第1次超速时,驾驶者会得到一个警告,若再次超速就会得到一张罚单。

3.5.1 创建波形设计新文件并指定工程名称

选择 MAX+plus Ⅱ的菜单 File→New 选项,打开 New 对话框,选择 Waveform Editor File 选项,并在其旁边的下拉列表中选择.wdf 选项,单击 OK 按钮确认。此时将打开一个新建未命名文件的波形编辑窗口,如图 3-44 所示。

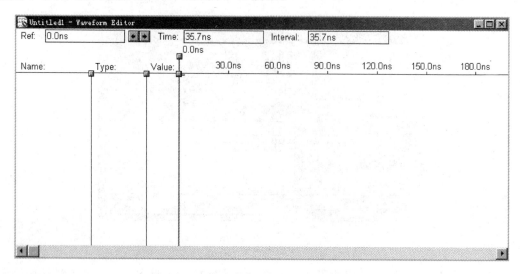

图 3-44　新建未命名文件的波形编辑器窗口

选择 File→Save As 选项,打开 Save As 对话框,让用户为该文件命名、指定其类型和保存路径。

选择 File→Project→Name 选项,指定工程名称;也可以通过选择 File→Set Project to Current File 选项来指定工程名称。

3.5.2 创建输入、输出和隐埋节点

可以通过建立输入节点波形和期望的输出节点波形来生成波形文件,也可选择建立隐埋节点波形在输入和输出之间形成逻辑连接。

首先创建 3 个输入节点:accel_in、reset 和 clk。accel_in 节点代表了汽车的速度,正常速度时,该节点的逻辑电平值为低电平,一旦超速,该节点的电平就会从低电平变为高电平,速度降回到限定范围后又会变回低电平。reset 节点为复位输入,高电平复位。clk 节点为时钟输入。其次还将创建一个名为 speed 的隐埋节点,代表反映速度变化情况的状态机。隐埋节点即为中间节点,它不与外部引脚相接,中间信号、寄存器和状态机都属该类。最后再创建一个输出节点 get_ticket,通知驾驶者得到罚单。具体操作步骤如下。

(1) 单击如图 3-44 所示的波形编辑器窗口内波形区最上方的空白处使其变黑,选择 Node→Insert Node 选项,打开如图 3-45 所示的 Insert Node 对话框,也可直接双击空白处

打开该对话框。

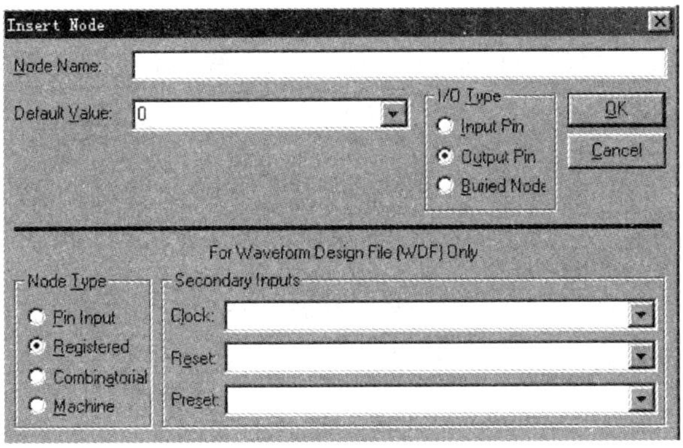

图 3-45　Insert Node 对话框

（2）在 Node Name 文本框中输入 accel_in。

（3）在 Default Value 选项的下拉列表中选择"0"选项。

（4）在 I/O Type 复选框中选择 Input Pin 选项。

（5）在 Node Type 复选框中选择 Pin Input 选项。

（6）单击 OK 按钮，新的节点 accel_in 将出现在波形编辑器窗口中。

（7）重复（1）～（6）的步骤再创建两个输入节点 reset 和 clk。

（8）重复（1）～（6）的步骤创建隐埋节点 speed 和输出节点 get_ticket，它们的属性如表 3-8 所示。

表 3-8　节点属性列表

Node Name	Default Value	I/O Type	Node Type	Secondary Inputs
speed	×	Buried	MACHINE	Reset＝reset Clock＝clk
get_ticket	0	Output Pin	REG	Clock＝clk

3.5.3　编辑隐埋状态机节点波形

这一步将编辑隐埋节点 speed 的波形，为此要输入 3 个状态名 legal、warning、ticket 和它们之间的转换关系，具体操作步骤如下。

（1）选择 Option→Grid Size 选项，弹出 Grid Size 对话框，在其中输入 30.0ns，即把网格尺寸设置为 30ns。

（2）单击 speed 节点的 Value 区，选中它的整个波形。

（3）选择 Edit→Overwrite→State Name 选项，或是直接单击波形编辑器窗口左侧的 XS 按钮，这时会打开 Overwrite State Name 对话框，如图 3-46 所示。

（4）在 State Name 文本框中输入 legal，单击 OK 按钮，整个波形都被状态名 legal 覆盖。

图 3-46　Overwrite State Name 对话框

(5) 结合波形编辑器窗口左侧的 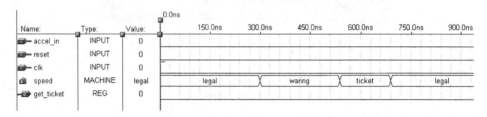 按钮和窗口滚动条使波形 300～540ns 之间的区域显示出来。

(6) 单击波形编辑器窗口左侧的波形编辑按钮 ⊞，鼠标指针的形状也发生了相应变化。参考波形编辑器窗口内上方的"时间"区域,在 speed 节点波形的 300ns 处按下鼠标,拖动到 540ns 处松开,这之间的区域被选中,同时 Overwrite State Name 对话框自动打开。

(7) 在 State Name 文本框中输入 warning,单击 OK 按钮确认,300～540ns 之间的波形区域被状态名 warning 所覆盖。

(8) 重复步骤(5)～(7),用状态名 ticket 覆盖 540～660ns 之间的波形区域。

(9) 单击波形编辑器窗口左侧的 █ 按钮,可以查看全部波形区域,如图 3-47 所示。

图 3-47　编辑好的 speed 状态波形

3.5.4　编辑输入和输出节点波形

(1) 单击波形编辑器窗口左侧的波形编辑按钮 ⊞ 后,用鼠标指针拖动选中 accel_in 节点波形中 270～330ns 之间的区域,松开鼠标左键后这一段区域会自动变成高电平(与初始的低电平相对)。当状态机 speed 处于 legal 状态时遇到 accel_in 的高电平,会转变成 warning 状态,表示第 1 次超速。

(2) 重复步骤(1)中的操作,将 accel_in 节点波形中 510～570ns 之间的区域也变成高电平,当状态机 speed 处于 warning 状态时遇到 accel_in 的高电平,会转变成 ticket 状态,表示由于第 2 次超速而得到罚单。

(3) 按 Esc 键,或是单击(波形编辑器)窗口左侧的 � 按钮,使鼠标指针恢复选择状态,拖动鼠标选中 accel_in 节点波形中 630～690ns 之间的区域,选择菜单栏中的 Edit/Overqrite/Undefined 选项,或直接单击(波形编辑器)窗口左侧的 ⊠ 按钮,使这一段变成不定状态。

如此编辑波形是由于在本设计中定义状态机 speed 的 tickt 状态只持续一个 clk 周期,之后不论 accel_in 怎样的逻辑电平都立即返回到 legal 状态。

(4) reset 节点波形不用作任何修改,保持为低电平。

图 3-48　Overwrite Clock 对话框

(5) 选中 clk 节点的整个波形,方法可以是单击 clk 节点的 Name、Type 和 Value 中任何一个区域。选择菜单栏中的 Edit→Overwrite→Clock 选项,或者直接单击波形编辑窗口左侧的 ⊠ 按钮,这时将会打开 Overwrite Clock 对话框,如图 3-48 所示,在 Multiplied By 文本框中输入 2,单击 OK 按钮确认。

（6）编辑输出节点 get_ticket 的波形，使其 540～660ns 之间的区域变为高电平，它对应着状态机 speed 的 ticket 状态，表示得到罚单，至此所有节点波形都已编辑完成，如图 3-49 所示。

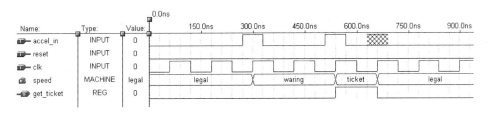

图 3-49　所有节点的波形

3.5.5　查看波形情况

（1）在鼠标指针处于选择状态时，单击波形区域的 0ns 处，或者拖动参考柄，将指针移到波形的起点处。

（2）按键盘的"→"（向右）键，可使参考指针跳至下一个逻辑电平跳变沿处，也可通过选择 Utilities→Find Next Transition 选项来实现本步操作。

（3）重复移动参考指针到每个跳变沿处，跳变沿的逻辑电平值或状态名将显示在 Value 区域。

3.5.6　保存文件并检查错误

选择 File→Project→Save & Check 选项保存当前文件并检查语法错误，系统会自动启动编译器并给出检查报告。检查通过后关闭编译器，返回文本编辑器窗口。

3.5.7　创建默认的功能模块

选择 File→Create Default Symbol 选项，将当前设计文件创建成同名的一个功能模块 example11.sym。如果要调用此项设计，可在原理图编辑窗口中的元件库内找到此元件。

思考题与习题

1. 简述用原理图输入方式设计电路的详细流程。

2. 功能仿真和时序仿真有何区别？如何利用 MAX＋plus Ⅱ 进行这些仿真？

3. 如何设置仿真栅格时间及仿真终止时间？

4. 如何进行多层次电路系统设计？

5. 设计一个 4 选 1 多路选择器，当选择输入端信号分别取"00"、"01"、"10"和"11"时，输出信号分别与一路输入信号相连。

6. 设计一个 7 人表决电路，参加表决者 7 人，同意为 1，不同意为 0，同意者过半则表决通过，绿指示灯亮；表决不通过则红指示灯亮。

7. 设计一个 8 位加法器电路。

8. 设计一个 4 位寄存器电路。

9. 设计一个异步清除 4 位同步加计数器电路。

10. 设计一个具有预置功能的 3 位数的十进制计数器电路。

11. 设计一个由两级 D 触发器组成的四分频电路。

12. 用 74194、74273、D 触发器等器件组成 8 位串入并出的转换电路,要求在转换过程中数据不变,只有当 8 位一组数据全部转换结束后,输出才变化一次。

13. 设计两位十进制频率计,F_IN 是待测频率信号(设其频率周期为 410ns);CNT_EN 是对待测频率脉冲计数允许信号(设其频率周期为 32μs),CNT_EN 高电平时允许计数,低电平时禁止计数。

14. 用两片 74160 设计计数长度为 60 的计数器 cnt60. gdf,并进行功能仿真。

15. 利用 LPM 模块,即 IPM_ADD_SUB、BUSMUX、LPM_LATCH 及其他模块构成一个可预置初值的减法计数器。

第4章

VHDL设计初步

本章通过数个简单、完整而典型的 VHDL 设计实例,使读者初步了解用 VHDL 描述和设计电路的方法,试图使读者能迅速地从整体上把握 VHDL 程序的基本结构和设计特点,达到快速入门的目的。

4.1 概述

VHDL 语言是随着集成电路系统化和高度集成化而逐步发展起来的,是一种用于数字系统的设计和测试的硬件描述语言。对于小规模的数字集成电路,通常可以用传统的设计输入方法(如原理图输入)来完成,并进行模拟仿真。但纯原理图输入方式对于大型、复杂的系统,由于种种条件和环境的制约,其工作效率较低,而且容易出错,暴露出种种弊端。在信息技术高速发展的今天,对集成电路提出了高集成度、系统化、微尺寸、微功耗的要求,因此,高密度可编程逻辑器件和 VHDL 便应运而生。

VHDL 诞生于 1982 年,1987 年年底,VHDL 被 IEEE 和美国国防部认定为标准硬件描述语言。自 IEEE 公布了 VHDL 的标准版本(IEEE-1076)之后,各 EDA 公司相继推出了自己的 VHDL 设计环境或宣布自己的设计工具可以和 VHDL 接口,此后 VHDL 在电子设计领域得到了广泛的接受,并逐步取代了原有的非标准硬件描述语言。1993 年,IEEE 对 VHDL 进行了修订,从更高的抽象层次和系统描述能力上扩展了 VHDL 内容,公布了新版本的 VHDL,即 IEEE 标准的 1076-1993 版本。现在,VHDL 和 Verilog 作为 IEEE 的工业标准硬件描述语言,又得到了众多 EDA 公司的支持,在电子工程领域,已成为事实上的通用硬件描述语言。有专家认为,在 21 世纪中,VHDL 与 Verilog 语言将承担起几乎全部的数字系统设计任务。

4.1.1 常用硬件描述语言简介

常用硬件描述语言有 VHDL、Verilog 和 ABEL 语言。VHDL 起源于美国国防部的 VHSIC,Verilog 起源于集成电路的设计,ABEL 则来源于可编程逻辑器件的设计。下面从使用方面将三者进行对比。

(1) 逻辑描述层次。一般的硬件描述语言可以在 3 个层次上进行电路描述,其层次由高到低依次可分为行为级、RTL 级和门电路级。VHDL 语言是一种高级描述语言,适用于行为级和 RTL 级的描述,最适于描述电路的行为;Verilog 语言和 ABEL 语言是一种较低级的描述语言,适用于 RTL 级和门电路级的描述,最适合描述门电路级。

（2）设计要求。VHDL 进行电子系统设计时可以不了解电路的内部结构,设计者所做的工作较少；Verilog 和 ABEL 语言进行电子系统设计时需了解电路的详细结构,设计者需做大量的工作。

（3）综合过程。任何一种语言源程序,最终都要转换成门电路级才能被布线器或适配器所接受。因此,VHDL 语言源程序的综合通常要经过行为级→RTL 级→门电路级的转化,VHDL 几乎不能直接控制门电路的生成。而 Verilog 语言和 ABEL 语言源程序的综合过程较为简单,即经过 RTL 级→门电路级的转化,易于控制电路资源。

（4）对综合器的要求。VHDL 语言描述层次较高,不易控制底层电路,因而对综合器的性能要求较高,Verilog 和 ABEL 对综合器的性能要求较低。

4.1.2　VHDL 的特点

VHDL 主要用于描述数字系统的结构、行为、功能和接口。除了含有许多具有硬件特征的语句外,VHDL 的语言形式和描述风格与语法十分类似于一般的计算机高级语言。应用 VHDL 进行工程设计的优点是多方面的,主要有以下几个方面。

（1）与其他的硬件描述语言相比,VHDL 具有更强的行为描述能力。强大的行为描述能力是避开具体的器件结构,从逻辑行为上描述和设计大规模电子系统的重要保证。就目前流行的 EDA 工具和 VHDL 综合器而言,将基于抽象的行为描述风格的 VHDL 程序综合成为具体的 FPGA 和 CPLD 等目标器件的网表文件已不成问题,只是在综合与优化效率上略有差异。

（2）VHDL 具有丰富的仿真语句和库函数,使得在任何大系统的设计早期,就能查验设计系统的功能可行性,随时可对系统进行仿真模拟,使设计者对整个工程的结构和功能的可行性做出判断。

（3）用 VHDL 完成一个确定的设计,可以利用 EDA 工具进行逻辑综合和优化,并自动把 VHDL 描述设计转变成门级网表（根据不同的实现芯片）。这种方式突破了门级设计的瓶颈,极大地减少了电路设计的时间和可能发生的错误,降低了开发成本。利用 EDA 工具的逻辑优化功能,可以自动地把一个综合后的设计变成一个更小、更高速的电路系统。反过来,设计者还可以轻松地从综合和优化的电路获得设计信息,返回去更新修改 VHDL 设计描述,使之更加完善。

（4）VHDL 对设计的描述具有相对独立性。设计者可以不懂硬件的结构,也不必管最终设计的目标器件是什么,而进行独立的设计。正因为 VHDL 的硬件描述与具体的工艺技术和硬件结构无关,所以 VHDL 设计程序的硬件实现目标器件有广阔的选择范围,其中包括各种系列的 CPLD 和 FPGA 及各种门阵列器件。

（5）由于 VHDL 具有类属描述语句和子程序调用等功能,对于完成的设计,在不改变源程序的条件下,只需改变类属变量或函数,就能轻易地改变设计的规模和结构。

（6）VHDL 本身的生命周期长。因为 VHDL 的硬件描述与工艺无关,不会因工艺变化而使描述过时。而与工艺技术有关的参数可通过 VHDL 提供的属性加以描述,当生产工艺改变时,只需修改相应程序中的属性参数即可。

4.1.3　VHDL 程序设计约定

为了便于程序的阅读,本书对 VHDL 程序设计特作如下约定。

(1) 语句结构描述中方括号"[ ]"内的内容为可选内容。

(2) 对于 VHDL 的编译器和综合器来说,程序文字的大小写是不加区分的。本书一般采用如下方式,对于 VHDL 中使用的关键词用大写,对于由用户自己定义的名称等用小写。

(3) 程序中的注释使用双横线"--"。在 VHDL 程序的任何一行中,双横线"--"后的文本都不参加编译和综合。

(4) 为了便于程序的阅读与调试,书写和输入程序时,使用层次缩进格式,同一层次的对齐,低层次的描述较高层次的描述缩进两个字符。

(5) 考虑到 MAX+plus Ⅱ 要求源程序文件的名字与实体名必须一致,因此为了使同一个 VHDL 源程序文件能适应各个 EDA 开发软件上的使用要求,各个源程序文件的命名均与其实体名一致。

4.2　VHDL 语言的基本单元及其构成

一个完整的 VHDL 语言程序通常包含实体、结构体等几个不同的部分组成,本节通过对一个 2 选 1 多路选择器的 VHDL 描述,介绍 VHDL 语言的基本单元及其构成。

4.2.1　2 选 1 多路选择器的 VHDL 描述

1. 设计思路

图 4-1 是一个 2 选 1 多路选择器的逻辑图,a 和 b 分别是两个数据输入信号,s 为选择控制信号,q 为输出信号。其逻辑功能可表述为:若 s=0,则 q=a;若 s=1,则 q=b。

2. VHDL 源程序

例 4-1 是 2 选 1 多路选择器的 VHDL 完整描述,即可直接综合出实现相应功能的逻辑电路及其功能器件。

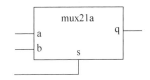

图 4-1　2 选 1 多路选择器的逻辑图

【例 4-1】　多路选择器 VHDL 描述方式 1

```
ENTITY mux21a IS     --实体描述
  PORT(a,b:IN BIT;
       s:IN BIT;
       q:OUT BIT);
END ENTITY mux21a;

ARCHITECTURE connect OF mux21 IS --结构体描述
  BEGIN
    q<= a WHEN s = '0' ELSE
        b;
END ARCHITECTURE connect;
```

3. 说明及分析

由例 4-1 可见，此电路的 VHDL 描述由两大部分组成。

(1) 由关键词 ENTITY 引导，以 END ENTITY mux21a 结尾的语句部分，称为实体。实体描述电路器件的外部情况及各信号端口的基本性质。图 4-1 可以认为是实体的图形表达。

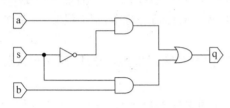

图 4-2　2 选 1 多路选择器结构体

(2) 由关键词 ARCHITECTURE 引导，以 END ARCHITECTURE connect 结尾的语句部分，称为结构体。结构体描述电路器件的内部逻辑功能或电路结构。图 4-2 是此结构体的原理图表达。

在 VHDL 结构体中用于描述逻辑功能和电路结构的语句分为顺序语句和并行语句两部分，顺序语句的执行方式十分类似于普通软件语言的程序执行方式，都是按照语句的前后排列顺序执行的。而在结构体中的并行语句，无论有多少行，都是同时执行的，与语句的前后次序无关。VHDL 的一条完整语句结束后，必须为它加上“；”，作为前后语句的分界。

4.2.2　VHDL 程序的基本结构

从 4.2.1 节的设计实例可以看出，一个相对完整的 VHDL 程序（或称为设计实体）至少应包括两个基本组成部分：实体说明和实体对应的结构体说明。实际上一个完整的 VHDL 程序应具有如图 4-3 所示的比较固定的结构，它包括 4 个基本组成部分：库、程序包使用说明、实体说明、实体对应的结构体说明和配置语句说明。其中，库、程序包使用说明用于打开（调用）本设计实体将要用到的库、程序包；实体说明用于描述该设计实体与外界的接口信号，是可视部分；结构体说明用于描述该设计实体内部工作的逻辑关系，是不可视部分。在一个实体中，可以含有一个或一个以上的结构体，而在每一个结构体中又可以含有一个或多个进程以及其他的语句。根据需要，实体还可以有配置说明语句。配置说明语句主要用于以层次化方式中对特定的设计实体进行元件例化，或是为实体选定某个特定的结构体。

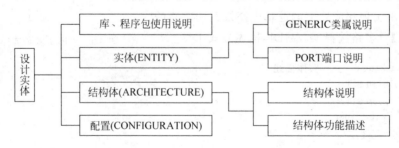

图 4-3　VHDL 程序的基本结构

如何才算一个完整的 VHDL 程序，并没有完全一致的结论，因为不同的程序设计目的可以有不同的程序结构。通常认为，一个完整的设计实体的最低要求应该能为 VHDL 综合器所接受，并能作为一个独立设计单元，即以元件的形式存在的 VHDL 程序。这里所谓的元件,既可以被高层次的系统所调用,成为该系统的一部分,也可以作为一个电路功能块而独立存在和独立运行。

4.2.3 实体

实体(ENTITY)是一个设计实体的表层设计单元,其功能是对这个设计实体与外部电路进行接口描述。它规定了设计单元的输入输出接口信号或引脚,是设计实体经封装后对外的一个通信界面。

1.实体语句结构

实体说明单元的常用语句结构如下:

```
ENTITY 实体名 IS
[GENERIC(类属表); ]
[PORT(端口表); ]
END   ENTITY 实体名;
```

实体说明单元必须以语句"ENTITY 实体名 IS"开始,以语句"END ENTITY 实体名;"结束,其中的实体名由设计者自由命名,用来表示被设计电路芯片的名称,也可作为其他设计调用该设计实体时的名称。中间在方括号内的语句描述,在特定的情况下并非都是必须的。结束语句中的关键词"ENTITY"可以省略。

2.类属说明语句

类属(GENERIC)参量是一种端口界面常数,常以一种说明的形式放在实体或块结构体前的说明部分。类属为设计实体和其外部环境通信的静态信息提供通道,特别是用来规定端口的大小、实体中子元件的数目、实体的定时特性等。类属的值可以由设计实体外部提供。因此,设计者可以从外面通过类属参量的重新设定而容易地改变一个设计实体或一个元件的内部电路结构和规模。

类属说明的一般格式为:

```
GENERIC(常数名 : 数据类型[ := 设定值];
        …
        常数名:数据类型[ := 设定值]);
```

类属参量以关键词 GENERIC 引导一个类属参量表,类属说明在所定义环境中的地位十分接近常数,但却能从环境(设计实体)外部动态地接受赋值,其行为又有点类似于端口PORT。因此,在实体定义语句中,经常将类属说明放在其中,并且放在端口说明语句的前面。

例如: GENERIC(wide:integer := 32);　　　　-- 说明宽度为 32 位
　　　GENERIC(tpd_hl,tpd_lh :time := 5ns); -- 典型延时

3.端口说明语句

由端口(PORT)引导的端口说明语句是对一个设计实体界面的说明。端口为设计实体和外部环境的动态通信提供通道,实体端口说明的一般书写格式如下:

```
PORT(端口名：端口模式 数据类型；
        …
      端口名：端口模式 数据类型)；
```

1）端口名

其中，端口名是设计者为实体的每一个对外通道所取的名字。端口模式是指这些通道上的数据流动方式，如输入或输出等。数据类型是指端口上流动的数据的表达格式。由于VHDL是一种强类型语言，它对语句中的所有操作数的数据类型都有严格的规定。一个实体通常有一个或多个端口。端口类似于原理图部件符号上的管脚。实体与外界交流的信息必须通过端口通道流入或流出。

2）端口模式

IEEE 1076 标准包中定义了 4 种常用的端口模式，分别为输入、输出、双向及缓冲，如果端口的模式没有指定，则该端口处于缺省的输入模式，各端口模式说明如下。

（1）输入（IN）：只读模式，将变量或信号通过该端口读入。它主要用于时钟输入、控制输入（如复位和使能）和单向的数据输入。

（2）输出（OUT）：单向赋值模式，将信号通过该端口输出。输出模式不能用于反馈，因为这样的端口不能看作在实体内可读。它主要用于计数输出。

（3）双向（INOUT）：信号是双向的，既可以进入实体，也可以离开实体。双向模式也允许用于内部反馈。

（4）缓冲（BUFFER）：具有读功能的输出模式，即信号输出到实体外部，但同时也在内部反馈使用。缓冲模式不允许作为双向端口使用。

3）数据类型

VHDL 作为一种强类型语言，任何一种数据对象（信号、变量、常数）必须严格限定其取值范围，即对其传输或存储的数据类型作明确的界定。这对于大规模电路描述的排错是十分有益的。在 VHDL 中，预定义好的数据类型有多种，如整数数据类型（INTEGER）、布尔数据类型（BOOLEAN）、标准逻辑位数据类型（STD_LOGIC）和位数据类型（BIT）等。

BIT 数据类型的取值范围是逻辑位'1'和'0'。在 VHDL 中，逻辑 0 和 1 的表达必须加单引号，否则 VHDL 综合器将 0 和 1 解释为整数数据类型。

BIT 数据类型可以参与逻辑运算，其结果仍是位的数据类型。VHDL 综合器用一个二进制位表示 BIT。例 4-1 中的端口信号 a、b、s 和 y 的数据类型都定义为 BIT，即表示 a、b、s 和 y 的取值范围，或者说数据范围被限定在逻辑位'1'和'0'之间。

BIT 数据类型的定义包含在 VHDL 标准程序包 STANDARD 中，而程序包 STANDARD 包含于 VHDL 标准库 STD 中。有关程序包更详细的情况在第 5 章中介绍。

例如全加器的端口如图 4-4 所示，则其端口的 VHDL 描述如下：

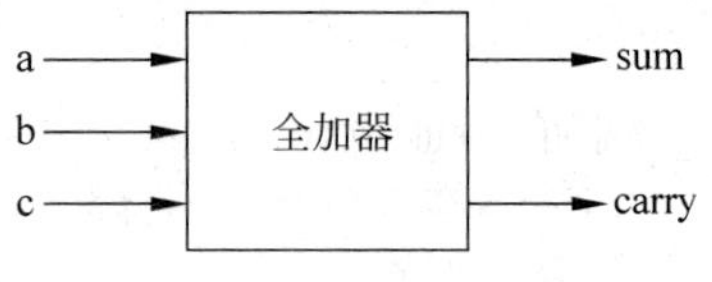

```
ENTITY fadder IS
   PORT(a,b,c: IN  BIT;
        sum,carry: OUT  BIT);
END ENTITY fadder;
```

图 4-4　全加器的端口

4.2.4 结构体

结构体用来描述设计实体的结构或行为,即描述一个实体的功能,把设计实体的输入和输出之间的联系建立起来。一般情况下,一个完整的结构体由两个基本层次组成。

(1)对数据类型、常数、信号、子程序和元件等元素的说明部分。

(2)描述实体逻辑行为,以各种不同的描述风格表达的功能描述语句。

结构体的内部构造的描述层次和描述内容可以用图 4-5 来说明。

结构体将具体实现一个实体。每个实体可以有多个结构体,每个结构体对应着实体不同结构和算法实现方案,其间的各个结构体的地位是同等的,它们完整地实现了实体的行为,但同一结构体不能为不同的实体所拥有,而且结构体不能单独存在,它必须有一个界面说明,即一个实体。对于具有多个结构体的实体,必须用 CONFIGURATION 配置语句进行说明。在电路中,如果实体代表一个器件,则结构体描述了这个器件的内部行为。当把这个器件例化成一个实际的器件安装到电路上时,则需用配置语句为这个例化的器件指定一个结构体(即指定一种实现方案),或由编译器自动选一个结构体。

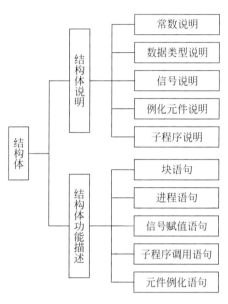

图 4-5 结构体的基本组成

1. 结构体的一般语句格式

结构体的语句格式如下:

```
ARCHITECTURE 结构体名 OF 实体名 IS
    [说明语句]
BEGIN
    [功能描述语句]
END ARCHITECTURE 结构体名;
```

其中,实体名必须是所在设计实体的名字,而结构体名可以由设计者自己选择,但当一个实体具有多个结构体时,结构体的取名不可重复。

2. 结构体说明语句

结构体中的说明语句是对结构体的功能描述语句中将要用到的信号(SIGNA)、数据类型(TYPE)、常数(CONSTANT)、元件(COMPONENT)、函数(FUNCTION)和过程(PROCEDURE)等加以说明的语句。但在一个结构体中说明和定义的数据类型、常数、元件、函数和过程只能用于这个结构体中,若希望其能用于其他的实体或结构体中,则需要将其作为程序包来处理。

3．功能描述语句结构

如图 4-5 所示的功能描述语句结构可以含有 5 种不同类型的，以并行方式工作的语句结构。而在每一语句结构的内部可能含有并行运行的逻辑描述语句或顺序运行的逻辑描述语句。各语句结构的基本组成和功能如下。

（1）块语句是由一系列并行执行语句构成的组合体，它的功能是将结构体中的并行语句组成一个或多个模块。

（2）进程语句定义顺序语句模块，用以将从外部获得的信号值，或内部的运算数据向其他的信号进行赋值。

（3）信号赋值语句将设计实体内的处理结果向定义的信号或界面端口进行赋值。

（4）子程序调用语句用于调用一个已设计好的子程序。

（5）元件例化语句对其他的设计实体作元件调用说明，并将此元件的端口与其他的元件、信号或高层次实体的界面端口进行连接。

例 4-1 中出现的是条件信号赋值语句，这是一种并行信号赋值语句，其表达式如下：

```
赋值目标<＝表达式 WHEN 赋值条件 ELSE
        表达式 WHEN 赋值条件 ELSE
        …
        表达式；
```

在执行条件信号语句时，每一"赋值条件"是按书写的先后关系逐项测定，一旦发现赋值条件为真，立即将"表达式"的值赋给"赋值目标"信号。

符号"＜＝"表示信号传输或赋值符号，表达式 q＜＝a 表示输入端口 a 的数据向输出端口 q 传输；也可解释为信号 a 向信号 q 赋值。VHDL 要求赋值符"＜＝"两边的数据类型必须一致。

也可以用其他的语句形式来描述以上相同的逻辑行为。例 4-2 中的 VHDL 功能描述语句都是并行语句，是用布尔方程的表达式来描述的。其中的"AND"、"OR"、"NOT"分别是逻辑"与"、"或"、"非"的意思。

【例 4-2】　多路选择器 VHDL 描述方式 2

```
ENTITY mux21a IS
   PORT(a,b:IN BIT;
        s:IN BIT;
        q:OUT BIT);
END ENTITY mux21a;
ARCHITECTURE behave OF mux21a IS
BEGIN
   q<＝(a AND (NOT s)) OR (b AND s);
END ARCHITECTURE behave;
```

例 4-2 中出现的文字 AND、OR 和 NOT 是逻辑操作符号。VHDL 共有 7 种基本逻辑操作符，它们是 AND（与）、OR（或）、NAND（与非）、NOR（或非）、XOR（异或）、XNOR（同或）和 NOT（取反）。信号在这些操作符的作用下，可构成组合电路。逻辑操作符所要求的操作数的数据类型有 3 种，即 BIT、BOOLEAN 和 STD_LOGIC。

例 4-3 则给出了用顺序语句 IF…THEN…ELSE 表达的功能描述。

【例 4-3】　多路选择器 VHDL 描述方式 3

```
ENTITY mux21b IS
  PORT(a,b:IN BIT;
          s:IN BIT;
          q:OUT BIT);
END ENTITY mux21b;
ARCHITECTURE behave OF mux21b IS
BEGIN
  PROCESS(a,b,s)
    BEGIN
    IF s = '0' THEN
      q <= a;
    ELSE
      q <= b;
    END IF;
  END PROCESS;
END ARCHITECTURE behave;
```

例 4-3 中利用 IF…THEN…ELSE 表达的 VHDL 顺序语句的方式，描述了同一多路选择器的电路行为。IF 条件语句的执行类似于软件语言，具有条件选择功能，例 4-3 中的 IF 语句首先判断如果 s 为低电平，则执行 q<＝a 语句，否则执行语句 q<＝b。由此可见 VHDL 的顺序语句同样能描述并行运行的组合电路。IF 语句必须以语句"END IF;"结束。

从例 4-3 还可以看出，顺序语句"IF…THEN"是放在由"PROCESS…END PROCESS"引导的语句中的，由 PROCESS 引导的语句称为进程语句。在 VHDL 中，所有合法的顺序描述语句都必须放在进程语句中。

PROCESS 旁的(a,b,s)称为进程的敏感信号表，通常要求将进程中所有的输入信号都放在敏感信号表中。例如，例 4-3 中的输入信号是 a、b 和 s，所以将它们全部列入敏感信号表中。PROCESS 语句的执行依赖于敏感信号的变化，当某一敏感信号(如 a)发生变化时，就将启动此进程语句，而在执行一遍整个进程的顺序语句后，便进入等待状态，直到下一次敏感信号表中某一信号的跳变才再次进入"启动-运行"状态。

在一个结构体中可以包含任意个进程语句，所有的进程语句都是并行语句，而由任一进程 PROCESS 引导的语句结构属于顺序语句。

4.3　VHDL 文本输入设计方法初步

虽然本节介绍是基于 MAX＋plus Ⅱ 的文本输入设计方法，但其基本流程具有一般性，因而，设计的基本方法也完全适用于其他 EDA 工具软件。整个设计流程与第 3 章介绍的原理图输入设计方法基本相同，只是在一开始的原文件创建上稍有不同。以下对文本输入设计方法作简要说明。

4.3.1 项目建立与 VHDL 源文件输入

与原理图设计方法一样,首先应该建立好工作库目录,以便设计工程项目的存储。作为示例,在此设立目录为 e:\muxfile,作为工作库。以便将设计过程中的相关文件存储在此。

接下来打开 MAX+plus Ⅱ软件,选择 File→New 选项,打开如图 4-6 所示对话框,在单选框中选中 Text Editor file 选项,单击 OK 按钮,即选中了文本编辑方式。在打开的 Untitled Text Editor 文本编辑窗口中输入例 4-1 的 VHDL 程序(2 选 1 多路选择器),输入完毕后,选择 File→Save 选项,即打开如图 4-7 所示的 Save As 对话框。首先在 Directories 目录框中选择自己已建立好的存放本文件的目录 e:\muxfile(用鼠标双击此目录,使其打开),然后在 File Name 文本框中输入文件名 mux21.vhd,单击 OK 按钮,即把输入的文件放在目录 e:\muxfile 中了。

图 4-6　建立文本编辑器对话框　　　　图 4-7　Save As 对话框

注意,原理图输入设计方法中,存盘的原理图文件名可以是任意的,但 VHDL 程序文本存盘的文件名必须与文件的实体名一致,如 mux21.vhd。

特别应该注意,文件的后缀将决定使用的语言形式,在 MAX+plus Ⅱ中,后缀为.vhd 表示 VHDL 文件;后缀为.tdf 表示 AHDL 文件;后缀为.v 表示 Verilog 文件。如果后缀正确,存盘后对应该语言的文件中的所有关键词都会改变颜色。

4.3.2 将当前设计设定为工程

在编译/综合 mux21.vhd 之前,需要设置此文件为顶层文件,或称工程文件 Project,或者说将此项设计设置成工程。

选择 File→Project→Set Project to Current File 选项,当前的设计工程即被指定为 mux21。也可以通过选择 File→Project→Name 选项,在打开的 Project Name 窗口中指定 e:\muxfile 下的 mux21.vhd 为当前的工程。设定后可以看见 MAX+plus Ⅱ主窗口左上方的工程项目路径指向为 e:\muxfile\mux21。

在设定工程文件后,应该选择用于编程的目标芯片:选择 Assign→Device 选项,在打开的对话框中的 Device Family 下拉列表框中,例如可以选择 FLEX10K 系列,然后在 Devices

列表框中选择芯片型号 EPF10K10LC84-3,单击 OK 按钮。

在设计中,设定某项 VHDL 设计为工程应该注意以下 3 方面的问题。

(1) 如果设计项目由多个 VHDL 文件组成,如本章后面给出的全加器,应先对各低层次文件(元件),如或门或半加器分别进行编辑、设置成工程、编译、综合,乃至仿真测试,并存盘以备后用。

(2) 最后将顶层文件(存在同一目录中)设置为工程,统一处理,这时顶层文件能根据例化语句自动调用底层设计文件。

(3) 在设定顶层文件为工程后,底层设计文件原来设定的元件型号和引脚锁定信息自动失效。元件型号的选定和引脚锁定情况始终以工程文件(顶层文件)的设定为准。同样,仿真结果也是针对工程文件的。所以在对最后的顶层文件处理时,仍然应该对它重新设定元件型号和引脚锁定(引脚锁定只有在最后硬件测试时才是必须的)。如果需要对特定的底层文件(元件)进行仿真,只能将某底层文件(元件)暂时设定为工程,进行功能测试或时序仿真。

4.3.3　选择 VHDL 文本编译版本号和排错

选择 MAX+plus Ⅱ→Compiler 选项,打开编译窗口如图 4-8 所示,然后根据自己输入的 VHDL 文本格式选择 VHDL 文本编译版本号。

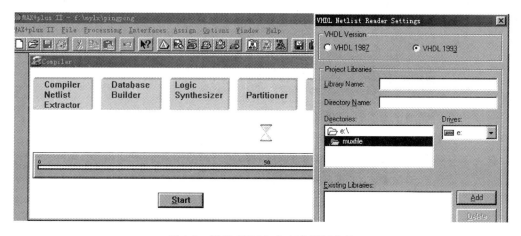

图 4-8　设定 VHDL 文本编译版本号

选择 Interfaces→VHDL Netlist Reader Settings 选项,在打开的窗口中选择 VHDL 1987 或 VHDL 1993 单选框。这样,编译器将支持 1987 或 1993 版本的 VHDL 语言。这里,文件 mux21a.vhd 属于 1993 版本的表述。

由于综合器的 VHDL 1993 版本兼容 VHDL 1987 版本的表述,所以如果设计文件含有 VHDL 1987 或混合表述,都应该选择 VHDL 1993 单选框。最后单击 Start 按钮,运行编译器。

如果所设计的 VHDL 程序有错误,在编译时会出现出错信息指示,如图 4-9 所示。有时尽管只有一两个小错,但却会出现大量的出错信息,确定错误所在的最好办法是找到最上一排错误信息指示,单击变成黑色,然后单击如图 4-9 所示窗口左下方的 Locate(错误定位)按钮,就能在文本编译窗中闪动的光标附近找到错误所在。纠正后再次编译,直至排除所有错误。

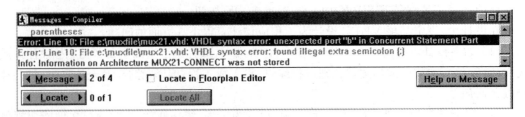

图 4-9　确定设计文件中的错误

注意闪动的光标指示错误所在只是相对的,有的错误比较复杂,很难用此定位。

如果所编辑的 VHDL 程序无语法错误,但在 VHDL 文本编辑中还可能出现许多其他典型错误,常见的错误有以下几种。

(1) 错将设计文件存入了根目录,并将其设定成工程,由于没有了工作库,报错信息如下:

Error: Can't open VHDL "WORK".

(2) 错将设计文件的后缀写成.tdf 而非.vhd,在设定工程后编译时,报错信息如下:

Error: Line1,File e:\muxfile\mux21a.tdf: TDF syntax error: ...

(3) 未将设计文件名存为其实体名,如错写为 muxa.vhd,设定工程编译时,报错信息如下:

Error: Line1,...VHDL Design File "muxa.vhd" must contain ...

4.3.4　时序仿真

时序仿真的详细步骤必须参考第 3 章。这里仅给出针对例 4-1 进行仿真的简要过程。对例 4-2 和例 4-3 的仿真结果也一样。

首先选择 File→New 选项,在打开的对话框,选择 Waveform Editor 选项,单击 OK 按钮后进入仿真波形编辑窗。接下来选择 Node→Enter Nodes from SNF 选项,进入仿真文件信号节点输入窗口,单击右上角 List 按钮后,将测试信号 s、b、a 和 q 加入到仿真波形编辑窗口。

选择 Options 选项,将 Snap to Grid 的勾去掉;选择 File→End Time 选项,设定仿真时间区域,如设 30μs。给出输入信号后,选择 MAX+plus Ⅱ→Simulator 选项进行仿真运算,波形如图 4-10 所示。输入信号详细的加入方法参考第 3 章。

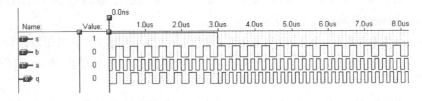

图 4-10　mux21a 仿真波形

在图 4-10 仿真波形中,多路选择器 mux21a 的输入端口 a 和 b 分别输入时钟周期为 50ns 和 200ns 的时变信号。由图 4-10 可见,当控制端 s 为高电平时,q 的输出为 b 的低频率信号,而当 s 为低电平时,q 的输出为 a 的高频率信号。

注意,仿真波形文件的建立,一定要十分注意仿真时间区域的设定,以及时钟信号的周期设置,否则即使设计正确也无法获得正确的仿真结果。图 4-10 设定了比较合理的仿真时间区域和信号频率。仿真时间区域不能太小,仿真频率不能太高,即信号周期不能小到与器件的延时相比拟。仿真测试完成以后,还可以在实验系统上完成对器件的编程,验证设计的正确性,完成硬件测试。与第 3 章介绍的器件编程方法类似,具体硬件测试步骤要根据具体的实验系统来完成。

4.4　VHDL 程序设计举例

为了使读者在较短的时间内,初步了解用 VHDL 表达和设计电路的方法,以及由此而引出的 VHDL 语言现象和语法规则,首先给出一些读者熟悉的简单电路设计实例及相应的 VHDL 描述,然后对描述中出现的语句含义作较简要的解释,试图使读者迅速地从整体上把握 VHDL 程序的基本结构和设计特点,达到快速入门的目的。详细的 VHDL 语言现象和语法规则在第 5 章作较为详细的解释。

4.4.1　D 触发器的 VHDL 描述

与其他硬件描述语言相比,在时序电路的描述上,VHDL 具有许多独特之处,最明显的是 VHDL 主要通过对时序器件功能和逻辑行为的描述,而非结构上的描述,即能由计算机综合出符合要求的时序电路,从而充分体现了 VHDL 描述电路系统行为的强大功能。

1. D 触发器的 VHDL 描述

最简单并最具代表性的时序电路是 D 触发器,它是现代可编程 ASIC 设计中最基本的时序元件和底层元件。D 触发器的描述包含 VHDL 对时序电路的最基本和典型的表达方式,同时也包含 VHDL 中许多最具特色的语言现象。例 4-4 是对 D 触发器元件的 VHDL 描述。

【例 4-4】　D 触发器的 VHDL 描述

```
LIBRARY IEEE ;
USE IEEE.STD_LOGIC_1164.ALL ;
ENTITY dff1 IS                    --D 触发器的实体描述
  PORT (clk: IN STD_LOGIC;
        d: IN STD_LOGIC;
        q: OUT STD_LOGIC );
  END dff1;
ARCHITECTURE bhv OF dff1 IS       --D 触发器的结构体描述
  SIGNAL q1:STD_LOGIC;            -- 类似于在芯片内部定义一个数据的暂存节点
  BEGIN
    PROCESS (clk)
    BEGIN
    IF  clk'EVENT AND CLK = '1'
```

```
        THEN   q1 <= d ;
    END IF;
        q <= q1;                          -- 将内部的暂存数据向端口输出
    END PROCESS ;
END bhv;
```

与例 4-1～例 4-3 相比,从 VHDL 的语言现象上看,例 4-4 的描述多了 5 个部分。

(1) 由 LIBRARY 引导的库的说明部分。

(2) 使用了另一种数据类型 STD_LOGIC。

(3) 定义了一个内部节点信号 SIGNAL。

(4) 出现了上升沿检测表达式和信号属性函数 EVENT。

(5) 使用了一种新的条件判断表达式。

除此之外,虽然例 4-1～例 4-3 描述的是组合电路,例 4-4 描述的是时序电路,如果不详细分析其中的表述含义,两种例题在语句结构和语言应用上没有明显的差异,也不存在如其他硬件描述语言(如 ABEL、AHDL)那样用于表示时序和组合逻辑的特征语句,更没有与特定的软件或硬件相关的特征属性语句。这充分表明了 VHDL 电路描述与设计平台和硬件实现对象无关性的特点。

2. D 触发器 VHDL 描述的语言现象说明

以下对例 4-4 中出现的新的语言现象作出说明。

1) 标准逻辑位数据类型 STD_LOGIC

从例 4-4 可见,D 触发器的 3 个信号端口 clk、d 和 q 的数据类型都被定义为 STD_LOGIC。就数字系统设计来说,类型 STD_LOGIC 比 BIT 包含的内容丰富和完整得多。它们较完整地概括了数字系统中所有可能的数据表现形式。所以例 4-4 中的 clk、d 和 q 比例 4-1 中的 a、b、q 具有更宽的取值范围,从而实际电路有更好的适应性。

在仿真和综合中,将信号或其他数据对象定义为 STD_LOGIC 数据类型是非常重要的,它可以使设计者精确地模拟一些未知的和具有高阻态的线路情况。对于综合器,高阻态('Z')和忽略态('-',有的综合器为'X'),可用于三态的描述。但就目前的综合器而言,STD_LOGIC 型数据能够在数字器件中实现的只有其中的 4 种值,即 '-'(或 'X')、'0'、'1' 和 'Z'。

2) 设计库和标准程序包

STD_LOGIC 的类型定义在被称为 STD_LOGIC_1164 的程序包中,此包由 IEEE 定义,而且此程序包所在的程序库的库名也称 IEEE。由于 IEEE 库不属于 VHDL 标准库,所以在使用其库中的内容前,必须事先给予声明。例 4-4 最上面的两句语句:

```
LIBRARY  IEEE ;
USE IEEE.STD_LOGIC_1164.ALL ;
```

第一句中的 LIBRARY 是关键词,LIBRARY IEEE 表示打开 IEEE 库;第二句的 USE 和 ALL 是关键词,USE IEEE. STD_LOGIC_1164. ALL 表示允许使用 IEEE 库中 STD_LOGIC_1164 程序包中的所有内容(. ALL)。

正是出于需要,定义端口信号的数据类型为 STD_LOGIC,当然也可以定义为 BIT 类型或其他数据类型,但一般应用中推荐定义 STD_LOGIC 类型。

3）SIGNAL 信号定义和数据对象

例 4-4 中的语句"SIGNAL q1:STD_LOGIC;"表示在描述的器件 dff1 内部定义标识符 q1 的数据对象为信号 SIGNAL,其数据类型为 STD_LOGIC。由于 q1 被定义为器件的内部节点信号,数据的进出不像端口信号那样受限制,所以不必定义其端口模式(如 IN、OUT 等)。定义 q1 的目的是为了在今后更大的电路设计中使用由此引入的时序电路的信号,这是一种常用的时序电路设计的方式。

语句"SIGNAL q1:STD_LOGIC;"中的 SIGNAL 是定义某标识符为信号的关键词。在 VHDL 中,数据对象(Data Objects)类似于一种容器,它接受不同数据类型的赋值。数据对象有 3 类,即信号(SIGNAL)、变量(VARIABLE)和常量(CONSTANT),关于数据对象的详细解释将在后文中给出。VHDL 中,被定义的标识符必须确定为某类数据对象,同时还必须被定义为某种数据类型,如例 4-4 中的 q1,对它规定的数据对象是信号,数据类型是 STD_LOGIC(规定 q1 的取值范围),前者规定了 q1 的行为方式和功能特点,后者限定了 q1 的取值范围。根据 VHDL 规定,q1 作为信号,它可以如同一根连线那样在整个结构体中传递信息,也可以根据程序的功能描述构成一个时序元件;但 q1 传递或存储的数据的类型只能包含在 STD_LOGIC 的定义中。需要注意的是,语句"SIGNAL q1:STD_LOGIC;"仅规定了 q1 的属性特征,而其功能定位需要由结构体中的语句描述具体确定。

当然单就例 4-4 的一个 D 触发器的描述,并不一定需要引入信号,如果其结构体如例 4-5 那样,同样能综合出相同的结果。

【例 4-5】　D 触发器的另一种描述

```
ARCHITECTURE bhv OF dff1 IS
  BEGIN
    PROCESS (clk)
    BEGIN
    IF  clk'EVENT AND CLK = '1'
        THEN  q<= d;
    END IF;
    END PROCESS;
END bhv;
```

4）上升沿检测表达式和信号属性函数 EVENT

例 4-4 中的条件语句的判断表达式"clk'EVENT AND CLK = '1'"是用于检测时钟信号 clk 的上升沿的,即如果检测到 clk 的上升沿,此表达式将输出"TRUE"。

关键词 EVENT 是信号属性,VHDL 通过以下表达式来测定该信号的跳变边沿:

<信号名>'EVENT

短语"clk'EVENT"就是对 clk 标识符的信号在当前的一个极小的时间段 δ 内发生事件的情况进行检测。所谓发生事件,就是 clk 的电平发生变化,从一种电平方式转变到另一种电平方式。如果 clk 的数据类型定义为 STD_LOGIC,则在 δ 时间段内,clk 从其数据类型允许的各种值中的任何一个值向另一值跳变,如由'0'变成'1'、由'1'变成'0'或由'Z'变成'0',都认为发生了事件,于是此表达式将输出一个布尔值 TRUE,否则为 FALSE。

如果将以上短语"clk′EVENT"改成语句"clk′EVENT AND clk=′1′",则一旦"clk′EVENT"在δ时间内测得 clk 有一个跳变,而小时间段δ之后又测得 clk 为高电平'1',从而满足此语句右侧的"clk=′1′"的条件,而两者相与(AND)后返回 TRUE,由此便可以从当前的"clk=′1′"推断在此前的δ时间段内,clk 必为'0'(假设 clk 的数据类型为 BIT)。因此,以上的表达式可以用来对信号 clk 的上升沿进行检测。

5) 不完整条件语句与时序电路

现在来分析例 4-4 中对 D 触发器功能的描述。

首先当时钟信号 clk 发生变化时,PROCESS 语句被启动,IF 语句将测定条件表式"clk′EVENT AND clk=′1′"是否满足条件(即 clk 的上升沿是否到来),如果为"TRUE",则执行语句 q1<=d,即将 d 的数据向内部信号 q1 赋值,并结束 IF 语句,最后将 q1 的值向端口信号 q 输出,即执行 q<=q1。

如果 clk 没有发生变化,或是非上升沿方式的变化,IF 语句都不满足条件,即条件表达式给出"FALSE",于是将跳过赋值表式 q1<=d,结束 IF 语句的执行。由于此 IF 语句中没有利用 ELSE 明确指出当 IF 语句不满足条件时作何操作,显然这是一种不完整的条件语句,即在条件语句中,没有将所有可能发生的条件给出对应的处理方式。对于这种语言现象,VHDL 综合器将"理解"为当不满足条件时,不能执行语句 q1<=d,即应保持 q1 的原值不变。这就意味着必须引进时序元件来保存 q1 中的原值,直到满足 IF 语句的判断条件后才能更新 q1 中的值。

利用这种不完整的条件语句的描述引进寄存器元件,从而构成时序电路的方式是 VHDL 描述时序电路最重要的途径。通常,完整的条件语句只能构成组合逻辑电路。如例 4-1 中,IF…THEN…ELSE 语句指明了 s 为'1'和'0'全部可能的条件下的赋值操作,从而产生了多路选择器组合电路模块。

3. D 触发器的工作时序

例 4-4 和例 4-5 的综合结果是相同的,其工作时序如图 4-11 所示,图中 q 显示的波形取决于输入信号 d 的波形,q 变化的时刻要在时钟输入的上升沿。

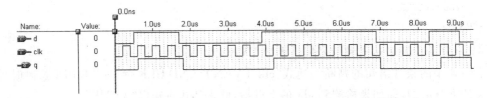

图 4-11　D 触发器的工作时序

4.4.2　1 位二进制全加器的 VHDL 描述

1 位二进制全加器可以由两个 1 位的半加器和一个或门连接而成,如图 4-12 所示。而 1 位半加器可以由若干门电路组成,如图 4-13 所示,半加器也可以用真值表来描述,如表 4-1 所示。为此,可以利用图 4-13 或表 4-1 来进行半加器的 VHDL 描述。然后根据图 4-12 写出全加器的顶层 VHDL 描述。

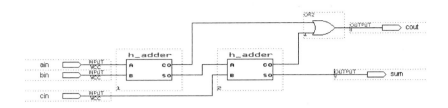

图 4-12　全加器电路图

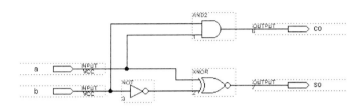

图 4-13　半加器电路图

表 4-1　半加器逻辑功能表

a	b	so	co
0	0	0	0
0	1	1	0
1	0	1	0
1	1	0	1

1. 半加器的 VHDL 描述

1 位半加器的端口信号 a 和 b 分别是两位相加的二进制输入信号,so 是相加和的输出信号,co 是进位输出信号。例 4-6 是根据图 4-13 电路图写出的,是用并行赋值语句表达的,其中逻辑操作符 XOR 是异或操作符。

【例 4-6】　半加器的 VHDL 描述方式 1

```
LIBRARY IEEE;
USE IEEE.STD_LOGIC_1164.ALL;
ENTITY h_adder1 IS
  PORT(a,b:IN STD_LOGIC;
       co,so:OUT STD_LOGIC);
END ENTITY h_adder1;
ARCHITECTURE fh1 OF h_adder1 IS
BEGIN
  so<=NOT(a XOR (NOT b));
  co<=a AND b;
END ARCHITECTURE fh1;
```

例 4-7 的 VHDL 表达与半加器的真值表(表 4-1)十分相似。利用 CASE 语句来直接表达电路的逻辑真值表是一种十分有效和直观的方法。

【例 4-7】　半加器的 VHDL 描述方式 2

```
LIBRARY IEEE;
USE IEEE.STD_LOGIC_1164.ALL;
ENTITY h_adder2 IS
  PORT(a,b:IN STD_LOGIC;
        co,so:OUT STD_LOGIC);
END ENTITY h_adder2;
ARCHITECTURE fh2 OF h_adder2 IS
SIGNAL abc:STD_LOGIC_VECTOR(1 DOWNTO 0);
BEGIN
abc <= a&b;
PROCESS(abc)
BEGIN
CASE abc IS
  WHEN "00" => so <= '0';co <= '0';
  WHEN "01" => so <= '1';co <= '0';
  WHEN "10" => so <= '1';co <= '0';
  WHEN "11" => so <= '0';co <= '1';
  WHEN   OTHERS => NULL;
END CASE;
END PROCESS;
END ARCHITECTURE fh2;
```

2. 全加器的 VHDL 描述

为了设计一个全加器,还需要设计一个或门电路,其 VHDL 描述,如例 4-8 所示。

【例 4-8】　或门描述

```
LIBRARY IEEE;
USE IEEE.STD_LOGIC_1164.ALL;
ENTITY or2a IS
  PORT(a,b:IN STD_LOGIC;
        c:OUT STD_LOGIC);
END ENTITY or2a;
ARCHITECTURE one OF or2a IS
BEGIN
  c <= a OR b;
END ARCHITECTURE one;
```

例 4-9 是按照图 4-12 的连接方式完成的全加器的 VHDL 顶层文件。为了达到连接底层元件形成更高层次的电路设计结构,文件中使用了元件例化语句。文件在实体中首先定义了全加器顶层设计元件的端口信号,然后在 ARCHITECTURE 和 BEGIN 之间利用 COMPONENT 语句对准备调用的元件(或门和半加器)作了声明,并定义了 d、e、f 3 个信号作为器件内部的连接线(图 4-12)。最后利用端口映射语句 PORT MAP 将两个半加器和一个或门连接起来构成一个完整的全加器。

【例 4-9】　1 位二进制全加器顶层设计描述

```
LIBRARY  IEEE;
```

```
USE IEEE.STD_LOGIC_1164.ALL;
ENTITY f_adder IS
  PORT (ain,bin,cin: IN STD_LOGIC;
          cout,sum: OUT STD_LOGIC );
END ENTITY f_adder;
ARCHITECTURE fd1 OF f_adder IS
  COMPONENT h_adder1
    PORT ( a,b :   IN STD_LOGIC;
           co,so :   OUT STD_LOGIC);
  END COMPONENT;
  COMPONENT or2a
      PORT (a,b: IN STD_LOGIC;
             c : OUT STD_LOGIC);
  END COMPONENT;
  SIGNAL d,e,f:   STD_LOGIC;
BEGIN
  u1 : h_adder1 PORT MAP(a=>ain,b=>bin,co=>d,so=>e);
  u2 : h_adder1 PORT MAP(a=>e, b=>cin,co=>f,so=>sum);
  u3 : or2a PORT MAP(a=>d,b=>f,c=>cout);
END ARCHITECTURE fd1;
```

3．全加器 VHDL 描述的语言现象说明

在全加器的 VHDL 描述中,出现了一些新的语言现象,以下将对一些新的语言现象给予说明。

1) CASE 语句

CASE 语句属于顺序语句,必须放在进程语句中使用,CASE 语句的一般表达式是:

```
CASE<表达式>IS
WHEN<选择值或标识符>=><顺序语句>; ...; <顺序语句>;
WHEN<选择值或标识符>=><顺序语句>; ...; <顺序语句>;
...
END CASE;
```

当执行到 CASE 语句时,首先计算〈表达式〉的值,然后根据 WHEN 条件句中与之相同的〈选择值或标识符〉,执行对应的〈顺序语句〉,最后结束 CASE 语句。条件中的"=>"不是操作符,它的含义相当于"THEN"(或于是),CASE 语句使用中应注意以下几点。

- WHEN 条件语句中的选择值或标识符所代表的值必须在表达式的取值范围内。
- 除非所有条件句中的选择值能完整覆盖 CASE 语句中表达式的取值,否则最后一个条件句中的选择必须如例 4-7 那样用关键词 OTHERS 表示以上已列的所有条件句中未能列出的其他可能的取值。使用 OTHERS 的目的是为了使条件句中的所有选择值能涵盖表达式的所有取值,以免综合器会插入不必要的锁存器。关键词 NULL 表示不作任何操作。
- CASE 语句中的选择值只能出现一次,不允许有相同选择值的条件语句出现。
- CASE 语句执行中必须且只能选中所列条件语句中的一条。

2) 标准逻辑矢量数据类型 STD_LOGIC_VECTOR

STD_LOGIC_VECTOR 类型与 STD_LOGIC 一样,都定义在 STD_LOGIC_1164 程序

包中,STD_LOGIC_VECTOR 被定义为标准一维数组,数组中每一个元素的数据类型都是标准逻辑位。使用 STD_LOGIC_VECTOR 可以表达电路中并列的多通道端口或节点,或表达总线。

3) 并置操作符 &

在例 4-7 中的操作符"&"表示将操作数或是数组合并起来形成新的数组。例如"VH"&"DL"的结果为"VHDL";显然语句 abc<=a&b 的作用是令:abc(1)<=a,abc(0)<=b。

4) 元件例化语句

元件例化就是引入一种连接关系,将预先设计好的设计实体定义为一个元件,然后利用特定的语句将此元件与当前的设计实体中的指定端口相连接,从而为当前设计实体引进一个新的低一级的设计层次。在这里,当前设计实体(如例 4-9 描述的全加器)相当于一个较大的电路系统,所定义的例化元件相当于一个要插在这个电路系统上的芯片,而当前设计实体中指定的端口则相当于这块电路板上准备接受此芯片的一个插座。元件例化是使VHDL 设计实体构成自上而下层次化设计的一种重要途径。

元件例化可以是多层次的,一个调用了较低层次元件的顶层设计实体本身也可以被更高层次设计实体所调用,成为该设计实体中的一个元件。任何一个被例化语句声明并调用的设计实体可以以不同的形式出现,它可以是一个设计好的 VHDL 设计文件(即一个设计实体),可以是来自 FPGA 元件库中的元件或是 FPGA 器件中的嵌入式元件功能块,或是以别的硬件描述语言,如 AHDL 或 Verilog 设计的元件,还可以是 IP 核。

元件例化语句由两部分组成,第一部分是对一个现成的设计实体定义为一个元件,语句的功能是对待调用的元件作出调用声明,它的最简表达式如下:

```
COMPONENT  元件名  IS
  PORT(端口名表);
END COMPONENT;
```

这一部分可以称为元件定义语句,相当于对一个现成的设计实体进行封装,使其只留出对外的接口界面。就像一个集成芯片只留几个引脚在外一样,端口名表需要列出该元件对外通信的各端口名。命名方式与实体中的 PORT 语句一致。元件定义语句必须放在结构体的 ARCHITECTURE 和 BEGIN 之间。

元件例化语句的第二部分则是此元件与当前设计实体(顶层文件)中元件间及端口的连接说明。语句的表达式如下:

```
例化名: 元件名 PORT MAP([端口名 =>]连接端口名, … );
```

其中的例化名是必须存在的,它类似于标在当前系统(电路板)中的一个插座名,而元件名是准备在此插座上插入的、已定义好的元件名,即为待调用的 VHDL 设计实体的实体名。对应于例 4-9 中的元件名 h_adder 和 or2a,其例化名分别为 u1、u2 和 u3。PORT MAP 是端口映射的意思,也就是端口连接的意思。其中的"端口名"是在元件定义语句中的端口名表中已定义好的元件端口的名字,或者说是顶层文件中待连接的各个元件本身的端口名;"连接端口名"则是顶层系统中,准备与接入的元件的端口相连的通信线名。这里的符号"=>"是连接符号,其左面放置内部元件的端口名,右面放置内部元件以外的端口名或信号名,这种位置排列方式是固定的,但连接表达式(如 co=>)在 PORT MAP 语句中的位置是任意的。

4. 全加器的工作时序

例 4-9 的工作时序如图 4-14 所示,图中 ain、bin 和 cin 是输入信号,sum 代表输出的和,cout 代表输出进位。从图中可以看出,输出波形取决于输入信号,输出信号和输入信号之间的关系符合全加器的逻辑功能。

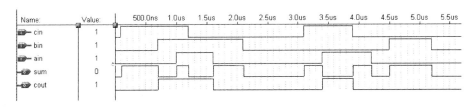

图 4-14　全加器的工作时序

4.4.3　4 位加法计数器的 VHDL 描述

在了解了 D 触发器和 1 位全加器的 VHDL 基本语言现象和设计方法后,对于计数器的设计就比较容易理解了。下面就两种方法设计 4 位加法计数器,并对其中出现的一些新的语法现象作一些说明。

1. 4 位加法计数器的 VHDL 描述

例 4-10 为 4 位二进制加法计数器的 VHDL 描述。其中,clk 为输入时钟信号,q 为 4 位二进制信号。

【**例 4-10**】　4 位二进制加法计数器的 VHDL 描述

```
ENTITY cnt4_1 IS
  PORT(clk:IN BIT;
       q:BUFFER INTEGER RANGE 15 DOWNTO 0);
END cnt4_1;
ARCHITECTURE behave OF cnt4_1 IS
BEGIN
  PROCESS(clk)
  BEGIN
      IF clk'EVENT AND clk = '1' THEN
        q<=q+1;
      END IF;
  END PROCESS;
END behave;
```

2. 4 位加法计数器 VHDL 描述的语言现象说明

此电路的输入端口只有一个:计数时钟信号 clk,数据类型是二进制逻辑位 BIT;输出端口 q 的端口模式定义为 BUFFER,其数据类型定义为整数数据类型 INTEGER。以下对例 4-10 中新出现的语言现象作一些说明。

1) BUFFER 端口模式

由例 4-10 中的计数器累加表达式 q<=q+1 可见,在传输符号"<="的两边都出现了

q,表明q应当具有输入和输出两种端口模式特性,同时它的输入特性应该是反馈方式,即传输符"<="右边的q来自左边的q(输出信号)的反馈。显然,q的端口模式与BUFFER是最吻合的,因而定义q为BUFFER模式。

应当注意的是,形式上BUFFER具有双向端口INOUT的功能,但实际上其输入功能是不完整的,它只能将自己输出的信号再反馈回来。

2) 整数数据类型INTEGER

整数数据类型INTEGER的元素包含正整数、负整数和零。在使用整数时,VHDL综合器要求必须用"RANGE"子句为所定义的数限定范围,然后根据所限定的范围来决定表示此信号或变量的二进制数的位数。

与BIT、BIT_VECTOR一样,整数数据类型INTEGER也定义在VHDL标准程序包STANDARD中。由于是默认打开的,所以在例4-10中没有显示打开STD库和程序包STANDARD。有关整数数据类型的详细说明参见第5章。

3) 整数和位的表达方式

在语句中表达数据时,整数的表达方式和逻辑位的表达方式是不一样的,整数的表达不加单引号,如：0、1及9等,而逻辑位的数据必须加引号,如'0'、'1'及"1001"等。

4) 算术符的适用范围

VHDL规定,加、减等算术操作符"+"、"－"对应的操作数的数据类型只能是整数(除非对算术操作符有一些特殊的说明,如重载函数的利用等)。因此如果定义q为INTEGER,表达式q<=q+1的运算和数据传输都能满足VHDL基本要求,即表达式中的q和1都是整数,满足符号"<="两边都是整数、加号"+"两边也都是整数的条件。

注意：表达式q<=q+1的右项与左项并非处于相同的时刻内,前者的结果出现于当前的时钟周期；后者,即左项要获得当前的q+1,需要等待下一个时钟周期。

3. 4位加法计数器的另一种表达方式

例4-11是一种更为常用的计数器表达方式,主要表现在电路所有端口的数据类型都定义为标准逻辑位或位矢量,这种设计方式比较容易与其他电路模块接口。

【例4-11】 计数器的另一种描述

```
LIBRARY IEEE;
USE IEEE.STD_LOGIC_1164.ALL;
USE IEEE.STD_LOGIC_UNSIGNED.ALL;
ENTITY cnt4_2 IS
PORT(clk:IN STD_LOGIC;
     q:OUT STD_LOGIC_VECTOR(3 DOWNTO 0));
END cnt4_2;
ARCHITECTURE behave OF cnt4_2 IS
  SIGNAL q1:STD_LOGIC_VECTOR(3 DOWNTO 0);
BEGIN
  PROCESS(clk)
  BEGIN
    IF clk'EVENT AND clk = '1' THEN
       q1 <= q1 + 1;
    END IF;
```

```
        q<=q1;
    END PROCESS;
END behave;
```

4．有关语言现象说明

与例 4-10 相比，例 4-11 有如下一些新的内容。

1）标准逻辑位与标准逻辑位矢量类型

输入信号 clk 定义为标准逻辑位 STD_LOGIC，输出信号 q 的数据类型明确定义为 4 位标准逻辑位矢量 STD_LOGIC_VECTOR(3 DOWNTO 0)，因此，必须利用 LIBRARY 语句和 USE 语句，打开 IEEE 库的程序包 STD_LOGIC_1164。

2）OUT 端口模式

输出信号 q 的端口模式是 OUT，由于它没有输入端口模式特性，因此 q 不能如例 4-10 那样直接用在表达式 q<=q+1 中。但考虑到计数器必须建立一个用于计数累加的寄存器，因此在计数器内部先定义一个信号 SIGNAL（类似于节点），语句表达上可以在结构体的 ARCHITECTURE 和 BEGIN 之间定义一个信号 q1。

由于 q1 是内部的信号，不必像端口信号那样需要定义它们的端口模式，即 q1 的数据流动是不受方向限制的。因此可以在 q1<=q1+1 中用信号 q1 来完成累加的任务，然后将累加的结果用表达式 q<=q1 向端口 q 输出。于是在例 4-11 中的不完整 IF 条件语句中，q1 变成了内部加法计数器的数据端口。

3）重载函数的应用

考虑到 VHDL 不允许在不同数据类型的操作数间进行直接操作或运算，而表达式 q1<=q1+1 中数据传输符"<="右边加号的两个操作数分属不同的数据类型：q1 为逻辑矢量类型，1 为整数类型，不满足算术符"＋"对应的操作数必须是整数类型，且相加和也为整数类型的要求，因此必须对表式 q1<=q1+1 中的加（＋）号赋予新的功能，以便使之允许不同数据类型的数据可以相加，且相加和为标准逻辑矢量。方法之一就是调用一个函数，以便赋予加号（＋）具备新的数据类型的操作功能，这就是所谓的运算符重载，这个函数称为运算符重载函数。

为了方便各种不同数据类型间的运算操作，VHDL 允许用户对原有的基本操作符重新定义，赋予新的含义和功能，从而建立一种新的操作符。事实上，VHDL 的 IEEE 库中的 STD_LOGIC_UNSIGNED 程序包中预定义的操作符如"＋"、"－"、"＊"、"＝"、"＞＝"、"＜＝"、"＞"、"＜"、"/＝"、"AND"和"MOD"等，对相应的数据类型 INTEGR、STD_LOGIC 和 STD_LOGIC_VECTOR 的操作作了重载，赋予了新的数据类型操作功能，即通过重新定义运算符的方式，允许被重载的运算符能够对新的数据类型进行操作，或者允许不同的数据类型之间用此运算符进行运算。

例 4-11 中使用语句"UDE IEEE. STD_LOGIC_UNSIGNED. ALL"的目的就在于此。使用此程序包就是允许当遇到此例中的"＋"号时，调用"＋"号的运算符重载函数。

5．4 位加法计数器的工作时序

例 4-10 和例 4-11 的综合结果是相同的，其工作时序如图 4-15 所示，图中的 q 显示的波

形是以总线方式表达的,其数据格式是十六进制,是 q3、q2、q1、q0 时序的叠加,如十六进制数值"A"即为"1010"。

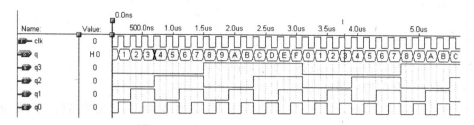

图 4-15　4 位加法计数器的工作时序

思考题与习题

1. 什么是 VHDL? 采用 VHDL 进行数字系统设计有哪些特点?

2. VHDL 的基本结构是什么? 各部分的功能分别是什么?

3. 画出与下列实体描述对应的原理图符号。

（1）ENTITY buf3s IS
    　PORT(input : IN　STD_LOGIC;
        　　enable : IN STD_LOGIC;
        　　output : OUT STD_LOGIC) ;
    　END buf3s;

（2）ENTITY mux21 IS
    　PORT (in0, in1, sel : IN STD_LOGIC;
        　　　output : OUT STD_LOGIC) ;
    　END mux21;

4. 写出 3 输入与非门的实体描述。

5. 例 4-1 是 2 选 1 多路选择器的 VHDL 描述,在结构体的描述中使用了"WHEN…ELSE"语句,但也可以用其他语句来进行描述,试描述。

6. 试写出 4 选 1 多路选择器的 VHDL 描述。选择控制信号为 s1 和 s0,输入信号为 a, b, c, d,输出信号为 y。

7. 试给出 1 位全减器的 VHDL 描述,要求首先设计 1 位半减器,然后用例化语句将它们连接起来。设 x 为被减数,y 为减数,sub_in 是借位输入,diff 是输出差,sub_out 是借位输出。

第5章

VHDL设计进阶

第4章中,通过几个典型的实例,对 VHDL 的结构、某些语言规则和语句类型等做过部分针对性的介绍,本章将对 VHDL 的语言规则和语句类型等作出更系统的叙述,对于在第4章中已出现过的内容,本章根据实际需要仅作简要介绍或归纳。

5.1 VHDL 语言要素

VHDL 具有计算机编程语言的一般特性,其语言要素是编程语句的基本单元,是 VHDL 作为硬件描述语言的基本结构元素,反映了 VHDL 重要的语言特征。准确无误地理解和掌握 VHDL 语言要素的基本含义和用法,对于正确地完成 VHDL 程序设计十分重要。

VHDL 的语言要素,主要有 VHDL 文字规则、数据对象(Data Objects)、数据类型(Data Type)、各类操作数(Operands)和运算操作符(Operator)等。

5.1.1 VHDL 文字规则

VHDL 除了具有类似于计算机高级语言所具有的一般文字规则外,还包含许多特有的文字规则和表达方式,在编程中需认真遵循。

1. 数字

数字型文字的值有多种表达方式,现列举如下。

(1) 整数文字: 整数文字都是十进制的数,如:

5,678,0,156E2(=15600),12_345_678(=12345678)

注意: 数字间的下划线仅仅是为了提高文字的可读性,相当于一个空的间隔符,而没有其他的意义,因而不影响文字本身的数值。

(2) 实数文字: 实数文字也都是十进制的数,但必须带有小数点。如:

188.993,88_670_551.453_909(=88670551.453909),1.0,44.99E-2(=0.4499)

(3) 以数制基数表示的文字: 用这种方式表示的数由 5 个部分组成。可以表示为:

基数#基于该基的整数[基于该基的整数]#E 指数

其中,第一部分是用十进制数标明数制进位的基数;第二部分是数制隔离符号"#";

第三部分是表达的文字,可以为整数,也可以为实数;第四部分是指数隔离符号"#";第五部分用字符"E"加十进制表示的指数部分,这一部分的数如果是 0 可以省去不写。现举例如下:

```
10#254#                   --(十进制数表示,等于 254)
2#1111_1110#              --(二进制数表示,等于 254)
16#FE#                    --(十六进制数表示,等于 254)
8#376#                    --(八进制数表示,等于 254)
```

(4) 物理量文字(VHDL 综合器不接受此类文字)。如:
60s(60 秒),100m(100 米),1kΩ(1 千欧姆),10A(10 安培)等。

2. 字符与字符串

字符是用单引号引起来的 ASCII 字符,可以是数值,也可以是符号或字母,如:'R','A','＊','0'。而字符串则是一维的字符数组,须放在双引号中。VHDL 中有两种类型的字符串:文字字符串和数位字符串。

(1) 文字字符串:文字字符串是用双引号引起来的一串文字。如:
"ERROR","BOTH S AND Q EQUAL TO L","X","BB＄CC"

(2) 数位字符串:数位字符串也称位矢量,是用字符形式表示的多位数码,它们所代表的是二进制、八进制或十六进制的数组,其位矢量的长度即为等值的二进制数的位数。数位字符串的表示首先要有计数基数,然后将该基数表示的值放在双引号中,基数符以 B、O 和 X 表示,并放在字符串的前面,它们的含义如下。

- B:二进制基数符号,表示二进制数位 0 或 1,在字符串中每一个位表示一个比特。
- O:八进制基数符号(0~7),在字符串中的每一个数代表一个八进制数,即代表一个 3 位(b)的二进制数。
- X:十六进制基数符号(0~F),在字符串中的每一个数代表一个十六进制数,即代表一个 4 位的二进制数。

例如:

```
B"1_1101_1110"           -- 二进制数数组,位矢数组长度是 9
O"15"                    -- 八进制数数组,位矢数组长度是 6
X"AD0"                   -- 十六进制数数组,位矢数组长度是 12
```

3. 标识符

标识符是 VHDL 语言中各种成分的名称,这些成分包括常量、变量、信号、端口、子程序或参数等。定义标识符需要遵循以下规则。

- 有效的字符:包括 26 个大小写英文字母,数字 0~9 以及下划线"_"。
- 任何标识符必须以英文字母开头。
- 必须是单一下划线"_",且其前后都必须有英文字母或数字。
- 标识符中的英文字母不分大小写。
- 允许包含图形符号(如回车符、换行符等),也允许包含空格符。
- VHDL 的保留字不能用作标识符使用。

以下是几种合法和非法标识符的示例。

合法的标识符：Decoder_1,FFT,abc123。

非法的标识符：

_Decoder_1	——起始为非英文字母
2FET	——起始为数字
Not-RST	——符号"—"不能作为标识符的构成
RyY_RST_	——标识符的最后不能是下划线
Data_ _BUS	——标识符中不能有双下划线
Begin	——关键词不能作为标识符
resΩ	——使用了无效字符"Ω"

4. 下标名及下标段名

下标名用于指示数组型变量或信号的某一元素,而下标段名则用于指示数组型变量或信号的某一段元素,其语句格式如下:

数组类型信号名或变量名(表达式 1[TO/DOWNTO 表达式 2]);

表达式的数值必须在数组元素下标范围以内,并且必须是可计算的。TO 表示数组下标序列由低到高,如"2 TO 8";DOWNTO 表示数组下标序列由高到低,如"8 DOWNTO 2"。

如果表达式是一个可计算的值,则此操作数可很容易地进行综合。如果是不可计算的,则只能在特定的情况下综合,且耗费资源较大。

下面是下标名及下标段名使用示例:

```
SIGNAL a,b,c: BIT_VECTOR(0 TO 7);
SIGNAL m: INTEGER RANGE 0 TO 3;
SIGNAL y,z: BIT;
y<= a(m);              --m 是不可计算型下标表示
z<= b(3);              --3 是可计算型下标表示
c(0TO 3)<= a(4 TO 7);  --以段的方式进行赋值
c(4 TO 7)<= a(0 TO 3); --以段的方式进行赋值
```

5.1.2　VHDL 数据对象

尽管信号和变量在第 4 章的示例中已出现多次,但没有作更详细的解释,为了更好地理解 VHDL 程序,以下对它们作进一步的说明。

在 VHDL 中,凡是可以赋予一个值的对象就称为数据对象(DATA OBJECTS),它类似于一种容器,可接受不同数据类型的赋值。在 VHDL 中,数据对象有 3 种,即常量(CONSTANT)、变量(VARIABLE)和信号(SIGNAL)。前两种数据对象可以从传统的计算机高级语言中找到对应的数据类型,其语言行为与高级语言中的常量和变量十分相似。但信号的表现较为特殊,它是具有更多硬件特征的特殊数据对象,是 VHDL 中最有特色的语言要素之一。

1. 常量

常量(CONSTANT)就是指在设计实体中不会发生变化的值,它可以在很多部分进行说明,并且可以是任何的数据类型。常量的定义和设置主要是为了使设计实体中的常数更容易阅读和修改。例如,将逻辑位的宽度定义为一个常量,只要修改这个常量就能很容易改变宽度,从而改变硬件结构。在程序中,常量是一个恒定不变的值,一旦作了数据类型的赋值定义后,在程序中不能再改变,因而具有全局意义。常量的定义形式如下:

```
CONSTANT 常量名: 数据类型[ := 表达式];
```

例如:

```
CONSTANT fbt: STD_LOGIC_VECTOR(5 downto 0) := "010110";        -- 标准位矢类型
CONSTANT vcc: REAL := 5.0;                                      -- 实数类型
CONSTANT dely: TIME := 25ns;                                    -- 时间类型
```

VHDL 要求所定义的常量数据类型必须与表达式的数据类型一致。如果常量的定义形式写成:

```
CONSTANT vcc: REAL := 25ns;
```

这样的定义显然是错误的。

常量定义语句所允许的设计单元有实体、结构体、程序包、块、进程和子程序。在程序包中定义的常量可以暂不设具体数值,它可以在程序包体中设定。

使用时,注意常量的可视性,即常量的使用范围取决于它被定义的位置。在程序包中定义的常量具有最大全局化特征,可以用在调用此程序包的所有设计实体中;定义在设计实体中的常量,其有效范围为这个实体定义的所有结构体;定义在设计实体的某一结构体中的常量,则只能用于此结构体;定义在结构体的某一单元的常量,如一个进程中,则这个常量只能用在这一进程中。这就是常量的可视性规则。

2. 变量

变量(VARIABLE)是指在设计实体中会发生变化的值。在 VHDL 语法规则中,变量是一个局部量,只能在进程和子程序中使用。变量不能将信息带出对它作出定义的当前结构体。变量的赋值是理想化的数据传输,是立即发生的,不存在任何延时的行为。变量的主要作用是在进程中作为临时的数据存储单元。定义变量的语法格式如下:

```
VARIABLE 变量名: 数据类型[ := 初始值];
```

例如:

```
VARIABLE a    : INTEGER RANGE 0 TO 15;
VARIABLE b,c  : INTEGER := 2;
VARIABLE d    : STD_LOGIC;
```

分别定义 a 的取值范围从 0~15 的整数型变量,b 和 c 为初始值为 2 的整型变量,d 为标准位类型的变量。

变量作为局部量,其适用范围仅限于定义了变量的进程或子程序的顺序语句中,在这些语句结构中,同一变量的值将随着变量赋值语句的运算而改变。

变量定义语句中的初始值可以是一个与变量具有相同数据类型的常数值,也可以是一个全局静态表达式,这个表达式的数据类型必须与所赋值的变量一致。此初始值不是必需的,由于硬件电路上电后的随机性,因此综合器并不支持设置初始值。变量赋值的一般表达式如下:

目标变量名 : = 表达式;

注意:变量赋值符号是" : = ",变量数值的改变是通过变量赋值来实现的。赋值语句右方的"表达式"必须是一个与"目标变量名"具有相同数据类型的数值,这个表达式可以是一个运算表达式,也可以是一个数值。通过赋值操作,新的变量值的获得是立刻发生的。变量赋值语句左边的目标变量可以是单值变量,也可以是一个变量的集合。如位矢量类型的变量。例如:

```
VARIABLE x,y: REAL;
VARIABLE a,b: STD_LOGIC_VECTOR(7 DOWNTO 0);
  x : = 100.0;                          -- 实数赋值,x是实数变量
  y : = 1.5 + x;                        -- 运算表达式赋值,y也是实数变量
  a : = "10111011";                     -- 位矢量赋值
  a(0 TO 5) : = b(2 TO 7);              -- 段赋值
```

3. 信号

信号(SIGNAL)是描述硬件系统的基本数据对象,它类似于电子电路内部的连接线。信号可以作为设计实体中并行语句模块间的信息交流通道。在 VHDL 语言中,信号及其相关的信号赋值语句、决断函数、延时语句等很好地描述了硬件系统的许多基本特征。如硬件系统运行的并行性、信号传输过程中的惯性延时特性、多驱动源的总线行为等。

信号作为一种数值容器,不但可以容纳当前值,也可以保持历史值。这一属性与触发器的记忆功能有很好的对应关系。信号的定义格式如下:

SIGNAL 信号名 : 数据类型[: = 初始值];

信号初始值的设置不是必需的,而且初始值仅在 VHDL 的行为仿真中有效。与变量相比,信号的硬件特征更为明显,它具有全局性特征。例如,在程序包中定义的信号,对于所有调用此程序包的设计实体都是可见的;在实体中定义的信号,在其对应的结构体中都是可见的。

事实上,除了没有方向说明以外,信号与实体的端口概念是一致的。对于端口来说,其区别只是输出端口不能读入数据,输入端口不能被赋值。信号可以看成是实体内部的端口。反之,实体的端口只是一种隐形的信号,端口的定义实际上是作了隐式的信号定义,并附加了数据流动的方向。信号本身的定义是一种显式的定义,因此,在实体中定义的端口,在其结构体中都可以看成一个信号,并加以使用而不必另作定义。以下是信号的定义示例:

```
SIGNAL s1: STD_LOGIC : = '0';          -- 定义了一个标准位的单值信号 s1,初始值为低电平
SIGNAL s2,s3: BIT;                     -- 定义了两个位(BIT)的信号 s2 和 s3
SIGNAL s4: STD_LOGIC_VECTOR(15 DOWNTO 0);
  -- 定义了一个标准位矢量(数组、总线)信号,共有 16 个信号元素
```

信号的使用和定义范围是实体、结构体和程序包。在进程和子程序中不允许定义信号。

在进程中,只能将信号列入敏感表,而不能将变量列入敏感表。可见进程只对信号敏感,而对变量不敏感。

当信号定义了数据类型和表达方式后,在 VHDL 中就能对信号进行赋值了。信号的赋值语句表达式如下:

目标信号名<= 表达式;

这里的"表达式"可以是一个运算表达式,也可以是数据对象(变量、信号或常量)。数据信息的传入可以设置延时量,因此目标信号获得传入的数据并不是即时的。即使是零延时(不作任何显式的延时设置),也要经历一个特定的延时,即 δ 延时。因此,符号"<="两边的数值并不总是一致的,这与实际器件的传播延时特性是吻合的,因此,信号赋值与变量赋值的过程有很大差别。

下面列举了几个信号赋值的语句。

```
a <= y;
a <= '1';
s1 <= s2 AFTER 10ns;
```

这里 a、s1、s2 均为信号。AFTER 后面是延时时间,即 s2 经过 10ns 的延时后,其值才赋值到 s1 中,这一点是与变量完全不同的。

信号的赋值可以出现在一个进程中,也可以出现在结构体的并行语句结构中,但它们运行的含义是不一样的。前者属于顺序信号赋值,这时的信号赋值操作要视进程是否已被启动。后者属于并行信号赋值,其赋值操作是各自独立并行发生的。

在进程中,可以允许同一信号有多个驱动源,即在同一进程中存在多个同名的信号被赋值,其结果只有最后的赋值语句被启动,并进行赋值操作,例如:

```
SIGNAL a,b,c,x,y:INTEGER;
…
PROCESS(a,b,c)
BEGIN
  x <= a * b;
  y <= c - a;
  x <= b;
```

上例中,信号 a、b、c 被列入进程表,当进程被启动后,信号赋值将自上而下顺序执行,但第一项赋值操作并不会发生,这是因为 x 的最后一项驱动源是 b,因此 x 被赋值为 b。但在并行赋值语句中,不允许同一信号有多个驱动源的情况。

4. 信号与变量的区别

信号与变量都是 VHDL 语言中的重要对象,由于它们存在某些相似之处,因此,人们在使用时常常将两者混淆。下面讨论两者之间存在的区别。

(1) 信号赋值至少有 δ 延时,而变量赋值没有延时。

(2) 信号除当前值外有许多相关的信息,而变量只有当前值。

(3) 进程对信号敏感而对变量不敏感。

(4) 信号可以是多个进程的全局信号,而变量只在定义它们的顺序域可见。

（5）信号是硬件中连线的抽象描述，它们的功能是保存变化的数据和连接子元件，信号在元件的端口连接元件。变量在硬件中没有类似的对应关系，它们用于硬件特性的高层次建模所需要的计算中。

（6）信号赋值和变量赋值分别使用不同的赋值符号"＜＝"和"：＝"，信号类型和变量类型可以完全一致，也允许两者之间相互赋值，但要保证两者的类型相同。

关于信号和变量赋值的区别的具体示例见 5.1.3 节。

5.1.3　VHDL 数据类型

VHDL 有很强的数据类型，它对运算关系与赋值关系中各操作数的数据类型有严格要求，它要求设计实体中的每一个常量、信号、变量、函数以及设定的各种参量都必须具有确定的数据类型，只有相同数据类型的量才能相互传递和作用。VHDL 作为强类型语言的好处是使 VHDL 编译或综合工具很容易找出设计中的各种常见错误。VHDL 中的数据类型可以分成 4 大类。

- 标量类型（Scalar Type）。是最基本的数据类型，通常用于描述一个单值数据对象，它包括实数类型、整数类型、枚举类型和物理类型。
- 复合类型（Composite Type）。可以由小的数据类型复合而成，如可由标量类型复合而成。复合类型主要有数组型和记录型。
- 存取类型（Access Type）。为给定数据类型的数据对象提供存取方式。
- 文件类型（File Type）。用于提供多值存取类型。

这些数据类型又可分成在现成程序包中可以随时获得的预定义数据类型和用户自定义数据类型两大类别。预定义的 VHDL 数据类型是 VHDL 最常用、最基本的数据类型。这些数据类型都已在 VHDL 的标准程序包 STANDARD 和 STD_LOGIC_1164 及其他的标准程序包中作了定义，并可在设计中随时调用。

VHDL 还允许用户自己定义其他的数据类型及子类型。通常，新定义的数据类型和子类型的基本元素一般仍属于 VHDL 的预定义类型。

1. VHDL 的预定义数据类型

VHDL 的预定义数据类型都是在 VHDL 标准程序包 STANDARD 中定义的，在实际使用中，它会自动包含在 VHDL 的源文件中，因而不必通过 USE 语句显式调用。

1）布尔数据类型

布尔（BOOLEAN）数据类型常用来表示信号的状态或者总线上的情况，它实际上是一个二值枚举型数据类型，它的取值有 FALSE 和 TRUE 两种。综合器将用一个二进制位表示 BOOLEAN 型变量或信号。布尔量没有数值含义，不能进行算术运算，但可以进行关系运算。

例如，当 a 大于 b 时，在 IF 语句中的关系运算表达式(a＞b)的结果是布尔量 TRUE，反之为 FALSE。综合器将其变为 1 或 0 信号值。

程序包 STANDARD 中定义布尔数据类型的源代码如下：

```
TYPE BOOLEAN IS(FALSE,TRUE);
```

2) 位数据类型

位(BIT)数据类型也属于枚举型,取值只能是'1'或'0'。这与整数中的 1 或 0 不同,'1'和'0'只表示一个位的两种取值。位数据类型的数据对象,如变量、信号等,可以参与逻辑运算,运算结果仍是位的数据类型。VHDL 综合器用一个二进制位表示 BIT。在程序包 STANDARD 中定义的源代码如下:

```
TYPE BIT IS( '0', '1');
```

下面是几个关于位类型的例子。

```
CONSTANT c:BIT  : = '1';              -- 值为 1 的位类型常量 c
VARIABLE q:BIT  : = '0';              -- 值为 0 的位类型变量 q
SIGNAL a,b:BIT;                       -- 两个位类型的信号 a 和 b
```

3) 位矢量数据类型

位矢量(BIT_VECTOR)只是基于 BIT 数据类型的数组,它是使用双引号引起来的一组位数据,如"10110101"。在程序包 STANDARD 中定义的源代码如下:

```
TYPE BIT_VECTOR IS ARRAY(Natural Range < >)OF BIT;
```

使用位矢量必须注明位宽,即数组中的元素个数和排列,例如:

```
SIGNAL a: BIT_VECTOR(7 TO 0);
```

信号 a 被定义为一个具有 8 位位宽的矢量,它的最左位是 a(7),最右位是 a(0)。

使用位矢量数据可以形象地表示总线的状态。

4) 字符数据类型

字符(CHARACTER)类型通常用单引号引起来,如'A'。字符类型区分大小写,如'B'不同于'b'。字符类型也已在 STANDARD 程序包中作了定义,在 VHDL 程序设计中,标识符的大小写一般是不分的,但用了单引号的字符的大小写是有区别的。

5) 整数数据类型

整数(INTEGER)类型的整数与数学中的定义相同,但是它的描述是有范围的。在 VHDL 中,整数的取值范围是 $-2147483647 \sim +2147483647$,即可用 32 位有符号的二进制数表示,范围从 $-(2^{31}-1) \sim (2^{31}-1)$。在实际应用中,VHDL 仿真器通常将 INTEGER 类型作为有符号数处理,而 VHDL 综合器则将 INTEGER 作为无符号数处理。在使用整数时,VHDL 综合器要求用 RANGE 子句为所定义的数限定范围,然后根据所限定的范围来决定表示此信号或变量的二进制数的位数,因为 VHDL 综合器无法综合未限定的整数类型的信号或变量。

如语句"SIGNALtype1:INTEGER RANGE 0 TO 15;"规定整数 type1 的取值范围是 0~15 共 16 个值,可用 4 位二进制数来表示,因此,type1 将被综合成由 4 条信号线构成的信号。

不同进制整数常量的书写方式示例如下:

```
2                           -- 十进制整数
10E4                        -- 十进制整数
16#D2#                      -- 十六进制整数
2#11011010#                 -- 二进制整数
```

6）自然数和正整数数据类型

自然数（NATURAL）是整数的一个子类型，非负的整数，即零和正整数；正整数（POSITIVE）也是整数的一个子类型，它包括整数中非零和非负的数值。它们在STANDARD程序包中定义的源代码如下：

```
SUBTYPE NATURAL IS INTEGER RANGE 0 TO INTEGER'HIGH;
SUBTYPE POSITIVE IS INTEGER RANGE 1 TO INTEGER'HIGH;
```

7）实数数据类型

VHDL的实数（REAL）数据类型类似于数学上的实数，或称浮点数。实数的取值范围为 $-1.0E38 \sim +1.0E38$。通常情况下，实数类型仅能在VHDL仿真器中使用，VHDL综合器不支持实数，因为实数类型的实现相当复杂，目前在电路规模上难以承受。

不同进制实数常量的书写方式举例如下：

```
-1.0                          --十进制实数
65971.333333                  --十进制实数
8#43.6#E+4                     --八进制实数
43.6E-4                       --十进制实数
```

有些数可以用整数表示也可以用实数表示。例如，数字1的整数表示为1，而用实数表示则为1.0。两个数的值是一样的，但数据类型却不一样。在实际应用中不能把一个实数赋予一个整数变量，这样会造成数据类型不匹配。

8）字符串数据类型

字符串（STRING）数据类型是字符数据类型的一个非约束型数组，或称为字符串数组。字符串必须用双引号标明，VHDL综合器支持字符串数据类型。字符串数据类型示例如下：

```
VARIABLE string_var: STRING(1 TO 7);
…
string_var:="a b c d";
```

9）时间数据类型

VHDL中唯一的预定义物理类型是时间（TIME）。完整的时间类型包括整数和物理量单位两部分。整数和单位之间至少留一个空格，如55ms，20ns。STANDARD程序包中也定义了时间。定义如下：

```
TYPE time IS RANGE -2147483647 TO 2147483647
    UNITS
    fs;                         --飞秒,VHDL中的最小时间单位
    ps = 1000 fs;               --皮秒
    ns = 1000 ps;               --纳秒
    us = 1000 ns;               --微秒
    ms = 1000 μs;               --毫秒
    sec = 1000 ms;              --秒
    min = 60 sec;               --分
    hr = 60 min;                --时
END UNITS;
```

在系统仿真时，利用时间类型数据表示信号延时，可以使模型更接近系统的运行环境。

10) 错误等级

错误等级（Severity Level）类型数据用来表征系统的状态，它共有4种：NOTE（注意）、WARNING（警告）、ERROR（出错）、FAILURE（失败）。在系统仿真过程中可以用这4种状态来提示系统当前的工作情况。这样可以使操作人员随时了解当前系统工作的情况，并根据系统的不同状态采取相应的对策。

11) 综合器不支持的数据类型

下面列举的这些数据类型虽然仿真器支持，但是综合器是不支持的。

- 物理类型。综合器不支持物理类型的数据，如具有量纲型的数据，包括时间类型。这些类型只能用于仿真过程。
- 浮点型。如 REAL 型。
- Aceess 型。综合器不支持存取型结构，因为不存在这样对应的硬件结构。
- File 型。综合器不支持磁盘文件型，硬件对应的文件仅为 RAM 和 ROM。

2. IEEE 预定义标准逻辑位与矢量

在 IEEE 库的程序包 STD_LOGIC_1164 中，定义了两个非常重要的数据类型，即标准逻辑位（STD_LOGIC）数据类型和标准逻辑位矢量（STD_LOGIC_VECTOR）数据类型。

1) 标准逻辑位数据类型

以下是定义在 IEEE 库程序包 STD_LOGIC_1164 中的 STD_LOGIC 数据类型：

```
TYPE STD_LOGIC IS( 'U', 'X', '0', '1', 'Z', 'W', 'L', 'H', '-' );
```

各值的含义是：

'U'——未初始化的，'X'——强未知的，'0'——强0，'1'——强1，'Z'——高阻态，'W'——弱未知的，'L'——弱0，'H'——弱1，'-'——忽略。

由定义可见，STD_LOGIC 是标准的 BIT 数据类型的扩展，共定义了9种值，这意味着，对于定义为数据类型是标准逻辑位 STD_LOGIC 的数据对象，其可能的取值已非传统的 BIT 那样只有0和1两种取值，而是如上定义的那样有9种可能的取值。目前在设计中一般只使用 IEEE 的 STD_LOGIC 标准逻辑的位数据类型，BIT 型则很少使用。

由于标准逻辑位数据类型的多值性，在编程时应当特别注意。因为在条件语句中，如果未考虑到 STD_LOGIC 的所有可能的取值情况，综合器可能会插入不希望的锁存器。

在程序中使用此数据类型前，需加入下面的语句：

```
LIBRARY IEEE;
USE IEEE.STD_LOGIC_1164.ALL;
```

程序包 STD_LOGIC_1164 中还定义了 STD_LOGIC 型逻辑运算符 AND、NAND、OR、NOR、XOR 和 NOT 的重载函数及多个转换函数用于不同数据类型间的相互转换。

在仿真和综合中，STD_LOGIC 值是非常重要的，它可以使设计者精确模拟一些未知和高阻态的线路情况。对于综合器、高阻态和"-"忽略态可用于三态的描述。但就综合而言，STD_LOGIC 型数据能够在数字器件中实现的只有其中的4种值，即"-"、"0"、"1"和"Z"。当然，这并不表明其余的5种值不存在。这9种值对于 VHDL 的行为仿真都有重要意义。

2）标准逻辑位矢量数据类型

STD_LOGIC_VECTOR 类型定义如下：

```
TYPE STD_LOGIC_VECTOR IS ARRAY (NATURAL RANGE <>) OF STD_LOGIC;
```

显然，STD_LOGIC_VECTOR 是定义在 STD_LOGIC_1164 程序包中的标准一维数组，数组中的每一个元素的数据类型都是以上定义的标准逻辑位 STD_LOGIC。

STD_LOGIC_VECTOR 数据类型的数据对象赋值的原则是：同位宽、同数据类型的矢量间才能进行赋值。

使用 STD_LOGIC_VECTOR 描述总线信号是很方便的，但需注意的是总线中的每一根信号线都必须定义为同一种数据类型 STD_LOGIC。

3. 其他预定义标准数据类型

VHDL 综合工具配带的扩展程序包中，定义了一些有用的类型。如 Synopsys 公司在 IEEE 库中加入的程序包 STD_LOGIC_ARITH 中定义了如下的数据类型：无符号型（UNSIGNED）、有符号型（SIGNED）、小整型（SMALL_INT）等。

如果将信号或变量定义为这几个数据类型，就可以使用本程序包中定义的运算符。在使用之前，请注意必须加入下面的语句：

```
LIBRARY IEEE;
USE IEEE.STD_LOGIC_ARITH.ALL;
```

UNSIGNED 类型和 SIGNED 类型是用来设计可综合的数学运算程序的重要类型，UNSIGNED 用于无符号数的运算，SIGNED 用于有符号数的运算。在实际应用中，大多数运算都需要用到它们。

在 IEEE 程序包中 NUMERIC_STD 和 NUMERIC_BIT 程序包中也定义了 UNSIGNED 型及 SIGNED 型，NUMERIC_STD 是针对 STD_LOGIC 型定义的，而 NUMERIC_BIT 是针对 BIT 型定义的。在程序包中还定义了相应的运算符重载函数。有些综合器没有附带 STD_LOGIC_ARITH 程序包，此时只能使用 NUMERIC_STD 和 NUMERIC_BIT 程序包。

在 STANDARD 程序包中没有定义 STD_LOGIC_VECTOR 的运算符，而整数类型一般只在仿真的时候用来描述算法，或作数组下标运算，因此 UNSIGNED 和 SIGNED 的使用率是很高的。

1）无符号数据类型

无符号数据类型（UNSIGNED TYPE）代表一个无符号的数值，在综合器中，这个数值被解释为一个二进制数，这个二进制数的最左位是其最高位。例如，十进制的 8 可以作如下表示：

```
UNSIGNED("1000")
```

如果要定义一个变量或信号的数据类型为 UNSIGNED，则其位矢长度越长，所能代表的数值就越大。如一个 4 位变量的最大值为 15，一个 8 位变量的最大值则为 255，0 是其最小值，不能用 UNSIGNED 定义负数。以下是两则无符号数据定义的示例：

```
VARIABLE var: UNSIGNED(0 TO 10);
SIGNAL sig: UNSIGNED(5 TO 0);
```

其中,变量 var 有 11 位数值,最高位是 var(0),而非 var(10);信号 sig 有 6 位数值,最高位是 sig(5)。

2) 有符号数据类型

有符号数据类型(SIGNED TYPE)表示一个有符号的数值,综合器将其解释为补码,此数的最高位是符号位,用 0 代表正数,1 代表负数。例如:

```
SIGNED("0101")代表 + 5,SIGNED("1011")代表 - 5.
```

若将上例的 var 定义为 SIGNED 数据类型,则数值意义就不同了,如:

```
VARIABLE var: SIGNED(0 TO 10);
```

其中,变量 var 有 11 位,最左位 var(0)是符号位。

4. 用户自定义数据类型

除了上述一些标准的预定义数据类型外,VHDL 还允许用户自行定义新的数据类型。由用户定义的数据类型可以有多种,如枚举类型(Enumeration Types)、整数类型(Integer Types)、数组类型(Array Types)、记录类型(Record Types)、时间类型(Time Types)、实数类型(Real Types)等。用户自定义数据类型是用类型定义语句 TYPE 来实现的。

TYPE 语句语法结构如下:

```
TYPE 数据类型名 IS 数据类型定义 OF 基本数据类型;
```

或

```
TYPE 数据类型名 IS 数据类型定义;
```

利用 TYPE 语句进行数据类型自定义有两种不同的格式,但方法是相同的。其中,数据类型名由设计者自定,此名将作为数据类型定义之用,方法与以上提到的预定义数据类型的用法一样;数据类型定义部分用来描述所定义的数据类型的表达方式和表达内容;关键词 OF 后的基本数据类型是指数据类型定义中所定义的元素的基本数据类型,一般都是已有的预定义数据类型,如 BIT、STD_LOGIC 或 INTEGER 等。

例如:

```
TYPE state0 IS ARRAY(0 TO 15) OF STD_LOGIC;
```

句中定义的数据类型 state0 是一个具有 16 个元素的数组型数据类型,数组中的每个元素的数据类型都是 STD_LOGIC 型。

下面对常用的几种用户定义的数据类型进行具体介绍。

1) 枚举类型

VHDL 中的枚举数据类型是一种特殊的数据类型,它们是用文字符号来表示一组实际的二进制数。例如,状态机的每一状态在实际电路中是以一组触发器的当前二进制数位的组合来表示的,但设计者在状态机的设计中,为了更利于阅读、编译和 VHDL 综合器的优化,往往将表征每一状态的二进制数组用文字符号来代表,即所谓状态符号化。

枚举类型数据的定义格式如下:

TYPE 枚举数据类型名 IS(枚举元素 1,枚举元素 2,…);

在综合过程中,枚举类型文字元素的编码通常是自动设置的,综合器根据优化情况、优化控制的设置或设计者的特殊设定来确定各元素具体编码的二进制位数、数值及元素间编码顺序。一般情况下,编码顺序是默认的,如一般将第一个枚举量(最左边的量)编码为'0'或"0000"等,以后的编码值依次加 1。综合器在编码过程中自动将每一枚举元素转变成位矢量,位矢量的长度根据实际情况决定。

例如:

TYPE state1 IS(st0, st1, st2, st3);

该例中用于表达 4 个状态的位矢量长度可以为 2,编码默认值为: st0 = "00", st1 = "01", st2 = "10", st3 = "11"。

一般地,编码方式也会因综合器及综合控制方式不同而不同,为了某些特殊的需要,编码顺序也可以人为设置。

2) 整数与实数类型

这里说的是用户所定义的整数类型,而不是在 VHDL 语言中已存在的整数类型。实际上这里介绍的是整数的一个子类。

整数或实数用户定义数据类型的格式为:

TYPE 数据类型名 IS 数据类型定义 约束范围;

由于标准程序包中预定义的整数和实数的取值范围太大,在综合过程中,综合器很难或者无法进行综合。因此对于需要定义的整数或实数必须由用户根据需要重新定义其数据类型,限定取值范围,从而提高芯片资源的利用率。

3) 数组类型

数组类型是将一组具有相同数据类型的元素集合在一起,作为一个数据对象来处理的数据类型。数组可以是每个元素只有一个下标的一维数组,也可以是每个元素有多个下标的多维数组。VHDL 仿真器支持多维数组,但 VHDL 综合器只支持一维数组,故在此不讨论多维数组。

数组的定义格式如下:

TYPE 数组类型名 IS ARRAY 约束范围 OF 数据类型;

VHDL 允许定义两种不同类型的数组,即限定性数组和非限定性数组。它们的区别是,限定性数组下标的取值范围在数组定义时就被确定了,而非限定性数组下标的取值范围需留待随后确定。

限定性数组定义语句的格式如下:

TYPE 数组名 IS ARRAY 约束范围 OF 数据类型;

其中数组名是新定义的限定性数组类型的名称,可以是任何标识符,约束范围明确指出数组元素的定义数量和排序方式,以整数来表示其数组的下标,数据类型即指数组各元素的数据类型。

以下是限定性数组定义示例：

TYPE stb IS ARRAY (7 DOWNTO 0) OF STD_LOGIC;

这个数组类型的名称是 stb，它有 8 个元素，数组元素是 STD_LOGIC 型的，各元素的排序是 stb(7)、stb(6)、…、stb(0)。

非限定性数组定义语句的格式如下：

TYPE 数组名 IS ARRAY(数组下标名 RANGE <>)OF 数据类型;

其中数组名是定义的非限定数组类型的取名，数组下标名是以整数类型设定的一个数组下标名称，其中符号"<>"是下标范围待定符号，用到该数组类型时，再填入具体的数值范围。注意符号"<>"间不能有空格。数据类型是数组中每一元素的数据类型。

以下是非限定性数组的例子。

TYPE word IS ARRAY (NATURAL RANGE<>) OF BIT;
VARIABLE va:word(1 to 6);   -- 将数组取值范围定在 1~6

对数组赋值可以按照下标对每一个数组元素进行赋值，也可以对整个数组作一次性赋值。例如进行如下的定义：

TYPE example IS ARRAY (0 TO 7) OF BIT;
SIGNAL a: example;

那么在源代码中，对信号 a 进行赋值可以采用以下两种方法。

可以对整个数组进行一次赋值：

a<= "01000111";

也可以按照下标对每一个数组元素进行赋值：

a(7)<= '0';
a(6)<= '1';
…
a(0)<= '1';

在引用数组时也有两种方法：引用数组元素和引用整个数组。仍以上面的数组为例，假设 b 也是 example 类型的信号，c 和 d 都为位类型的信号。

可以引用整个数组：

b<= a;

也可以引用数组元素：

c<= a(0);
d<= a(7);

4）记录类型

记录类型与数组类型都属数组，由相同数据类型的元素构成的数组称为数组类型，由不同数据类型的元素构成的数组称为记录类型。构成记录类型的各种不同的数据类型可以是任何一种已定义过的数据类型,也包括数组类型和已定义的记录类型。显然具有记录类型的数据对象的数值是一个复合值,这些复合值是由这个记录类型的元素决定的。

定义记录类型的语句格式如下:

```
TYPE  记录类型名 IS  RECORD
        元素名:元素数据类型;
        元素名:元素数据类型;
…
END   RECORD  [记录类型名];
```

记录类型定义示例如下:

```
TYPE example IS RECORD
  year:INTEGER RANGE 0 TO 3000;
  month:INTEGER RANGE 1 TO 12;
  data:INTEGER RANGE 1 TO 31;
  addr:STD_LOGIC_VECTOR(7 DOWNTO 0);
  data:STD_LOGIC_VECTOR(15 DOWNTO 0);
END RECODE;
```

一个记录的每一个元素要由它的记录元素名来进行访问。对于记录类型的对象的赋值与数组类似,可以对记录类型的对象进行整体赋值,也可以对它的记录元素进行分别赋值。

5. 用户定义的子类型

在用 VHDL 对硬件电路进行描述的时候,有时一个对象可能取值的范围是某个类型说明定义范围的子集,那么就要用到子类型的概念。

子类型 SUBTYPE 只是由 TYPE 所定义的原数据类型的一个子集,它满足原数据类型的所有约束条件,原数据类型称为基本数据类型。子类型 SUBTYPE 的语句格式如下:

SUBTYPE 子类型名 IS 基本数据类型 RANGE 约束范围;

子类型的定义只在基本数据类型上作一些约束,并没有定义新的数据类型,这是与 TYPE 最大的不同之处。子类型定义中的基本数据类型必须在前面已有过 TYPE 定义的类型,包括已在 VHDL 预定义程序包中用 TYPE 定义过的类型。如:

SUBTYPE digits IS INTEGER RANGE 0 to 9;

上例中,INTEGER 是标准程序包中已定义过的数据类型,子类型 digits 只是把 INTEGER 约束到只含 10 个值的数据类型。

事实上,在程序包 STANDARD 中,已有两个预定义子类型,即自然数类型(Natural Type)和正整数类型(Positive Type),它们的基本数据类型都是 INTEGER。

由于子类型与其基本数据类型属同一数据类型,因此属于子类型的和属于基本数据类型的数据对象间的赋值和被赋值可以直接进行,不必进行数据类型的转换。

利用子类型定义数据对象可以提高程序可读性,而且其实质性的好处还在于有利于提高综合的优化效率,这是因为综合器可以根据子类型所设的约束范围,有效地推出参与综合的寄存器的最合适的数目。

6. 数据类型的转换

在 VHDL 语言中,数据类型的定义是相当严格的,不同类型的数据是不能进行运算和直接代入的。为了实现正确的代入操作,必须将要代入的数据进行类型转换。数据类型的转换有 3 种方法:函数转换法、类型标记转换法和常数转换法。

1) 函数转换法

变换函数通常由 VHDL 语言的程序包提供。例如,在"STD_LOGIC_1164"、"STD_LOGIC_ARITH"和"STD_LOGIC_UNSIGNED"程序包中提供了如表 5-1 所示的数据类型变换函数。引用时,先打开库和相应的程序包。例 5-1 就是由"STD_LOGIC_VECTOR"变换成"INTEGER"的实例。

表 5-1 类型变换函数

程 序 包	函 数 名	功 能
STD_LOGIC_1164	TO_STDLOGICVECTOR(A)	由 BIT_VECTOR 转换为 STD_LOGIC_VECTOR
	TO_BITVECTOR(A)	由 STD_LOGIC_VECTOR 转换为 BIT_VECTOR
	TO_STDLOGIC(A)	由 BIT 转换为 STD_LOGIC
	TO_BIT(A)	由 STD_LOGIC 转换为 BIT
STD_LOGIC_ARITH	CONV_STD_LOGIC_VECTOR(A,位长)	由 INTEGER、UNSIGNED、SIGNED 转换成 STD_LOGIC_VECTOR
	CONV_INTEGER(A)	由 UNSIGNED、SIGNED 转换成 INTEGER
STD_LOGIC_UNSIGNED	CONV_INTEGER(A)	由 STD_LOGIC_VECTOR 转换成 INTEGER

【例 5-1】 数据类型的转换

```
LIBRARY IEEE;
USE IEEE STD_LOGIC_1164.ALL;
USE IEEE STD_LOGIC_UNSIGNED.ALL;
ENTITY zhh IS
  PORT(num:IN STD_LOGIC_VECTOR(2 DOWNTO 0);
      …
      );
END zhh;
ARCHITECTURE behave OF zhh IS
  SIGNAL in_num: INTEGER RANGE 0 TO 5;
  …
BEGIN
  In_num <= CONV_INTEGER(num);          -- 变换式
…
END behave;
```

此外,由"BIT_VECTOR"变换成"STD_LOGIC_VECTOR"也非常方便。代入"STD_LOGIC_VECTOR"的值只能是二进制数,而代入"BIT_VECTOR"的值除二进制数以外,还可能是十六进制及八进制数。不仅如此,"BIT_VECTOR"还可以用"_"来分隔数值位。下面的几个语句表示了"BIT_VECTOR"和"STD_LOGIC_VECTOR"的赋值语句。

```
SIGNAL a: BIT_VECTOR(11 DOWNTO 0);
SIGNAL b: STD_LOGIC_VECTOR(11 DOWNTO 0);
a<= X"A8";                                  -- 十六进制值可赋予位矢量
b<= X"A8";                                  -- 语法错误,十六进制值不能赋予逻辑矢量
b<= TO_STDLOGICVECTOR(X"AF7");
b<= TO_STDLOGICVECTOR(O"5177");             -- 八进制变换
b<= TO_STDLOGICVECTOR(B"1010_1111_0111");
```

2) 类型标记转换法

在 VHDL 语言中的类型标记转换法是直接使用类型名进行数据类型的转换,这与高级语言中的强制类型转换类似。

类型标记就是类型的名称。类型标记转换法是那些关系密切的标量类型之间的类型转换,即整数和实数类型的转换。其语句格式如下:

数据类型标志符(表达式);

下面几个语句说明了标记类型转换的例子。

```
VARIABLE a:INTEGER;
VARIABLE b:REAL;
a := INTEGER(b);
b := REAL(a);
```

在上面的语句中。当把浮点数转换为整数时会发生舍入现象。如果某浮点数的值恰好处于两个整数的正中间,转换的结果可能向任意方向靠拢。

类型标记转换法必须遵循以下原则。

- 所有的抽象数据类型是可以互相转换的类型(如整型、浮点型),如果浮点数转换为整数,则转换结果是最接近的一个整型数。
- 如果两个数组有相同的维数,且两个数组的元素是同一种类型,并且在各自的下标范围内索引是同一种类型或者是非常接近的类型,那么,这两个数组是可以进行类型转换的。
- 枚举类型不能被转换。

3) 常数转换法

所谓常数转换法,是指在程序中用常数将一种数据类型转换成另一种数据类型。就转换效率而言,它是比较高的,但由于这种方法不经常使用,这里就不详细介绍了。

7. 数据类型的限定

在 VHDL 语言中,有时可以用所描述的文字的上下关系来判断某一数据的数据类型。例如:

```
SIGNAL a: STD_LOGIC_VECTOR(7 DOWNTO 0);
a<= "01101010";
```

联系上下文关系,可以断定"01101010"不是字符串,也不是位矢量,而是"STD_LOGIC_VECTOR"。但是,有时也有判断不出来的情况。例如:

```
CASE(a & b & c)IS
```

```
      WHEN "001" = > y < = "01111111";
      WHEN "010" = > y < = "10111111";
      …
END CASE;
```

在该例中,a&b&c 的数据类型如果不确定就会发生错误。在这种情况下就要对数据进行类型限定,这类似于 C 语言中的强制方式。数据类型限定的方式是在数据前加上"类型名"。例如:

```
a < = STD_LOGIC_VECTOR'("01101010");
SUBTYPE STD3BIT IS STD_LOGIC_VECTOR(0 TO 2);
CASE STD3BIT'(a&b&c)IS
  WHEN "000" = > y < = "01111111";
  WHEN "001" = > y < = "10111111";
  …
```

类型限定方式与数据类型变换很相似,这一点要引起注意。

5.1.4　VHDL 操作符

VHDL 的各种表达式由操作数和操作符组成,其中操作数是各种运算的对象,而操作符则规定运算的方式。

1. 操作符种类及对应的操作数类型

在 VHDL 中,有 3 类操作符,即逻辑操作符(Logical Operator)、关系操作符(Relational Operator)、算术操作符(Arithmetic Operator),此外还有重载操作符(Overloading Operator)。前 3 类操作符是完成逻辑和算术运算的最基本的操作符,重载操作符是对基本操作符作了重新定义的函数型操作符。各种操作符所要求的操作数的类型如表 5-2 所示,操作符是有优先级的,各操作符之间的优先级别如表 5-3 所示。

2. 各种操作符的使用说明

(1) 必须严格遵循在基本操作符之间的操作数是相同数据类型的规则,操作数的数据类型也必须与操作符所要求的数据类型完全一致。

(2) 注意操作符之间的优先级别。当一个表达式中有两个以上的运算符时,可使用括号将这些运算分组。

(3) VHDL 共有 7 种基本逻辑操作符,对于数组类型(如 STD_LOGIC_VECTOR)数据对象的相互作用是按位进行的。一般情况下,信号或变量在这些操作符的直接作用下,可构成组合电路。逻辑操作符所要求的操作数的基本数据类型有 3 种,即 BIT、BOOLEAN 和 STD_LOGIC。操作数的数据类型也可以是一维数组,其基本数据类型则必须为 BIT_VECTOR 或 STD_LOGIC_VECTOR。

通常,在一个表达式中有两个以上的逻辑运算符时,需要使用括号将这些运算分组。如果一串运算中的运算符相同,且是 AND、OR、XOR 这 3 个运算符中的一种,则不需使用括号;如果一串运算中的运算符不同或有除这 3 种运算符之外的运算符,则必须使用括号。

例 5-2 是一组逻辑运算操作示例,请注意它们的运算表达方式和不加括号的条件。

表 5-2　VHDL 操作符列表

类型	操作符	功能	操作数的数据类型
算术操作符	+	加	整数
	—	减	整数
	&	并置	一维数组
	*	乘	整数和实数(包括浮点数)
	/	除	整数和实数(包括浮点数)
	MOD	取模	整数
	REM	取余	整数
	SLL	逻辑左移	BIT 或布尔型一维数组
	SRL	逻辑右移	BIT 或布尔型一维数组
	SLA	算术左移	BIT 或布尔型一维数组
	SRA	算术右移	BIT 或布尔型一维数组
	ROL	逻辑循环左移	BIT 或布尔型一维数组
	ROR	逻辑循环右移	BIT 或布尔型一维数组
	**	乘方	整数
	ABS	取绝对值	整数
	+	正	整数
	—	负	整数
关系操作符	=	等于	任何数据类型
	/=	不等于	任何数据类型
	<	小于	枚举与整数类型及对应的一维数组
	>	大于	枚举与整数类型及对应的一维数组
	<=	小于等于	枚举与整数类型及对应的一维数组
	>=	大于等于	枚举与整数类型及对应的一维数组
逻辑操作符	AND	与	BIT,BOOLEAN,STD_LOGIC
	OR	或	BIT,BOOLEAN,STD_LOGIC
	NAND	与非	BIT,BOOLEAN,STD_LOGIC
	NOR	或非	BIT,BOOLEAN,STD_LOGIC
	XOR	异或	BIT,BOOLEAN,STD_LOGIC
	XNOR	异或非	BIT,BOOLEAN,STD_LOGIC
	NOT	非	BIT,BOOLEAN,STD_LOGIC

表 5-3　VHDL 操作符优先级

运　算　符	优　先　级
NOT,ABS,**	最高优先级
* ,/,MOD,REM	
+(正号),—(负号)	
+,—,&	
SLL,SLA,SRL,SRA,ROL,ROR	
=,/=,<,<=,>,>=	最低优先级
AND,OR,NAND,NOR,XOR,XNOR	

【例 5-2】 逻辑运算 VHDL 描述

```
…
SIGNAL a,b,c:STD_LOGIC_VECTOR(3 DOWNTO 0);
SIGNAL d,e,f,g:STD_LOGIC_VECTOR(1 DOWNTO 0);
SIGNAL h,i,j,k:STD_LOGIC;
SIGNAL l,m,n,o,p:BOOLEAN;
…
a<=b AND c;                    -- b、c 相与后向 a 赋值
d<=e OR f OR g;                -- 两个操作符 OR 相同,不需括号
h<=(i NAND j) NAND k;          -- NAND 不属于上述 3 种算符中的一种,必须加括号
l<=(m XOR n)AND(o XOR p);      -- 操作符不同,必须加括号
h<=i AND j AND k;              -- 操作符相同,不必加括号
h<=i AND j OR k;               -- 两个操作符不同,未加括号,表达错误
a<=b AND e;                    -- 操作数 b 和 e 的位矢长度不一致,表达错误
h<=i OR l;                     -- 不同数据类型不能相互作用,表达错误
…
```

(4) 关系操作符的作用是将相同数据类型的数据对象进行数值比较(=、/=)或关系排序判断(<、<=、>、>=),并将结果以布尔类型的数据表示出来,即 TRUE 或 FALSE 两种。对于数组类型的操作数,VHDL 编译器将逐位比较对应位置各位数值的大小而进行比较或关系排序。

就综合而言,简单的比较运算(=和/=)在实现硬件结构时,比排序操作符构成的电路芯片资源利用率要高。

同样是对 4 位二进制数进行比较,例 5-3 使用了“=”操作符,例 5-4 使用了“>=”操作符,除了这两个操作符不同外,两个程序是完全相同的。综合结果表明,例 5-4 所耗用的逻辑门比例 5-3 多出近 3 倍。

【例 5-3】 4 位二进制数比较程序 1

```
ENTITY relational_ops_1 IS
  PORT(a,b:IN BIT_VECTOR(0 TO 3);
      output:OUT BOOLEAN);
END relational_ops_1;
ARCHITECTURE behave OF relational_ops_1 IS
BEGIN
  output<=(a=b);
END behave;
```

【例 5-4】 4 位二进制数比较程序 2

```
ENTITY relational_ops_2 IS
  PORT(a,b:IN BIT_VECTOR(0 TO 3);
      output:OUT BOOLEAN);
END relational_ops_2;
ARCHITECTURE behave OF relational_ops_2 IS
BEGIN
  output<=(a>=b);
END behave;
```

（5）算术操作符可以分为求和操作符、求积操作符、符号操作符、混合操作符、移位操作符等 5 类操作符。

求和操作符包括加减操作符和并置操作符。加减操作符的运算规则与常规的加减法是一致的，VHDL 规定它们的操作数的数据类型是整数。对于位宽大于 4 的加法器和减法器，VHDL 综合器将调用库元件进行综合。

在综合后，由加减运算符（＋、－）组合的逻辑门电路所耗费的硬件资源的规模都比较大，但当加减运算符的其中一个操作数或两个操作数都为整型常数，则运算只需很少的电路资源。例 5-5 就是一整数加法运算电路的 VHDL 描述。

【例 5-5】　整数加法运算电路

```
ENTITY arithmetic IS
  PORT(a,b:IN INTEGER;
       c:OUT INTEGER);
END arithmetic;
ARCHITECTURE behave OF arithmetic IS
BEGIN
  c<=a+b;
END behave;
```

并置运算符（&）的操作数的数据类型是一维数组，可以利用并置符将普通操作数或数组组合起来形成各种新的数组。例如"VH"&"DL"的结果为"VHDL"；"0"&"1"的结果为"01"，连接操作常用于字符串。但在实际运算过程中，要注意并置操作前后的数组长度应一致。

求积操作符包括 *（乘）、/（除）、MOD（取模）和 REM（取余）4 种操作符。VHDL 规定，乘与除的数据类型是整数和实数（包括浮点数）。在一定条件下，还可对物理类型的数据对象进行运算操作。但需注意的是，虽然在一定条件下，乘法和除法运算是可综合的，但从优化综合、节省芯片资源的角度出发，最好不要轻易使用乘除操作符。对于乘除运算可以用其他变通的方法来实现。

操作符 MOD 和 REM 的本质与除法操作符是一样的，因此，可综合的取模和取余的操作数必须是以 2 为底数的幂。MOD 和 REM 的操作数数据类型只能是整数，运算操作结果也是整数。

取余运算（a REM b）的符号与 a 相同，其绝对值为小于 b 的绝对值。例如：

(-5) REM $2=(-1)$, 5 REM$(-2)=1$

取模运算（a MOD b）的符号与 b 相同，其绝对值为小于 b 的绝对值。例如：

(-5)MOD $2=1$,5 MOD$(-2)=(-1)$

符号操作符"＋"和"－"的操作数只有一个，操作数的数据类型是整数，操作符"＋"对操作数不作任何改变，操作符"－"作用于操作数后的返回值是对原操作数取负，在实际使用中，取负操作数需加括号。如 $Z:=X*(-Y)$；。

混合操作符包括乘方"**"操作符和取绝对值"ABS"操作符两种。VHDL 规定，它们的操作数的数据类型一般为整数类型。乘方运算的左边可以是整数或浮点数，但右边必须为整数,而且只有在左边为浮点时,其右边才可以为负数。一般地,VHDL 综合器要求乘方操作符作用的操作数的底数必须是 2。

6 种移位操作符号 SLL、SRL、SLA、SRA、ROL 和 ROR 都是 VHDL 93 标准新增的运算符。VHDL 93 标准规定移位操作符作用的操作数的数据类型应是一维数组,并要求数组中的元素必须是 BIT 或 BOOLEAN 的数据类型,移位的位数则是整数。在 EDA 工具所附的程序包中重载了移位操作符以支持 STD_LOGIC_VECTOR 及 INTEGER 等类型。移位操作符左边可以是支持的类型,右边则必定是 INTEGER 类型。如果操作符右边是 INTEGER 类型常数,移位操作符实现起来比较节省硬件资源。

其中 SLL 是将位矢量向左移,右边跟进的位补零;SRL 的功能恰好与 SLL 相反;ROL 和 ROR 的移位方式稍有不同,它们移出的位将用于依次填补移空的位,执行的是自循环式移位方式;SLA 和 SRA 是算术移位操作符,其移空位用最初的首位来填补。

移位操作符的语句格式如下:

标识符　移位操作符　移位位数;

例如:

```
"1011"SLL 1 = "0110"    "1011"SRL 1 = "0101"
"1011"SLA 1 = "0111"    "1011"SRA 1 = "1101"
"1011"ROL 1 = "0111"    "1011"ROR 1 = "1101"
```

操作符可以用以产生电路。就提高综合效率而言,使用常量值或简单的一位数据类型能够生成较紧凑的电路,而表达式复杂的数据类型(如数组)将相应地生成更多的电路。如果组合表达式的一个操作数为常数,就能减少生成的电路。

3. 重载操作符

为了方便各种不同数据类型间的运算,VHDL 允许用户对原有的基本操作符重新定义,赋予新的含义和功能,从而建立一种新的操作符,这就是重载操作符,定义这种操作符的函数称为重载函数。事实上,在程序包 STD_LOGIC_UNSIGNED 中已定义了多种可供不同数据类型间操作的运算符重载函数。

Synopsys 的程序包 STD_LOGIC_ARITH、STD_LOGIC_UNSIGNED 和 STD_LOGIC _SIGNED 中已经为许多类型的运算重载了算术运算符和关系运算符,因此只要引用这些程序包,SIGNED、UNSIGNED、STD_LOGIC 和 INTEGER 之间即可混合运算,INTEGER、STD_LOGIC 和 STD_LOGIC_VECTOR 之间也可以混合运算。在第 4 章已举过相应的例子。

5.2　VHDL 顺序语句

顺序语句和并行语句是 VHDL 程序设计中两类基本描述语句。在逻辑系统的设计中,这些语句从多个侧面完整地描述数字系统的硬件结构和基本逻辑功能,其中包括通信的方式、信号的赋值、多层次的元件例化以及系统行为等。

顺序语句是相对于并行语句而言的,其特点是每一条顺序语句的执行(指仿真执行)顺序是与它们的书写顺序基本一致的,但其相应的硬件逻辑工作方式未必如此。顺序语句只能出现在进程和子程序中,子程序又包括函数和过程。在 VHDL 中,一个进程是由一系列顺序语句构成的,而进程本身属并行语句,这就是说,在同一设计实体中,所有的进程是并行执行的。然而任一给定的时刻内,在每一个进程内,只能执行一条顺序语句。一个进程与其设计实体的其他部分进行数据交换的方式只能通过信号或端口。如果要在进程中完成某些特定的算法和逻辑操作,也可以通过依次调用子程序来实现,但子程序本身并无顺序和并行语句之分。利用顺序语句可以描述逻辑系统中的组合逻辑、时序逻辑或它们的综合体。

　　VHDL 有如下 6 类基本顺序语句:赋值语句、转向控制语句、WAIT 语句、子程序调用语句、返回语句和 NULL 语句。

5.2.1　赋值语句

　　赋值语句的功能就是将一个值或一个表达式的运算结果传递给某一数据对象,如信号或变量,或由此组成的数组。VHDL 设计实体内的数据传递以及对端口界面外部数据的读写都必须通过赋值语句的进行来实现。

1. 信号和变量的赋值

　　赋值语句有两种,即信号赋值语句和变量赋值语句。每一种赋值语句都由 3 个基本部分组成,即赋值目标、赋值符号和赋值源。赋值目标是所赋值的受体,它的基本元素只能是信号或变量,但表现形式可以有多种,后面将详细介绍。赋值源是赋值的主体,它可以是一个数值,也可以是一个逻辑或运算表达式。VHDL 规定,赋值目标与赋值源的数据类型必须严格一致。

　　变量赋值语句和信号赋值语句的语法格式如下:

变量赋值目标 :＝ 赋值源;
信号赋值目标＜＝赋值源;

　　变量赋值与信号赋值的区别在于,变量具有局部特征,它的有效范围只局限于所定义的一个进程中,或一个子程序中,它是一个局部的、暂时性数据对象。对于它的赋值是立即发生的(假设进程已启动),即是一种时间延时为零的赋值行为。

　　信号则不同,信号具有全局性特征,它不但可以作为一个设计实体内部各单元之间数据传送的载体,而且可通过信号与其他的实体进行通信(端口本质上也是一种信号)。信号的赋值并不是立即发生的,它发生在一个进程结束时。赋值过程总是有某种延时,它反映了硬件系统的重要特性,综合后可以找到与信号对应的硬件结构,如一根传输导线、一个输入输出端口或一个 D 触发器等。

　　但是,必须注意,在某些条件下变量赋值行为与信号赋值行为所产生的硬件结果是相同的,如都可以向系统引入寄存器等。

　　在信号赋值中,需要注意的是,当在同一进程中,可以允许同一信号有多个驱动源(赋值源),当同一信号赋值目标有多个赋值源时,信号赋值目标获得的是最后一个赋值源的赋值,其前面相同的赋值目标不作任何变化。

　　例 5-6 说明了信号与变量赋值的特点及它们的区别。当在同一赋值目标处于不同进程中时,其赋值结果就比较复杂了,这可以看成是多个信号驱动源连接在一起,可以发生线与、线或或者三态等不同结果。

【例5-6】 信号与变量的赋值

```
SIGNAL s1,s2: STD_LOGIC;
SIGNAL svec:STD_LOGIC_VECTOR(0 TO 3);
…
PROCESS(s1,s2)
    VARIABLE v1,v2: STD_LOGIC;
BEGIN
  v1:='1';                          -- 立即将变量 v1 置位为 1
  v2:='1';                          -- 立即将变量 v2 置位为 1
  s1<='1';                          -- 信号 s1 被赋值为 1
  s2<='1';                          -- 由于在本进程中,这里的 s2 不是最后一个赋值语句故
                                    -- 不作任何赋值操作
  svec(0)<=v1;                      -- 将变量 v1 在上面的赋值 1,赋给 svec(0)
  svec(1)<=v2;                      -- 将变量 v2 在上面的赋值 1,赋给 svec(1)
  svec(2)<=s1;                      -- 将信号 s1 在上面的赋值 1,赋给 svec(2)
  svec(3)<=s2;                      -- 将最下面的赋予 s2 的值'0',赋给 svec(3)
  v1:='0';                          -- 将变量 v1 置入新值 0
  v2:='0';                          -- 将变量 v2 置入新值 0
  s2:<='0';                         -- 由于这是信号 s2 最后一次赋值,赋值有效,此'0'将
                                    -- 上面准备赋入的'1'覆盖掉

END PROCESS;
```

2. 赋值目标

赋值语句中的赋值目标有两大类 4 种类型。

1) 标识符赋值目标及数组单元素赋值目标

标识符赋值目标是以简单的标识符作为被赋值的信号或变量名。

数组单元素赋值目标的表达形式为:

数组类信号或变量名(下标名)

下标名可以是一个具体的数字,也可以是一个文字表示的数字名,它的取值范围在该数组元素个数范围内。下标名若未明确表示取值的文字即为不可计算值,则在综合时,将耗用较多的硬件资源,且一般情况下不能被综合。例 5-6 即为标识符赋值目标及单元素赋值目标的使用示例。

2) 段下标元素赋值目标及集合块赋值目标

段下标元素赋值目标可用以下方式表示:

数组类信号或变量(下标 1 TO/DOWNTO 下标 2)

括号中的两个下标必须用具体数值表示,并且其数值范围必须在所定义的数组下标范围内,两个下标的排序方向要符合方向关键词 TO 或 DOWNTO,具体用法如下。

```
VARIABLE a,b:STD_LOGIC_VECTOR(0 TO 3);
a(1 TO 2):="10";                     -- 等效于 a(1):='1',a(2):='0'
a(3 DOWNTO 0):="1011";
```

集合块赋值目标,是以一个集合的方式来赋值的。对目标中的每个元素进行赋值的方式,即位置关联赋值方式和名字关联赋值方式,具体用法如下。

```
SIGNAL a,b,c,d:STD_LOGIC;
SIGNAL s:STD_LOGIC_VECTOR(0 TO 3);
VARIABLE e,f:STD_LOGIC;
VARIABLE g:STD_LOGIC_VECTOR(0 TO 1);
VARIABLE h:STD_LOGIC_VECTOR(0 TO 3);
s<= "0100";
(a,b,c,d)<= s;                        -- 位置关联方式赋值,结果等效为:
                                      -- a<= '0';b<= '1';c<= '0';d<= '0';

(2=>e,3=>f,1=>g(0),0=>g(1)) := h;
                                      -- 名字关联方式赋值,结果等效为:
                                      --g(1) := h(0);g(0) := h(1);e := h(2);f := h(3);
```

5.2.2　转向控制语句

转向控制语句通过条件控制,决定是否执行一条或几条语句,或重复执行一条或几条语句,或跳过一条或几条语句等。转向语句共有 5 种:IF 语句、CASE 语句、LOOP 语句、NEXT 语句和 EXIT 语句。

1. IF 语句

IF 语句是一种条件语句,它根据语句中所设置的一种或多种条件,有选择地执行指定的顺序语句,常见的 IF 语句有以下 3 种形式。

```
(1) IF  条件 THEN
       语句
    END IF;
(2) IF 条件 THEN
       语句1
    ELSE
       语句2
    END IF;
(3) IF 条件1 THEN
       语句1
    ELSIF 条件2 THEN
       语句2
    ELSE
       语句3
    END IF;
```

IF 语句中至少应有一个条件句,条件句由布尔表达式构成,IF 语句根据条件句产生的判断结果 TRUE 或 FALSE,有条件地选择执行其后的顺序语句。如果布尔条件判断为TRUE,关键词 THEN 后面的顺序语句则执行;如果条件判断为 FALSE,则 ELSE 后面的顺序语句则执行。例 5-7 就是使用 IF 语句来描述一个 4 位等值比较器功能的实例。

【例 5-7】　4 位等值比较器描述方式 1

```
LIBRARY IEEE;
```

```
USE IEEE.STD_LOGIC_1164.ALL;
ENTITY eqcomp4 IS
  PORT(a,b:IN STD_LOGIC_VECTOR(3 DOWNTO 0);
      equals:OUT STD_LOGIC);
END eqcomp4;
ARCHITECTURE behave OF eqcomp4 IS
BEGIN
  comp:PROCESS(a,b)
  BEGIN
    equals<='0';
    IF a=b THEN            -- 第一种 IF 语句,也称为门闩控制语句
      equals<='1';
    END IF;
  END PROCESS comp;
END behave;
```

这个例子的描述过程指出,作为一个默认值,equals 被赋值为'0';但是,当 a＝b 时,equals 就应该被赋值为'1'。

例 5-8 是用 IF…THEN…ELSE 语句描述 4 位等值比较器的功能的结构体。

【例 5-8】　4 位等值比较器描述方式 2

```
ARCHITECTURE behave OF eqcomp4 IS
BEGIN
  comp:PROCESS(a,b)
  BEGIN
    IF a=b THEN            -- 第二种 IF 语句,实现 2 选 1 功能
      equals<='1';
    ELSE
      equals<='0';
    END IF;
  END PROCESS comp;
END behave;
```

例 5-9 是使用 IF…THEN…ELSIF…ELSE 语句描述 4 位宽的 4 选 1 多路选择器功能的实例。

【例 5-9】　4 选 1 多路选择器描述方式 1

```
LIBRARY IEEE;
USE IEEE.STD_LOGIC_1164.ALL;
ENTITY mux4 IS
PORT(a,b,c,d:IN STD_LOGIC_VECTOR (3 DOWNTO 0);
        s:IN STD_LOGIC_VECTOR(1 DOWNTO 0);
        x:OUT STD_LOGIC_VECTOR(3 DOWNTO 0));
END mux4;
ARCHITECTURE behave OF mux4 IS
BEGIN
  mux4:PROCESS(a,b,c,d)
  BEGIN
    IF s="00" THEN            -- 第三种 IF 语句,实现多选 1 功能
      x<=a;
    ELSIF s="01" THEN
```

```
                x < = b;
          ELSIF s = "10" THEN
                x < = c;
          ELSE
                x < = d;
          END IF;
       END process mux4;
    END behave;
```

2. CASE 语句

CASE 语句是 VHDL 提供的另一种形式的条件控制语句,它根据所给表达式的值选择执行语句集。CASE 语句与 IF 语句的相同之处在于:它们都根据某个条件在多个语句中集中进行选择。CASE 语句与 IF 语句的不同之处在于: CASE 语句根据某个表达式的值来选择执行体。CASE 语句的一般形式为:

```
CASE 表达式 IS
    WHEN 值 1 = >   语句 A;
    WHEN 值 2 = >   语句 B;
    …
    WHEN OTHERS = >   语句 C;
END CASE;
```

根据以上 CASE 语句的形式可知,如果表达式的值等于某支路的值,那么该支路所选择的语句就要被执行。表达式可以是一个整数类型或枚举类型的值,也可以是由这些数据类型的值构成的数组。条件句中的"= >"不是操作符,它只相当于"THEN"的作用。在 CASE 语句中的选择必须是唯一的,即计算表达式所得的值必须且只能是 CASE 语句中的一支。CASE 语句中支路的个数没有限制,各支的次序也可以任意排列,但关键词 OTHERS 的分支例外,一个 CASE 语句最多只能有一个 OTHERS 分支,而且如果使用了 OTHERS 分支,那么该分支必须放在 CASE 语句的最后一个分支的位置上。

CASE 语句使用中应注意以下几点。

(1) WHEN 条件句中的选择值或标识符所代表的值必须在表达式的取值范围内。

(2) 除非所有条件句中的选择值能完整覆盖 CASE 语句中表达式的取值,否则最后一个条件句中的选择必须用关键词 OTHERS 表示以上已列的所有条件句中未能列出的其他可能的取值。使用 OTHERS 的目的是为了使条件句中的所有选择值能涵盖表达式的所有取值,以免综合器会插入不必要的锁存器。关键词 NULL 表示不作任何操作。

(3) CASE 语句中的选择值只能出现一次,不允许有相同选择值的条件语句出现。

(4) CASE 语句执行中必须选中,且只能选中所列条件语句中的一条。

例如,使用 CASE…WHEN 语句描述一个 4 选 1 多路选择器如例 5-10 所示。其中 s1、s2 为控制信号,a、b、c、d 为 4 个输入端口,z 为输出端口。通过 s1 与 s2 的取值来选择输出哪一个端口。

【例 5-10】 4 选 1 多路选择器描述方式 2

```
LIBRARY IEEE;
USE IEEE.STD_LOGIC_1164.ALL;
```

```
ENTITY test_case IS
PORT(s1,s2: IN STD_LOGIC;
  a,b,c,d: IN STD_LOGIC;
        z: OUT STD_LOGIC);
END test_case;
ARCHITECTURE behave OF test_case IS
  SIGNAL s: STD_LOGIC_VECTOR(1 DOWNTO 0);
  BEGIN
    s<=s1 & s2;
    PROCESS(s1,s2,a,b,c,d)
    BEGIN
      CASE s IS              -- CASE…WHEN 语句
        WHEN "00" =>z<=a;
        WHEN "01" =>z<=b;
        WHEN "10" =>z<=c;
        WHEN "11" =>z<=d;
        WHEN  OTHERS =>z<='x';
      END CASE;
    END PROCESS;
END behave;
```

注意本例的 WHEN OTHERS 语句是必须的,因为对于定义 STD_LOGIC_VECTOR 数据类型的 s,在 VHDL 综合过程中,它可能的选择值除了 00、01、10 和 11 以外,还可以有其他定义于 STD_LOGIC 的选择值。

与 IF 语句相比,CASE 语句组的程序可读性比较好,这是因为它把条件中所有可能出现的情况全部列出来了,可执行条件比较清晰。而且 CASE 语句的执行过程不像 IF 语句那样有一个逐项条件顺序比较的过程。CASE 语句中条件句的次序是不重要的,它的执行过程更接近于并行方式。但是在一般情况下,经过综合后,对相同的逻辑功能,CASE 语句比 IF 语句的描述耗用更多的硬件资源,而且有的逻辑功能,CASE 语句无法描述,只能用 IF 语句来描述。

3. LOOP 语句

LOOP 语句就是循环语句,它用于实现重复的操作,由 FOR 循环或 WHILE 循环组成。FOR 语句的执行根据控制值的规定数目重复;WHILE 语句将连续执行操作,直到控制逻辑条件判断为 TRUE。下面给出 FOR 循环语句和 WHILE 循环语句的一般形式。

1) FOR 循环

FOR 循环语句的一般形式为:

```
[循环标号: ] FOR 循环变量 IN 循环次数范围 LOOP
          顺序处理语句
        END LOOP[循环标号];
```

FOR 循环语句中的循环变量的值在每次循环中都将发生变化,而 IN 后面的循环次数范围则表示循环变量在循环过程中依次取值的范围。

例 5-11 就是利用 FOR…LOOP 语句实现 8 位奇偶校验电路的 VHDL 程序。

【例 5-11】 8 位奇偶校验电路描述 1

```
LIBRARY IEEE;
USE IEEE.STD_LOGIC_1164.ALL;
ENTITY p_check IS
   PORT(a: IN STD_LOGIC_VECTOR(7 DOWNTO 0);
        y: OUT STD_LOGIC);
END p_check;
ARCHITECTURE behave OF p_check IS
BEGIN
  PROCESS(a)
    VARIABLE tmp: STD_LOGIC;
  BEGIN
    tmp := '0';
    FOR n IN 0 TO 7 LOOP        -- FOR 循环语句
      tmp := tmp XOR a(n);
    END LOOP;
    y <= tmp;
  END PROCESS;
END behave;
```

FOR…LOOP 语句中的 n 无论在信号说明和变量说明中都未涉及,它是一个循环变量,它是一个整数变量,当然它也可以是其他类型,只要保证数值是离散的即可。

2) WHILE 循环

WHILE 循环语句的一般形式为:

```
[循环标号:]WHILE   条件   LOOP
            顺序处理语句
          END LOOP[循环标号];
```

在 WHILE 循环中,如果条件为"真",则进行循环;如果条件为"假",则结束循环。

例 5-12 描述的仍然是 8 位奇偶校验电路,但是以 WHILE…LOOP 循环语句来进行描述的。

【例 5-12】 8 位奇偶校验电路描述 2

```
LIBRARY IEEE;
USE IEEE.STD_LOGIC_1164.ALL;
ENTITY p_check2 IS
   PORT(a: IN STD_LOGIC_VECTOR(7 DOWNTO 0);
        y: OUT STD_LOGIC);
END p_check2;
ARCHITECTURE behave OF p_check2 IS
BEGIN
  PROCESS(a)
    VARIABLE tmp: STD_LOGIC;
    VARIABLE i:INTEGER := 0;
  BEGIN
    tmp := '0';
    WHILE i < 8 LOOP              -- WHILE 循环
```

```
    tmp : = tmp XOR a(i);
     i : = i + 1;
   END LOOP;
   y < = tmp;
  END PROCESS;
END behave;
```

WHILE 循环语句在这里可用于替代 FOR 循环语句,但需要有附加的说明、初始化和递增循环变量的操作。

注意:一般的综合工具可以对 FOR…LOOP 循环语句进行综合;而对 WHILE…LOOP 循环语句来说,只有一些高级的综合工具才能对它进行综合,所以,一般使用 FOR…LOOP 循环语句,而很少使用 WHILE…LOOP 循环语句。

4. NEXT 语句

有时由于某种情况需要跳出循环,而去执行另外的操作,这就需要采用跳出循环的操作。VHDL 语言提供了两种跳出循环的操作,一种是 NEXT 语句,另一种是 EXIT 语句。NEXT 语句主要用于在 LOOP 语句执行中有条件的或无条件的转向控制。它的语句格式有以下 3 种。

(1) NEXT;

(2) NEXT LOOP 标号;

(3) NEXT LOOP 标号 WHEN 条件表达式;

对于第一种格式,当 LOOP 内的顺序语句执行到 NEXT 语句时,即刻无条件终止当前的循环,跳回到本次循环 LOOP 语句处,开始下一次循环。

对于第二种语句格式,即在 NEXT 旁加"LOOP 标号"后的语句功能,与未加 LOOP 标号的功能是基本相同的,只是当有多重 LOOP 语句嵌套时,前者可以跳转到指定标号的 LOOP 语句处,重新开始执行循环操作。

对于第三种语句格式,分句"WHEN 条件表达式"是执行 NEXT 语句的条件,若条件表达式的值为 TRUE,则执行 NEXT 语句,进入跳转操作,否则继续向下执行。但当只有单层 LOOP 循环语句时,关键词 NEXT 与 WHEN 之间的"LOOP 标号"可以如例 5-13 那样省去。

【例 5-13】 NEXT 语句的应用情况 1

```
…
L1 : FOR cnt_value IN 1 TO 8 LOOP
S1 : a(cnt_value) : = '0';
NEXT WHEN (b = c);
S2 : a(cnt_value + 8) : = '0';
END LOOP L1;
```

本例中,当程序执行到 NEXT 语句时,如果条件判断式(b=c)的结果为 TRUE,将执行 NEXT 语句,并返回到 L1,使 cnt_value 加 1 后执行 S1 开始的赋值语句,否则将执行 S2 开始的赋值语句。

在多重循环中,NEXT 语句必须如例 5-14 那样,加上跳转标号。

【例 5-14】　NEXT 语句的应用情况 2

```
…
L_X: FOR cnt_value IN 1 TO 8 LOOP
  S1: a(cnt_value) := '0';
     k := 0;
L_Y: LOOP
  S2: b(k) := '0';
     NEXT L_X WHEN (e>f);
  S3: b(k+8) := '0';
     k := k+1;
       NEXT LOOP L_Y;
       NEXT LOOP L_X;
       …
```

当 e>f 为 TRUE 时,执行语句 NEXT L_X,跳转到 L_X,使 cnt_value 加 1,从 S1 处开始执行语句,若为 FALSE,则执行 S3 后使 k 加 1。

5. EXIT 语句

EXIT 语句与 NEXT 语句具有十分相似的语句格式和跳转功能,它们都是 LOOP 语句的内部循环控制语句。EXIT 的语句格式也有 3 种。

(1) EXIT;

(2) EXIT LOOP 标号;

(3) EXIT LOOP 标号 WHEN 条件表达式;

这里,每一种语句格式与对应的 NEXT 语句格式和操作功能非常相似,唯一的区别是 NEXT 语句跳转的方向是 LOOP 标号指定的 LOOP 语句处,当没有 LOOP 标号时,跳转到当前的 LOOP 语句的循环起始点,而 EXIT 语句跳转的方向是 LOOP 标号指定的 LOOP 循环结束处,即完全跳出指定的循环,并开始执行循环外的语句。这就是说,NEXT 语句是转向 LOOP 语句的起始点,而 EXIT 语句则是转向 LOOP 语句的终点。

例 5-15 是一个两元素位矢量值比较程序。在程序中,当发现比较值 a 和 b 不同时,由 EXIT 语句跳出循环比较程序,并报告比较结果。

【例 5-15】　EXIT 语句应用实例

```
SIGNAL a,b: STD_LOGIC_VECTOR(1 DOWNTO 0);
SIGNAL a_less_then_b: BOOLEAN;
…
a_less_then_b <= FALSE;              -- 设初始值
FOR i IN DOWNTO 0 LOOP
  IF(a(i) = '1' AND b(i) = '0')THEN
    a_less_then_b <= FALSE;          -- a>b
    EXIT;
  ELSIF(a(i) = '0' AND  b(i) = '1')THEN
    a_less_then_b <= TRUE;           -- a<b
    EXIT;
  ELSE NULL;
  END IF;
```

```
END LOOP;                              -- 当 i = 1 时,返回 LOOP 语句继续比较
```

NULL 为空操作语句,是为了满足 ELSE 的转换。此程序先比较 a 和 b 的高位,高位是 1 者为大,输出判断结果 TRUE 或 FALSE 后中断比较程序,当高位相等时,继续比较低位,这里假设 a 不等于 b。

5.2.3 WAIT 语句

在进程中(包括过程中),当执行到 WAIT(等待)语句时,运行程序将被挂起,直到满足此语句设置的结束挂起条件后,将重新开始执行进程或过程中的程序。但 VHDL 规定,已列出敏感量的进程中不能使用任何形式的 WAIT 语句。WAIT 语句的格式如下:

```
WAIT[ON 信号表][UNTIL 条件表达式][FOR 时间表达式];
```

WAIT 语句有以下几种形式。

(1) 单独的 WAIT,未设置停止挂起的条件,表示永远挂起。

(2) WAIT ON 信号表,即敏感信号等待语句,当敏感信号变化时,结束挂起。

例如: WAIT ON a,b;

表示当 a 或 b 信号中任一信号变化时,就结束挂起,继续执行此语句后面的语句。

(3) WAIT UNTIL 条件表达式,即条件等待语句,当条件表达式中所含的信号发生了变化,并且条件表达式为真时,进程才能脱离挂起状态,继续执行此语句后面的语句。

例如: WAIT UNTIL((x * 10)< 100);

表示当信号量 x 的值大于或等于 10 时,进程执行到该语句,将被挂起,当 x 的值小于 10 时,进程再次被启动,继续执行此语句后面的语句。

(4) WAIT FOR 时间表达式,直到指定的时间到时,挂起才结束。

例如语句"WAIT FOR 20 ns;"表示执行到该语句时需等待 20ns 后再继续执行下一条语句。

(5) 多条件 WAIT 语句,即上述条件中有多个同时出现,此时只要多个条件中有一个成立,则终止挂起。

例 5-16 所描述的两个进程是等效的。

【例 5-16】 WAIT 语句应用情况 1

```
PROCESS(a,b)                           -- 进程 1
BEGIN
  Y < = a AND b;
END PROCESS;
PROCESS                                -- 进程 2
BEGIN
  Y < = a AND b;
    WAIT ON a,b;
END PROCESS;
```

注意:已列出敏感信号的进程中不能使用任何形式的 WAIT 语句,一般情况下,只有 WAIT UNTIL 格式的等待语句可以被综合器所接受,其余语句格式只能在 VHDL 仿真器中使用。

例 5-17 描述的一个进程中,有一无限循环的 LOOP 语句,其中用 WAIT 语句描述了一个具有同步复位功能的电路。

【例 5-17】　WAIT 语句应用情况 2

```
PROCESS
BEGIN
  rst_loop:LOOP
  WAIT UNTIL clock = '1' AND clock'EVENT;      -- 等待时钟信号
  NEXT rst_loop WHEN (rst = '1');              -- 检测复位信号
    x <= a;                                    -- 无复位信号,执行赋值操作
  WAIT UNTIL clock = '1' AND clock'EVENT;      -- 等待时钟信号
  NEXT rst_loop WHEN (rst = '1');              -- 检测复位信号
    y <= b;                                    -- 无复位信号,执行赋值操作
  END LOOP rst_loop;
END PROCESS;
```

上例中每一时钟上升沿的到来都将结束进程的挂起,继而检测电路的复位信号"rst"是否为高电平。如果是高电平,则返回循环的起始点;如果是低电平,则执行正常的顺序语句操作。

一般情况下,在一个进程中使用了 WAIT 语句后,经综合即产生时序逻辑电路。

5.2.4　子程序调用语句

子程序包括过程和函数,可以在 VHDL 的结构体或程序包中的任何位置对子程序进行调用。从硬件角度来讲,一个子程序的调用类似于一个元件模块的例化,也就是说,VHDL 综合器为子程序的每一次调用都生成一个电路逻辑块。所不同的是,元件的例化将产生一个新的设计层次,而子程序调用只对应于当前层次的一部分。子程序的结构详见 5.4 节,它包括子程序首和子程序体。

1. 过程调用

过程调用就是执行一个给定名字和参数的过程。调用过程的语句格式如下:

过程名[([形参名 =>]实参表达式
　　{,[形参名 =>]实参表达式})];

其中,形参为欲调用过程中已说明的参数名,实参是当前调用程序中过程形参的接受体。被调用中的形参与调用语句中的实参可以采用位置关联法和名字关联法进行对应,位置关联可以省去形参名。一个过程的调用有 3 个步骤。

(1) 将 IN 和 INOUT 模式的实参值赋给欲调用的过程中与它们对应的形参。

(2) 执行这个过程。

(3) 将过程中 IN 和 INOUT 模式的形参值返回给对应的实参。

实际上,一个过程对应的硬件结构中,其标识形参的输入输出是与其内部逻辑相连的。在例 5-18 中定义了一个名为 swap 的局部过程(没有放在程序包中的过程),这个过程的功能是对一个数组中的两个元素进行比较,如果发现这两个元素的排列不符合要求,就进行交换,使得左边的元素值总是大于右边的元素值。连续调用 3 次 swap 后,就能将一个 3 元素

的数组元素从左至右按序排列好,最小值排在左边。

【例 5-18】 过程的应用

```
PACKAGE data_types IS                          -- 定义程序包
  SUBTYPE data_element IS INTEGER RANGE 0 TO 3;  -- 定义数据类型
  TYPE data_array IS array(1 TO 3) OF data_element;
END data_types;
USE WORK.data_types.ALL;                       -- 打开以上建立在当前工作库的程序包 data_types
ENTITY sort IS
  PORT( in_array: IN data_array;
        out_array: OUT data_array);
END sort;
ARCHITECTURE behave OF sort IS
BEGIN
  PROCESS(in_array)                            -- 进程开始,设 data_types 为敏感信号
    PROCEDURE swap(data: INOUT data_array;     -- swap 的形参名为 data、low、high
                low,high:IN INTEGER) IS
      VARIABLE  temp: data_element;
    BEGIN                                      -- 开始描述本过程的逻辑功能
      IF (data(low)> data(high)) THEN          -- 检测数据
          temp : = data(low);
          data(low) : = data(high);
          data(high) : = temp;
      END IF;
    END swap;                                  -- 过程 swap 定义结束
    VARIABLE my_array:data_array;              -- 在本进程中定义变量 my_array
  BEGIN                                        -- 进程开始
    my_array : = in_array;                     -- 将输入值读入变量
    swap(my_array,1,2);                        -- my_array、1、2 是对应于 data、low、high 的实参
    swap(my_array,2,3);                        -- 位置关联调用,第 2、第 3 元素交换
    swap(my_array,1,2);                        -- 位置关联调用,第 1、第 2 元素再次交换
    out_array < = my_array;
  END PROCESS;
END behave;
```

2. 函数调用

函数调用与过程调用十分相似,不同之处是,调用函数将返回一个指定数据类型的值,函数的参量只能是输入值。

5.2.5　返回语句

返回语句只能用于子程序中,并用来结束当前子程序的执行。其语句有两种格式:

(1) RETURN;

(2) RETURN 表达式;

第一种语句格式只能用于过程,它只是结束过程,并不返回任何值;第二种语句格式只能用于函数,并且必须返回一个值。每一函数必须至少包含一个返回语句,并可以拥有多个返回语句,但是在函数调用时,只有其中一个返回语句可以将值返回。

例 5-19 是一过程定义语句,它将完成一个 RS 触发器的功能。注意其中的延时语句和
REPORT 语句是不可综合的。

【例 5-19】 过程的返回

```
PROCEDURE rsff (SIGNAL s,r:IN STD_LOGIC;
               SIGNAL q,nq:INOUT STD_LOGIC) IS
BEGIN
  IF(s = '1' AND r = '1')THEN
    REPORT "Forbidden state: s and r quual to '1'";
    RETURN;
  ELSE
    q <= s NAND nq AFTER 5 ns;
    nq <= r NAND q AFTER 5 ns;
  END IF;
END PROCEDURE rsff;
```

当信号 r 和 s 同时为'1'时,在 IF 语句中的 RETURN 语句将中断过程。

例 5-20 是在一个函数体中使用 RETURN 语句的示例。

【例 5-20】 函数的返回

```
LIBRARY IEEE;
USE IEEE.STD_LOGIC_1164.ALL;
ENTITY max21 IS
  PORT(a,b:IN INTEGER RANGE 0 TO 15;
         q:OUT INTEGER RANGE 0 TO 15);
END max21;
ARCHITECTURE behave OF max21 IS
BEGIN
  PROCESS(a,b)
    FUNCTION max(a,b:INTEGER RANGE 0 TO 15) RETURN INTEGER IS
      VARIABLE temp:INTEGER RANGE 0 TO 15;
    BEGIN
      IF(a > b)THEN
        temp := a;
      ELSE
        temp := b;
      END IF;
      RETURN(temp);
    END max;
  BEGIN
    q <= max(a,b);
  END PROCESS;
END behave;
```

例 5-20 实现的是对两个输入整数取最大值,在结构体的进程中定义了一个取最大值的
函数。在函数体中,通过 RETURN 语句将比较得到的最大值返回,而且结束该函数体的
执行。

5.2.6 NULL 语句

空操作语句不完成任何操作,它唯一的功能就是使程序执行下一个语句。NULL 常用

于 CASE 语句中,利用 NULL 来表示所余的不用的条件下的操作行为,以满足 CASE 语句对条件值全部列举的要求。

空操作语句格式如下:

NULL;

在例 5-21 的 CASE 语句中,NULL 语句用于排除一些不用的条件。

【例 5-21】 NULL 语句的应用

```
CASE opcode IS
WHEN "001" = > tmp : = rega AND regb;
WHEN "101" = > tmp : = rega OR regb;
WHEN "110" = > tmp : = NOT rega;
WHEN OTHERS = > NULL;
END CASE;
```

此例类似于一个 CPU 内部的指令译码器的功能,"001"、"101"和"110"分别代表指令操作码,对于它们所对应寄存器中的操作数的操作算法,CPU 只对这 3 种指令码作反应,当出现其他码时,不作任何操作。

5.2.7 其他语句

1. 属性描述与定义语句

属性描述与定义语句有许多实际的应用。VHDL 中具有属性的项目有:类型、子类型、过程、函数、信号、变量、常量、实体、结构体、配置、程序包、元件和语句标号等。

属性就是这些项目的特性,某一项目的属性可以通过一个值或一个表达式来表示,通过 VHDL 的预定义属性描述语句就可以加以访问。

属性的值与对象(信号、变量和常量)的值完全不同,在任一给定的时刻,一个对象只能有一个值,但却可以有多个属性,VHDL 还允许设计者自己定义属性,即用户自定义属性。

综合器支持的属性有:LEFT、RIGHT、HIGH、LOW、RANGE、REVERS_RANGE、LENGTH、EVENT 及 STABLE 等。

预定义属性描述语句实际上是一个内部预定义函数,其语句格式是:

属性测试项目名 ' 属性标识符

其中,属性测试项目即属性对象,可由相应的标识符表示,属性标识符即属性名。以下就可综合的属性项目使用方法作一说明。

1) 信号类属性

信号类属性中,最常用的当属 EVENT,这在第 4 章已进行了详细说明。

属性 STABLE 的测试功能恰与 EVENT 相反,它是信号在 δ 时间内无事件发生,则返回 TRUE 值。以下两语句的功能是一样的。

```
NOT(clock ' STABLE AND clock = '1')
(clock ' EVENT AND clock = '1')
```

注意:语句"NOT(clock ' STABLE AND clock = '1')"的表达方式是不可综合的。因

为对于 VHDL 综合器来说,括号中的语句等效于一条时钟信号边沿测试专用语句,它已不是普通的操作数,所以不能以操作数方式来对待。

在实际使用中,′EVENT 比 ′STABLE 更常用。对于目前常用的 VHDL 综合器来说,EVENT 只能用于 IF 和 WAIT 语句中。

2) 数据区间类属性

数据区间类属性有 ′RANGE[(n)]和 ′REVERSE_RANGE[(n)]。这类属性函数主要是对属性项目取值区间进行测试,返回的内容不是一个具体值,而是一个区间。对于同一属性项目,′RANGE 和 ′REVERSE_RANGE 返回的区间次序相反,前者与原项目次序相同,后者相反。例如:

```
…
SIGNAL rangel: IN STD_LOGIC_VECTOR( 0 TO 7);
…
FOR i IN rangel′RANGE LOOP
…
```

此例中的 FOR…LOOP 语句与语句"FOR i IN 0 TO 7 LOOP"的功能是一样的,这说明 rangel′RANGE 返回的区间即为位矢量 rangel 定义的元素范围。如果用 ′REVERSE RANGE,则返回的区间正好相反,为(7 DOWNTO 0)。

3) 数值类属性

在 VHDL 中的数值类属性测试函数主要有 ′LEFT,′RIGHT,′HIGH 及 ′LOW。这些属性函数主要用于对属性测试目标的一些数值特性进行测试。例如:

```
…
PROCESS(clk,a,b);
   TYPE obj IS ARRAY(0 TO 15) OF BIT;
   VARIABLE s1,s2,s3,s4:INTEGER;
BEGIN
   s1 := obj′RIGHT;
   s2 := obj′LEFT;
   s3 := obj′HIGH;
   s4 := obj′LOW;
   …
```

信号 s1、s2、s3 和 s4 获得的赋值分别为 15、0、15 和 0。

4) 数组属性

数组属性 ′LENGTH 的用法同前,只是对数组的宽度或元素的个数进行测定。例如:

```
…
TYPE arry1 IS ARRAY(0 TO 7) OF BIT;
VARIABLE wth:INTEGER;
…
wth := arry1′LENGTH;                        -- wth = 8
…
```

5) 用户自定义属性

属性与属性值的定义格式如下:

```
ATTRIBUTE 属性名：数据类型；
ATTRIBUTE 属性名 OF 对象名：对象类型 IS 值；
```

VHDL 综合器和仿真器通常使用自定义的属性实现一些特殊的功能，由综合器和仿真器支持的一些特殊的属性一般都包含在 EDA 工具厂商的程序包里，例如 SYNPLIFY 综合器支持的特殊属性都在 synplify.attributes 程序包中，使用前加入以下语句即可：

```
LIBRARY SYNPLIFY;
USE SYNPLICITY.ATTRIBUTES.ALL;
```

2. 文本文件操作

在 VHDL 语言中提供了一个预先定义的包集合是文本输入输出包集合(TEXTIO)，在该 TEXTIO 中包含有对文本文件进行读写的过程和函数。文件操作只能用于 VHDL 仿真器中，VHDL 综合器将忽略程序中所有与文件操作有关的部分。在完成较大的 VHDL 程序的仿真时，由于输入信号很多，输入数据复杂，这时可以采用文件操作的方式设置输入信号。将仿真时输入信号所需要的数据用文本编辑器写到一个磁盘文件中，然后在 VHDL 程序的仿真驱动信号生成模块中调用 STD.TEXTIO 程序包中的子程序，读取文件中的数据，经过处理后或直接驱动输入信号端。

仿真的结果或中间数据也可以用 STD.TEXTIO 程序包中提供的子程序保存在文本文件中，这对复杂的 VHDL 设计的仿真尤为重要。

VHDL 仿真器 ModelSim 支持许多操作子程序，附带的 STD.TEXTIO 程序包源程序是很好的参考文件。

下面简要说明一下 TEXTIO 中读、写文件的语句的书写格式。

1) 从文件中读一行

```
READLINE(文件变量,行变量);
```

READLINE 用于从指定的文件中读一行的语句。

2) 从一行中读一个数据

```
READ(行变量,数据变量);
```

利用 READ 语句可以从一行中取出一个字符，放到所指定的数据变量(信号)中。

3) 写一行到输出文件

```
WRITELINE(文件变量,行变量);
```

该行写语句与行读语句相反，将行变量中存放的一行数据写到文件变量所指定的文件中去。

4) 写一个数据至行

```
WRITE(行变量,数据变量);
```

该写语句将一个数据写到某一行中。

5) 文件结束检查

```
ENDFILE(文件变量);
```

该语句检查文件是否结束,如果检查出文件结束标志,则返回"真"值,否则返回"假"值。

TEXTIO 常用于测试图的输入和输出。在使用 TEXTIO 的包集合时,首先要进行必要的说明,例如:

```
LIBRARY STD;
USE STD.TEXTIO.ALL;
```

在 VHDL 语言的标准格式中,TEXTIO 只能使用"BIT"和"BIT_VECTOR"两种数据类型。如果要使用"STD_LOGIC"和"STD_LOGIC_VECTOR",就要调用"STD_LOGIC_TEXTIO",即

```
USE IEEE.STD_LOGIC_TEXTIO.ALL;
```

3. ASSERT 语句

断言语句主要用子程序仿真、调试中的人机对话,它可以给出一个文字串作为警告和错误信息。其一般格式如下:

```
ASSERT 条件表达式 [REPORT 信息][SEVERITY 级别];
```

其中:条件表达式为布尔表达式,如果表达式值是真,ASSERT 语句任何事不做;如果表达式值是假,则输出错误信息和错误严重程度的级别。信息是文字串,通常用以说明错误的原因。文字串应用双引号("")引起来。级别是指错误严重程度的级别。在 VHDL 中错误严重程度分为 4 个级别:失败(FAILURE)、出错(ERROR)、警告(WARING)、注意(NOTE)。

例如:

```
ASSERT NOT (reset = '0') AND (preset = '0')
REPORT "Control error" SEVERITY ERROR;        -- 断言语句,检查是否有置位和清零同时
                                              -- 作用的错误
```

ASSERT 语句可以作为顺序语句使用,也可以作为并行语句使用。作为并行语句时,ASSERT 语句可看成为一个被动进程。

4. REPORT 语句

REPORT 语句类似于 ASSERT 语句,区别是它没有条件。其语句格式如下:

```
REPORT 信息[SEVERITY 级别];
```

例如:

```
WHILE counter < = 100 LOOP
  IF counter > 50
     THEN REPORT "THE COUNTER OVER 50";
  END IF;
  …
END LOOP;
```

在 VHDL 93 标准中,REPORT 语句相当于前面省略了 ASSERT FALSE 的 ASSERT

语句，而在 1987 标准中不能单独使用 REPORT 语句。

5.3　VHDL 并行语句

相对于传统的软件描述语言，并行语句结构是最具 VHDL 特色的。在 VHDL 中，并行语句具有多种语句格式，各种并行语句在结构体中的执行是同步进行的，或者说是并行运行的，其执行方式与书写的顺序无关。在执行中，并行语句之间可以有信息交流，也可以是互为独立、互不相关、异步运行的（如多时钟情况）。每一并行语句内部的语句运行方式可以有两种不同的方式，即并行执行方式（如块语句）和顺序执行方式（如进程语句）。结构体中的并行语句主要有：进程语句、并行信号赋值语句、块语句、并行过程调用语句、元件例化语句、生成语句等。

并行语句在结构体中的使用格式如下：

```
ARCHITECTURE 结构体名 OF  实体名 IS
    说明语句;
BEGIN
    并行语句;
END ARCHITECTURE 结构体名;
```

5.3.1　进程语句

进程（PROCESS）语句是最具 VHDL 语言特色的语句。因为它提供了一种算法（顺序语句）描述硬件行为的方法。进程实际上是用顺序语句描述的一种进行过程，也就是说进程用于描述顺序事件。一个结构体中可以有多个并行运行的进程结构，而每一个进程的内部结构却是由一系列顺序语句来构成。

1. PROCESS 语句格式

PROCESS 语句的表达格式如下：

```
[进程标号: ]PROCESS[(敏感信号参数表)]
[进程说明部分]
BEGIN
    顺序描述语句
END PROCESS[进程标号];
```

进程说明部分用于定义该进程所需的局部数据环境。

顺序描述语句部分是一段顺序执行的语句，描述该进程的行为。PROCESS 中规定了每个进程语句在它的某个敏感信号（由敏感信号参量表列出）的值改变时都必须立即完成某一功能行为。这个行为由进程顺序语句定义，行为的结果可以赋给信号，并通过信号被其他的 PROCESS 或 BLOCK 读取或赋值。当进程中定义的任一敏感信号发生更新时，由顺序语句定义的行为就要重复执行一次，当进程中最后一个语句执行完成后，执行过程将返回到第一个语句，以等待下一次敏感信号变化，如此循环往复以至无限。但当遇到 WAIT 语句时，执行过程将被有条件地终止，即所谓的挂起（Suspension）。

一个结构体中可含有多个 PROCESS 结构,每个进程可以在任何时刻被激活或者称为启动。而所有被激活的进程都是并行运行的,这就是为什么 PROCESS 结构本身是并行语句的道理。

2．PROCESS 组成

PROCESS 语句结构是由 3 个部分组成的,即进程说明部分、顺序描述语句部分和敏感信号参数表。

(1) 进程说明部分主要定义一些局部量,可包括数据类型、常数、属性、子程序等。但需注意,在进程说明部分中不允许定义信号和共享变量。

(2) 顺序描述语句部分可分为赋值语句、进程启动语句、子程序调用语句、转向控制语句和进程跳出语句等。

- 信号赋值语句:即在进程中将计算或处理的结果向信号赋值。
- 变量赋值语句:即在进程中以变量的形式存储计算的中间值。
- 进程启动语句:当 PROCESS 的敏感信号参数表中没有列出任何敏感量时,进程的启动只能通过进程启动语句 WAIT 语句。这时可以利用 WAIT 语句监视信号的变化情况,以便决定是否启动进程。WAIT 语句可以看成是一种隐式的敏感信号表。
- 子程序调用语句:对已定义的过程和函数进行调用,并参与计算。
- 转向控制语句:包括 IF 语句、CASE 语句、LOOP 语句和 NULL 语句等。
- 进程跳出语句:包括 NEXT 语句和 EXIT 语句。

(3) 敏感信号参数表需列出用于启动本进程可读入的信号名(当有 WAIT 语句时除外)。

3．进程设计要点

进程设计需要注意以下几方面的问题。

(1) 虽然同一结构体中的进程之间是并行运行的,但同一进程中的逻辑描述语句则是顺序运行的,因而在进程中只能放置顺序语句。

(2) 进程的激活必须由敏感信号表中定义的任一敏感信号的变化来启动,否则必须有一显式的 WAIT 语句来激活。这就是说,进程既可以由敏感信号的变化来启动,也可以由满足条件的 WAIT 语句来激活。反之,在遇到不满足条件的 WAIT 语句后,进程将被挂起。因此,进程中必须定义显式或隐式的敏感信号。如果一个进程对一个信号集合总是敏感的,那么,我们可以使用敏感表来指定进程的敏感信号。但是,在一个使用了敏感表的进程(或者由该进程所调用的子程序)中不能含有任何等待语句。

(3) 结构体中多个进程之所以能并行同步运行,一个很重要的原因是进程之间的通信是通过传递信号和共享变量值来实现的。所以相对于结构体来说,信号具有全局特性。它是进程间进行并行联系的重要途径。因此,在任一进程的进程说明部分不允许定义信号(共享变量是 VHDL 93 增加的内容)。

(4) 进程是重要的建模工具。进程结构不但为综合器所支持,而且进程的建模方式将直接影响仿真和综合结果。需要注意的是综合后对应于进程的硬件结构,对进程中的所有可读入信号都是敏感的,而在 VHDL 行为仿真中并非如此,除非将所有的读入信号列为敏感信号。

进程语句是 VHDL 程序中使用最频繁和最能体现 VHDL 语言特点的一种语句,其原因是由于它的并行和顺序行为的双重性,以及行为描述风格的特殊性。为了使 VHDL 的软件仿真与综合后的硬件仿真对应起来,应将进程中的所有输入信号都列入敏感表中。不难发现,在对应的硬件系统中,一个进程和一个并行赋值语句确实有十分相似的对应关系,并行赋值语句就相当于一个将所有输入信号隐性的列入结构体监测范围的(即敏感表的)进程语句。

综合后的进程语句所对应的硬件逻辑模块,其工作方式可以是组合逻辑方式的,也可以是时序逻辑方式的。例如在一个进程中,一般的 IF 语句,在一定条件下综合出的多为组合逻辑电路;若出现 WAIT 语句,在一定条件下,综合器将引入时序元件,如触发器。

例 5-22 中有两个进程:p_a 和 p_b,它们的敏感信号分别为 a、b、selx 和 temp、c、sely。除 temp 外,两个进程完全独立运行的,除非两组敏感信号中的一对同时发生变化,两个进程才被同时启动。

【例 5-22】 进程的应用

```
ENTITY mul IS
PORT(a,b,c,selx,sely:IN BIT;
            data_out:OUT BIT);
END mul;
ARCHITECTURE ex OF mul IS
  SIGNAL temp:BIT;
BEGIN
  p_a:PROCESS(a,b,selx)
  BEGIN
    IF(selx = '0')THEN temp < = a;
    ELSE temp < = b;
    END IF;
  END PROCESS p_a;
  p_b:PROCESS(temp,c,sely)
  BEGIN
    IF (sely = '0') THEN data_out < = temp;
    ELSE data_out < = c;
     END IF;
END PROCESS p_b;
END ex;
```

5.3.2 并行信号赋值语句

并行信号赋值语句有 3 种形式:简单信号赋值语句、条件信号赋值语句和选择信号赋值语句。这 3 种信号赋值语句的共同点是赋值目标必须都是信号,所有赋值语句与其他并行语句一样,在结构体内的执行是同时发生的,与它们的书写顺序和是否在块语句中没有关系。每一信号赋值语句都相当于一条缩写的进程语句,而这条语句的所有输入信号都被隐性地列入此过程的敏感信号表中。因此,任何信号的变化都将启动相关并行语句的赋值操作,而这种启动完全是独立于其他语句的,它们都可以直接出现在结构体中。

1. 简单信号赋值语句

简单信号赋值语句是 VHDL 并行语句结构的最基本的单元,它的语句格式如下:

赋值目标<=表达式;

　　式中赋值目标的数据对象必须是信号,它的数据类型必须与赋值符号右边表达式的数据类型一致。例 5-23 结构体中的 5 条信号赋值语句的执行是并行发生的。

【例 5-23】　简单信号赋值语句

```
ARCHITECTURE curt OF bcl IS
  SIGNAL s,e,f,g,h:STD_LOGIC;
BEGIN
  output1 < = a AND b ;
  output2 < = c + d;
  g < = e OR f ;
  h < = e XOR f ;
  s1 < = g;
END ARCHITECTURE curt;
```

2. 条件信号赋值语句

作为另一种并行赋值语句,条件信号赋值语句的表达方式如下:

```
赋值目标<= 表达式 WHEN 赋值条件   ELSE
          表达式 WHEN 赋值条件   ELSE
          …
          表达式;
```

　　在结构体中条件信号赋值语句的功能与在进程中的 IF 语句相同,在执行条件信号语句时,每一赋值条件是通过书写的先后关系逐项测定的,一旦发现赋值条件为 TRUE,立即将表达式的值赋给目标变量。从这个意义上讲,条件赋值语句与 IF 语句具有十分相似的顺序性(条件赋值语句中的 ELSE 不可省)。这意味着,条件信号赋值语句将第一个满足关键词 WHEN 后的赋值条件所对应的表达式中的值,赋给赋值目标信号,这里的赋值条件的数据类型是布尔量。当它为真时表示满足赋值条件,最后一项表达式可以不跟条件子句,用于表示以上各条件都不满足时,则将此表达式赋予赋值目标信号。由此可知,条件信号语句允许有重叠现象,这与 CASE 语句有很大的不同,应注意辨别。

　　例 5-24 就是条件信号赋值语句的应用例子。应该注意,由于条件测试的顺序性,第一子句具有最高赋值优先级,第二句其次,第三句最后。这就是说,如果当 p1 和 p2 同时为 1 时,z 获得的赋值是 a。

【例 5-24】　条件信号赋值

```
ENTITY mux IS
  PORT(a,b,c: IN BIT;
       p1,p2:IN BIT;
            z: OUT BIT);
END mux;
ARCHITECTURE behave OF mux IS
BEGIN
  z < = a WHEN p1 = '1' ELSE
      b WHEN p2 = '1' ELSE
      c;
END;
```

3. 选择信号赋值语句

选择信号赋值语句的语句格式如下：

```
WITH 选择表达式 SELECT
赋值目标信号<= 表达式 WHEN 选择值,
            表达式 WHEN 选择值,
            …
            表达式 WHEN 选择值;
```

选择信号赋值语句本身不能在进程中应用,但其功能却与进程中的 CASE 语句的功能相似。CASE 语句的执行依赖于进程中敏感信号的改变,而且要求 CASE 语句中各子句的条件不能有重叠,必须包容所有的条件。

选择信号语句中也有敏感量,即关键词 WITH 旁的选择表达式,每当选择表达式的值发生变化时,就将启动此语句对各子句的选择值进行测试对比,当发现有满足条件的子句时,就将此子句表达式中的值赋给赋值目标信号,与 CASE 语句相类似。选择赋值语句对子句各选择值的测试具有同期性,不像条件信号赋值语句那样是按照子句的书写顺序从上至下逐条测试的。因此,选择赋值语句不允许有条件重叠的现象,也不允许存在条件涵盖不全的情况。

例 5-25 是一个简化的指令译码器,对应有 a、b、c 3 个位构成的不同指令码,由 data1 和 data2 输入的两个值将进行不同的逻辑操作,并将结果从 dataout 输出,当不满足所列的指令时,将输出高阻态。

【例 5-25】 选择信号赋值

```
LIBRARY IEEE;
USE IEEE.STD_LOGIC_1164.ALL;
USE IEEE.STD_LOGIC_UNSIGNED.ALL;
ENTITY decoder IS
  PORT(a,b,c:IN STD_LOGIC;
       data1,data2:IN STD_LOGIC;
       dataout:OUT STD_LOGIC);
END decoder;
ARCHITECTURE concunt OF decoder IS
  SIGNAL instruction: STD_LOGIC_VECTOR(2 DOWNTO 0);
BEGIN
    instruction<= c&b&a;
WITH instruction SELECT
dataout<= data1 AND  data2 WHEN "000",
        data1 OR   data2 WHEN "001",
        data1 NAND data2 WHEN "010",
        data1 NOR  data2 WHEN "011",
        data1 XOR  data2 WHEN "100",
        data1 XNOR data2 WHEN "101",
                  'Z' WHEN  OTHERS;
END concunt;
```

注意：选择信号赋值语句的每一个子句结尾是逗号,最后一句是分号;而条件赋值语句每一子句的结尾没有任何标点,只有最后一句为分号。

5.3.3 块语句

块(BLOCK)的应用类似于利用 Protel 画电路原理时,可将一个总的原理图分成多个子模块,则这个总的原理图成为一个由多个子模块原理图连接而成的顶层模块图,而每一个模块可以是一个具体的电路原理图。但是,如果子模块的原理图仍然太大,还可将它变成更低层次的原理图模块的连接图(BLOCK 嵌套)。显然,按照这种方式划分结构体仅是形式上的,而非功能上的改变,事实上,将结构体以模块方式划分的方法有多种,使用元件例化语句也是一种将结构体并行描述分成多个层次的方法,其区别只是后者涉及多个实体和结构体,且综合后硬件结构的逻辑层次有所增加。

实际上,结构体本身就等价于一个 BLOCK,或者说是一个功能块。BLOCK 是 VHDL 中具有的一种划分机制,这种机制允许设计者合理地将一个模块分为数个区域,在每个块都能对其局部信号、数据类型和常量加以描述和定义。任何能在结构体的说明部分进行说明的对象都能在 BLOCK 说明部分中进行说明。BLOCK 语句应用只是一种将结构体中的并行描述语句进行组合的方法,客观存在的主要目的是改善并行语句及其结构的可读性,或是利用 BLOCK 的保护表达式关闭某些信号。BLOCK 语句的表达式如下:

```
块标号: BLOCK[(块保护表达式)]
        说明语句
        BEGIN
        并行语句
END BLOCK [块标号];
```

作为一个 BLCOK 语句结构,在关键词"BLOCK"的前面必须设置一个块标号,并在结尾语句"END BLOCK"右侧也写上此标号(此处的块标号不是必需的)。

其中说明语句又包括类属说明语句和端口说明语句,类属语句主要用于参数的定义,而端口说明语句主要用于信号的定义,它们通常是通过 GENERIC 语句、GENERIC MAP 语句、PORT 语句和 PORT MAP 语句来实现的。说明语句主要是对 BLOCK 的接口设置以及外界信号的连接状态加以说明。

块的类属说明部分和接口说明部分的适用范围仅限于当前 BLOCK。所以,所有这些在 BLOCK 内部的说明对于这个块的外部来说是完全不透明的,即不能适用于外部环境,或由外部环境所调用,但对于嵌套于更内层的块却是透明的,即可将信息向内部传递。块的说明部分可以定义的项目主要有:USE 语句、子程序、数据类型、子类型、常数、信号和元件。

块中的并行语句部分可包含结构体中的任何并行语句结构。BLOCK 语句本身属并行语句,BLOCK 语句中所包含的语句也是并行语句。BLOCK 的应用可使结构体层次鲜明,结构明确。利用 BLOCK 语句可以将结构体中的并行语句划分多个并列方式 BLOCK,每一个 BLOCK 都像一个独立的设计实体,具有自己的类属参数说明和界面端口,以及与外部环境的衔接描述。在较大的 VHDL 程序的编程中,恰当的块语句的应用对于技术交流、程序移植、排错和仿真都是有益的。

例 5-26 是一个广泛使用的微处理器的 VHDL 源代码,在其中就使用了多层块嵌套。

【例 5-26】 块的应用

```
LIBRARY IEEE;
USE IEEE.STD_LOGIC_1164.ALL;
PACKAGE bit32 IS
  TYPE tw32 IS ARRAY(31 DOWNTO 0)OF STD_LOGIC;
END bit32;
LIBRARY IEEE;
USE IEEE.STD_LOGIC_1164.ALL;
USE WORK.bit32.ALL;
ENTITY cpu IS
  PORT(clk,interrupt:IN STD_LOGIC;
             add:OUT tw32;
             data:INOUT tw32);
END cpu;
ARCHITECTURE behave OF cpu IS
  SIGNAL ibus,dbus:tw32;
BEGIN
  alu:BLOCK
  SIGNAL qbus:tw32;
  BEGIN
   -- alu 行为描述
  END BLOCK alu;
  reg8:BLOCK
  SIGNAL zbus:tw32;
  BEGIN
    reg1:BLOCK
    SIGNAL qbus:tw32;
    BEGIN
     -- reg 行为描述
    END BLOCK reg1;
     -- 其他 reg 行为描述语句
  END BLOCK reg8;
END behave;
```

在例 5-26 中,cpu 模块有 4 个端口:输入端口 clk、interrupt,输出端口 add,双向端口 data。在 cpu 的结构体中使用 BLOCK 语句描述了 alu 模块和 reg 模块,相对于这些块,以上 4 个端口是可见的,可以在块内使用。

在结构体中定义了 ibus 和 dbus,它们是该结构体的内部信号。在此结构体内部的块都可以使用这两个信号。

在 reg8 中说明了信号 zbus,这个信号可以在 reg8 内部使用,包括其中的 regl。但是对 reg8 块外部是不透明的,即对于 alu 块是不能使用的。

内层嵌套块 regl 中说明了信号 qbus,虽然它与 alu 中说明的信号是同名的,但是它属于内部信号,仅在此块范围内有效,但以后为了避免不必要的错误,在编程中尽量不要出现这种命名。

5.3.4　并行过程调用语句

并行过程调用语句可以作为一个并行语句直接出现在结构体或块语句中。并行过程调用语句的功能等效于一个只有一个过程调用的进程，过程参数的模式只能为 IN、OUT、INOUT，当参数之一改变时，过程调用就会被激活。并行过程调用语句的语句调用格式与顺序过程调用语句是相同的，即

[过程标号：]过程名(关联参量名)；

例 5-27 就是并行过程调用的应用实例，它的主要功能是取出 3 个输入中值最大的一个。

【例 5-27】　并行过程的调用

```
LIBRARY IEEE;
USE IEEE.STD_LOGIC_1164.ALL;
USE IEEE.STD_LOGIC_UNSIGNED.ALL;
ENTITY mft IS
  PORT(a:IN STD_LOGIC;
       b:IN STD_LOGIC;
       c:IN STD_LOGIC;
       q:OUT STD_LOGIC);
END mft;
ARCHITECTURE behave OF mft IS
  PROCEDURE max(ina,inb: IN STD_LOGIC;        -- 定义过程 max
                SIGNAL ouc:OUT STD_LOGIC) IS
    VARIABLE temp:STD_LOGIC;
  BEGIN
    IF(ina < inb) THEN
      temp:= inb;
    ELSE
      temp:= ina;
    END IF;
    ouc <= temp;
  end max;
  SIGNAL temp1,temp2:STD_LOGIC;
BEGIN
  max(a,b,temp1);                             -- 调用过程 max
  max(temp1,c,temp2);                         -- 调用过程 max
  q <= temp2;
END behave;
```

5.3.5　元件例化语句

在第 4 章曾对此语句作了简要介绍，本节将作进一步介绍。元件例化是可以多层次的，在一个设计实体中被调用安插的元件本身也可以是一个低层次的当前设计实体，因而可以调用其他的元件，以便构成更低层次的电路模块。因此元件例化就意味着在当前结构体内定义了一个新的设计层次，这个设计层次的总称叫元件，但它可以以不同的形式出现，这个元件可以是已设计好的 VHDL 设计实体，可以是来自 FPGA 元件库中的元件，它们可能是以其他硬件描述语言描述的，如 Verilog 设计的实体；元件还可以是 IP 核，或者是 FPGA 中的嵌入式硬 IP 核。

元件例化语句由两部分组成,第一部分是把一个现成的设计实体定义为一个元件,第二部分则是此元件与当前设计实体中的端口的连接说明,它们的完整的语句格式如下:

```
COMPONENT   元件名   IS                          -- 元件定义语句
  GENERIC   (类属表);
  PORT(端口名表);
END COMPONENT   元件名;
例化名:元件名 PORT MAP([端口名 =>]连接端口名,…);    -- 元件例化语句
```

以上两部分语句在元件例化中都是必须存在的,第一部分语句是元件定义语句,相当于对一个现成的设计实体进行封装,使其只留出对外的接口界面,就像一个集成芯片只留几个引脚在外一样,它的类属表可列出端口的数据类型和参数,端口名表可列出对外通信的各端口名。元件例化的第二部分语句即为元件例化语句,其中的例化名是必须存在的,它类似于标在当前系统(电路板)中的一个插座名,而元件名则是准备在此插座上插入的、已定义好的元件名,PORT MAP 是端口映射的意思,其中的端口名是在元件定义语句中的端口名表中已定义好的元件端口的名字,连接端口名则是当前系统与准备接入的元件对应端口相连的通信端口,相当于插座上各插针的引脚名。

元件例化语句中所定义的元件的端口名与当前系统的连接端口名的接口表达有两种方式,一种是名字关联方式。在这种关联方式下,例化元件的端口名和关联符号“=>”两者都是必须存在的。这时,端口名与连接端口名的对应式,在 PORT MAP 句中的位置可以是任意的。另一种是位置关联方式,在使用这种方式中,端口名和关联连接符都可省去,在 PORT MAP 子句中,只要列出当前系统中的连接端口名就行了,但要求连接端口名的排列方式与所需例化的元件端口定义中的端口名一一对应。

例 5-28 以一个 4 位移位寄存器为例,进一步说明元件例化语句的应用,它由 4 个相同的 D 触发器组成。

【例 5-28】　元件例化语句

```
ENTITY shifter IS
  PORT(din,clk:IN BIT;
          dout:OUT BIT);
END shifter;
ARCHITECTURE a OF shifter IS
  COMPONENT dff
    PORT(d,clk:IN BIT;
            q:OUT BIT);
  END COMPONENT;
  SIGNAL d:BIT_VECTOR(0 TO 4);
BEGIN
  d(0)<= din;                              -- 并行信号赋值
  U0:dff PORT MAP(d(0),clk,d(1));          -- 位置关联方式
  U1:dff PORT MAP(d(1),clk,d(2));
  U2:dff PORT MAP(d => d(2),clk => clk,q => d(3));    -- 名字关联方式
  U3:dff PORT MAP(d => d(3),clk => clk,q => d(4));
  dout <= d(4);
END a;
```

例 5-28 所描述的 4 位移位寄存器实际电路如图 5-1 所示。

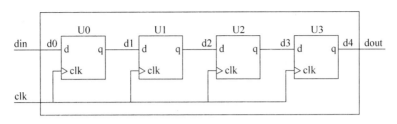

图 5-1　4 位移位寄存器结构图

元件例化语句是一种应用十分广泛的 VHDL 语句,它使得在进行 VHDL 描述时可以使用以前建立的 VHDL 模块,避免大量的重复工作。

5.3.6　生成语句

生成语句可以简化有规则设计结构的逻辑描述,适用于高重复性的电路设计。生成语句有一种复制作用,在设计中,只要根据某些条件,设定好某一元件或设计单位,就可以利用生成语句复制一组完全相同的并行元件或设计单元电路结构,生成语句的语句格式有如下两种形式:

(1) [标号：]FOR 循环变量　IN 取值范围 GENERATE
　　说明
　　BEGIN
　　并行语句
　　END GENERATE [标号]；

(2) [标号：] IF 条件 GENERATE
　　说明
　　BEGIN
　　并行语句
　　END GENERATE [标号]；

这两种语句格式都是由如下 4 部分组成。

- 生成方式。由 FOR 或 IF 语句结构构成,用于规定并行语句的复制方式。
- 说明部分。包括对元件数据类型、子程序、数据对象作一些局部说明。
- 并行语句。对被复制的元件的结构和行为进行描述。主要包括元件、进程语句、块语句、并行过程调用语句、并行信号赋值语句,甚至生成语句,这表示生成语句允许存在嵌套结构,因而可用于生成元件的多维阵列结构。它是用来进行"Copy"的基本单元。
- 标号。其中的标号并非必需,但如果在嵌套式生成语句结构中就是十分重要的。

1. FOR 格式的生成语句

FOR 格式的生成语句主要是用来描述设计中一些有规律的单元结构,其生成参数及其取值范围的含义和运行方式与 LOOP 语句十分相似,但是在生成语句中使用的是并行处理语句,因此在结构内部的语句不是按书写顺序执行的,而是并发执行的。FOR … GENERATE 语句结构中不能使用 EXIT 语句和 NEXT 语句。

生成参数(循环变量)是自动产生的,它是一个局部变量,根据取值范围自动递增或递减。取值范围的语句格式与 LOOP 语句是相似的,有两种形式:

```
表达式    TO    表达式;          -- 递增方式,如 1 TO 5
表达式  DOWNTO  表达式;          -- 递减方式,如 5 DOWNTO 1
```

其中的表达式必须是整数。

例 5-29 和例 5-30 将利用元件例化语句和 FOR…GENERATE 生成语句完成一个 8 位三态锁存器的设计。示例仿照 74373 的工作逻辑进行设计。例 5-29 是一个 1 位的锁存器,例 5-30 为顶层文件,端口信号 d 为数据输入端,q 为数据输出端,ena 为输出使能端,若 ena＝1,则 q8～q1 的输出为高阻态,若 ena＝0,则输出保存在锁存器中;g 为数据锁存控制端,若 g＝1,d8～d1 输入端的信号进入 74373 中的 8 位锁存器中,若 g＝0,74373 中的 8 位锁存器将保持原先锁入的信号值不变。

【例 5-29】 1 位锁存器

```
LIBRARY IEEE;
USE IEEE.STD_LOGIC_1164.ALL;
ENTITY latch IS
  PORT(d:IN STD_LOGIC;
        ena:IN STD_LOGIC;
        q:OUT STD_LOGIC);
END ENTITY latch;
ARCHITECTURE one OF latch IS
  SIGNAL sig_save:STD_LOGIC;
BEGIN
  PROCESS(d,ena)
  BEGIN
    IF ena = '1' THEN sig_save < = d;
    END IF;
    q < = sig_save;
  END PROCESS;
END one;
```

【例 5-30】 8 位三态锁存器顶层文件

```
LIBRARY IEEE;
USE IEEE.STD_LOGIC_1164.ALL;
ENTITY sn74373 IS
  PORT(d:IN STD_LOGIC_VECTOR(8 DOWNTO 1);
        oen,g:IN STD_LOGIC;
        q:OUT STD_LOGIC_VECTOR(8 DOWNTO 1));
  END ENTITY sn74373;
ARCHITECTURE two OF sn74373 IS
    SIGNAL sigvec_save:STD_LOGIC_VECTOR(8 DOWNTO 1);
BEGIN
    PROCESS(d,oen,g,sigvec_save)
    BEGIN
      IF oen = '0' THEN q < = sigvec_save;
```

```
        ELSE    q < = "ZZZZZZZZ";
        END IF;
        IF g = '1' THEN sigvec_save < = d;
        END IF;
      END PROCESS;
  END ARCHITECTURE two;
  ARCHITECTURE one OF sn74373 IS
      COMPONENT latch
      PORT(d, ena: IN STD_LOGIC;
            q: OUT STD_LOGIC);
      END COMPONENT;
      SIGNAL sig_mid: STD_LOGIC_VECTOR(8 DOWNTO 1);
  BEGIN
      gelatch: FOR inum IN 1 to 8 GENERATE
      latchx: latch PORT MAP(d(inum), g, sig_mid(inum));
      END GENERATE;
      q < = sig_mid WHEN oen = '0' ELSE
          "ZZZZZZZZ";
  END ARCHITECTURE one;
```

由例 5-30 可以看出:

(1) 程序中安排了两个结构体,以不同的电路来实现相同的逻辑,即一个实体可以对应多个结构体,每个结构体对应一种实现方案。在例化这个器件的时候,需要利用配置语句指定一个结构体,即指定一种实现方案,否则 VHDL 综合器会自动选择最新编译的结构体,在本例中即为结构体 one。

(2) COMPONENT 语句对将要例化的器件进行了接口声明,它对应一个已设计好的实体(例 5-29)。VHDL 综合器根据 COMPONENT 指定的器件名和接口信息来装配器件。

(3) 在 FOR…GENERATE 语句使用中,gelatch 为标号,inum 为变量,从 1~8 共循环了 8 次。

(4) 语句"latchx: latch PORT MAP(d(inum), g, sig_mid(inum));"是一条含有循环变量 inum 的例化语句,且信号的连接方式采用的是位置关联方式,安装后的元件标号是 latchx。latch 的引脚 d 连在信号线 d(inum)上,引脚 ena 连在信号线 g 上,引脚 q 连在信号线 sig_mid(inum)上。inum 的值从 1~8,latch 从 1~8 共例化了 8 次,即共安装了 8 个 latch。信号线 d(1)~d(8),sig_mid(1)~sig_mid(8)都分别连在这 8 个 latch 上。

2. IF 格式的生成语句

IF 格式的生成语句主要是用来描述产生例外的情况。当执行到该语句时,首先进行条件的判断,如果条件为"真",则执行生成语句中的并行处理语句,否则不执行该语句。

IF 格式的生成语句与普通的 IF 语句有着很大的不同,普通的 IF 语句中的处理语句是顺序执行的,而 IF 格式的生成语句中的并行语句却是并行执行的。另外,IF 格式的生成语句中是不能出现 ELSE 语句的。现以例 5-28 介绍过的移位寄存器为例来介绍 IF 格式的生成语句的使用。首先描述 D 触发器如例 5-31 所示。

【例 5-31】 D 触发器

```
LIBRARY IEEE;
USE IEEE.STD_LOGIC_1164.ALL;
ENTITY d_ff IS
  PORT(clk,d:IN STD_LOGIC;
       q:OUT STD_LOGIC);
END d_ff;
ARCHITECTURE behave OF d_ff IS
  SIGNAL q_in:STD_LOGIC;
BEGIN
  q<=q_in;
  PROCESS(clk)
  BEGIN
    IF(clk'EVENT AND clk='1')THEN
        q_in<=d;
    END IF;
  END PROCESS;
END behave;
```

由例 5-31 生成 4 位移位寄存器,如例 5-32 所示。

【例 5-32】 4 位移位寄存器

```
LIBRARY IEEE;
USE IEEE.STD_LOGIC_1164.ALL;
ENTITY shift_reg IS
  PORT(d1:IN STD_LOGIC;
       cp:IN std_LOGIC;
       d0:OUT STD_LOGIC);
END shift_reg;
ARCHITECTURE behave OF shift_reg IS
  COMPONENT d_ff
    PORT(d:IN STD_LOGIC;
         clk:IN STD_LOGIC;
         q:OUT STD_LOGIC);
  END COMPONENT;
  SIGNAL q:STD_LOGIC_VECTOR(3 DOWNTO 1);
BEGIN
  l:FOR i IN 0 TO 3 GENERATE          -- FOR 格式的生成语句
    m:IF(i=0) GENERATE                -- IF 格式的生成语句
      dffx:d_ff PORT MAP(d1,cp,q(i+1));
    END GENERATE m;
    n:IF(i=3) GENERATE                -- IF 格式的生成语句
      dffx:d_ff PORT MAP(q(i),cp,d0);
    END GENERATE n;
    o:IF((i/=0) AND (i/=3)) GENERATE  -- IF 格式的生成语句
      dffx:d_ff PORT MAP(q(i),cp,q(i+1));
    END GENERATE o;
  END GENERATE l;
END behave;
```

在例 5-32 中,FOR 格式的生成语句中使用了 IF 格式的生成语句。IF 格式的生成语句首先进行条件判断,判断所使用的 D 触发器是第一个还是最后一个。可以使用 IF 格式的生成语句来解决硬件电路中输入输出端口的不规则问题。

在实际应用中可以把两种格式混合使用,设计中,可以根据电路两端的不规则部分形成的条件用 IF…GENERATE 语句来描述,而用 FOR…GENERATE 语句描述电路内部的规则部分。使用这种描述方法的好处是,使设计文件具有更好的通用性、可移植性和易改性。实用中,只要改变几个参数,就能得到任意规模的电路结构。

5.4　子程序

子程序是一个 VHDL 程序模块,它是利用顺序语句来定义和完成算法的,应用它能更有效地完成重复性的设计工作。子程序不能像进程那样可以从所在结构体的其他块或进程结构中读取信号值或者向信号赋值,而只能通过子程序调用及与子程序的界面端口进行通信。

子程序有两种类型,即过程(PROCEDURE)和函数(FUNCTION)。过程和函数的区别在于:过程的调用可通过其界面获得多个返回值,而函数只能返回一个值;在函数入口中,所有参数都是输入参数,而过程有输入参数、输出参数和双向参数;过程一般被看作一种语句结构,而函数通常是表达式的一部分;过程可以单独存在,而函数通常作为语句的一部分调用。

子程序可以在 VHDL 程序的 3 个不同的位置进行定义,即在程序包、结构体和进程中定义。但由于只有在程序包中定义的子程序可被其他不同的设计所调用,所以一般应该将子程序放在程序包中。VHDL 子程序有一个非常有用的特性,就是具有可重载性的特点,即允许有许多重名的子程序,但这些子程序的参数类型及返回值数据类型是不同的。

在实用中必须注意,综合后的子程序将映射于目标芯片中的一个相应的电路模块,且每一次调用都将在硬件结构中产生具有相同结构的不同模块,这一点与在普通的软件中调用子程序有很大的不同。因此,在 VHDL 的编程过程中,要密切关注和严格控制子程序的调用次数,每调用一次子程序都意味着增加了一个硬件电路模块。

5.4.1　函数

在 VHDL 中有多种函数形式,如在库中现成的具有专用功能的预定义函数和用于不同目的的用户自定义函数。函数的语言表达式如下:

```
FUNCTION    函数名(参数表)   RETURN   数据类型;        --函数首
FUNCTION    函数名(参数表)   RETURN   数据类型 IS       --函数体开始
[说明部分];
BEGIN
顺序语句;
END  FUNCTION   函数名;
```

一般函数定义由两部分组成,即函数首和函数体。

1. 函数首

函数首是由函数名、参数表和返回值的数据类型 3 部分组成的,函数首的名称即为函数的名称,需放在关键词 FUNCTION 之后,它可以是普通的标识符,也可以是运算符,这时必须加上双引号,这就是所谓的运算符重载。函数的参数表是用来定义输出值的,它可以是信号或常数。参数名需放在关键词 CONSTANT 或 SIGNAL 之后,若没有特别说明,则参数被默认为常数。如果要将一个已编制好的函数并入程序包,函数首必须在程序包的说明部分,而函数体需放在程序包的包体内。如果只是在一个结构体中定义并调用函数,则仅需函数体即可。由此可见,函数首的作用只是作为程序包的有关此函数的一个接口界面。下面是 4 个不同的函数首,它们都放在某一程序包的说明部分。

```
FUNCTION   max(a,b:IN STD_LOGIC_VECTOR)
           RETURN STD_LOGIC_VECTOR;
FUNCTION   func1(a,b,c:REAL)
           RETURN   REAL;
FUNCTION   "*"(a,b:INTEGER)
           RETURN   INTEGER;
FUNCTION   as2 (SIGNAL in1,in2:REAL)
           RETURN   REAL;
```

2. 函数体

函数体包括对数据类型、常数、变量等的局部说明,以及用以完成规定算法或转换顺序语句,并以关键词 END FUNCTION 以及函数名结尾。一旦函数被调用,就将执行这部分语句。

例 5-33 在一个结构体中定义了一个函数 sam,功能是完成输入总线各位的运算操作,然后将结果输出到输出总线的各位上。在进程 PROCESS 中调用了此函数,这个函数没有函数首。在进程中,输入端口信号位矢 a 被列为敏感信号,当 a 的 3 个输入元素 a(0)、a(1) 和 a(2)中的任何一位有变化时,将启动对函数 sam 的调用,并将函数的返回值赋给 m 输出。

【例 5-33】 函数的应用

```
LIBRARY IEEE;
USE IEEE.std_LOGIC_1164.ALL;
ENTITY func IS
  PORT(a:IN STD_LOGIC_VECTOR(0 TO 2);
       m:OUT STD_LOGIC_VECTOR(0 TO 2));
END ENTITY func;
ARCHITECTURE demo OF func IS
  FUNCTION sam(x,y,z:STD_LOGIC) RETURN STD_LOGIC IS   --定义函数 sam,该函数无函数首
  BEGIN
    RETURN(x AND y) OR z;
  END FUNCTION sam;
BEGIN
  PROCESS(a)
  BEGIN
```

```
        m(0)< = sam(a(0),a(1),a(2));           -- 当3个位输入元素a(0),a(1),a(2)中的任何
        m(1)< = sam(a(2),a(0),a(1));           -- 一位有变化时,将启动对函数sam的调用,并
        m(2)< = sam(a(1),a(2),a(0));               -- 将函数的返回值赋给m输出
    END PROCESS;
END ARCHITECTURE demo;
```

例 5-33 中是在结构体中定义函数的例子。在通常情况下,函数常常是定义在程序包中的。在程序包的说明和包体中,可以分别描述函数的说明和函数的定义,这样可以将各种实用函数写入一个程序包中,并将其编译到库中以便在其他设计中使用。

5.4.2　重载函数

VHDL 允许以相同的函数名定义函数,即重载函数(OVERLOADED FUNCTION)。但这时要求函数中定义的操作数具有不同的数据类型,以便调用时用以分辨不同功能的同名函数,即同样名称的函数可以用不同的数据类型作为此函数的参数定义多次,以此定义的函数称为重载函数。函数还可以允许用任意位矢长度来调用。在具有不同数据类型操作数构成的同名函数中,以运算符重载函数最为常用。这种函数为不同数据类型间的运算带来极大的方便,例 5-34 中以加号"+"为函数名的函数即为运算符重载函数。VHDL 的 IEEE 库中的 STD_LOGIC_UNSIGNED 程序包中预定义的操作符如+、-、*、=>、<=、>、<、/=、AND 和 MOD 等,对相应的数据类型 INTEGRE、STD_LOGIC 和 STD_LOGIC_VECTOR 的操作作了重载,赋予了新的数据类型操作功能,即通过重新定义运算符的方式,允许被重载的运算符能够对新的数据类型进行操作,或者允许不同的数据类型之间用此运算符进行运算。例 5-34 是程序包 STD_LOGIC_UNSIGNED 中的部分函数结构,其说明部分只列出了 4 个函数的函数首,在程序包体部分只列出了对应的部分内容,程序包体部分的 UNSIGNED 函数是从 IEEE.STD_LOGIC_ARITH 库中调用的,在程序包体中的最大整型数检出函数 MAXIUM 只有函数体,没有函数首,这是因为它只是在程序包内调用。

【例 5-34】　程序包 STD_LOGIC_UNSIGNED 中的部分函数结构

```
LIBRARY IEEE;                          -- 程序包首
USE IEEE.STD_LOGIC_1164.ALL;
USE IEEE.STD_LOGIC_ARITH.ALL;
PACKAGE STD_LOGIC_UNSIGNED IS
  FUNCTION " + "(l:STD_LOGIC_VECTOR;r:INTEGER)
            RETURN STD_LOGIC_VECTOR;
  FUNCTION " + "(l:INTEGER;r:STD_LOGIC_VECTOR)
            RETURN STD_LOGIC_VECTOR;
  FUNCTION " + "(l:STD_LOGIC_VECTOR;r:STD_LOGIC)
            RETURN STD_LOGIC_VECTOR;
  FUNCTION shr (arg:STD_LOGIC_VECTOR;
              count:STD_LOGIC_VECTOR)
            RETURN STD_LOGIC_VECTOR;
…
END STD_LOGIC_UNSIGNED;

LIBRARY IEEE;                          -- 程序包体
USE IEEE.STD_LOGIC_1164.ALL;
```

```
USE IEEE.STD_LOGIC_ARITH.ALL;
PACKAGE body STD_LOGIC_UNSIGNED IS
    FUNCTION maximum(l,r:INTEGER) RETURN INTEGER IS
BEGIN
    IF l > r THEN RETURN l;
    ELSE          RETURN r;
    END IF;
END;
FUNCTION " + "(l:STD_LOGIC_VECTOR;r:INTEGER)RETURN STD_LOGIC_VECTOR IS
    VARIABLE result:STD_LOGIC_VECTOR(l'range);
BEGIN
    result := UNSIGNED(L) + r;
    RETURN STD_LOGIC_VECTOR(result);
END;
…
END STD_LOGIC_UNSIGNED:
```

通过此例,不但可以从中看到在程序包中完整的函数置位形式,而且还将注意到,在函数首的 3 个函数名都是同名的,即都是以加法运算符"+"作为函数名。以这种方式定义函数即所谓运算符重载。对运算符重载(即对运算符重新定义)的函数称重载函数。

实用中,如果已用 USE 语句打开了程序包 STD_LOGIC_VECTOR 位矢和一个整数相加,程序就会自动调用第一个函数,并返回位类型的值。若是一个位矢与 STD_LOGIC 数据相加,则调用第 3 个函数,并以位矢类型的值返回。例 5-35 为重载函数使用实例,其功能是实现 4 位二进制加法计数器。

【例 5-35】 重载函数使用

```
LIBRARY IEEE;
USE IEEE.STD_LOGIC_1164.ALL;
USE IEEE.STD_LOGIC_UNSIGNED.ALL;
ENTITY CNT4 IS
PORT(clk:IN STD_LOGIC;
     q:BUFFER STD_LOGIC_VECTOR(3 DOWNTO 0));
END cnt4;
ARCHITECTURE one OF cnt4 IS
  BEGIN
  PROCESS(clk)
  BEGIN
    IF clk'EVENT AND clk = '1' THEN
      IF q = 15 THEN              -- q两边的数据类型不一致,程序自动调用了重载函数
        q <= "0000";
      ELSE
        q <= q + 1;               -- 程序自动调用了加号" + "的重载函数
      END IF;
    END IF;
  END PROCESS;
END ARCHITECTURE;
```

5.4.3　过程

VHDL 中,子程序的另一种形式是过程(PROCEDURE),过程的语句格式如下:

```
PROCEDURE 过程名(参数表);              -- 过程首
PROCEDURE 过程名(参数表)IS             -- 过程体开始
[说明部分];
BEGIN
顺序语句;
END PROCEDURE 过程名;                 -- 过程体结束
```

与函数一样,过程由过程首和过程体两部分组成,过程首不是必须的,过程体可以独立存在和使用。

1. 过程首

过程首由过程名和参数表组成。参数表用于对常数、变量和信号 3 类数据对象目标作出说明,并用关键词 IN、OUT 和 INOUT 定义这些参数的工作模式,即信息的流向。如果没有指定模式,则默认为 IN。以下是 3 个过程首的定义示例。

```
PROCEDURE pro1(VARIABLE  a,b: INOUT  REAL);
PROCEDURE pro2(CONSTANT  a1: IN  INTEGER;
              VARIABLE  b1: OUT INTEGER);
PROCEDURE pro3(SIGNAL  sig : INOUT  BIT);
```

过程 pro1 定义了两个实数双向变量 a 和 b,过程 pro2 定义了两个参量。第一个是常数,它的数据类型为整数,信号模式是 IN,第二个参量是变量,信号模式和数据类型分别是 OUT 和整数;过程 pro3 中只定义了一个信号参量,即 sig,它的信号模式是双向 INOUT,数据类型是 BIT。一般情况下,可在参数表中定义 3 种信号模式,即 IN、OUT 和 INOUT。如果只定义了 IN 模式而未定义目标参数类型,则默认为常数量;若只定义了 INOUT 或 OUT,则默认目标参数类型是变量。

2. 过程体

过程体是由顺序语句组成的,过程的调用即启动了对过程体的顺序语句的执行,过程体中的说明部分只是局部的,其中的各种定义只能适用于过程体内部,过程体的顺序语句部分可以包含任何顺序执行的语句,包括 WAIT 语句,但如果一个过程是在进程中调用的,且这个进程已列出了敏感参量表,则不能在此过程中使用 WAIT 语句。

根据调用环境的不同,过程调用有两种方式即顺序语句方式和并行语句方式,在一般的顺序语句自然执行过程中,一个过程被执行,则属于顺序语句方式,当某个过程处于并行语句环境中时,其过程体中定义的任一 IN 或 INOUT 的目标参量发生改变时,将启动过程的调用,这时的调用是属于并行语句方式的,过程与函数一样可以重复调用或嵌套式调用,综合器一般不支持含有 WAIT 语句的过程,例 5-36 和例 5-37 是两个过程体的使用示例。

【例 5-36】 过程体使用示例 1

```
PROCEDURE shift (din,s:IN STD_LOGIC_VECTOR;
        SIGNAL dout:OUT STD_LOGIC_VECTOR) IS
  VARIABLE sc:INTEGER;
BEGIN
  sc := conv_integer(s);              -- 确定左移的位数
  FOR i IN din'range LOOP
```

```
        IF( sc + i < = din'left) THEN          -- 完成循环左移
            dout(sc + i)< = din(i);
        ELSE
            dout(sc + i - din'left)< = din(i);
        END IF;
      END LOOP
    END shift;
```

此过程将根据输入 s 值完成循环左移的功能。

【例 5-37】 过程体使用示例 2

```
PROCEDURE comp(a,r:IN REAL;
                m:IN INTEGER;
                v1,v2:OUT REAL)IS
    VARIABLE cnt:INTEGER;
BEGIN
    v1 : = 1.6 * a;                    -- 赋初始值
    v2 : = 1.0;
    q1: FOR cnt IN 1 TO m LOOP
        v2 : = v2 * v1;
        EXIT q1 WHEN v2 > v1;          -- 当 v2 > v1,跳出循环 LOOP
    END LOOP q1;
    ASSERT (v2 < v1);
        REPORT "OUT OF RANGE"          -- 输出错误报告
        SEVERITY ERROR;
END PROCEDURE comp;
```

在以上过程 comp 的参量表中,定义 a 和 r 为输入模式,数据类型为实数;m 为输入模式,数据类型为整数。这 3 个参量都没有以显式定义它们的目标参量类型,显然它们的默认类型都是常数。由于 v1、v2 定义为输入模式的实数,因此默认类型是变量。在过程 comp 的 LOOP 语句中,对 v2 进行循环,计算到 v2 大于 r,EXIT 语句中断运算,并由 REPORT 语句给出错误报告。

5.4.4　重载过程

两个或两个以上有相同的过程名和互不相同的参数量及数据类型的过程为重载过程,对于重载过程,也是靠参数类型来辨别究竟调用哪一个过程。例如:

```
PROCEDURE calcu (v1,v2:IN REAL;
                SIGNAL out1: INOUT INTEGER);
PROCEDURE calcu (v1,v2:IN INTEGER;
                SIGNAL out1: INOUT REAL);
…
calcu(20.15,1.42,sign1);          -- 调用第一个重载过程
calcu(23,320,sign2);              -- 调用第二个重载过程
…
```

此例中定义了两个重载过程,它们的过程名、参量数目及各参量的模式是相同的,但参量的数据类型是不同的。第一个过程中定义的两个输入参量 v1 和 v2 为实数型常数,out1

为 INOUT 模式的整数信号；而第二个过程中 v1、v2 则为整数常数,out1 为实数信号。

如前所述,在过程结构中的语句是顺序执行的,调用者在调用过程前应将初始值传递给过程的输入参数,一旦调用,即启动过程语句,按顺序自上而下执行过程中的语句,执行结束后,将输出值返回到调用者 OUT 和 INOUT 定义的变量或信号中。

5.5 库、程序包及其配置

在 VHDL 语言中,除了设计实体和结构体可以独立编译外,还有另外 3 个可以进行独立编译的源设计单元：库、程序包和配置。其中,库主要用来存放已经编译的实体、结构体、程序包和配置。程序包主要用来存放各个设计都能共享的数据类型、子程序说明、属性说明和元件说明等部分。配置用来从库中选取所需的各个模块来完成硬件电路的描述。

5.5.1 库

在利用 VHDL 进行工程设计中,为了提高设计效率以及使设计遵循某些统一的语言标准或数据格式,有必要将一些有用的信息汇集在一个或几个库(LIBRARY)中以供调用。这些信息可以是预先定义好的数据类型、子程序等设计单元的集合体(程序包),或预先设计好的各种设计实体(元件库程序包)。因此,可以把库看成是一种用来存储预先完成的程序包和数据集合体的仓库。

正如 C 语言中头文件的说明总是放在程序的最前面一样,在 VHDL 语言中,库的说明总是放在设计单元的最前面。使用库的语句格式如下：

LIBRARY 库名；

这一语句即相当于为其后的设计实体打开了以此库名命名的库,以便设计实体可以利用其中的程序包。如语句"LIBRARY IEEE；"表示打开了 IEEE 库。

1. 库的种类

VHDL 程序设计中常用的库有 4 种。

1) IEEE 库

IEEE 库是 VHDL 设计中最为常见的库,它包含有 IEEE 标准的程序包和其他一些支持工业标准的程序包。IEEE 库中的标准程序包主要包括 STD_LOGIC_1164、NUMERIC_BIT 和 NUMERIC_STD 等程序包。其中 STD_LOGIC_1164 是最重要的也是最常用的程序包,大部分基于数字系统设计的程序包都是以此程序包中设定的标准为基础的。

此外,还有一些程序包虽非 IEEE 标准,但由于其已成事实上的工业标准,也都并入了 IEEE 库。这些程序包中,最常用的是 Synopsys 公司的 STD_LOGIC_ARITH、STD_LOGIC_SIGNED 和 STD_LOGIC_UNSIGNED 程序包。目前流行于我国的大多数 EDA 工具都支持 Synopsys 公司的程序包。一般基于大规模可编程逻辑器件的数字系统设计,IEEE 库中的 4 个程序包 STD_LOGIC_1164、STD_LOGIC_ARITH、STD_LOGIC_SIGNED 和 STD_LOGIC_UNSIGNED 已经足够使用了。另外需要注意的是,在 IEEE 库中符合 IEEE 标准的程序包并非符合 VHDL 语言标准,如 STD_LOGIC_1164 程序包。因此在使用 VHDL 设计实体的前面必须以显式表达出来。

2) STD 库

VHDL 语言标准定义了两个标准程序包,即 STANDARD 和 TEXTIO 程序包,它们都被收入在 STD 库中。只要在 VHDL 应用环境中,可随时调用这两个程序包中的所有内容,即在编译和综合过程中,VHDL 的每一项设计都自动地将其包含进去了。由于 STD 库符合 VHDL 语言标准,在应用中不必如 IEEE 库那样以显式表达出来。

3) WORK 库

WORK 库是用户的 VHDL 设计的现行工作库,用于存放用户设计和定义的一些设计单元和程序包,因而是用户自己的仓库,用户设计项目的成品、半成品模块,以及先期已设计好的元件都放在其中。WORK 库自动满足 VHDL 语言标准,在实际调用中,不必以显式预先说明。在计算机上利用 VHDL 进行项目设计,不允许在根目录下进行,而是必须为此设定一个目录,用于保存所有此项目的设计文件,VHDL 综合器将此目录默认为 WORK 库。但是必须注意,工作库并不是这个目录的目录名,而是一个逻辑名。

4) VITAL 库

使用 VITAL 库,可以提高 VHDL 门级时序模拟的精度,因而只在 VHDL 仿真器中使用。库中包含时序程序包 VITAL_TIMING 和 VITAL_PRIMITIVES。VITAL 程序包已经成为 IEEE 标准,在当前的 VHDL 仿真器的库中,VITAL 库中的程序包都已经并到 IEEE 库中。实际上,由于各 FPGA/CPLD 生产厂商的适配工具都能为各自的芯片生成带时序信息的 VHDL 门级网表,用 VHDL 仿真器仿真该网表可以得到精确的时序仿真结果,因此 FPGA/CPLD 设计开发过程中,一般并不需要 VITAL 库中的程序包。

5) 用户定义库

用户为自身设计需要所开发的共用包集合和实体等,也可以汇集在一起定义成一个库,这就是用户定义库或称用户库。在使用时同样要首先说明库名。

2. 库的用法

在 VHDL 语言中,库的说明语句总是放在实体单元前面,而且库语言一般必须与 USE 语句同用。库语言关键词 LIBRARY,指明所使用的库名。USE 语句指明库中的程序包。一旦说明了库和程序包,整个设计实体都可进入访问或调用,但其作用范围仅限于所说明的设计实体。VHDL 要求一项含有多个设计实体的更大的系统,每一个设计实体都必须有自己完整的库说明语句和 USE 语句。

USE 语句的使用将使所说明的程序包对本设计实体部分全部开放,即是可视的。USE 语句的使用有两种常用格式:

```
USE 库名.程序包名.项目名;
USE 库名.程序包名.ALL;
```

第一语句格式的作用是,向本设计实体开放指定库中的特定程序包内所选定的项目。

第二语句格式的作用是,向本设计实体开放指定库中的特定程序包内所有的内容。

例如:

```
LIBRARY IEEE;
```

```
USE IEEE.STD_LOGIC_1164.ALL;
USE IEEE.STD_LOGIC_UNSIGNED.ALL;
```

以上的3条语句表示打开IEEE库,再打开此库中的STD_LOGIC_1164程序包和STD _LOGIC_UNSIGNED.ALL程序包的所有内容。

又如:

```
LIBRARY IEEE;
USE IEEE.STD_LOGIC_1164.STD_ULOGIC;
USE IEEE.STD_LOGIC_1164.RISING_EDGE;
```

此例中向当前设计实体开放了STD_LOGIC_1164程序包中的RISING_EDGE函数。但由于此函数需要用到数据类型STD_ULOGIC,所以在上一条USE语句中开放了同一程序包中的这一数据类型。

5.5.2 程序包

为了使已定义的常数、数据类型、元件调用说明以及子程序能被更多的VHDL设计实体方便地访问和共享,可以将它们收集在一个VHDL程序包(PACKAGE)中。多个程序包可以并入一个VHDL库中,使之适用于更一般的访问和调用范围。这一点对于大系统开发,多个或多级开发人员并行工作显得尤为重要。

程序包的说明就像C语言中的include语句一样,要使用程序包中的某些说明和定义,可以用USE语句来进行说明。

程序包的内容主要由如下4种基本结构组成,因此一个程序包中至少应包含以下结构中的一种。

- 常数说明。主要用于预定义系统的宽度,如数据总线通道的宽度。
- 数据类型说明。主要用于说明在整个设计中通用的数据类型,例如通用的地址总线数据类型定义等。
- 元件定义。主要规定在VHDL设计中参与元件例化的文件接口界面。
- 子程序说明。用于说明在设计中任一处可调用的子程序。

程序包由两部分组成:程序包首和程序包体,程序包首为程序包定义接口,声明包中的类型、元件、函数和子程序,其方式和实体定义模块接口非常相似。程序包体规定程序包的实际功能,存放说明中的函数和子程序,其方式与结构体语句模块方式相同。一个完整的程序包中,程序包首名与程序包体名是同一个名字。

1. 程序包首

程序包首的说明部分可收集多个不同的VHDL设计所需的公共信息,其中包括数据类型说明、信号说明、子程序说明及元件说明等。

定义程序包首的一般语句结构如下:

```
PACKAGE 程序包名  IS              -- 程序包首
    程序包首说明部分
END 程序包名;
```

　　程序包结构中,程序包体并非总是必须的,程序包首可以独立定义和使用。例 5-38 就是一个程序包首定义的示例。

【例 5-38】

```
PACKAGE pacl IS
   TYPE byte IS RANGE 0 TO 255;
   SUBTYPE nibble IS byte RANGE 0 TO 15;
   CONSTANT byte_ff : byte: = 255;
   SIGNAL addend: nibble;
   COMPONENT byte_adder
     PORT(a,b: IN byte;
             c: OUT byte;
       overflow: OUT BOOLEAN);
   END COMPONENT;
   FUNCTION my_function(a: IN byte)RETURN byte;
END pacl;
```

　　例 5-38 中,其程序包名是 pacl,在其中定义了一个新的数据类型 byte 和一个子类型 nibble;接着定义了一个数据类型为 byte 的常数 byte_ff 和一个数据类型为 nibble 的信号 addend;还定义了一个元件和函数。由于元件和函数必须有具体的内容,所以将这些内容安排在程序包体中。如果要使用这个程序包中的所有定义,可利用 USE 语句按如下方式获得访问此程序包的方法:

```
LIBRARY WORK;
USE WORK.pacl.ALL;
ENTITY…
ARCHITECTURE…
   …
```

　　由于 WORK 库是默认打开的,所以可省去 LIBRARY WORK 语句,只要加入相应的 USE 语句即可。

2. 程序包体

　　程序包体用于定义在程序包首中已定义的子程序的子程序体。程序包体说明部分的组成可以是 USE 语句(允许对其他程序包的调用)、子程序定义、子程序体、数据类型说明、子类型说明和常数说明等。对于没有子程序说明的程序包体可以省去。

　　定义程序包体的一般语句结构如下:

```
PACKAGE BODY  程序包名  IS          --程序包体
     程序包体说明部分以及包体内容
END 程序包名;
```

　　如果仅仅是定义数据类型或定义数据对象等内容,程序包体是不必要的,程序包首可以独立使用;但在程序包中若有子程序说明时,则必须有对应的程序包体。这时,子程序体必须放在程序包体中。程序包常用来封装属于多个设计单元分享的信息。常用的预定义的程序包有 4 种。

1) STD_LOGIC_1164 程序包

它是 IEEE 库中最常用的程序包,是 IEEE 的标准程序包。其中包含了一些数据类型、子类型和函数的定义,这些定义将 VHDL 扩展为一个能描述多值逻辑(即除具有"0"和"1"以外还有其他的逻辑量,如高阻态"Z"、不定态"X"等)的硬件描述语言,很好地满足了实际数字系统的设计需求。该程序包中用得最多和最广的是定义了满足工业标准的两个数据类型 STD_LOGIC 和 STD_LOGIC_VECTOR,它们非常适合于 FPGA/CPLD 器件中逻辑设计结构。

2) STD_LOGIC_ARITH 程序包

STD_LOGIC_ARITH 预先编译在 IEEE 库中,此程序包在 STD_LOGIC_1164 程序包的基础上扩展了 3 个数据类型 UNSIGNED、SIGNED 和 SMALL_INT,并为其定义了相关的算术运算符和转换函数。

3) STD_LOGIC_UNSIGNED 和 STD_LOGIC_SIGNED 程序包

STD_LOGIC_UNSIGNED 和 STD_LOGIC_SIGNED 程序包都是 Synopsys 公司的程序包,都预先编译在 IEEE 库中。这些程序包重载了可用于 INTEGER 型及 STD_LOGIC 和 STD_LOGIC_VECTOR 型混合运算的运算符,并定义了一个由 STD_LOGIC_VECTOR 型到 INTEGER 型的转换函数。这两个程序包的区别是,STD_LOGIC_SIGNED 中定义的运算符考虑到了符号,是有符号数的运算,而 STD_LOGIC_UNSIGNED 则正好相反。

4) STANDARD 和 TEXTIO 程序包

这两个程序包是 STD 库中的预编译程序包。STANDARD 程序包中定义了许多基本的数据类型、子类型和函数。TEXTIO 程序包定义了支持文件操作的许多类型和子程序。在使用本程序包之前,需加语句"USE STD. TEXTIO. ALL;"。TEXTIO 程序包主要供仿真器使用。

5.5.3　配置

配置(CONFIGURATION)语句描述层与层之间的连接关系以及实体与结构体之间的连接关系。可以利用配置语句来选择不同的结构体,使其与要设计的实体相对应。配置也是 VHDL 设计实体中的一个基本单元,在综合或仿真中,可以利用配置语句为确定整个设计提供许多有用信息。例如对以元件例化的层次方式构成的 VHDL 设计实体,就可把配置语句的设置看成是一个元件表,以配置语句指定在顶层设计中的每一元件与一特定结构体相衔接,或赋予特定属性。配置语句还能用于对元件的端口连接进行重新安排等。VHDL 综合器允许将配置规定为一个设计实体中的最高层设计单元,但只支持对最顶层的实体进行配置。

配置语句的一般格式如下:

```
CONFIGURATION 配置名 OF 实体名 IS
    配置说明
END 配置名;
```

配置主要为顶层设计实体指定结构体,或为参与例化的元件实体指定所希望的结构体,以层次方式来对元件例化作结构配置。每个实体可以拥有多个不同的结构体,而每个结构体的地位是相同的,在这种情况下,可以利用配置说明为这个实体指定一个结构体。该配置的书写格式如下：

```
CONFIGURATION 配置名 OF 实体名 IS
    FOR 选配结构体名
    END FOR;
END 配置名;
```

其中，配置名是该默认配置语句的唯一标志，实体名就是要配置的实体的名称，选配结构体名就是用来组成设计实体的结构体名。

例 5-39 是一个配置的简单方式应用，即在一个描述与非门 nand1 的设计实体中有两个以不同的逻辑描述方式构成的结构体，用配置语句来为特定的结构体需求作配置指定。

【例 5-39】　配置的简单应用

```
LIBRARY IEEE;
USE IEEE.STD_LOGIC_1164.ALL;
ENTITY nand1 IS
  PORT(a:IN STD_LOGIC;
        b:IN STD_LOGIC;
        c:OUT STD_LOGIC);
END ENTITY nand1;
ARCHITECTURE one OF nand1 IS
BEGIN
  c <= NOT(a AND b);
END ARCHITECTURE one;
ARCHITECTURE two OF nand1 IS
BEGIN
  c <= '1' WHEN (a = '0') AND (b = '0') ELSE
       '1' WHEN (a = '0') AND (b = '1') ELSE
       '1' WHEN (a = '1') AND (b = '0') ELSE
       '0' WHEN (a = '1') AND (b = '1') ELSE
       '0';
END ARCHITECTURE two;
CONFIGURATION second OF nand1 IS
    FOR two
    END FOR;
END second;
CONFIGURATION first OF nand1 IS
    FOR one
    END FOR;
END first;
```

在例 5-39 中，若指定配置名为 second，则为实体 nand1 配置的结构体为 two；若指定配置名为 first，则为实体 nand1 配置的结构体为 one。这两种结构体的描述方式是不同的，但具有相同的逻辑功能。

当一个设计的结构体中包含另外的元件时，配置语句应该包含更多的配置信息，此时采用元件配置语句来进行结构体中引用元件的配置。例 5-40 就是利用例 5-39 的文件实现 RS 触发器的实例。最后利用配置语句指定元件实体 nand1 中的第二个结构体 two 来构成 nand1 的结构体。

【例 5-40】 结构体内含有元件的配置

```
LIBRARY IEEE;
USE IEEE.STD_LOGIC_1164.ALL;
ENTITY rs1 IS
  PORT(r,s:IN STD_LOGIC;
        q,qf:BUFFER STD_LOGIC);
END rs1;
ARCHITECTURE rsf OF rs1 IS
  COMPONENT nand1
    PORT(a,b: IN STD_LOGIC;
          c: OUT STD_LOGIC);
  END COMPONENT;
BEGIN
  u1:nand1 PORT MAP (a=>s,b=>qf,c=>q);
  u2:nand1 PORT MAP (a=>q,b=>r,c=>qf);
END rsf;
CONFIGURATION sel OF rs1 IS
  FOR rsf
    FOR u1,u2:nand1 USE  CONFIGURATION  WORK.first;
    END FOR;
  END FOR;
END sel;
```

在例 5-40 中,假设与非门 nand1 的设计实体已进入工作库 WORK 中,结构体首先对要引用的元件进行说明,然后使用元件例化语句来描述 RS 触发器的功能。正如该实例中用到的配置方式一样,通常在元件配置中采用如下方式:

```
CONFIGURATION 配置名 OF 实体名 IS
  FOR 选配结构体名
    FOR 元件例化标号:元件名 USE CONFIGURATION 库名.元件配置名;
    END FOR;
    FOR 元件例化标号:元件名 USE CONFIGURATION 库名.元件配置名;
    END FOR;
    …
  END FOR;
END  配置名;
```

在例 5-40 的元件配置部分中,该配置是对设计实体 rs1 进行配置,该配置的名称为 sel。在配置中采用结构体 rsf 作为最顶层设计实体 rs1 的结构体。结构体 rsf 中例化的两个元件 u1 和 u2,实体是 nand1,并指定元件所用的配置是 first,它来源于 WORK 库。这样就为所有的实体指定了结构体:实体 rs1 的结构体为 rsf;元件 nand1 的实体为 nand1,结构体为低层配置 first 指定的结构体。

5.6 VHDL 描述风格

VHDL 的结构体用于具体描述整个设计实体的逻辑功能,对于所希望的电路功能行为,可以在结构体中用不同的语句类型和描述方法来表达,对于相同的逻辑行为,可以有不同的语句表达方式。在 VHDL 中,这些描述方法称为描述风格,通常可归纳为 3 种: 行为描述、数据流描述和结构描述。这 3 种描述方式从不同的角度对硬件系统进行行为和功能的描述。

5.6.1　行为描述

行为描述只表示输入与输出间转换的行为,它不包含任何结构信息。行为描述主要使用函数、过程和进程语句,以算法形式描述数据的变换和传送。行为描述方式的优点在于只需要描述清楚输入与输出的行为,而不需要花费更多的精力关注设计功能的门级实现。VHDL 语言的行为描述能力使自顶向下的设计方式成为可能。例如对于如图 5-2 所示的 1 位全加器,其行为描述如例 5-41 所示。

【例 5-41】　1 位全加器行为描述

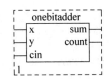

图 5-2　1 位全加器电路图

```
LIBRARY IEEE;
USE IEEE.STD_LOGIC_1164.ALL;
ENTITY onebitadder IS
  PORT(x,y,cin:IN STD_LOGIC;
    sum,count:OUT STD_LOGIC);
END onebitadder;
ARCHITECTURE behave OF onebitadder IS
BEGIN
  PROCESS(x,y,cin)
    VARIABLE n:INTEGER;
  BEGIN
    n:=0;
    IF(x='1') THEN
      n:=n+1;
    END IF;
    IF(y='1') THEN
      n:=n+1;
    END IF;
    IF(cin='1') THEN
      n:=n+1;
    END IF;
    IF(n=0) THEN
      sum<='0';count<='0';
    ELSIF (n=1) THEN
      sum<='1';count<='0';
    ELSIF (n=2) THEN
      sum<='0';count<='1';
    ELSE
      sum<='1';count<='1';
    END IF;
  END PROCESS;
END behave;
```

在例 5-41 中,端口 cin 是低位进位的输入端口,count 是向高位进位的输出端口。在源代码的描述中,采用的是对全加器的数学模型的描述,没有涉及任何有关电路的组成结构和门级电路。在应用 VHDL 进行系统执行时,行为描述方式是最重要的逻辑描述方式,是 VHDL 编程的核心,可以说,没有行为描述就没有 VHDL。

5.6.2 数据流描述

数据流描述方式,也称 RTL 描述方式,主要使用并行的信号赋值语句,既显式地表示了该设计单元的行为,又隐含了该设计单元的结构。对于 5.6.1 节中的 1 位全加器,其数据流描述方式如例 5-42 所示。

【例 5-42】 1 位全加器数据流描述

```
LIBRARY IEEE;
USE IEEE.STD_LOGIC_1164.ALL;
ENTITY onebitadder1 IS
  PORT(x,y,cin:IN BIT;
        sum,count:OUT BIT);
END onebitadder1;
ARCHITECTURE dataflow OF onebitadder1 IS
BEGIN
    sum < = x XOR y XOR cin;
    count < = (x AND y)OR (x AND cin) OR (y AND cin);
END dataflow;
```

由例 5-42 可以看到,结构体的数据流描述方式就是按照全加器的逻辑表达式来进行描述的,这要求设计人员对全加器的电路实现要有清楚的认识。实例中是采用并行赋值语句来进行功能描述的,并行赋值语句是并行执行的,与源代码书写顺序无关。

5.6.3 结构描述

所谓结构描述是描述该设计单元的硬件结构,即该硬件是如何构成的。其主要使用元件例化语句及配置语句来描述元件的类型及元件的互连关系。在层次设计中,高层次的设计模块调用低层次的设计模块,或者直接用门电路设计单元来构成一个复杂的逻辑电路的描述方法。例如,仍以 1 位全加器为例,假设已经具有与门、或门和异或门等逻辑电路的设计单元,那么就可以将这些现成的设计单元经适当的连接构成新的设计电路,如例 5-43 所示。

【例 5-43】 1 位全加器结构描述

```
LIBRARY IEEE;
USE IEEE.STD_LOGIC_1164.ALL;
ENTITY onebitadder2 IS
  PORT(x,y,cin:IN BIT;
        sum,cout:OUT BIT);
END onebitadder2;
ARCHITECTURE structure OF onebitadder2 IS
  COMPONENT xor3
   PORT(a,b,c:IN BIT;
              o:OUT BIT);
   END COMPONENT;
```

```
COMPONENT and2
  PORT(a,b:IN BIT;
          o:OUT BIT);
END COMPONENT;
COMPONENT or3
  PORT(a,b,c:IN BIT;
            o:OUT BIT);
END COMPONENT;
  SIGNAL s1,s2,s3:BIT;
BEGIN
  g1:xor3 PORT MAP (x,y,cin,sum);
  g2:and2 PORT MAP (x,y,s1);
  g3:and2 PORT MAP (x,cin,s2);
  g4:and2 PORT MAP (y,cin,s3);
  g5:or3 PORT MAP (s1,s2,s3,cout);
END structure;
```

在这个电路中,用 COMPONENT 语句指明了在本结构体中将要调用的已生成的模块电路,用 PORT MAP 语句将生成模块的端口与所设计的各模块(g1,g2,g3,g4,g5)的端口联系起来,并定义了相应的信号,以表示所设计的各模块之间的连接关系。从例中可以看出,结构描述方式可以将已有的设计成果应用到当前的设计中,因而大大提高设计效率。对于可分解为若干个子元件的大型设计,结构描述方式是首选。

在实际应用中,为了能兼顾整个设计的功能、资源、性能等几方面的因素,通常混合使用这 3 种描述方式。

5.7　常用单元的设计举例

为了能更深入理解使用 VHDL 语言设计逻辑电路的具体步骤和方法,本节以常用基本逻辑电路设计为例,进一步介绍利用 VHDL 语言描述基本逻辑电路的方法。

5.7.1　组合逻辑电路设计

组合逻辑电路设计的应用可简单地分成以下几个方面:基本逻辑门、编码器和译码器、多路选择器和分配器、算术运算器等。

1. 基本门电路

门电路是构成所有组合电路的基本电路,常见的门电路有与门、或门、与非门、或非门、异或门及反相器等,例 5-44 用 VHDL 语言来描述一个 2 输入的与门。

【例 5-44】　2 输入的与门

```
LIBRARY IEEE;
USE IEEE.STD_LOGIC_1164.ALL;
ENTITY andgate IS
  PORT(a,b:IN STD_LOGIC;        --a,b 为输入端口
        c:OUT STD_LOGIC);       --c 为输出端口
```

```
END andgate;
ARCHITECTURE and_2 OF andgate IS
BEGIN
   c < = a AND b;
END and_2;
```

其他几种基本逻辑门电路只要布尔方程稍作一点改动即可。

例 5-44 的工作时序如图 5-3 所示。从图中可以看出,输出信号 c 实现了输入信号 a 和 b 的"逻辑与"。

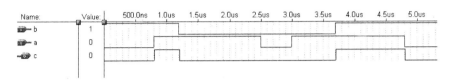

图 5-3　与门工作时序

2. 8-3 线优先编码器

在实际的逻辑电路中,编码器的功能就是把 2^N 个输入转化为 N 位编码输出。目前经常使用的编码器主要有两种:普通编码器和优先编码器。其中,普通编码器对于某一给定时刻,只能对一个输入信号进行编码,而优先编码器的输入端允许同一时刻出现两个或两个以上的信号,此时,编码器已经将所有的输入信号按优先顺序排了队,当几个输入信号同时出现时,只对其中优先级最高的一个输入信号进行编码。例 5-45 用 3 种方法设计了 8-3 线优先编码器。其输入信号为 a、b、c、d、e、f、g 和 h,输出信号为 out0、out1 和 out2,输入信号中 a 的优先级别最低,依次类推,h 的优先级别最高。

【例 5-45】　8-3 线优先编码器

```
LIBRARY IEEE;
USE IEEE.STD_LOGIC_1164.ALL;
ENTITY encoder IS
   PORT(a,b,c,d,e,f,g,h:IN STD_LOGIC;
          out0,out1,out2:OUT STD_LOGIC);
END encoder;
 -- 方法 1:使用条件赋值语句
ARCHITECTURE behave1 OF encoder IS
SIGNAL outvec:STD_LOGIC_VECTOR(2 DOWNTO 0);
BEGIN
   outvec(2 downto 0)< = "111" WHEN h = '1' ELSE          -- 条件赋值语句
                         "110" WHEN g = '1' ELSE
                         "101" WHEN f = '1' ELSE
                         "100" WHEN e = '1' ELSE
                         "011" WHEN d = '1' ELSE
                         "010" WHEN c = '1' ELSE
                         "001" WHEN b = '1' ELSE
                         "000" WHEN a = '1' ELSE
                         "XXX";
```

```
        out0 < = outvec(0);
        out1 < = outvec(1);
        out2 < = outvec(2);
    END behave1;
    -- 方法 2:使用 LOOP 语句
    LIBRARY IEEE;
    USE IEEE.STD_LOGIC_1164.ALL;
    USE IEEE.STD_LOGIC_ARITH.ALL;
    ENTITY encoder IS
        PORT(a,b,c,d,e,f,g,h:IN STD_LOGIC;
               out0,out1,out2:OUT STD_LOGIC);
    END encoder;
    ARCHITECTURE behave2 OF encoder IS
    BEGIN
        PROCESS(a,b,c,d,e,f,g,h)
            VARIABLE inputs:STD_LOGIC_VECTOR(7 DOWNTO 0);
            VARIABLE i:INTEGER;
        BEGIN
            inputs : = (h,g,f,e,d,c,b,a);
            i : = 7;
            WHILE i > = 0 and inputs(i)/ = '1' LOOP          -- LOOP 循环语句
               i : = i - 1;
            END LOOP;
    (out2,out1,out0)< = CONV_STD_LOGIC_VECTOR(i,3);
                                      -- 将 i 转换成 3 位的标准信号序列,并赋值给输出
        END PROCESS;
    END behave2;
    -- 方法 3: 使用 IF 语句
    LIBRARY IEEE;
    USE IEEE.STD_LOGIC_1164.ALL;
    ENTITY encoder IS
        PORT( in1:IN STD_LOGIC_VECTOR(7 DOWNTO 0);
               out1:OUT STD_LOGIC_VECTOR(2 DOWNTO 0));
    END encoder;
    ARCHITECTURE behave3 OF encoder IS
    BEGIN
        PROCESS(in1)
        BEGIN
            IF in1(7) = '1' THEN out1 < = "111";            -- IF 语句
            ELSIF in1(6) = '1' THEN out1 < = "110";
            ELSIF in1(5) = '1' THEN out1 < = "101";
            ELSIF in1(4) = '1' THEN out1 < = "100";
            ELSIF in1(3) = '1' THEN out1 < = "011";
            ELSIF in1(2) = '1' THEN out1 < = "010";
            ELSIF in1(1) = '1' THEN out1 < = "001";
            ELSIF in1(0) = '1' THEN out1 < = "000";
            ELSE out1 < = "XXX";
            END IF;
```

```
END PROCESS;
END behave3;
```

例 5-45 的工作时序如图 5-4 所示。从图中可以看出,输出信号 out0、out1 和 out2 实现了对输入信号 a、b、c、d、e、f、g 和 h 的优先编码,其中 a 的优先级别最低,h 的优先级别最高。

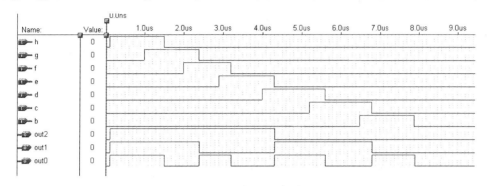

图 5-4　优先编码器工作时序

3. 七段显示译码器

七段显示译码器是对一个 4 位二进制数进行译码,并在七段显示器上显示出相应的十进制数。一个七段显示译码器的设计方框图如图 5-5 所示。根据图 5-5 可知,输入信号 d3、d2、d1、d0 是二进制 BCD 码的集合,可表示为[d3…d0]。输出信号 a、b、c、d、e、f、g 也是用二进制数表示,为书写代码方便起见,输出信号用 x 的集合来表示,其 VHDL 描述如例 5-46 所示。

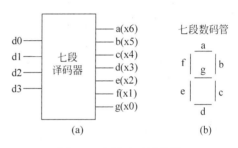

图 5-5　七段显示译码器

【例 5-46】　七段显示译码器

```
LIBRARY IEEE;
USE IEEE.STD_LOGIC_1164.ALL;
ENTITY decoder IS
  PORT( d:IN STD_LOGIC_VECTOR(3 DOWNTO 0);           -- 输入 4 位二进制数据
       x:OUT STD_LOGIC_VECTOR(6 DOWNTO 0));          -- 七段译码输出
END decoder;
ARCHITECTURE a OF decoder IS
BEGIN
  WITH d SELECT
   x <= "1111110"WHEN "0000",
        "0110000"WHEN "0001",
        "1101101"WHEN "0010",
        "1111001"WHEN "0011",
        "0110011"WHEN "0100",
        "1011011"WHEN "0101",
        "1011111"WHEN "0110",
        "1110000"WHEN "0111",
        "1111111"WHEN "1000",
```

```
      "1111011"WHEN "1001",
      "0000000"WHEN OTHERS;
END a;
```

例 5-41 的工作时序如图 5-6 所示。从图中可以看出,输出信号 x 为输入信号 d 的显示代码。

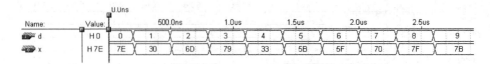

图 5-6　七段显示译码器工作时序

4. 多路分配器

多路分配器的作用是为输入信号选择输出,在计算机和通信设备中往往用于信号的分配。一个 1-8 多路分配器如图 5-7 所示,它有 1 根输入信号线 data,3 根选择信号线 s0、s1、s2,1 根使能信号线 enable 和 8 根输出线 y0~y7,其 VHDL 描述如例 5-47 所示。

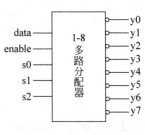

图 5-7　1-8 多路分配器

【例 5-47】　多路分配器

```vhdl
LIBRARY IEEE;
USE IEEE.STD_LOGIC_1164.ALL;
ENTITY dmux1to8 IS
  PORT(data,enable:IN STD_LOGIC;                    -- 分别为输入和使能端口
      s:IN STD_LOGIC_VECTOR(2 DOWNTO 0);           -- 选择信号端口
      y0,y1,y2,y3,y4,y5,y6,y7:OUT STD_LOGIC);      -- 输出端口
END dmux1to8;
ARCHITECTURE a OF dmux1to8 IS
BEGIN
  PROCESS(enable,s,data)
  BEGIN
    IF enable = '0' THEN
    y0 <= '1';y1 <= '1';y2 <= '1';y3 <= '1';y4 <= '1';
    y5 <= '1';y6 <= '1';y7 <= '1';
    ELSIF s = "000" THEN
      y0 <= NOT(data);
    ELSIF s = "001" THEN
      y1 <= NOT(data);
    ELSIF s = "010" THEN
      y2 <= NOT(data);
    ELSIF s = "011" THEN
      y3 <= NOT(data);
    ELSIF s = "100" THEN
      y4 <= NOT(data);
    ELSIF s = "101" THEN
      y5 <= NOT(data);
    ELSIF s = "110" THEN
```

```
        y6 < = NOT(data);
     ELSIF s = "111" THEN
        y7 < = NOT(data);
     END IF;
   END PROCESS;
END a;
```

例 5-42 的工作时序如图 5-8 所示。从图中可以看出,根据不同的选择信号 s,可以把输入信号在不同的输出端输出。

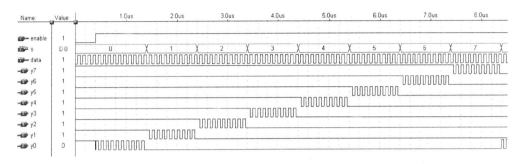

图 5-8　1-8 多路分配器工作时序

5．多位加法运算

例 5-48 的程序实现对输入操作数 a、b 作加法运算。

【例 5-48】 多位加法运算

```
LIBRARY IEEE;
USE IEEE.STD_LOGIC_1164.ALL;
USE IEEE.STD_LOGIC_UNSIGNED.ALL;
ENTITY adder IS
  PORT(a,b:IN STD_LOGIC_VECTOR(7 DOWNTO 0);      -- 输入两个 8 位二进制数
       cin:IN STD_LOGIC;                         -- 低位来的进位
         s:OUT STD_LOGIC_VECTOR(8 DOWNTO 0));    -- 输出 8 位结果及产生的进位
END adder;
ARCHITECTURE behave OF adder IS
BEGIN
  s < = ('0'&a) + ('0'&b) + ("00000000"&cin);
END behave;
```

例 5-48 的工作时序如图 5-9 所示。从图中可以看出,输出信号 s 实现了输入信号 a、b 和 cin 的多位加法运算。

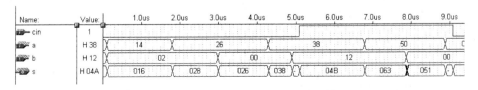

图 5-9　多位加法器工作时序

6. 三态门及总线缓冲器

三态门及总线缓冲器是驱动电路经常用到的器件。

1) 三态门电路

三态门是计算机应用系统经常要用到的逻辑部件,其 VHDL 描述如例 5-49 所示。

【例 5-49】 三态门电路

```
LIBRARY IEEE;
USE IEEE.STD_LOGIC_1164.ALL;
ENTITY tristate IS
    PORT(en,din:IN STD_LOGIC;              -- en 为使能端口,din 为输入端口
         dout:OUT STD_LOGIC);              -- 输出端口
END tristate;
ARCHITECTURE tri OF tristate IS
BEGIN
    PROCESS(en,din)
    BEGIN
      IF en = '1' THEN
          dout <= din;
      ELSE
          dout <= 'Z';
      END IF;
    END PROCESS;
END tri;
```

例 5-49 的工作时序如图 5-10 所示。从图中可以看出,当使能信号 en 为高电平时,输出信号为输入信号,当使能信号为低电平时,输出信号处在高阻状态。

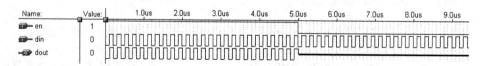

图 5-10　三态门工作时序

2) 单向总线驱动器

在微型计算机的总线驱动中经常要用到单向总线缓冲器,它通常由多个三态门组成,用来驱动地址总线和控制总线。一个 8 位单向总线缓冲器如图 5-11 所示,其对应的 VHDL 描述如例 5-50 所示。

【例 5-50】 8 位单向总线缓冲器

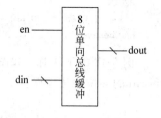

图 5-11　8 位单向总线缓冲器

```
LIBRARY IEEE;
USE IEEE.STD_LOGIC_1164.ALL;
ENTITY trl_buf8 IS
    PORT(din:IN STD_LOGIC_VECTOR(7 DOWNTO 0);      -- 输入 8 位二进制数
         dout:OUT STD_LOGIC_VECTOR(7 DOWNTO 0);    -- 输出 8 位二进制数
           en:IN STD_LOGIC);                       -- 使能端口
END trl_buf8;
```

```
ARCHITECTURE behave OF trl_buf8 IS
BEGIN
  PROCESS(en,din)
  BEGIN
    IF(en = '1')THEN
      dout < = din;
    ELSE
      dout < = "ZZZZZZZZ";
    END IF;
  END PROCESS;
END behave;
```

例 5-50 的工作时序如图 5-12 所示。该图与图 5-10 类似,只是数据位较多。

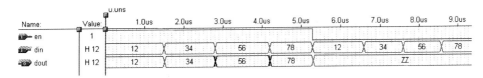

图 5-12　8 位单向总线缓冲器工作时序

3) 双向总线驱动器

双向总线缓冲器用于对数据总线的驱动和缓冲,典型的双向总线缓冲器如图 5-13 所示,图中的双向总线缓冲器有两个数据输入输出端 a 和 b,一个方向控制端 dir 和一个选通端 en。en＝0 时双向总线缓冲器选通,若 dir＝0,则 a＝b,反之则 b＝a。其 VHDL 描述如例 5-51 所示。

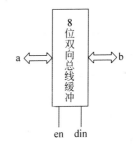

图 5-13　8 位双向总线缓冲器

【例 5-51】　8 位双向总线缓冲器源程序

```
LIBRARY IEEE;
USE IEEE.STD_LOGIC_1164.ALL;
ENTITY bidir IS
  PORT(a,b:INOUT STD_LOGIC_VECTOR(7 DOWNTO 0);      -- 双向端口
       en,dir:IN STD_LOGIC);                        -- 使能和方向端口
END bidir;
ARCHITECTURE bi OF bidir IS
  SIGNAL aout,bout:STD_LOGIC_VECTOR(7 DOWNTO 0);
BEGIN
  PROCESS(a,en,dir)
  BEGIN
    IF((en = '0')and(dir = '1'))THEN bout < = a;
    ELSE
      bout < = "ZZZZZZZZ";
    END IF;
    b < = bout;
  END PROCESS;
  PROCESS(b,en,dir)
  BEGIN
    IF((en = '0')and(dir = '0'))THEN aout < = b;
```

```
   ELSE
      aout <= "ZZZZZZZZ";
   END IF;
   a <= aout;
 END PROCESS;
END bi;
```

例5-51的工作时序如图5-14所示。从图中可以看出,en=0时双向总线缓冲器选通,若dir=0,则a=b,反之则b=a。

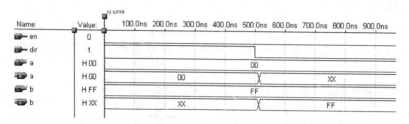

图 5-14　8位双向总线缓冲器工作时序

5.7.2　时序逻辑电路设计

5.7.1节介绍的组合逻辑电路中没有记忆元件,当输入信号发生变化时,输出信号随之变化。而时序电路中含有记忆元件,输出信号与时钟有关,当时钟脉冲到来之前,输出保持原来状态,只有在时钟脉冲到来之时,输出信号才发生改变;输出信号值取决于时钟有效沿来临之时激励端的输入信号值。在时序逻辑电路中,记忆元件为触发器。在CPLD/FPGA器件中,常用的触发器为D触发器,其他类型的触发器都可由D触发器构成。

时序电路可分为同步电路和异步电路。在同步电路中,所有触发器的时钟都接在一个时钟线上;而异步电路各触发器的时钟不接在一起。大多数可编程器件的内部结构是同步电路。

常用的时序电路有触发器、锁存器、计数器和移位寄存器等。D触发器已在前面作了介绍,下面再介绍一些常见的时序电路。

1. JK触发器

一个基本的JK触发器有两个数据输入端j和k,一个时钟输入端clk和两个反相输出端q和nq,JK触发器的VHDL描述如例5-52所示。

【例5-52】 JK触发器

```
LIBRARY IEEE;
USE IEEE.STD_LOGIC_1164.ALL;
ENTITY jkff IS
   PORT(clk,j,k:IN STD_LOGIC;
        q,nq:OUT STD_LOGIC);
END jkff;
ARCHITECTURE behave OF jkff IS
   SIGNAL q_s,nq_s:STD_LOGIC;
```

```
BEGIN
  PROCESS(clk,j,k)
  BEGIN
    IF(clk'EVENT AND clk = '1')THEN
      IF(j = '0')AND(k = '1')THEN                   -- j = '0'和 k = '1'状态
        q_s <= '0';
        nq_s <= '1';
      ELSIF(j = '1')AND(k = '0')THEN                -- j = '1'和 k = '0'状态
        q_s <= '1';
        nq_s <= '0';
      ELSIF(j = '1')AND(k = '1')THEN                -- j = '1'和 k = '1'状态
        q_s <= NOT q_s;
        nq_s <= NOT nq_s;
      END IF;
    END IF;
    q <= q_s;
    nq <= nq_s;
  END PROCESS;
END behave;
```

例 5-52 的工作时序如图 5-15 所示。从图中可以看出,当 j＝0 且 k＝0 时,JK 触发器状态保持不变;当 j 和 k 不相同时,触发器状态同 j 状态;当 j＝k＝1 时,每来一个时钟脉冲,触发器状态翻转一次。

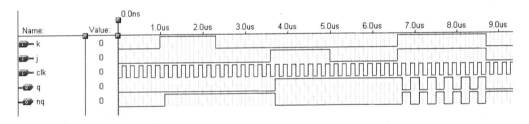

图 5-15 JK 触发器工作时序

2. 8 位锁存器

锁存器仍然是一种触发器,在控制信号有效的时候,输出信号随着数据输入的变化而变化。8 位锁存器的 VHDL 描述如例 5-53 所示。

【例 5-53】 8 位锁存器

```
LIBRARY IEEE;
USE IEEE.STD_LOGIC_1164.ALL;
ENTITY reg_8 IS
  PORT(d:IN STD_LOGIC_VECTOR(0 TO 7);
    clk:IN STD_LOGIC;
      q:OUT STD_LOGIC_VECTOR(0 TO 7));
END reg_8;
ARCHITECTURE behave OF reg_8 IS
BEGIN
  PROCESS(clk)
  BEGIN
```

```
        IF(clk'EVENT AND clk = '1')THEN          -- 时钟到来
          q <= d;                                -- 信号锁存
        END IF;
      END PROCESS;
  END behave;
```

例 5-53 的工作时序如图 5-16 所示。从图中可以看出,每来一个时钟信号后,就能够把输入信号值锁存住。

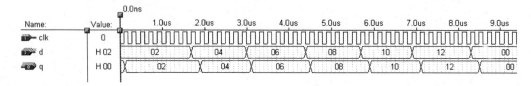

图 5-16　8 位锁存器工作时序

3. 异步复位和置位、同步预置的 4 位计数器

计数器是数字设备中的基本逻辑单元,它不仅可以用在对时钟脉冲的计数上,还可以用于分频、定时产生脉冲序列以及进行数字运算等。具有异步复位和置位、同步预置功能的 4 位计数器的 VHDL 描述如例 5-54 所示。

【例 5-54】　4 位计数器

```
LIBRARY IEEE;
USE IEEE.STD_LOGIC_1164.ALL;
USE IEEE.STD_LOGIC_ARITH.ALL;
USE IEEE.STD_LOGIC_UNSIGNED.ALL;
ENTITY cnt41 IS
    PORT(pst,clk,enable,rst,load:IN STD_LOGIC;
          -- pst 为置位信号,clk 为时钟信号,enable 为使能信号,rst 为复位信号,load 为预置信号
          data:IN STD_LOGIC_VECTOR(3 DOWNTO 0);     -- 预置输入数据
          cnt:BUFFER STD_LOGIC_VECTOR(3 DOWNTO 0)); -- 计数器输出
END cnt41;
ARCHITECTURE behave OF cnt41 IS
BEGIN
  count:PROCESS(rst,clk,pst)
  BEGIN
    IF rst = '1' THEN                    -- 异步复位
      cnt <= (OTHERS => '0');
    ELSIF pst = '1' THEN                 -- 异步置位
      cnt <= (others => '1');
    ELSIF(clk'EVENT AND clk = '1')THEN
      IF load = '1' THEN                 -- 同步预置
        cnt <= data;
      ELSIF enable = '1' THEN
        cnt <= cnt + 1;                  -- 计数
      END IF;
    END IF;
  END PROCESS count;
END behave;
```

上述的 4 位计数器也可用整数形式实现,描述如下:

```
LIBRARY IEEE;
USE IEEE.STD_LOGIC_1164.ALL;
ENTITY cnt41 IS
   PORT(clk,enable,rst,pst,load:IN BIT;
         data:IN INTEGER RANGE 0 to 15;
            q:OUT INTEGER RANGE 0 TO 15);
END cnt41;
ARCHITECTURE behave OF cnt41 IS
BEGIN
   PROCESS(clk,rst,pst)
      VARIABLE cnt:INTEGER RANGE 0 TO 15;
   BEGIN
      IF rst = '1' THEN
         cnt := 0;
      ELSIF pst = '1' THEN
         cnt := 15;
      ELSIF(clk'EVENT AND clk = '1')THEN
         IF load = '1' THEN
            cnt := data;
         ELSIF enable = '1' THEN
            cnt := cnt + 1;
         END IF;
      END IF;
      q <= cnt;
   END PROCESS ;
END behave;
```

例 5-54 的工作时序如图 5-17 所示。从图中可以看出,当 rst=1 时,输出信号清零;当 pst=1 时,输出信号置1;当 load=1 时,实现预置功能,预置完毕,即可实现计数功能。

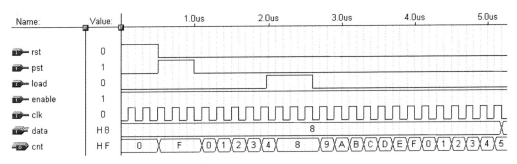

图 5-17 异步复位和置位、同步预置的 4 位计数器工作时序

4. 同步计数器

所谓同步计数器是指在时钟脉冲的控制下,构成计数器的各触发器的状态同时发生变化的一类计数器。例 5-55 是一个模为 60,具有异步复位、同步置数功能的 8421BCD 码计数器。

【例 5-55】 同步计数器

```
LIBRARY IEEE;
```

```
USE IEEE.STD_LOGIC_1164.ALL;
USE IEEE.STD_LOGIC_UNSIGNED.ALL;
ENTITY cntm60 IS
   PORT(clk,ena, nreset, load:IN STD_LOGIC;
        d:IN STD_LOGIC_VECTOR(7 DOWNTO 0);
        co:OUT STD_LOGIC;
        qh:BUFFER STD_LOGIC_VECTOR(3 DOWNTO 0);
        ql:BUFFER STD_LOGIC_VECTOR(3 DOWNTO 0));
END cntm60;
ARCHITECTURE behave OF cntm60 IS
BEGIN
   co <= '1' WHEN (qh = "0101" AND ql = "1001" AND ena = '1')ELSE '0';
   PROCESS(clk,nreset)
   BEGIN
     IF(nreset = '0') THEN                    -- 异步清零
       qh <= "0000";
       ql <= "0000";
     ELSIF(clk'EVENT AND clk = '1') THEN
       IF(load = '1')THEN                     -- 同步预置
         qh <= d(7 downto 4);
         ql <= d(3 downto 0);
       ELSIF(ena = '1')THEN                   -- 模 60 的实现
         IF(ql = 9)THEN
           ql <= "0000";                      -- 低 4 位清零
           IF(qh = 5) THEN
             qh <= "0000";                    -- 高 4 位清零
           ELSE                               -- 计数功能的实现
             qh <= qh + 1;
           END IF;
         ELSE
           ql <= ql + 1;                      -- 低 4 位加 1
         END IF;
       END IF;
     END IF;
   END PROCESS;
END behave;
```

例 5-55 的工作时序如图 5-18 所示。从图中可以看出,当 load=1 时,把输入信号 56 预置到输出端,然后开始计数,计到 60 时,重新从 0 开始计数。

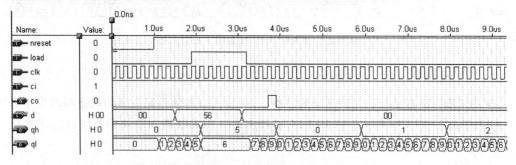

图 5-18　模为 60 的同步计数器工作时序

5. 序列信号发生器

在数字信号的传输和数字系统的测试中,有时需要用到一组特定的串行数字信号,产生序列信号的电路称为序列信号发生器。例 5-56 就是一"01111110"的序列发生器的 VHDL 描述,该电路可由计数器与数据选择器构成。

【例 5-56】 序列信号发生器

```
LIBRARY IEEE;
USE IEEE.STD_LOGIC_1164.ALL;
USE IEEE.STD_LOGIC_ARITH.ALL;
USE IEEE.STD_LOGIC_UNSIGNED.ALL;
ENTITY senqgen IS
  PORT(clk,clr,clock:IN STD_LOGIC;
                  zo:OUT STD_LOGIC);
END senqgen;
ARCHITECTURE behave OF senqgen IS
  SIGNAL count:STD_LOGIC_VECTOR(2 DOWNTO 0);
  SIGNAL z:STD_LOGIC:= '0';
BEGIN
  PROCESS(clk,clr)
  BEGIN
    IF (clr = '1') THEN count <= "000";
    ELSE
      IF(clk = '1' AND clk'EVENT) THEN
        IF(count = "111")THEN count <= "000";
        ELSE count <= count + '1';
        END IF;
      END IF;
    END IF;
  END PROCESS;
  PROCESS(count)
  BEGIN
    CASE count IS
      WHEN "000" => z <= '0';
      WHEN "001" => z <= '1';
      WHEN "010" => z <= '1';
      WHEN "011" => z <= '1';
      WHEN "100" => z <= '1';
      WHEN "101" => z <= '1';
      WHEN "110" => z <= '1';
      WHEN "111" => z <= '0';
      WHEN OTHERS => z <= '0';
    END CASE;
  END PROCESS;
  PROCESS(clock,z)
  BEGIN
    IF(clock'EVENT AND clock = '1')THEN
      zo <= z;
    END IF;
```

```
END PROCESS;
END behave;
```

例 5-56 的工作时序如图 5-19 所示。从图中可以看出,输出信号实现了"01111110"的序列代码。

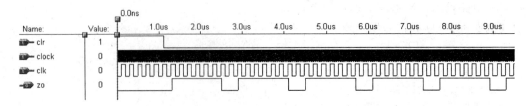

图 5-19   序列信号发生器工作时序

5.8   VHDL 与原理图混合设计方式

前面分别介绍了原理图设计方式和 VHDL 设计方式,实际上,很多较为复杂的设计采用的是两者的结合,即采用 VHDL 与原理图混合方式来进行设计。一般情况下,使用 VHDL 语言描述底层模块,再应用原理图设计方法设计顶层原理图文件。下面就一个 4 位二进制计数译码显示器的设计来进行说明。

5.8.1   4 位二进制计数器的 VHDL 设计

例 5-57 是 4 位二进制计数器的 VHDL 源程序,该文件名取为 cnt4。

【例 5-57】   4 位二进制计数器的 VHDL 描述

```
LIBRARY IEEE;
USE IEEE.STD_LOGIC_1164.ALL;
USE IEEE.STD_LOGIC_ARITH.ALL;
USE IEEE.STD_LOGIC_UNSIGNED.ALL;
ENTITY cnt4 IS
  PORT(pst,clk,rst,enable,load:IN STD_LOGIC;
      data:IN STD_LOGIC_VECTOR( 3 DOWNTO 0);
        cnt: BUFFER std_logic_vector (3 DOWNTO 0));
END cnt4;
ARCHITECTURE a OF cnt4 IS
BEGIN
  count:PROCESS(rst,clk,pst)
  BEGIN
    IF rst = '1' THEN                          -- 复位
      cnt <= (others => '0');
    ELSIF pst = '1' THEN                       -- 置位
      cnt <= (others => '1');
    ELSIF (clk'event and clk = '1') THEN
      IF load = '1' THEN
        cnt <= data;                           -- 预置
      ELSIF enable = '1' THEN
```

```
        cnt < = cnt + 1;                          -- 计数
      END IF;
    END IF;
  END PROCESS count;
END a;
```

文件存盘后,为了能在图形编辑器中调用该计数器,需要为该计数器创建一个元件图形符号。选择 File→Create Default Symbol 选项,MAX+plus Ⅱ 将打开询问是否将当前工程设为 cnt4 的对话框,可单击"确定"按钮。这时 MAX+plus Ⅱ 调出编译器对 cnt4. vhd 进行编译,编译后生成 cnt4 的图形符号。如果源程序有错,要对源程序进行修改,重复上面的步骤,直到此元件符号创建成功。

5.8.2 七段显示译码器的 VHDL 设计

decl7s. vhd 完成七段显示译码器的功能,用来将 4 位二进制数译码为驱动七段数码管的显示信号。decl7s. vhd 及其元件符号的创建过程同 5. 8. 1 节,文件放在同一目录 D:\mylx\GUIDE 内,其源程序如例 5-58 所示。

【例 5-58】 七段显示译码器的 VHDL 描述

```
LIBRARY IEEE ;
USE IEEE. STD_LOGIC_1164. ALL ;
ENTITY decl7s IS
   PORT (a: IN   STD_LOGIC_VECTOR(3 DOWNTO 0) ;
         led7s:OUT STD_LOGIC_VECTOR(6 DOWNTO 0)) ;
END decl7s;
ARCHITECTURE one OF decl7s IS
BEGIN
   PROCESS(a)
   BEGIN
    CASE   a(3 DOWNTO 0)   IS
      WHEN "0000" =>  led7s < = "0111111" ; -- X"3F"→0
      WHEN "0001" =>  led7s < = "0000110" ; -- X"06"→1
      WHEN "0010" =>  led7s < = "1011011" ; -- X"5B"→2
      WHEN "0011" =>  led7s < = "1001111" ; -- X"4F"→3
      WHEN "0100" =>  led7s < = "1100110" ; -- X"66"→4
      WHEN "0101" =>  led7s < = "1101101" ; -- X"6D"→5
      WHEN "0110" =>  led7s < = "1111101" ; -- X"7D"→6
      WHEN "0111" =>  led7s < = "0000111" ; -- X"07"→7
      WHEN "1000" =>  led7s < = "1111111" ; -- X"7F"→8
      WHEN "1001" =>  led7s < = "1101111" ; -- X"6F"→9
      WHEN "1010" =>  led7s < = "1110111" ; -- X"77"→10
      WHEN "1011" =>  led7s < = "1111100" ; -- X"7C"→11
      WHEN "1100" =>  led7s < = "0111001" ; -- X"39"→12
      WHEN "1101" =>  led7s < = "1011110" ; -- X"5E"→13
      WHEN "1110" =>  led7s < = "1111001" ; -- X"79"→14
      WHEN "1111" =>  led7s < = "1110001" ; -- X"71"→15
      WHEN OTHERS =>  NULL ;
    END CASE ;
  END PROCESS ;
END one;
```

5.8.3　顶层文件原理图设计

top. gdf 是本项示例的最顶层的图形设计文件,调用了 5.8.1 节和 5.8.2 节创建的两个功能元件,将 cnt4. vhd 和 decl7s. vhd 两个模块组装起来,成为一个完整的设计。

选择图形编辑器窗口 Graphic Editor,绘出如图 5-20 所示的原理图。将此顶层原理图文件取名为 top. gdf,或其他名字,并写入 File Name 中,存入同一目录中。

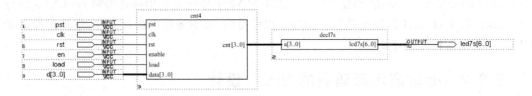

图 5-20　顶层设计原理图

最后开始编译和综合。如前那样,选择 MAX＋plus Ⅱ→Compiler 选项,在此可运行编译器(此编译器将一次性完成编译、综合、优化、逻辑分割和适配/布线等操作)。如果源程序有错误,双击红色的错误信息即可返回图形或文本编辑器进行修改,然后再次编译,直到通过。通过后双击 Fitter 下的 rpt 标记,即可进入适配报告,以便了解适配情况,然后了解引脚的确定情况是否与以上设置一致,关闭编辑器。

编译完成后,还可以进行仿真顶层设计文件,方法与前述有关内容相同。得到的仿真波形图如图 5-21 所示。

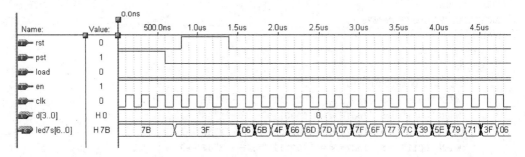

图 5-21　4 位二进制计数器仿真波形图

5.8.4　查看工程的层次结构

MAX＋plus Ⅱ 的层次显示工具可以显示当前工程的层次结构,使设计者对工程的组成模块及其之间的关系一目了然,并可方便地穿越层次,根据工程内不同的设计文件自动打开相应的编辑器。

1. 打开层次显示窗口

在当前工程为 top 的情况下,在菜单栏中选择 MAX＋plus Ⅱ→Hierarchy Display 选项即可打开工程 top 的层次显示窗口,如图 5-22 所示。当前工程的层次树中的每个文件都显示在层次显示窗口内,旁边的图标代表了各自的文件类型。

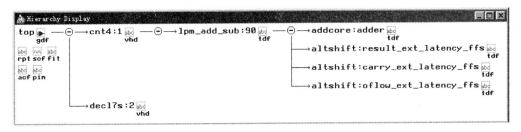

图 5-22　top 工程的层次显示窗口

2．打开层次树中的文件

层次显示窗口可以让设计者迅速打开层次中的设计文件和辅助文件，或将其带至前台。当从层次显示窗口打开一个文件时，MAX＋plus Ⅱ会根据文件类型自动打开相应的编辑器。

下面打开 top.gdf，将其带至前台。双击 top 文件名旁边的 gdf 图标按钮，图形编辑器启动并把 top.gdf 带至前台。这时层次显示窗口中 top 文件名旁边的 gdf 图标上会出现一道横线，标志当前打开的设计文件，如图 5-23 所示。

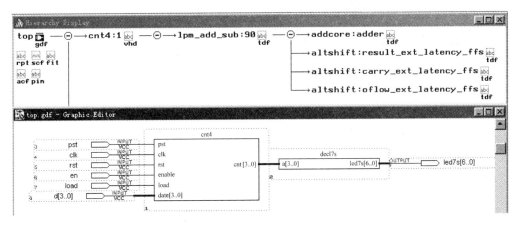

图 5-23　打开层次树中的文件

3．关闭层次中的文件

首先返回层次显示窗口，再单击 top 旁的 gdf 图标按钮，选中它（当要对层次显示窗口内的多个设计文件同时操作时，可以按住 Shift 键不放再单击多个图标选中它们）；然后在菜单栏中选择 File→Close Editor 选项，或右键单击图标按钮，在打开的菜单中选择 Close Editor 选项，这样就可以关闭已打开的设计文件。

4．关闭层次显示窗口

单击窗口关闭按钮，即可方便关闭层次显示窗口。

思考题与习题

1. 试说明实体端口模式 BUFFER 和 INOUT 的不同之处。

2. VHDL 的数据对象有哪几种？它们之间有什么不同？

3. 说明下面各定义的意义。

```
SIGNAL a,b,c: BIT := '0';
CONSTANT TIME1,TIME2: TIME: 20ns;
VARIABLE x,y,z: STD_LOGIC := 'X';
```

4. 什么是重载函数？重载运算符有何用处？如何调用重载运算符函数？

5. 数据类型 BIT、INTEGER、BOOLEAN 分别定义在哪个库中？哪些库和程序包总是可见的？

6. 函数和过程有什么区别？

7. 若在进程中加入 WAIT 语句，应注意哪几个方面的问题？

8. 哪些情况下需要用到程序包 STD_LOGIC_UNSIGNED？试举一例。

9. 为什么说一条并行赋值语句可以等效为一个进程？如果是这样的话，怎样实现敏感信号的检测？

10. 比较 CASE 语句与 WITH…SELECT 语句，叙述它们的异同点。

11. 将以下程序段转换为 WHEN…ELSE 语句。

```
PROCESS(a,b,c,d)
BEGIN
  IF a = '0' AND b = '1' THEN next1 <= "1101";
  ELSIF a = '0' THEN next1 <= d;
  ELSIF b = '1' THEN next1 <= c;
  ELSE next1 <= "1011";
  END IF;
END PROCESS;
```

12. 试给出一位全减器的算法描述、数据流描述、结构描述和混合描述。

13. 用 VHDL 描述下列器件的功能。

(1) 十进制-BCD 码编码器，输入、输出均为低电平有效。

(2) 时钟(可控)RS 触发器。

(3) 带复位端、置位端、延时为 15ns 的响应 CP 下降沿的 JK 触发器。

(4) 集成计数器 74161。

(5) 集成移位寄存器 74194。

14. 用 VHDL 描述一个三态输出的双 4 选 1 的数据选择器，其地址信号共用，且各有一个低电平有效的使能端。

15. 试用并行信号赋值语句分别描述下列器件的功能。

(1) 3-8 译码器

(2) 8 选 1 数据选择器

16. 利用生成语句描述一个由 n 个一位全减器构成的 n 位减法器，n 的默认值为 4。

17. 用 VHDL 设计实现输出占空比为 50% 的 1000 分频器。

18. 用 VHDL 描述一个单稳态触发器，定时时间由类属参数决定。该触发器有 a、b 两个触发信号输入端，a 为上升沿触发（当 b＝1 时），b 为下降沿触发（当 a＝0 时）；有 q 和 q̄ 两个输出端，分别输出正、负两种脉冲信号。

19. 某通信接收机的同步信号为巴克码 1110010。设计一个检测器，其输入为串行码 x，输出为检测结果 y，当检测到巴克码时，输出 1。

第6章 有限状态机设计

有限状态机及其设计技术是实用数字系统设计中的重要组成部分,是实现高效率、高可靠逻辑控制的重要途径。利用 VHDL 设计的实用逻辑系统中,有许多是可以利用有限状态机的设计方案来描述和实现的,尤其是同步时序逻辑的问题。状态机的实现符合人的思维逻辑,对大型系统的设计和实现很有帮助。本章基于实用的目的,重点介绍用 VHDL 设计不同类型有限状态机的方法,同时考虑设计中许多必须重点关注的问题。

6.1 概述

6.1.1 关于状态机

通俗地说,状态机就是事物存在状态的一种综合描述。例如,一个单向路口的一盏红绿灯,它有"亮红灯"、"亮绿灯"和"亮黄灯"3 种状态。在满足不同的条件时,3 种状态互相转换。转换的条件可以是经过多少时间,例如经过 60 秒钟,由"亮红灯"状态变为"亮绿灯"状态;也可以是特殊条件,例如有紧急情况,不论处于什么状态都将转变为"亮红灯"状态。而所谓的状态机,就是对这盏红绿黄灯的 3 种状态进行综合描述,说明任意两个状态之间的转换条件。当然,这是一个最简单的例子,如果是十字路口的红绿灯就要复杂一些了。

用 VHDL 设计的状态机有多种形式,从状态机的信号输出方式上分,有 Mealy(米立)型和 Moore(摩尔)型两种状态机,在摩尔状态机中,其输出只是当前状态值的函数,并且仅在时钟边沿到来时才发生变化。米立状态机的输出则是当前状态值和当前输入值的函数;从结构上分,有单进程状态机和多进程状态机;从状态表达方式上分有符号化状态机和确定状态编码的状态机;从编码方式上分,有顺序编码状态机、一位热码编码状态机和其他编码方式状态机等。

6.1.2 状态机的特点

在进行数字系统设计的时候,如果考虑实现一个控制功能,通常可以选择状态机来实现,无论与基于 VHDL 的其他设计方案相比,还是与可完成相似功能的 CPU 相比,状态机都有其难以超越的优越性,它主要表现在以下几方面。

(1) 有限状态机克服了纯硬件数字系统顺序方式控制不灵活的缺点。状态机的工作方式是根据控制信号按照预先设定的状态进行顺序运行的,状态机是纯硬件数字系统中的顺序控制电路,因此状态机在其运行方式上类似于控制灵活和方便的CPU,而在运行速度和工作可靠性方面都优于CPU。

(2)由于状态机的结构模式相对简单,设计方案相对固定,特别是可以定义符号化枚举类型的状态,这一切都为VHDL综合器尽可能发挥其强大的优化功能提供了有利条件。而且,性能良好的综合器都具备许多可控或自动的专门用于优化状态机的功能。

(3)状态机容易构成性能良好的同步时序逻辑模块,这对于对付大规模逻辑电路设计中的竞争冒险现象无疑是一个较好的选择。为了消除电路中的毛刺现象,在状态机设计中有多种设计方案可供选择。

(4)与VHDL的其他描述方式相比,状态机的VHDL表述丰富多样、程序层次分明,结构清晰,易读易懂;在排错、修改和模块移植方面也有其独到的特点。

(5)在高速运算和控制方面,状态机更有其巨大的优势。CPU是按照指令周期,以逐条执行指令的方式运行的;每执行一条指令,通常只能完成一个简单的操作,而一个指令周期须由多个机器周期构成,一个机器周期又由多个时钟周期构成;一个含有运算和控制的完整设计程序往往需要成百上千条指令。相比之下,状态机状态变换周期只有一个时钟周期,而且,由于在每一状态中,状态机可以完成许多并行的运算和控制操作,所以,一个完整的控制程序,即使由多个并行的状态机构成,其状态数是十分有限的。一般由状态机构成的硬件系统比CPU所能完成同样功能的软件系统的工作速度要高出三四个数量级。

(6)就可靠性而言,状态机的优势也是十分明显的。首先它是由纯硬件电路构成,不存在CPU运行软件过程中许多固有的缺陷;其次是由于状态机的设计中能使用各种完整的容错技术;再次是当状态机进入非法状态并从中跳出,进入正常状态所耗的时间十分短暂,通常只有两三个时钟周期,约数十个微秒,尚不足以对系统的运行构成损害;而CPU通过复位方式从非法运行方式中恢复过来,耗时达数十毫秒,这对于高速高可靠系统显然是无法容忍的。

6.1.3 状态机的基本结构和功能

图6-1是一个状态机的结构框图。除了输入信号、输出信号外,状态机还包括一组寄存器记忆状态机的内部状态。状态机的下一个状态及输出,不仅同输入信号有关,而且还与寄存器的当前状态有关,状态机可以认为是组合逻辑和寄存器逻辑的特殊组合。它包括两个主要部分:组合逻辑部分和寄存器部分。寄存器部分用于存储状态机的内部状态;组合逻辑部分又分为状态译码器和输出译码器,状态译码器确定状态机的下一个状态,输出译码器确定状态机的输出。

状态机的基本操作有两种。

(1)状态机内部状态转换。状态机要经历一系列状态,下一状态由状态译码器根据当前状态和输入条件决定。

(2)产生输出序列。输出信号由输出译码器根据当前状态和输入条件决定。

大多数实用的状态机都是同步时序电路,由时钟信号触发状态转换。

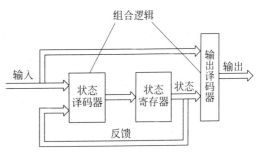

图 6-1 状态机的结构示意图

6.2　一般有限状态机的设计

用 VHDL 可以设计不同表达方式和不同实用功能的状态机,然而它们都有相对固定的语句和程序表达方式,只要掌握了这些固定的语句表达部分,就能根据实际需要写出各种不同风格的 VHDL 状态机。

为了能获得可综合的、高效的 VHDL 状态机描述,建议使用枚举类型来定义状态机的状态,并使用多进程方式来描述状态机的内部逻辑。例如可使用两个进程来描述,一个进程描述时序逻辑功能,通常称为时序进程;另一个进程描述组合逻辑功能,通常称为组合进程。必要时还可引入第 3 个进程完成其他的逻辑功能,另外还需要相应的说明部分。也就是说一般的状态机通常包含说明部分、时序进程、组合进程、辅助进程等几个部分。

6.2.1　一般有限状态机的组成

1. 说明部分

说明部分中使用 TYPE 语句定义新的数据类型,此数据类型一般为枚举类型,其中每一个状态名可任意选取,但从文件的角度来看,状态名最好有解释性意义。状态量(如现态和次态)应定义为信号,便于信息传递,并将状态量的数据类型定义为含有既定状态元素的新定义的数据类型,例如:

```
TYPE state_type IS (start_state,run_state,error_state);
SIGNAL state:state_type;
```

其中新定义的数据类型名是 state_type,其类型的元素分别为 start_state、run_state、error_state,使其表达状态机的 3 个状态。定义信号 SIGNAL 的状态量是 state,它的数据类型被定义为 state_type。因此状态量 state 的取值范围在数据类型 state_type 所限定的 3 个元素中。

适当选取状态名也有利于仿真,仿真器的波形窗口将按照类型定义的状态值显示当前所处的状态,便于观察和理解。

说明部分一般放在结构体的 ARCHITECTURE 和 BEGIN 之间。

2. 时序进程

时序进程是指负责状态机运转和在时钟驱动下负责状态转换的进程。状态机是随外部时钟信号,以同步时序方式工作的。因此,状态机中必须包含一个对工作时钟信号敏感的进程,作为状态机的"驱动泵",这就是时序进程。一般情况下,时序进程可以不负责下一状态的具体状态取值,它只是将代表次态的信号 next_state 中的内容送入现态的信号 current_state 中,而信号 next_state 中的内容完全由其他的进程根据实际情况来决定。

3. 组合进程

组合进程的任务是根据外部输入的控制信号(包括来自状态机外部的信号和来自状态

机内部其他的信号)和当前状态的状态值确定下一状态(next_state)的去向,即 next_state 的取值内容,以及确定对外输出或对内部其他组合或时序进程输出控制信号的内容。所有的状态均可表达为 CASE…WHEN 结构中的一条 CASE 语句,而状态的转移则通过 IF…THEN…ELSE 语句实现。

4. 辅助进程

用于配合状态机工作的组合进程或时序进程,例如为了完成某种算法的进程。用于配合状态机工作的其他时序进程,例如为了稳定输出设置的数据锁存器等。

一般状态机工作示意图如图 6-2 所示。

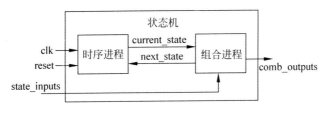

图 6-2　一般状态机工作示意图

6.2.2　设计实例

例 6-1 描述的状态机是由两个进程构成的,其中进程 REG 是时序进程,COM 是组合进程,其结构如图 6-2 所示。

【例 6-1】　一般状态机描述

```
LIBRARY IEEE;
USE IEEE.STD_LOGIC_1164.ALL;
ENTITY s_machine IS
  PORT(clk,reset:IN STD_LOGIC;
       state_inputs:IN STD_LOGIC_VECTOR(0 TO 1);
       comb_outputs:OUT STD_LOGIC_VECTOR(0 TO 1));
END s_machine;
ARCHITECTURE behave OF s_machine IS
  TYPE states IS(st0,st1,st2,st3);          --定义 states 为枚举型数据类型
  SIGNAL current_state,next_state:states;
BEGIN
  REG:PROCESS(reset,clk)                    --时序逻辑进程
  BEGIN
    IF reset = '1' THEN                     --异步复位
      current_state <= st0;
    ELSIF(clk = '1'AND clk'EVENT)THEN
      current_state <= next_state;          --当检测到时钟上升沿时转换至下一状态
    END IF;
  END PROCESS;                --由 current_state 将当前状态值带出此进程,进入进程 COM
  COM:PROCESS(current_state,state_inputs)   --组合逻辑进程
  BEGIN
    CASE current_state IS                   --确定当前状态的状态值
      WHEN st0 => comb_outputs <= "00";     --初始态译码输出
```

```
                IF state_inputs = "00" THEN        -- 根据外部的状态控制输入"00"
                    next_state <= st0;             -- 在下一时钟后,进程 REG 的状态维持为 st0
                ELSE
                    next_state <= st1;             -- 否则,在下一时钟后,进程 REG 的状态将为 st1
                END IF;
            WHEN st1 => comb_outputs <= "01";      -- 对应 st1 的译码输出"01"
                IF state_inputs = "00" THEN        -- 根据外部的状态控制输入"00"
                  next_state <= st1;               -- 在下一时钟后,进程 REG 的状态将维持为 st1
                ELSE
                  next_state <= st2;               -- 否则,在下一时钟后,进程 REG 的状态将为 st2
                END IF;
            WHEN st2 => comb_outputs <= "10";      -- 以下依次类推
                IF state_inputs = "11" THEN
                  next_state <= st2;
                ELSE
                  next_state <= st3;
                END IF;
            WHEN st3 => comb_outputs <= "11";
                IF state_inputs = "11" THEN
                  next_state <= st3;
                ELSE
                  next_state <= st0;
                END IF;
            END CASE;
        END PROCESS;                               -- 由信号 next_state 将下一状态值带出此进程,进入进程 REG
    END behave;
```

　　进程间一般是并行运行的,但由于敏感信号的设置不同以及电路的延时,在时序上,进程间的动作是有先后的。本例中,进程 REG 在时钟上升沿到来时,将首先运行,完成状态转换的赋值操作。如果外部控制信号 state_inputs 不变,只有当来自进程 REG 的信号 current_state 改变时,进程 COM 才开始动作。在此进程中,将根据 current_state 的值和外部控制信号 state_inputs 来决定下一时钟边沿到来后,进程 REG 的状态转换方向。状态机的两位组合输出 comb_outputs 是对当前状态的译码,可以通过这个输出值了解状态机内部的运行情况;同时可以利用外部控制信号 state_inputs 任意改变状态机的状态变化模式。

　　在设计中如果希望输出的信号具有寄存器锁存功能,则需要为此写出第 3 个进程,并把 clk 和 reset 信号放到敏感信号表中。

　　本例中,用于进程间信息间传递的信号 current_state 和 next_state,在状态机中称为反馈信号。在状态机中,信号传递的反馈机制的作用是实现当前状态的存储和下一个状态的设定等功能。

6.3　Moore 型状态机的设计

　　前面已经说过,从状态机的信号输出方式上分,有 Mealy 型和 Moore 型两类状态机。Mealy 型状态机的输出是当前状态和所有输入信号的函数,它的输出是在输入变化后立即发生的,不依赖时钟的同步。Moore 型状态机的输出则仅为当前状态的函数,这类状态机在输入发生变化后,还必须等待时钟的到来,时钟使状态发生变化时才导致输出的变化,所以比 Mealy 型状态机要多等待一个时钟周期,其状态机框图如图 6-3 所示。

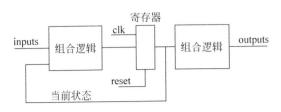

图 6-3　Moore 型状态机框图

6.3.1　多进程 Moore 型有限状态机

例 6-1 属于 Moore 型状态机,即当输入信号发生变化时,输出并不随输入的变化而立即变化,还必须等待时钟边沿的到来。

以下介绍 Moore 型状态机的另一个应用实例,即用状态机设计一 A/D 采样控制器。对 A/D 器件进行采样控制,传统的方法多数是用 CPU 或单片机完成的。编程简单,控制灵活,但缺点是控制周期长,速度慢。特别是当 A/D 本身的采样速度比较快时,CPU 的速度极大地限制了 A/D 的速度。这里以单片机对 A/D 器件 AD574 的采样控制为例加以说明。AD574 的采样周期平均为 $20\mu s$,即从启动 AD574 进行采样到 AD574 完成将模拟信号转换成 12 位数字信号的时间需要约 $20\mu s$。通常对某一个模拟信号至少必须进行一个周期的连续采样,在此假设为 50 个采样点,AD574 需时为 1ms。以 51 系列单片机为例,在控制 A/D 进行一个采样周期中必须完成的操作是:①初始化 AD574。②启动采样。③等待约 $20\mu s$。④发出读数命令。⑤分两次将 12 位转换好的数据从 AD574 读进单片机中。⑥分两次将此数存入外部 RAM 中。⑦外部 RAM 地址加 1,此后再进行第 2 次采样周期的控制。整个控制周期最少需要 30 条指令,每条指令平均为 2 个机器周期,如果单片机时钟的频率为 12MHz,则一个机器周期为 $1\mu s$,30 条指令的执行周期为 $60\mu s$,加上等待 AD574 采样周期的 $20\mu s$,共 $80\mu s$,50 个采样周期需时为 4ms。显然,用单片机控制 AD574 采样远远不能发挥其高速采样的特性。对于更高速的 A/D 器件,如用于视频信号采样的 TLC5540,采样速率达 40MHz,即采样周期是 $0.025\mu s$,远远小于一条单片机指令的指令周期。因此单片机对于此类高速的 A/D 器件完全无法控制。

如果使用状态机来控制 A/D 采样,包括将采得的数据存入 RAM(FPGA 内部 RAM 存储速率可达 10ns),整个采样周期需要四五个状态即可完成。若 FPGA 的时钟频率为 100MHz,则从一个状态向另一状态转移的时间为一个时钟周期,即 10ns,那么一个采样周期约 50ns,不到单片机 $60\mu s$ 采样周期的千分之一。由此可见,利用状态机对 A/D 进行采样控制是提高速度的一种行之有效的方法。

用状态机对 AD574 进行采样控制首先必须了解其工作时序,然后据此作出状态图和逻辑结构图,最后写出相应的 VHDL 代码。

表 6-1 是 AD574 的真值表,图 6-4 和图 6-5 分别是 AD574 的工作时序图和采样控制状态图。由状态图可以看到,在状态 st2 中需要对 AD574 的状态信号线 status 进行测试,如果仍为高电平(当启动 AD574 进行转换时,status 自动由低电平变成高电平),表示转换没

有结束,仍需要停留在 st2 状态中等待,直到 status 变成低电平后,才说明转换结束,在下一时钟脉冲到来时转向状态 st3。在状态 st3,由状态机向 AD574 发出转换好的 12 位数据输出允许命令,这一状态周期同时可作为数据输出稳定周期,以便能在下一状态中向锁存器中锁入可靠的数据。在状态 st4,由状态机向 FPGA 中的锁存器发出锁存信号,将 AD574 输出的数据进行锁存。

表 6-1　AD574 逻辑控制真值表(×表示任意)

ce	cs	rc	k12/8	a0	工作状态
0	×	×	×	×	禁止
×	1	×	×	×	禁止
1	0	0	×	0	启动 12 位转换
1	0	0	×	1	启动 8 位转换
1	0	1	1	×	12 位并行输出有效
1	0	1	0	0	高 8 位并行输出有效
1	0	1	0	1	低 4 位并行输出有效

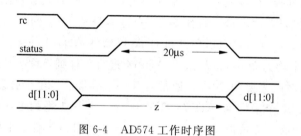

图 6-4　AD574 工作时序图

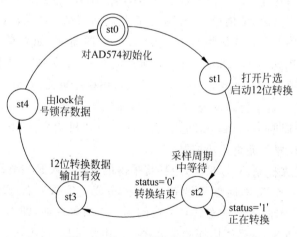

图 6-5　AD574 采样控制状态图

AD574 采样控制器的程序如例 6-2 所示,其程序结构可以用图 6-6 的框图描述。程序含 4 个进程。REG 进程是时序进程,它在时钟信号 clk 的驱动下,不断将 next_state 中的内容赋给 current_state,并由此信号将状态变量传输给另两个组合进程。组合进程 COM1 起着状态译码器的功能,它根据 current_state 信号中获得的状态变量,以及来自 AD574 的状态信号 status,决定下一状态的转移方向,即确定次态的状态变量。另一方面,组合进程

COM2 根据 current_state 中的状态变量确定对 AD574 的控制信号线 cs、a0 等输出相应的控制信号,当采样结束后还要通过 lock 向锁存器件进程 LATCH 发出锁存信号,以便将由 AD574 的 d[11..0]数据输出口输出的 12 位转换数据锁存起来。

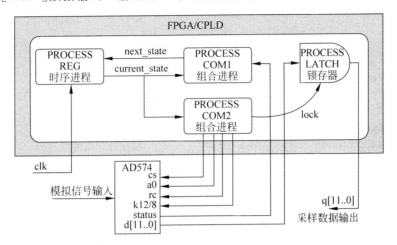

图 6-6   采样状态机结构框图

例 6-2 描述的状态机属于 Moore 状态机,由 4 个进程构成,分别为一个时序进程 REG、两个组合进程 COM1 和 COM2,外加一个辅助进程,即锁存器进程 LATCH,各进程分工明确。在一个完整的采样周期下,状态机中最先被启动的是以 clk 为敏感信号的时序进程,接着两个组合进程 COM1 和 COM2 被同时启动,因为它们以同一信号 current_state 为敏感信号。最后被启动的是锁存器进程,它是在状态机进入状态 st4 后被启动的,即此时 lock 产生了一个上升沿信号,从而启动进程 LATCH,将 AD574 在本采样周期输出的 12 位数据锁存到寄存器中,以便外部电路能从 q 端读到稳定正确的数据。当然也可以另外再作一个控制电路(可以是另一个状态机),将转换好的数直接存入 RAM 或 FIFO 中。

【例 6-2】   AD574 控制器描述

```
LIBRARY IEEE;
USE IEEE.STD_LOGIC_1164.ALL;
ENTITY ad574 IS
    PORT (d: IN STD_LOGIC_VECTOR(11 DOWNTO 0);
        clk,status: IN STD_LOGIC;                      -- 状态机时钟 clk,AD574 状态信号 status
        lock0:OUT STD_LOGIC;                           -- 内部锁存信号 lock 的测试信号
        cs,a0,rc,k12x8:OUT STD_LOGIC;                  -- AD574 控制信号
        q:OUT STD_LOGIC_VECTOR(11 DOWNTO 0));          -- 锁存数据输出
END ad574;
ARCHITECTURE behave OF ad574 IS
    TYPE states IS (st0,st1,st2,st3,st4);
    SIGNAL current_state,next_state:states：= st0;
    SIGNAL regl : STD_LOGIC_VECTOR(11 DOWNTO 0);
    SIGNAL lock : STD_LOGIC;
BEGIN
    k12x8 <= '1';lock0 <= lock;
    COM1:PROCESS(current_state,status)                 -- 决定转换状态的进程
```

```
    BEGIN
      CASE current_state IS
        WHEN st0 => next_state <= st1;
        WHEN st1 => next_state <= st2;
        WHEN st2 => IF (status = '1') THEN next_state <= st2;
                      ELSE next_state <= st3;
                      END IF;
        WHEN st3 => next_state <= st4;
        WHEN st4 => next_state <= st0;
        WHEN OTHERS => next_state <= st0;
      END CASE;
    END PROCESS COM1;
    COM2:PROCESS(current_state)                    -- 输出控制信号的进程
    BEGIN
      CASE current_state IS
        WHEN st0 => cs <= '1';a0 <= '1';rc <= '1';lock <= '0';     -- 初始化
        WHEN st1 => cs <= '0';a0 <= '0';rc <= '0';lock <= '0';     -- 启动 12 位转换
        WHEN st2 => cs <= '0';a0 <= '0';rc <= '0';lock <= '0';     -- 等待转换
        WHEN st3 => cs <= '0';a0 <= '0';rc <= '1';lock <= '0';     -- 12 位并行输出有效
        WHEN st4 => cs <= '0';a0 <= '0';rc <= '1';lock <= '1';     -- 锁存数据
    WHEN OTHERS => cs <= '1';a0 <= '1';rc <= '1';lock <= '0';      -- 其他情况返回初始态
    END CASE;
    END PROCESS COM2;
    REG:PROCESS(clk)                               -- 时序进程
    BEGIN
      IF(clk'EVENT AND clk = '1') THEN current_state <= next_state;
      END IF;
    END PROCESS REG;
    LATCH:PROCESS(lock)                            -- 数据锁存进程
    BEGIN
      IF lock = '1' AND lock'EVENT THEN regl <= d;
      END IF;
    END PROCESS;
    q <= regl;
  END behave;
```

图 6-7 是这个状态机的仿真波形图。由图可见,状态机在状态为 st1 时由 rc、cs 和 a0 发出启动采样的控制信号。之后,status 由低电平变为高电平,AD574 的 12 位数据输出端即可呈现高阻态“ZZZ”,在此,一个“Z”表示 4 位 2 进制数。在 st2,等待了 8 个时钟周期,约 $20\mu s$ 后 status 变为低电平;在 st3,rc 变为高电平后,d 端即输出已经转换好的数据 15C(16 进制,15CH＝0101011100);在 st4,lock0(是由内部 lock 信号引出的测试信号)发出一个脉冲,其上升沿即将 d 端口的 15C 锁入 regl 中(图 6-7 中最下一行信号波形)。

6.3.2　用时钟同步输出的 Moore 型有限状态机

由于 6.3.1 节中状态机的输出信号是由组合电路发出的,所以在一些特定情况下难免出现毛刺现象,如果这些输出被用作时钟信号,极易产生错误的操作,这是需要尽力避免的。用时钟同步输出信号的 Moore 状态机和普通状态机的不同之处在于:用时钟信号将输出加

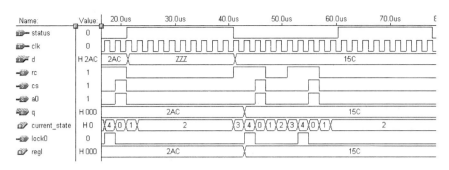

图 6-7　AD574 采样状态机工作波形

载到附加的 D 触发器中,比较容易构成能避免出现毛刺现象的状态机,其组成框图如图 6-8
所示。

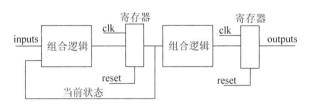

图 6-8　用时钟同步输出的 Moore 型状态机框图

例 6-3 是一个用时钟同步输出的 Moore 状态机的实例,在该状态机中组合进程和时序
进程在同一个进程中,此进程可以认为是混合进程。与 6.3.1 节中介绍的状态机相比,这个
状态机结构的特点是,输出信号不会出现毛刺现象。这是由于 q 的输出信号在下一状态出
现时,由时钟上升沿锁入锁存器后输出,即由时序器件同步输出,从而很好地避免了竞争冒
险现象。

但从输出的时序上看,由于 q 的输出信号要等到进入下一状态的时钟信号的上升沿进
行锁存,即 q 的输出信号在当前状态中由组合电路产生,而在稳定了一个时钟周期后在次态
由锁存器输出,因此要比 6.3.1 节介绍的多进程状态机的输出晚一个时钟周期,这是此类状
态机的缺点。

【例 6-3】 用时钟同步输出的状态机

```
LIBRARY IEEE;
USE IEEE.STD_LOGIC_1164.ALL;
ENTITY moore1 IS
    PORT (datain: IN STD_LOGIC_VECTOR(1 DOWNTO 0);
          clk,rst: IN STD_LOGIC;
          q: OUT STD_LOGIC_VECTOR(3 DOWNTO 0));
END moore1;
ARCHITECTURE behave OF moore1 IS
TYPE st_type IS(st0,st1,st2,st3,st4);
SIGNAL c_st:st_type;
BEGIN
    PROCESS(clk,rst)                          -- 混合进程
    BEGIN
```

```
            IF rst = '1' THEN c_st <= st0;q <= "0000";
            ELSIF clk 'EVENT AND clk = '1' THEN
              CASE c_st IS
                WHEN st0 => IF datain = "10" THEN c_st <= st1;
                  ELSE c_st <= st0;END IF;
                    q <= "1001";
                WHEN st1 => IF datain = "11" THEN c_st <= st2;
                  ELSE c_st <= st1;END IF;
                    q <= "0101";
                WHEN st2 => IF datain = "01" THEN c_st <= st3;
                  ELSE c_st <= st0;END IF;
                    q <= "1100";
                WHEN st3 => IF datain = "00" THEN c_st <= st4;
                  ELSE c_st <= st2;END IF;
                    q <= "0010";
                WHEN st4 => IF datain = "11" THEN c_st <= ST0;
                  ELSE c_st <= st3;END IF;
                    q <= "1001";
                WHEN OTHERS => c_st <= st0;
              END CASE;
            END IF;
          END PROCESS;
      END behave;
```

图 6-9 是例 6-3 的工作时序图,从图可以看出,输出信号 q3、q2、q1、q0 的波形良好,没有任何毛刺现象。如果该状态机用两进程的 Moore 状态机来实现,会出现许多毛刺。

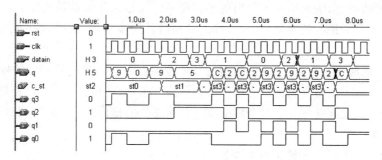

图 6-9 例 6-3 状态机工作时序

6.4 Mealy 型有限状态机的设计

Mealy 型状态机和其等价的 Moore 型状态机相比,其输出变化要领先一个时钟周期,Mealy 型状态机的输出既和当前状态有关,又和所有输入信号有关。也就是说,一旦输入信号发生变化或者状态发生变化,输出信号立即发生变化,其构成框图如图 6-10 所示。

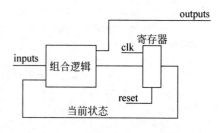

图 6-10 Mealy 状态机框图

6.4.1 多进程 Mealy 型有限状态机

例 6-4 是一个两进程 Mealy 型状态机，进程 comreg 是时序与组合混合进程，它将状态机的时序进程和状态译码电路同时用一个进程来表达；进程 com1 负责根据状态和输入信号给出不同的输出信号。

【例 6-4】 两进程状态机

```
LIBRARY IEEE;
USE IEEE.STD_LOGIC_1164.all;
ENTITY mealy1 IS
  PORT(clk,datain,reset:IN std_logic;
        q:OUT std_logic_vector(4 DOWNTO 0));
END mealy1;
ARCHITECTURE behave OF mealy1 IS
  TYPE states IS (st0,st1,st2,st3,st4);
  SIGNAL stx: states;
  BEGIN
  comreg: PROCESS(clk,reset)          -- 决定转换状态的进程
    BEGIN
      IF reset = '1' THEN
        stx <= st0;
      ELSIF clk'event AND clk = '1' THEN
        CASE stx IS
          WHEN st0 => IF datain = '1' THEN stx <= st1;END IF;
          WHEN st1 => IF datain = '0' THEN stx <= st2;END IF;
          WHEN st2 => IF datain = '1' THEN stx <= st3;END IF;
          WHEN st3 => IF datain = '0' THEN stx <= st4;END IF;
          WHEN st4 => IF datain = '1' THEN stx <= st0;END IF;
          WHEN OTHERS => stx <= st0;
        END CASE;
      END IF;
  END PROCESS comreg;
  com1:PROCESS(stx,datain)            -- 输出控制信号进程
    BEGIN
      CASE stx IS
        WHEN st0 => IF datain = '1' THEN q <= "10000";
          ELSE q <= "01010";
          END IF;
        WHEN st1 => IF datain = '0' THEN q <= "10111";
          ELSE q <= "10100";
          END IF;
        WHEN st2 => IF datain = '1' THEN q <= "10101";
          ELSE q <= "10011";
          END IF;
        WHEN st3 => IF datain = '0' THEN q <= "11011";
          ELSE q <= "01001";
          END IF;
        WHEN st4 => IF datain = '1' THEN q <= "11101";
          ELSE q <= "01101";
```

```
        END IF;
    WHEN OTHERS => q <= "00000";
  END CASE;
 END PROCESS com1;
END behave;
```

由于输出信号 q 是由组合电路直接产生,所以可以从该状态机的工作时序图 6-11 上清楚看到,输出信号有许多毛刺。为了解决这个问题,可以考虑将输出信号 q 值由时钟信号锁存后再输出。例 6-5 是在例 6-4 的基础上在 com1 的进程中增加了一个 IF 语句,由此产生一个锁存器,将 q 锁存后再输出,其工作时序波形如图 6-12 所示。比较图 6-11 和图 6-12,可以注意到,q 的输出时序是一致的,没有发生锁存后延时一个时钟周期的现象,这是由于同步锁存的原因。如果实际电路的延时不同,或发生变化,就会影响锁存的可靠性,即这类设计方式不能绝对保证不出现毛刺。

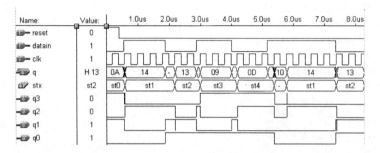

图 6-11　例 6-4 状态机工作时序图

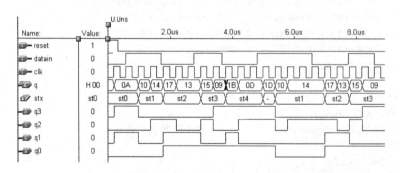

图 6-12　例 6-5 状态机工作时序图

【例 6-5】　加锁存器后的多进程状态机

```
LIBRARY IEEE;
USE IEEE.STD_LOGIC_1164.ALL;
ENTITY mealy2 IS
  PORT(clk, datain, reset: IN std_logic;
     q:OUT std_logic_vector(4 DOWNTO 0));
END mealy2;
ARCHITECTURE behave OF mealy2 IS
  TYPE states IS (st0,st1,st2,st3,st4);
  SIGNAL stx:states;
  SIGNAL q1:std_logic_vector(4 downto 0);
```

```
BEGIN
comreg: PROCESS(clk,reset)
  BEGIN
    IF reset = '1' THEN stx <= st0;
    ELSIF clk'event AND clk = '1' THEN
      CASE stx IS
        WHEN st0 => IF datain = '1' THEN stx <= st1; END IF;
        WHEN st1 => IF datain = '0' THEN stx <= st2; END IF;
        WHEN st2 => IF datain = '1' THEN stx <= st3; END IF;
        WHEN st3 => IF datain = '0' THEN stx <= st4; END IF;
        WHEN st4 => IF datain = '1' THEN stx <= st0; END IF;
        WHEN  OTHERS => stx <= st0;
      END CASE;
    END IF;
END PROCESS comreg;
com1:PROCESS(stx,datain,clk)
  VARIABLE q2: std_logic_vector(4 DOWNTO 0);
    BEGIN
      CASE stx IS
        WHEN st0 => IF datain = '1' THEN q2 := "10000"; ELSE q2 := "01010";END IF;
        WHEN st1 => IF datain = '0' THEN q2 := "10111"; ELSE q2 := "10100";END IF;
        WHEN st2 => IF datain = '1' THEN q2 := "10101"; ELSE q2 := "10011";END IF;
        WHEN st3 => IF datain = '0' THEN q2 := "11011"; ELSE q2 := "01001";END IF;
        WHEN st4 => IF datain = '1' THEN q2 := "11101"; ELSE q2 := "01101";END IF;
        WHEN OTHERS => q2 := "00000";
      END CASE;
      IF clk'event AND clk = '1' THEN q1 <= q2;              --将q锁存后输出
      END IF;
END PROCESS com1;
  q <= q1;
END  behave;
```

6.4.2　用时钟同步输出信号的 Mealy 型状态机

用时钟同步输出信号的 Mealy 型状态机和普通 Mealy 型状态机的不同之处在于：用时钟信号将输出加载到附加的寄存器中，从而消除了"毛刺"。因此，在输出端得到的时间要比普通 Mealy 型状态机晚一个时钟周期，其组成框图如图 6-13 所示。

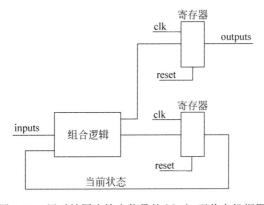

图 6-13　用时钟同步输出信号的 Mealy 型状态机框图

作为一个实例,例 6-6 是用时钟同步输出信号的 Mealy 型状态机的 VHDL 程序。

【例 6-6】 用时钟同步输出的状态机

```
LIBRARY IEEE;
USE IEEE.STD_LOGIC_1164.ALL;
ENTITY mealy3 IS
PORT(clk,in1,reset:IN STD_LOGIC;
    out1:OUT STD_LOGIC_VECTOR(3 DOWNTO 0));
END mealy3;
ARCHITECTURE behave OF mealy3 IS
  TYPE state_type IS (st0,st1,st2,st3);
  SIGNAL state:state_type;
BEGIN
  PROCESS(clk,reset)
  BEGIN
  IF reset = '1' THEN
    state<= st0;
    out1<= (OTHERS=>'0');
  ELSIF clk'EVENT AND clk = '1' THEN
    CASE state IS
      WHEN st0=> IF in1 = '1' THEN
                   state<= st1;
                   out1<= "1001";
                 ELSE
                   out1<= "0000";
                 END IF;
      WHEN st1=> IF in1 = '0' THEN
                   state<= st2;
                   out1<= "1100";
                 ELSE
                   out1<= "1001";
                 END IF;
      WHEN st2=> IF in1 = '1' THEN
                   state<= st3;
                   out1<= "1111";
                 ELSE
                   out1<= "1100";
                 END IF;
      WHEN st3=> IF in1 = '0' THEN
                   state<= st0;
                   out1<= "0000";
                 ELSE
                   out1<= "1111";
                 END IF;
    END CASE;
  END IF;
  END PROCESS;
END;
```

图 6-14 是例 6-6 的工作时序图,从图可以看出,输出信号 out13、out12、out11、out10 的波形良好,没有任何毛刺现象。

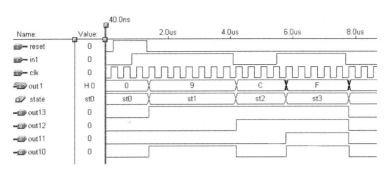

图 6-14　例 6-6 状态机工作时序

6.5 状态编码

在状态机的设计中,用文字符号定义各状态变量的状态机称为符号化状态机,其状态变量,如 st0、st1 等的具体编码由 VHDL 综合器根据具体情况确定。状态机的状态编码方式有多种,影响编码方式选择的因素主要有状态机的速度要求、逻辑资源利用率、系统运行的可靠性以及程序的可读性等方面。以下讨论状态机的编码方式。

6.5.1 状态位直接输出型编码

这类编码方式最典型的应用实例就是计数器。计数器本质上是一个时序进程与一个组合进程合二为一的状态机,它的输出就是各状态的状态码。

将状态编码直接输出作为控制信号,即 output＝state;要求对状态机各状态的编码作特殊的选择,以适应控制时序的要求。这种状态机称为状态码直接输出型状态机。在编码中,如果状态较多,可列出状态表,对其逐一编码,并考虑添加状态位以区分相同状态。

表 6-2 是一个用于设计控制 AD574 采样的状态机的状态编码表,这是根据 AD574 逻辑控制真值表表 6-1 编出的,其中 B 是添加的状态位,用于区别状态 st1 和 st2。这个状态机由 5 个状态组成,从状态 st0 到 st4 各状态的编码分别为 11100、00000、00001、00100、00110,每一位的编码值都赋予了实际的控制功能,即:

cs＝current_state(4); a0＝current_state(3);
rc＝current_state(2); lock＝current_state(1).

表 6-2　控制信号状态编码表

状态	状态编码					
	cs	**a0**	**rc**	**lock**	**b**	**功 能 说 明**
st0	1	1	1	0	0	初始态
st1	0	0	0	0	0	启动转换,若测得 status＝0 时,转下一状态 st2
st2	0	0	0	0	1	若测得 status＝0 时,转下一状态 st3
st3	0	0	1	0	0	输出转换好的数据
st4	0	0	1	1	0	利用 lock 的上升沿将转换好的数据锁存

根据状态编码表给出的状态机设计程序如例 6-7 所示,其工作时序如图 6-15 所示。

【例 6-7】 状态位直接输出型编码的状态机

```vhdl
LIBRARY IEEE;
USE IEEE.STD_LOGIC_1164.ALL;
ENTITY ad574a IS
    PORT (d: IN STD_LOGIC_VECTOR(11 DOWNTO 0);
          clk,status: IN STD_LOGIC;
          out4:OUT STD_LOGIC_VECTOR(3 DOWNTO 0);
          q:OUT STD_LOGIC_VECTOR(11 DOWNTO 0));
END ad574a;
ARCHITECTURE behave OF ad574a IS
SIGNAL current_state,next_state:STD_LOGIC_VECTOR(4 DOWNTO 0);
                              -- 不采用自定义类型,直接对 current_state 及 next_state 编码
CONSTANT st0:STD_LOGIC_VECTOR(4 DOWNTO 0):="11100";
CONSTANT st1:STD_LOGIC_VECTOR(4 DOWNTO 0):="00001";
CONSTANT st2:STD_LOGIC_VECTOR(4 DOWNTO 0):="00000";
CONSTANT st3:STD_LOGIC_VECTOR(4 DOWNTO 0):="00100";
CONSTANT st4:STD_LOGIC_VECTOR(4 DOWNTO 0):="00110";
SIGNAL regl: STD_LOGIC_VECTOR(11 DOWNTO 0);
SIGNAL lk : STD_LOGIC;
BEGIN
  com1:PROCESS(current_state,status)          -- 决定转换状态的进程
    BEGIN
      CASE current_state IS
        WHEN st0 => next_state<=st1;
        WHEN st1 => next_state<=st2;
        WHEN st2 => IF (status='1') THEN next_state<=st2;
          ELSE next_state<=st3;
          END IF;
        WHEN st3 => next_state<=st4;
        WHEN st4 => next_state<=st0;
        WHEN OTHERS => next_state<=st0;
      END CASE;
      out4<=current_state(4 DOWNTO 1);
    END PROCESS com1;
  reg:PROCESS(clk)                            -- 时序进程
    BEGIN
      IF(clk'EVENT AND clk='1') THEN
        current_state<=next_state;
      END IF;
    END PROCESS reg;
    lk<=current_state(1);
  latch1:PROCESS(lk)                          -- 数据锁存器进程
    BEGIN
      IF lk='1' AND lk'EVENT THEN
        regl<=d;
      END IF;
    END PROCESS latch1;
    q<=regl;
END behave;
```

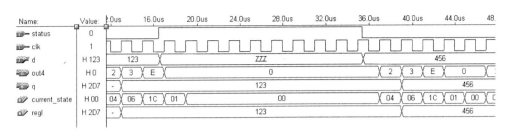

图 6-15 例 6-7 状态机工作时序图

从图 6-15 可以看出,当状态码变到 06H 时,即 current_state 的第 2 位,current_state(1)＝lock 变为高电平时,d 的输出值被锁进 regl。

这种状态位直接输出型编码方式的状态机的优点是输出速度快,没有毛刺现象;缺点是程序可读性差,用于状态译码的组合逻辑资源比其他以相同触发器数量构成的状态机多,而且难以有效地控制非法状态的出现。

6.5.2 顺序编码

顺序编码方式就是利用若干个触发器的编码组合来实现 n 个状态的状态机,例如 6 个状态的状态机的顺序编码如表 6-3 所示,这种编码方式最为简单,且使用的触发器数量最少,剩余的非法状态最少,容错技术最为简单。

表 6-3 编码方式

状态	顺序编码	一位热码编码	状态	顺序编码	一位热码编码
st0	000	100000	st3	011	000100
st1	001	010000	st4	100	000010
st2	010	001000	st5	101	000001

以表 6-3 的状态机为例,只需 3 个触发器,其状态编码方式可作如下改变。

```
...
SIGNAL current_state,next_state:STD_LOGIC_VECTOR(2 DOWNTO 0);
CONSTANT st0:STD_LOGIC_VECTOR(2 DOWNTO 0):="000";
CONSTANT st1:STD_LOGIC_VECTOR(2 DOWNTO 0):="001";
CONSTANT st2:STD_LOGIC_VECTOR(2 DOWNTO 0):="010";
CONSTANT st3:STD_LOGIC_VECTOR(2 DOWNTO 0):="011";
CONSTANT st4:STD_LOGIC_VECTOR(2 DOWNTO 0):="100";
CONSTANT st5:STD_LOGIC_VECTOR(2 DOWNTO 0):="101";
...
```

这种顺序编码方式的缺点是,尽管节省了触发器,却增加了从一种状态向另一种状态转换的译码组合逻辑,这对于在触发器资源丰富而组合逻辑资源相对较少的 FPGA 器件中实现是不利的。此外,对于输出的控制信号 cs、a0、rc 和 lock,还需要在状态机中再设置一个组合进程作为控制译码器。

6.5.3　一位热码编码

一位热码编码方式就是用 n 个触发器来实现具有 n 个状态的状态机,状态机中的每一个状态都由其中一个触发器的状态表示,其编码方式如表 6-3 所示。即当处于某状态时,对应的触发器为'1',其余的触发器都置'0'。一位热码编码方式尽管用了较多的触发器,但其简单的编码方式大为简化了状态译码逻辑,提高了状态转换速度,这对于含有较多的时序逻辑资源、较少的组合逻辑资源的 FPGA 器件是好的解决方案。此外,许多面向 FPGA/CPLD 设计的 VHDL 综合器都有符号化状态机自动优化设置成为一位热码编码状态的功能。

6.6　状态机剩余状态处理

在状态机设计中,使用枚举类型或直接指定状态编码的程序中,特别是使用了一位热码编码方式后,总是不可避免地出现大量剩余状态,即未被定义的编码组合,这些状态在状态机的正常运行中是不需要出现的,通常称为非法状态。在状态机的设计中,如果没有对这些非法状态进行合理的处理,在外界不确定的干扰下,或是随机上电的初始启动后,状态机都有可能进入不可预测的非法状态,其后果或是对外界出现短暂失控,或是完全失控,即状态机系统容错技术的应用是设计者必须慎重考虑的问题。

但另一方面,剩余状态的处理要不同程度地耗用逻辑资源,这就要求设计者在选用何种状态机结构、何种状态编码方式、何种容错技术及系统的工作速度与资源利用率方面作权衡比较,以适应自己的设计要求。

以例 6-5 为例,该程序共定义了 5 个合法状态(有效状态):st0、st1、st2、st3、st4。如果使用顺序编码方式指定各状态,则最少需 3 个触发器,这样最多有 8 种可能的状态,编码方式如表 6-4 所示,最后 3 个编码都是非法状态。如果要使此 5 状态的状态机有可靠的工作性能,必须设法使系统落入这些非法状态后还能迅速返回正常的状态转移路径中。解决的方法是在枚举类型定义中就将所有的状态,包括多余状态都作出定义,并在以后的语句中加以处理,处理的方法有两种。

表 6-4　含有剩余状态的编码表

状　态	顺序编码	状　态	顺序编码
st0	000	st4	100
st1	001	st_ilg1	101
st2	010	st_ilg2	110
st3	011	st_ilg3	111

(1) 在语句中对每一个非法状态都作出明确的状态转换指示,如在原来的 CASE 语句中增加诸如以下语句:

```
WHEN st_ilg1 => next <= st0;
WHEN st_ilg2 => next <= st0;
```

```
WHEN st_ilg3 => next <= st0;
```

（2）利用 OTHERS 语句中对未提到的状态作统一处理。可以分别处理每一个剩余状态的转向，而且剩余状态的转向不一定都指向初始态 st0，也可以被导向专门用于处理出错恢复的状态中。但需要提醒的是，对于不同的综合器，OTHERS 语句的功能也并非一致，不少综合器并不会如 OTHERS 语句指示的那样，将所有剩余状态都转向初始态。

```
...
TYPE states IS (st0,st1,st2,st3,st4,st_ilg1,st_ilg2,st_ilg3);
SIGNAL current_state,next_state:states;
...
com:PROCESS(current_state,state_inputs)
BEGIN
  CASE current_state IS
  ...
  WHEN OTHERS => next_state <= st0;
END CASE;
```

对剩余状态的转移，提高了系统的可靠性。但是，系统的容错能力是以逻辑资源为代价的。如果系统容错性要求不高，为了降低成本，可以不做非法状态处理，即在程序设计中清楚地指明，忽略对它的处理。方法如下：

```
WHEN OTHERS => next_states <= "xxx";
```

另需注意的是，有的综合器对于符号化定义状态的编码方式并不是固定的，有的是自动设置的，有的是可控的，但为了安全起见，可以直接使用常量来定义合法状态和剩余状态。

如果采用一位热码编码方式来设计状态机，其剩余状态数将随有效状态数的增加呈指数方式剧增。例如，对于 6 状态的状态机来说，将有 58 种剩余状态，总状态数达 64 个。即对于有 n 个合法状态的状态机，其合法与非法状态之和的最大可能状态数有 $m=2^n$ 个。

如前所述，选用一位热码编码方式的重要目的之一，就是要减少状态转换间的译码组合逻辑资源，但如果使用以上介绍的剩余状态处理方法，势必导致耗用更多的逻辑资源。所以，必须用其他的方法应对一位热码编码方式产生的过多的剩余状态的问题。

鉴于一位热码编码方式的特点，正常的状态只可能有 1 个触发器的状态为'1'，其余所有的触发器的状态皆为'0'，即任何多于 1 个触发器为'1'的状态都属于非法状态。据此，可以在状态机设计程序中加入对状态编码中'1'的个数是否大于 1 的判断逻辑，当发现有多个状态触发器为'1'时，产生一个报警信号"alarm"，系统可根据此信号是否有效来决定是否调整状态转向或复位。

思考题与习题

1. 简述 Mealy 型状态机和 Moore 型状态机的主要不同之处。

2. Mealy 型或 Moore 型状态机的输出是否能确保没有"毛刺"？什么类型的状态机的输出能确保没有"毛刺"？

3. 什么是状态机的剩余状态？对于有剩余状态的状态机，是否存在多个可相互替代的描述方法？请说明这些方法。

4. 状态编码是否会影响状态机的功能？各种编码方式有什么特点？

5. 设计一个有限状态机,用以检测输入序列信号,当检测到一组串行码"1110010"后,输出为1,否则输出为0。根据要求,电路需记忆:初始状态、1、11、111、1110、11100、111001、1110010这8种状态。

6. 设计一状态机,设输入和输出信号分别是a、b和output,时钟信号为clk,有5个状态:s0、s1、s2、s3和s4。状态机的工作方式是:当[b,a]=0时,随clk向下一状态转移,输出为1;当[b,a]=1时,随clk逆向转换,输出为1;当[b,a]=2时,保持原状态,输出0;当[b,a]=3时,返回初始态s0,输出1。

7. 序列检测器可用于检测一组或多组由二进制码组成的脉冲序列信号,当序列检测器连续收到一组串行二进制码后,如果这组码与检测中预先设置的码相同,则输出1,否则输出0。由于这种检测的关键在于正确码的收到必须是连续的,这就要求检测器必须记住前一次的正确码及正确序列,直到在连续的检测中所收到的每一位码都与预置数的对应码相同。在检测过程中,任何一位不相等都将回到初始状态重新开始检测。请设计完成对序列数"11100101"进行检测的序列检测器。

8. 用VHDL语言设计一个三相步进电机控制器,具体要求如下。

(1) 两种工作方式,三相三拍和三相六拍。三相三拍运行时,步进电机各绕组的通电顺序为A→B→C→A,依次类推;三相六拍运行时,步进电机各绕组的通电顺序为A→AB→B→BC→C→CA→A,依次类推。

(2) 输出由发光二极管显示,使用开关作控制信号。

可以用s来控制工作方式。当s=1时,三相三拍;当s=0时,三相六拍。clk为脉冲输入,频率为2Hz。en为输出使能控制,高电平有效。

第7章

Quartus Ⅱ 工具应用初步

在 EDA 工具的设计环境中,利用原理图或者 VHDL 语言的方式完成电路的设计后,必须要借助 EDA 工具中的综合器、适配器、时序仿真器和编程器等工具进行相应的处理后,才能使此项设计在可编程逻辑器件上完成硬件实现,并得到硬件测试,从而使设计得到最终的验证。此前主要介绍了在 MAX+plus Ⅱ 开发环境中的实现方法,而 Quartus Ⅱ 则是 Altera 公司新一代的 PLD 开发软件,它是 MAX+plus Ⅱ 的更新换代产品。所以本章将通过实例详细介绍基于 Quartus Ⅱ 9.0 的输入设计流程,包括设计输入、综合、适配、仿真测试和编程下载等重要方法。

7.1 Quartus Ⅱ 一般设计流程

Quartus Ⅱ 设计软件为设计者提供了一个完善的多平台设计环境,与以往的 EDA 工具相比,它更适合于设计团队基于模块的层次化设计方法。

Quartus Ⅱ 设计流程如图 7-1 所示。图中上排所示的是 Quartus Ⅱ 编译设计主控界面,它显示了 Quartus Ⅱ 自动设计的各主要处理环节和设计流程,包括设计输入编辑、设计分析与综合、适配、编辑文件汇编(装配)、时序参数提取以及编程下载几个步骤。图中下排所示的流程框图是与上面的 Quartus Ⅱ 设计流程相对照的标准的 EDA 开发流程。

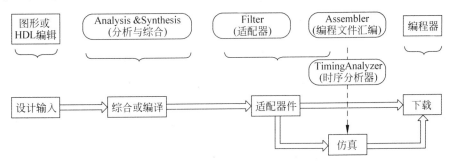

图 7-1　Quartus Ⅱ 设计流程

7.2 Quartus Ⅱ 设计实例

基于 Quartus Ⅱ 的设计方法分为自上而下和自下而上两种方法,二者各有特点。推荐的方法为自上而下的设计方法,即把整个工程划分成若干个模块,然后对各个模块分别进行设计。本节将按自上而下的设计方法,以一个简单实例的形式将 Quartus Ⅱ 图形界面设计全流程介绍给读者。所选的实例是一个 8 位十六进制频率计的设计。

7.2.1　实例设计说明

频率测量是电子测量领域的基本测量,通常频率测量有两种方法。

(1) 计数法。这是指在一定的时间间隔 T 内,对输入的周期信号脉冲计数为 N,则信号的频率为 $f=N/T$。测量的相对误差为 $1/N×100\%$。这种方法适用于高频测量,信号的频率越高,则相对误差越小。

(2) 测周法。这是指测量一个方波的周期,即两个上升沿或两个下降沿之间的时间,通过 $f=1/T$ 计算出频率。被测信号的周期越长(频率越低),则测得的标准信号的脉冲数 N 越大,则相对误差越小。

本例中采用第(1)种方法进行设计。根据频率的定义和频率测量的基本原理,测定信号的频率时,必须有一个脉宽为 1s 的对输入信号脉冲计数允许的信号,1s 计数结束后,计数值被锁入锁存器,计数器清零,为下一测频计数周期做好准备。

7.2.2　模块的层次划分

一般来说,层次划分应遵循以下原则。

* 各模块的结构应尽量简单清晰。
* 各模块功能独立、层次一目了然。
* 模块间数据传输简单。
* 便于测试。

满足这些原则有利于提高工程的开发速度和文件的可读性,而且方便升级、修改和协同开发。根据该原则,将频率计设计划分为 3 个模块:测频控制模块、32 位计数模块、32 位锁存模块,如图 7-2 所示。

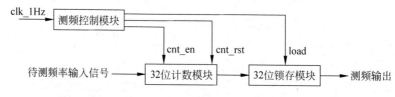

图 7-2　8 位十六进制频率计的模块划分

测频控制模块是整个频率计的控制单元,它的作用是产生频率计的工作控制信号:计数使能信号 cnt_en、计数清零信号 cnt_rst、锁存信号 load,计数使能信号 cnt_en 能产生一个 1s 脉宽的周期信号,并对频率计中的 32 位二进制计数器的使能端进行同步控制,当 cnt_en 高电平时,允许计数,低电平时停止计数,并保持其所计的脉冲数。在停止计数期间,首先需要一个锁存信号 load 的上升沿将计数器在前一秒钟的计数值锁存进锁存器中,等待外部读取处理。设置锁存器的好处是,显示的数据稳定,不会由于周期性的清零信号而不断闪烁。锁存信号之后,必须有一清零信号 cnt_rst 对计数器进行清零,为下一秒钟的计数操作做准备。

7.2.3　创建工程

Quartus Ⅱ编辑器的工作对象是工程,所以在进行一个逻辑设计时,首先要指定该设计的工程名称,对于每个新的工程应该建立一个单独的子目录,如果该子目录不存在,Quartus Ⅱ 9.0 将自动创建,以后所有与该工程有关的文件(包括所有的设计文件、配置文件、仿真文件、系统设置及该设计的层次信息)都将存在这个子目录下。新建一个 Project 可按如下步骤执行。

(1)选择 File→New Project Wizard 选项,打开如图 7-3 所示对话框,该对话框显示 Wizard 所包含的各项内容。如果选中"Don't show me this introduction again"选项,那么下一次再新建项目时可以不再显示本对话框。单击 Next 按钮,显示如图 7-4 所示对话框。在相应的对话框中输入工程的路径、名称及顶层实体名称。缺省情况下输入的工程名会同时出现在顶层实体名对话框中,顶层实体名也可以与工程名不同。这里选择 E:\eda\ QuartusⅡ_design\4bitcymometer 为工程路径,工程名和顶层实体名都为"4bitcymometer"。

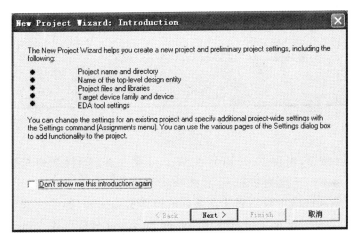

图 7-3　Wizard 对话框

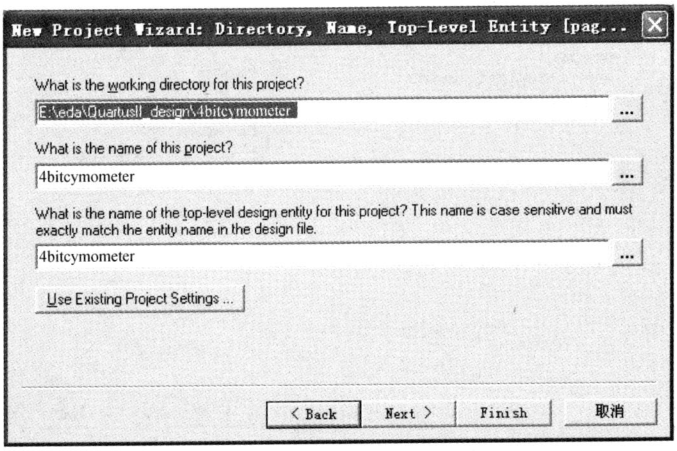

图 7-4　创建一个新的工程

（2）单击 Next 按钮，出现 New Project Wizard 第 2 页：文件添加对话框，如图 7-5 所示。若工程设计文件已经写好，就可以单击 … 按钮，进行选择；如果一个一个选择，就需要选一个单击一下 Add… 按钮，也可以一次多个选择，则选择后的文件自动进入下面的文件列表框。如果选择错误，可以单击 Remove 按钮，将文件从列表中移除。如果工程还包含了非默认库，可以单击 User Libraries… 按钮，在打开的对话框中单击按钮选择用户库目录。本例中由于 4bitcymometer 为新工程，尚未写好设计文件，所以现在先不选，后面再加。

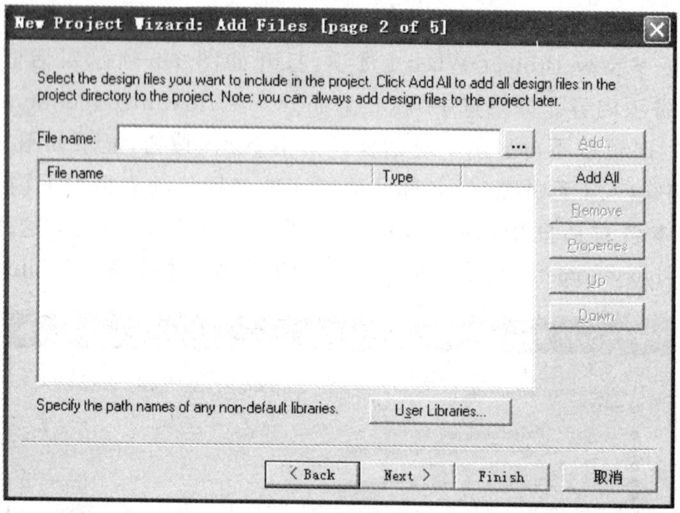

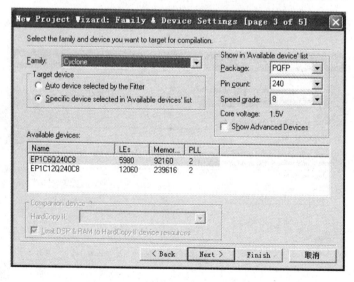

图 7-5　添加设计文件

（3）单击 Next 按钮，出现 New Project Wizard 第 3 页：器件系列与型号设置对话框，如图 7-6 所示。Family 下拉列表框用于选择器件系列，各系列的芯片型号众多，可在 Available devices 选项区域中看到属于该系列的器件型号列表，为了快速定位器件型号，可以使用页面右侧上方的过滤项。该过滤选项通过 Package（封装形式）、Pin count（引脚数）、

图 7-6　器件系列与型号设置对话框

Speed grade(速度等级)来滤除不符合要求的器件型号,从而快速找到目标器件。本例中,将目标器件选定为 Cyclone 系列的 EP1C6Q240C8。

　　(4) 单击 Next 按钮,出现 New Project Wizard 第 4 页:EDA 工具设置对话框,如图 7-7 所示。在该对话框内,用户可以选择 Altera 公司以外的第三方公司提供的其他 EDA 工具软件,前提是这些软件已经安装。第 1 个选项区域用来设置第三方综合工具,第 2 个选项区域用来设置第三方仿真工具,第 3 个选项区域用来设置第三方时序分析工具。本例中使用 Quartus Ⅱ 自带的工具软件即可,不需经任何设置。

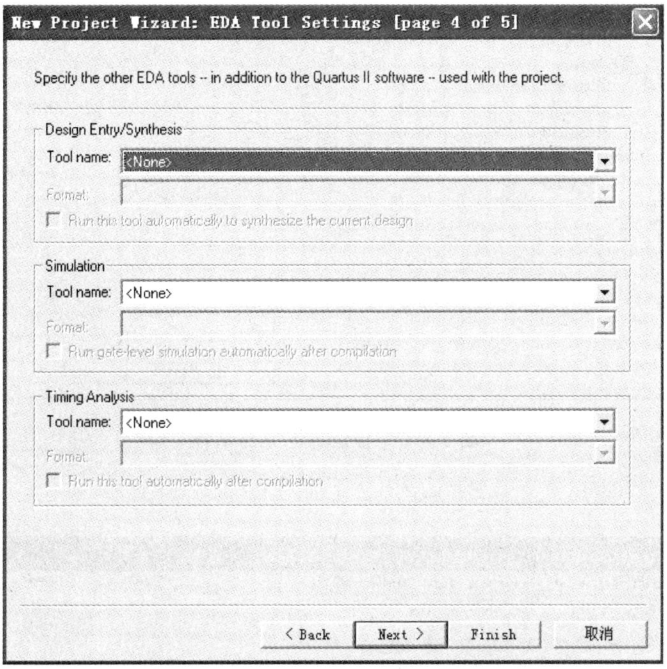

图 7-7　指定第三方 EDA 工具软件

　　(5) 单击 Next 按钮,出现 New Project Wizard 第 5 页:工程信息汇总对话框,如图 7-8 所示。该页面将用户通过新工程向导 New Project Wizard 建立的新工程的所有信息作一总结显示出来,用户如发现有需要修正的地方可单击 Back 按钮,回到前一页修正。若所有设置均正确,则单击 Finish 按钮,结束新工程建立,进入如图 7-9 所示的 4bitcymometer 工程设计界面。

　　上面的工程设置仅仅为设计搭建了一个工作平台,具体设计功能则依靠设计文件来实现,接下来的工作就是输入设计文件。

7.2.4　建立设计输入文件

　　Quartus Ⅱ 支持的设计输入文件包括文本和图形两种形式。这两种输入形式有各自的优点,在工程设计时可以结合使用。

　　文本设计输入方法使用硬件描述语言进行设计,控制非常灵活,适合于复杂的逻辑控制和子模块的设计。Quartus Ⅱ 支持 AHDL、VHDL、Verilog HDL 等硬件描述语言。

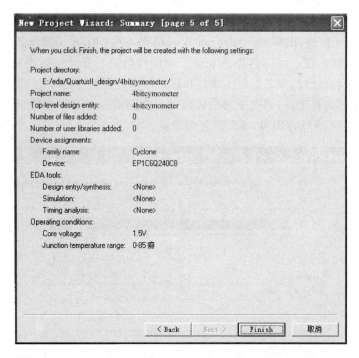

图 7-8　工程信息汇总对话框

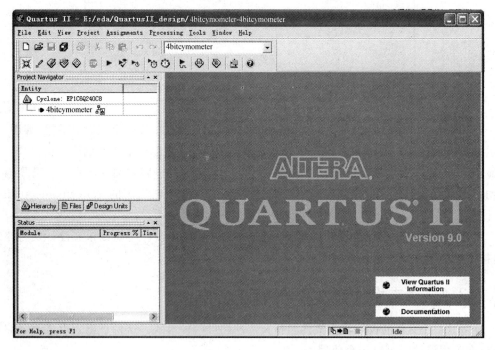

图 7-9　4bitcymometer 工程设计

图形设计输入方法形象直观,使用方便,适用于顶层和高层次实体的构造以及固定器件的调用。Quartus Ⅱ自带了基本逻辑块、参数化模块库、IP功能模块库,而且用户可以自定义生成图元模块。这样就可以极大地缩短设计周期和简化设计复杂度。

1. 顶层实体文件的建立

首先按照自上而下的设计方法将划分好的模块在顶层实体文件中产生,然后再对各个模块分别进行设计。

1) 创建图形设计输入文件

选择 File→New 选项,在打开的对话框中选择 Design Files 下的 Block Diagram/Schematic File 选项,出现后缀名为.bdf 的空白图形设计输入文件界面。

2) 模块设计

首先单击工具栏中的模块按钮 ▢,在图形输入文件内插入一个模块,如图 7-10 所示,然后右击,选择 Block Properties 选项,设置模块的属性。从图 7-11 中可以看到,模块属性包括模块名、实例名、I/O端口、参数、模块外观设置等。这里将测频控制模块命名为“ftctrl”。I/O端口有 4 个: clk0(输入)、cnt_en(输出)、cnt_rst(输出)、load(输出)。设置完毕后单击“确定”按钮生成模块,然后右击,选择 AutoFit 选项自动调整模块尺寸,这样一个

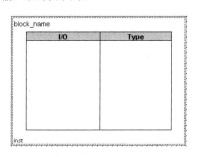

图 7-10 新建的模块符号

模块的创建过程就结束了。属性设置完毕后的模块样式如图 7-12 所示,其他模块依次如图 7-13 和图 7-14 所示。

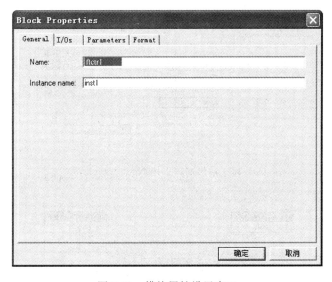

图 7-11 模块属性设置窗口

3) 模块间的连接和映射

模块间的连接有以下 3 种形式,设计者可以根据设计需要和自己的设计习惯决定具体选用哪种形式。

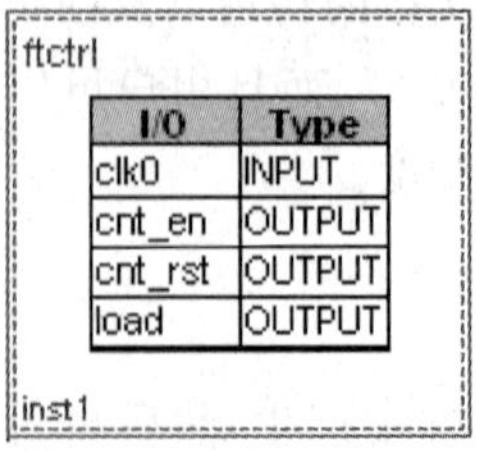

ftctrl
I/O
Type
clk0
INPUT
cnt_en
OUTPUT
cnt_rst
OUTPUT
load
OUTPUT
inst1

图 7-12　测频控制模块

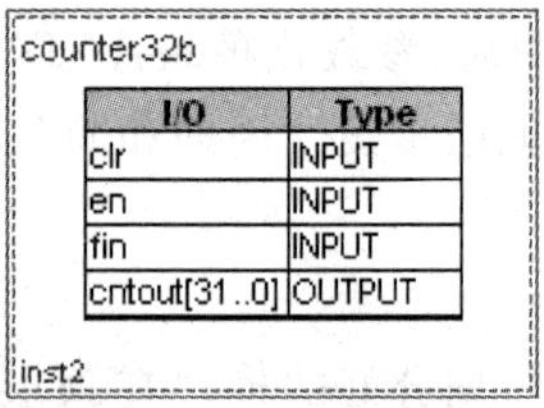

counter32b
I/O
Type
clr
INPUT
en
INPUT
fin
INPUT
cntout[31..0]
OUTPUT
inst2

图 7-13　32 位计数模块

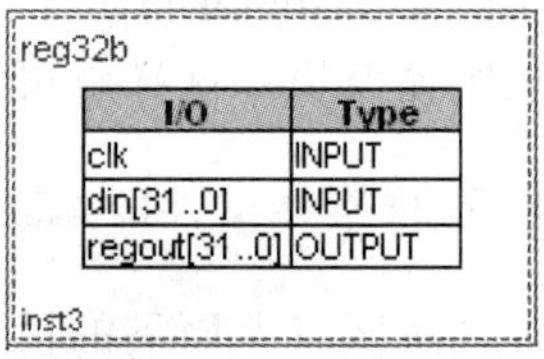

reg32b
I/O
Type
clk
INPUT
din[31..0]
INPUT
regout[31..0]
OUTPUT
inst3

图 7-14　32 位锁存模块

- Node Line(节点线)：单线。
- Bus Line(总线)：多个同类型的节点线组成。
- Conduit Line(管道线)：当模块间传递的信号既有节点线又有总线时，就可以用一个管道完成模块间连接关系的映射描述。通常来说，管道的功能是节点线和总线功能的集合。

下面以测频控制模块"ftctrl"的连接和映射为例，介绍模块的映射关系。将鼠标移至模块图形边沿时鼠标箭头会变为连接状态，拖动鼠标划出一条连线，并且在模块图形上会自动出现一个 I/O 端口。默认情况下，连线的形式是管道形式，I/O 端口的属性是双向端口(BIDIR，bidirection 的缩写)。双击端口或右击选择 Mapper Properties 选项，对端口映射关系进行设置。ftctrl 模块输入端口只有一个信号 clk0，所以连接形式选择 Node Line 形式。ftctrl 模块输出端口有 3 个信号：cnt_en、cnt_rst 和 load，它们的连接形式可以都定义为 Node Line，当然也可以将这 3 个输出信号合并成一个管道，分别如图 7-15 和图 7-16 所示。图 7-17 给出了最终完成设置连接和映射关系后的输入文件图形。

Block
Node
clk0
clk0
.clk0
ftctrl
I/O
Type
clk0
INPUT
cnt_en
OUTPUT
cnt_rst
OUTPUT
load
OUTPUT
inst1
.cnt_en
.cnt_rst
.load
Block
Node
cnt_en
cnt_en
Block
Node
cnt_rst
cnt_rst
Block
Node
load
load

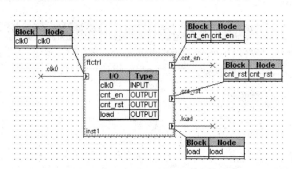

图 7-15　输出端口采用 Node Line 形式

Block
Node
clk0
clk0
.clk0
ftctrl
I/O
Type
clk0
INPUT
cnt_en
OUTPUT
cnt_rst
OUTPUT
load
OUTPUT
inst1
Block
Conduit
cnt_en
cnt_en
cnt_rst
cnt_rst
load
load

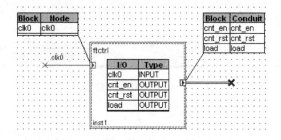

图 7-16　输出端口采用 Conduit Line 形式

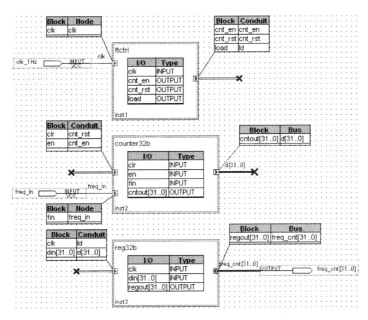

图 7-17　完成设置连接和映射关系后的输入文件

4) 创建各模块的设计输入文件

将鼠标移至模块上方,右击弹出如图 7-18 所示菜单,选择 Create Design File form Selected Block 选项,对该模块的设计输入文件进行创建。创建过程中,各模块设计输入文件的形式可以是多样的,既可以是文本形式也可以是原理图输入形式,用户可以根据设计的需要和个人喜好进行选择。在本例中,测频控制模块、32 位计数模块、32 位锁存模块均采用文本输入形式,分别创建名为 ftctrl. vhd、counter32b. vhd、reg32b. vhd 的文件。其中测频控制模块设计输入文件的创建如图 7-19 所示。

图 7-18　创建各模块的设计输入文件

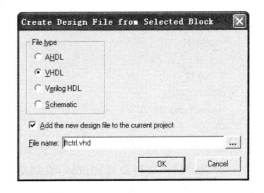

图 7-19　测频控制模块设计输入文件的创建

2. 各子模块的设计

1) 测频控制模块的设计

测频控制模块用硬件描述语言实现比较方便,因此选用文本设计输入方式。在硬件描述语言的选用方面可以根据用户的个人习惯而定,本例选用 VHDL 语言。打开上面为测频控制模块创建的设计文件 ftctrl. vhd,输入例 7-1 所示代码。

【例 7-1】 测频控制模块的 VHDL 描述

```
-- Generated by Quartus Ⅱ Version 9.0 (Build Build 132 02/25/2009)
-- Created on Mon Oct 08 15:44:51 2012
LIBRARY IEEE;
USE IEEE.STD_LOGIC_1164.ALL;
--   Entity Declaration
ENTITY ftctrl IS
    -- {{ALTERA_IO_BEGIN}} DO NOT REMOVE THIS LINE!
    PORT
    (
        clk : IN STD_LOGIC;
        cnt_en : OUT STD_LOGIC;
        cnt_rst : OUT STD_LOGIC;
        load : OUT STD_LOGIC
    );
    -- {{ALTERA_IO_END}} DO NOT REMOVE THIS LINE!
END ftctrl;
--   Architecture Body
ARCHITECTURE bhv OF ftctrl IS
  SIGNAL div2clk:STD_LOGIC;
BEGIN
  PROCESS(clk)
  BEGIN
    IF clk'event AND clk = '1' THEN   div2clk <= not div2clk;      -- 1Hz 时钟二分频
    END IF;
  END PROCESS;
  PROCESS(clk,div2clk)
  BEGIN
    IF clk = '0' AND div2clk = '0' THEN
      cnt_rst <= '1';                                              -- 产生计数器清零信号
    ELSE
      cnt_rst <= '0';
    END IF;
  END PROCESS;
  load <= not div2clk;
  cnt_en <= div2clk;
END bhv;
```

一个设计输入文件设计完成后,在语法正确的条件下可以将其生成一个图元符号,以备其他设计的重用。具体方法是:选择 File→Create/Update→Create Symbol Files For Current File 选项,将当前设计输入文件生成图元符号,以便于高层次图形输入文件调用。

图元符号生成后,会弹出成功对话框,同时在 Symbol 对话框中的 Project 栏下会出现此模块符号,如图 7-20 所示。

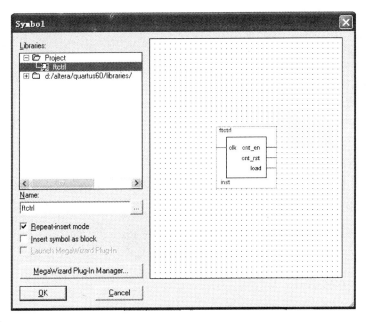

图 7-20 测频控制模块产生的图元符号

2) 32 位计数模块的设计

打开已为 32 位计数模块创建的设计文件 counter32b.vhd,输入例 7-2 所示代码。

【例 7-2】 32 位计数模块的 VHDL 描述

```
-- Generated by Quartus Ⅱ Version 9.0 (Build Build 132 02/25/2009)
-- Created on Mon Oct 08 15:53:08 2012
LIBRARY IEEE;
USE IEEE.STD_LOGIC_1164.ALL;
USE IEEE.STD_LOGIC_UNSIGNED.ALL;
--   Entity Declaration
ENTITY counter32b IS
    -- {{ALTERA_IO_BEGIN}} DO NOT REMOVE THIS LINE!
    PORT
    (
        clr : IN STD_LOGIC;
        en : IN STD_LOGIC;
        fin : IN STD_LOGIC;
        cntout : OUT STD_LOGIC_VECTOR(31 downto 0)
    );
    -- {{ALTERA_IO_END}} DO NOT REMOVE THIS LINE!
END counter32b;
--   Architecture Body
ARCHITECTURE bhv OF counter32b IS
   SIGNAL cqi:STD_LOGIC_VECTOR(31 downto 0);
BEGIN
```

```
PROCESS(fin, clr, en)
BEGIN
  IF(clr = '1') THEN   cqi < = (OTHERS = >'0');
  ELSIF fin'EVENT AND   fin = '1' THEN
    IF en = '1' THEN
      cqi < = cqi + '1';
    END IF;
   END IF;
  END PROCESS;
  cntout < = cqi;
END bhv;
```

3) 32 位锁存模块的设计

打开已为 32 位锁存模块创建的设计文件 reg32b. vhd,输入例 7-3 所示代码。

【例 7-3】 32 位锁存模块的 VHDL 描述

```
-- Generated by Quartus II Version 9.0 (Build Build 132 02/25/2009)
-- Created on Mon Oct 08 15:54:52 2012
LIBRARY IEEE;
USE IEEE.STD_LOGIC_1164.ALL;
--    Entity Declaration
ENTITY reg32b IS
    -- {{ALTERA_IO_BEGIN}} DO NOT REMOVE THIS LINE!
    PORT
    (
        clk : IN STD_LOGIC;
        din : IN STD_LOGIC_VECTOR(31 downto 0);
        regout : OUT STD_LOGIC_VECTOR(31 downto 0)
    );
    -- {{ALTERA_IO_END}} DO NOT REMOVE THIS LINE!
END reg32b;
--    Architecture Body
ARCHITECTURE bhv OF reg32b IS
BEGIN
  PROCESS(clk, din)
  BEGIN
    IF clk'EVENT AND clk = '1'THEN
      regout < = din;
    END IF;
  END PROCESS;
END bhv;
```

7.2.5　分析综合

建立、添加设计输入文件后,接着就是对工程进行综合。所谓综合,就是将用户的硬件描述语言(HDL)生成针对目标器件的逻辑或物理表示,即将 HDL 语言翻译成基本逻辑门、RAM 以及触发器等基本逻辑单元的连接关系(即网表 netlist),然后输出网表文件以供适配器使用。综合工具还可以根据约束条件优化生成的门级逻辑连接。

Quartus Ⅱ软件使用 Analysis & Synthesis 分析综合设计,综合分为两个阶段:分析阶段和构建工程数据库阶段。分析阶段的任务是检查工程的逻辑完整性和一致性,并检查语法错误和边界连接。在此阶段系统会使用多种算法来减少逻辑门的使用量,删除冗余逻辑,并尽可能地适合器件的自身结构,实现对设计的优化。构建工程数据库阶段相对比较简单,在构建的数据中包含完全优化后的工程,此工程将为适配、时序分析、时序仿真等操作建立一个或多个文件。

在 7.2.4 节完成对实例的设计输入后,现在开始对工程进行分析综合。

1. EDA 工具设置

选择 Assignments→Settings 选项,打开如图 7-21 所示的设置对话框,选择对话框左侧的 EDA Tool Settings 选项,弹出如图 7-22 所示的 EDA 工具设置对话框。在图 7-22 右侧显示了各种工具类型和工具名称。Tool name 一项全部为<None>,即为选择 Quartus Ⅱ集成的各种工具,不用第三方工具。如果想自行选择其他工具,可以双击想选择的工具类型,或者单击图 7-22 左侧 EDA Tool Settings 相应子选项进入选择界面。例如想更改综合工具,单击左侧 Design Entry/Synthesis 子选项,出现如图 7-23 所示的综合工具选择对话框,可以选择自己需要特别指定的综合工具,本实例中选择默认的<None>。

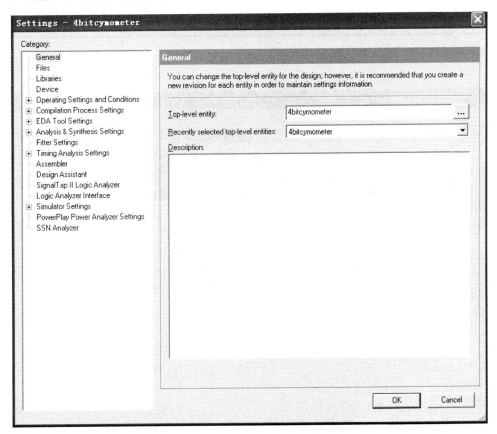

图 7-21　Settings 对话框

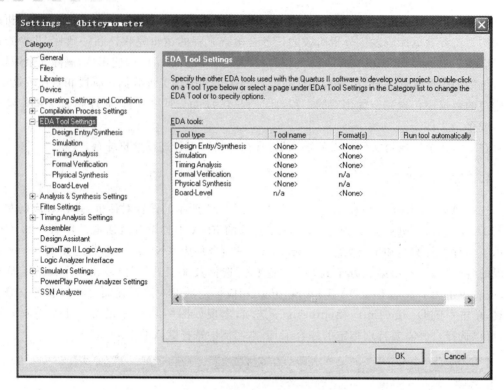

图 7-22　EDA 工具设置对话框

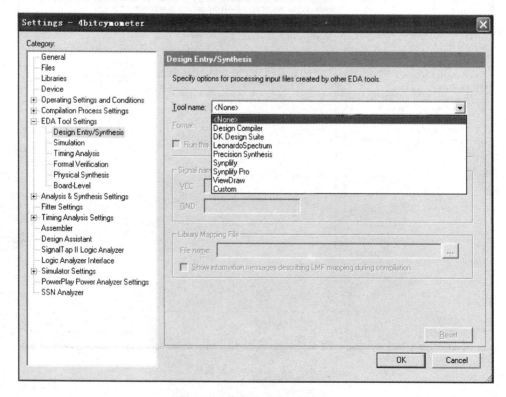

图 7-23　综合工具选择对话框

2．分析综合控制选项设置

在图 7-21 所示的 Settings 对话框中，选择 Analysis & Synthesis Settings 选项，打开如图 7-24 所示的分析综合控制选项设置对话框。Analysis & Synthesis Settings 选项可以优化设计的分析综合过程。

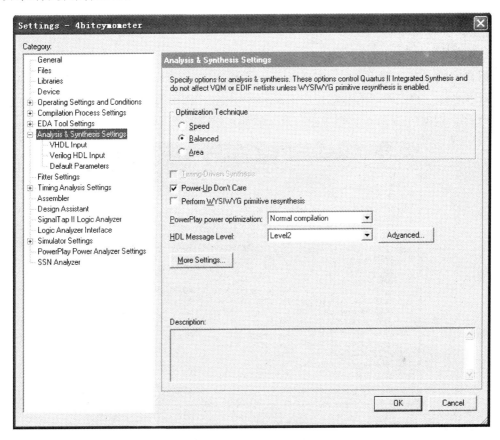

图 7-24　分析综合控制选项设置对话框

在图 7-24 中右侧的 Analysis & Synthesis Settings 中，各种选项含义如下。

Optimization Technique：最优化技术。选择 Speed 表示综合优化时重点考虑速度因素，即以尽量高的速度进行优化，这会导致硬件开销大；选择 Area 表示优化时重点考虑硬件开销，即占用芯片逻辑资源最少，这可能会导致速度比较慢；Balanced 表示以上二者兼顾，优化后的结果是两种情况的折中。默认选项为 Balanced。

Power-Up Don't Care：选择是否把电平初始状态无关的寄存器设成对设计最有利的状态。

Perform WYSIWYG primitive resythesis：可以指导 Quartus Ⅱ 9.0 软件将原子网表（Atom Netlist）中的 LE 映射分解为（Up-map）逻辑门，然后重新映射到 Altera 特性图元。该选项可以应用于 APEX、Cyclone、Cyclone Ⅱ、Cyclone Ⅲ、MAX Ⅱ、Stratix、Stratix Ⅱ、Stratix Ⅲ、Stratix GX 系列器件。

单击 More Settings... 按钮，会打开更多分析综合设置对话框，用户可以根据需要自行选择。每个选项的含义在对话框中间的 Description 中都有描述,这里就不重复介绍了。本实例工程中对全部分析综合控制选项均采用默认设置。

3. 执行综合命令

设置好分析综合控制选项后,用户就可以执行综合命令了,选择 Processing→Start→Start Analysis & Synthesis 命令或单击综合工具按钮 进行分析综合操作。

4. 查看综合报告

用户完成综合操作后,选择 Processing→Compilation Report 或单击 按钮可以阅读 Report 文件(.rpt)查看综合报告获得综合信息。本实例运行 Analysis & Synthesis 后的 Report 文件如图 7-25 所示。查看综合报告后如果没有问题,分析综合过程就结束了。

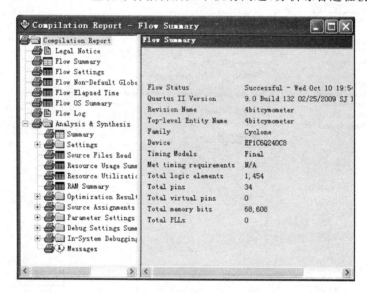

图 7-25　Report 文件

5. 用 RTL Viewer 观察综合后生成的电路结构

用户可以通过电路观察器 RTL Viewer 查看实例工程通过分析与综合之后生成的电路结构。选择 Tools→Netlist Viewers→RTL Viewer 选项,将打开如图 7-26 所示的 RTL Viewer 窗口,RTL Viewer 包括原理图视图,同时也包括层次结构列表,列出整个设计网表的实例、基本单元、引脚和网络。

7.2.6　布局布线

Quartus Ⅱ Fitter 对设计进行布局布线,在 Quartus Ⅱ 软件中是指"Fitting(适配)"。Fitter 使用由 Analysis & Synthesis 建立的数据库,将工程的逻辑和时序要求与器件的可用资源相匹配。它将每个逻辑功能分配给最佳逻辑单元位置,进行布线和时序分析,并选定相应的互连路径和引脚分配。

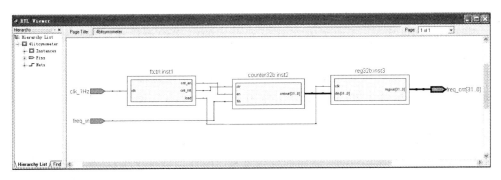

图 7-26　RTL Viewer 窗口

1. 布局布线控制选项设置

布局布线有很多选项可以设置,以便于用户更好地布局布线。

选择 Assignments→Settings 选项,或者单击工具栏的 ✐ 按钮,在打开的 Settings 设置窗口中选择 Fitter Settings 选项,出现如图 7-27 所示的布局布线设置对话框。

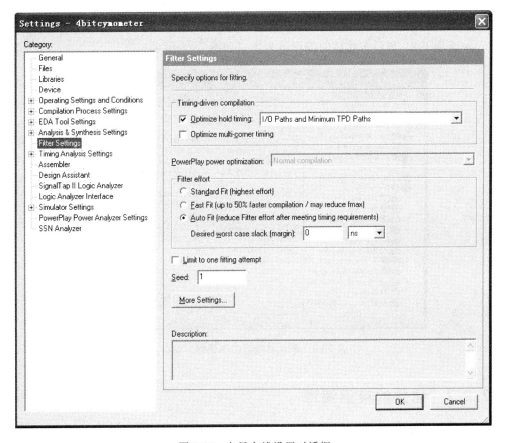

图 7-27　布局布线设置对话框

图 7-27 右侧所示的 Timing-driven compilation 选项区域是对时序相关的属性进行设置。其中,Optimize hold timing 选项是选择是否使用时序驱动编译来优化保持时间,选项

I/O Paths and Minimum TPD Paths 表示以最小 th、tco、tpd 约束为优化目标。选项 All Paths 则除了以上目标外,还加了寄存器到寄存器的时序约束优化。本实例中选择 I/O Paths and Minimum TPD Paths 选项。

　　Fitter effort 选项区域是用来选择提高设计工作频率还是缩短编译时间的。Standard Fit(标准布局)就是尽量优化,追求最高工作频率。Fast Fit(快速布局)就是让编译时间减少 50%,但工作频率可能降低。Auto Fit(自动布局)就是在满足设计时序的情况下降低布局布线程度,以减少编译时间。本实例中选择 Auto Fit 选项。

　　Limit to one fitting attempt 指布局布线达到一个目标后就停止,以减少编译时间。

　　Seed 选项用来设置初始布局。当 Seed 值改变后,布局布线算法也会随机改变,这样可以试验不同值,来优化最大时钟频率。

　　单击 More Settings... 按钮,会出现更多布局布线设置。各个选项的含义在对话框中间的 Description 中有详细说明,在此不多作介绍。本实例中都选默认值即可。

2. 启动布局布线器

　　选择 Processing→Start→Start Fitter 选项,即可单独执行布局布线操作。布局布线后,窗口中会自动弹出综合和布局布线编译报告,布局布线报告 Fitter 选项就在 Analysis & Synthesis 选项下方,布局布线后的编译报告窗口如图 7-28 所示。

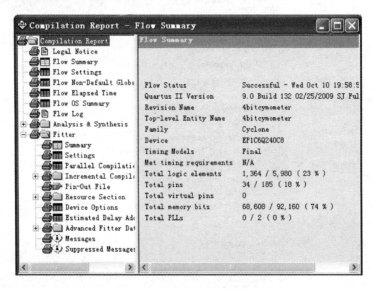

图 7-28　布局布线后的编译报告窗口

7.2.7　建立约束重编译

　　全部编译完成后,如果需要添加约束,现在就可以为工程设计分配引脚和进行时序约束了。本来建立约束应该是在设计输入后、工程综合前进行,但如果一开始就建立约束,Quartus Ⅱ 数据库尚未建立,软件不知道有哪些引脚可以分配,这样操作起来就会很麻烦,所以现在建立约束,然后再重新全编译一次。

1. 时序约束参数设置

选择 Assignments→Settings 选项，或者单击工具栏的 ✐ 按钮，在打开的 Settings 设置窗口中选择 Timing Analysis Settings 选项下的 Classic Timing Analyzer Settings 选项，出现如图 7-29 所示的时序约束设置对话框。

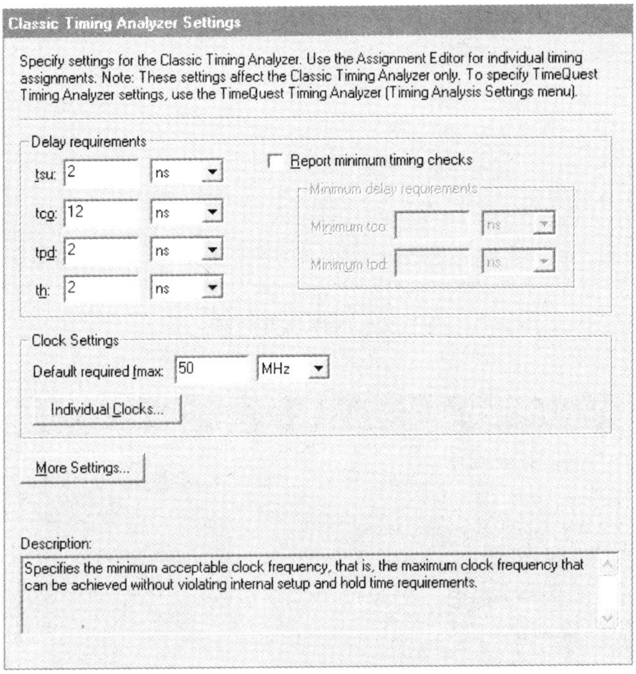

图 7-29　时序约束设置对话框

这里设置的时序约束为全局约束，个别时序分配会放在后面讲解。

时序约束对话框中各选项的作用如下。

Delay requirements 选项区域用于设置工程的全局延时要求，包含 tsu、tco、tpd、th 这 4 个时序参数。这些参数约束了外部时钟和数据输入输出引脚间的时序关系，但只能用于和 PAD 相连的信号，不能用于内部信号。

Minimum delay requirements 选项区域用于设置最小延时要求，需要选中 Report minimum timing checks 选项才能激活。该选项区域包含 Minimum tco 和 Minimum tpd（最小 tco 及最小 tpd）两个参数选项。

Clock Settings 选项区域用来进行时钟设置。其中，Default required fmax（默认要求频率）选项用来设置整个设计要求达到的全局频率；Individual Clocks 选项用来对多个信号分别进行时钟约束设置，单击该按钮后，弹出如图 7-30 所示时钟约束对话框。

单击图 7-30 所示的时钟约束对话框中的 New... 按钮，弹出图 7-31 所示的新建时钟约束设置对话框，就可以添加时钟约束了。

Clock settings name 用来填写一个设置名称，可任意取名。

Applies to node 用来设置要约束的信号，可以单击后面的 ... 按钮选择信号。

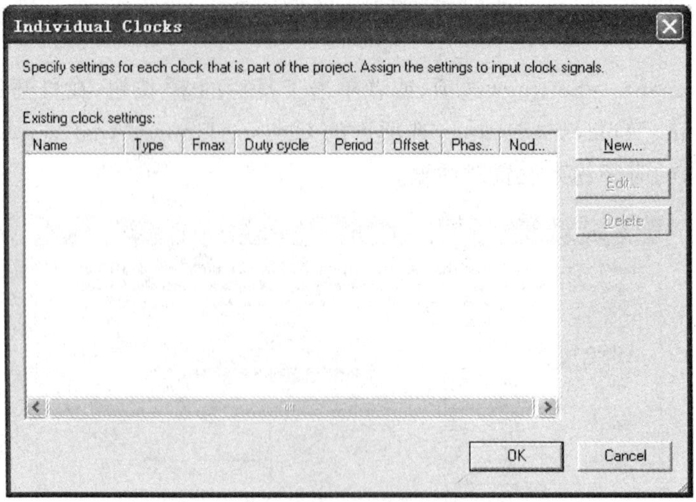

图 7-30　时序约束对话框

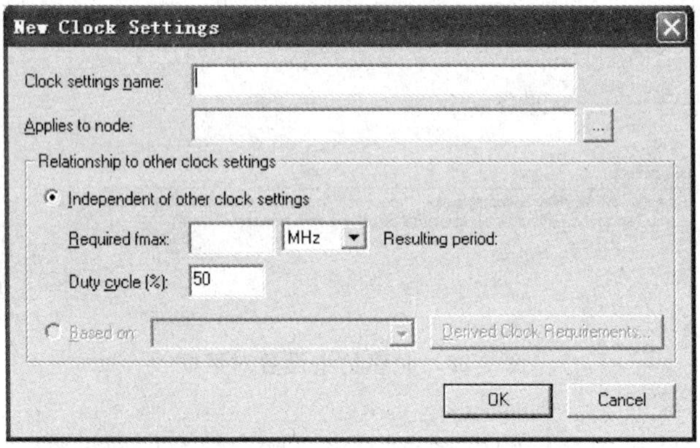

图 7-31　新建时钟约束设置对话框

Required fmax 用来设置要约束的频率。

Duty cycle 用来设置时钟占空比。

Based on 表示待约束时钟与其他时钟的分频、延时、反相等关系。

单击图 7-29 中的 More Settings... 按钮,弹出如图 7-32 所示的更多时序设置对话框。各项作用在 Description 文本框中都有解释,在此不再一一说明。

2. Assignment Editor 工具的使用

Assignment Editor 工具可以让用户在图形界面下进行引脚分配和时序约束。选择 Assignments→Assignment Editor 选项进入其工作界面,该工作界面主要由 3 部分组成:分配类别(Category)、节点过滤器(Node Filter)和分配信息,图 7-33 即为 Assignment Editor 引脚分配窗口。

Category 栏可以选择各种分配类别,包括"All(所有分配)"、"Pin(引脚分配)"、"Timing (时序约束)"、"Logic Options(区域约束)"等。在 Category 标签后的下拉列表框中还可以

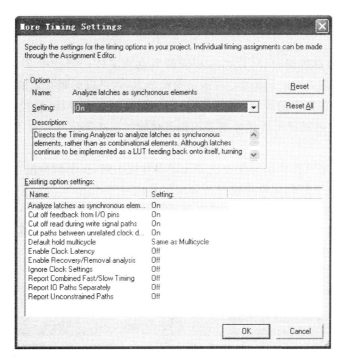

图 7-32　更多时序设置对话框

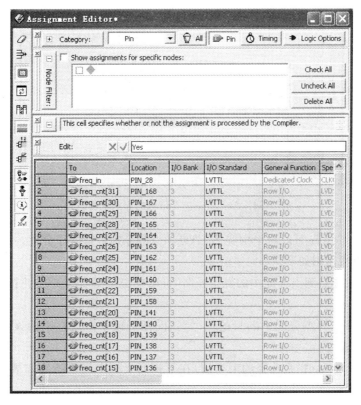

图 7-33　Assignment Editor 引脚分配窗口

选择更多详细的分配类别。当分配类别变化时,在最下面的编辑栏也会根据分配类别的变化而变。

Node Filter(节点过滤)栏可以指定相应的节点或实体。当选中 Show assignment for specific nodes 选项时,双击下面的空白指定编辑节点,就可以编辑指定的节点或实体;也可以单击双击后出现在右方的按钮,使用 Node Finder 对话框查找特定的节点或实体。

Information 栏可以显示所选择选项的相关功能和用法等信息。有不知道功能的项,可以看这一栏。

最下面的分配编辑栏根据分配类别的选定而有所不同,在引脚分配中有以下几项。

To 栏中可以在下拉列表框里选择待分配信号。

Location 栏中可以在下拉列表框里选择器件引脚。

I/O Bank 栏用来显示引脚所在块,此项根据引脚所在块不同而不同。

I/O Standard 栏用来选择输入输出电压标准。

General Function 栏用来显示本引脚的基本位置作用。

上面为引脚分配窗口,而图 7-34 为 Assignment Editor 时序约束窗口。

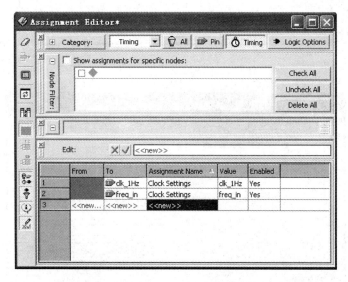

图 7-34　Assignment Editor 时序约束窗口

Assignment Editor 可以对个别实体、节点和引脚分别进行时序分配。时序约束窗口中的时序约束编辑项作用如下。

From 栏是选择点到点分配中的源信号名,可以单击该栏中的 ▶ 按钮打开 Node Finder 对话框指定。

To 栏是选择点到点分配中的目的信号名,同样可以单击该栏中的 ▶ 按钮打开 Node Finder 对话框指定。

Assignment Name 栏是选择约束类别,在下拉列表框中可以指定需要的约束类别,如常用的 tsu 与 th 等。

Enable 栏是选择该约束设置是否被编译器编译。

当建立或编辑约束时,Quartus Ⅱ 软件会自动验证用户设置的约束值;当约束无效时,该软件会自动舍弃添加值,保留当前值。

个别时序分配会比全局时序约束更加严格。通过 Assignment Editor 可以对个别实体、节点和引脚分别进行时序设置。Assignment Editor 支持点对点的时序分配,由通配符在建立分配时识别指定节点,支持使用 Time Groups 分配以便为节点或节点组建立单独分配。Assignment Editor 编辑好后会由 Timing Analyzer 进行分配。

Timing Analyzer 可以进行以下类型的个别时序分配。

(1) 个别时钟设置。允许通过定义时序要求和设计中所有时钟信号之间的关系,进行精确的多时钟时序分析,它支持单时钟和多时钟频率分析。

(2) 时钟不确定分配。时钟建立和保持检查时,指定关于时钟建立或保持的预期不确定性(时钟抖动)。

(3) 时钟延时分配。指定提前或迟后时钟延时作为等待时间。等待时间会影响时钟斜移,斜移与偏移不同,它影响建立关系。时钟延时是指在理想情况下通过最短路径或最长路径的可能的时钟外部延时。对于建立分析,Timing Analyzer 对每个源采用迟后延时值,对每个目的寄存器采用提前延时值,对于保持分析,Timing Analyzer 对每个源使用提前延时值,对每个目的寄存器采用迟后延时值。

(4) 多周期路径。多周期路径是指需要一个以上时钟周期才能稳定下来的寄存器之间的路径。可以设置多周期路径,指示时序分析器放宽度量,并避免不正确地建立时间或保持时间。

(5) 剪切路径。默认情况下,如果没有设置时序要求或只使用默认的 fmax 时钟设置,Quartus Ⅱ 软件将切断不相关时钟域之间的路径。如果设置了各个时钟分配,但没有定义时钟分配之间的关系,Quartus Ⅱ 也将切断不相关时钟域之间的路径。用户还可以自己定义设计中特定路径的剪切路径。

(6) 最大延时要求。设计中特定节点 tsu、th、tpd 和 tco 的输入输出最大延时,以及最大时序要求。可以对特定节点或节点组进行这些分配,以超过工程全局范围最大时序要求。

(7) 最小延时要求。特定节点或组 th、tpd 和 tco 的输入输出最小延时,以及最小时序要求。可以对特定节点或节点组进行这些分配,以超过工程全局范围最小时序要求。

(8) 最大斜移要求。特定节点或节点组最大时钟和数据到达斜移的时序要求。

(9) Time Groups 分配。可以在 Time Groups 对话框(Assignments 菜单)中定义的高级时序分配。所定义的时间组成员可以是常用节点名称、通配符,以及其他时间组名称。也可以从时间组中排除特定节点、通配符以及其他时间组的名称。然后,这些组可以用在多数时序分配的 From 或 To 区。

3. Pin Planner 工具的使用

使用工具 Pin Planner 是另一种引脚组的分配途径。Pin Planner 包括器件的封装视图,以不同的颜色和符号表示不同类型的引脚,并以其他符号表示 I/O 块,它所采用的符号与器件数据手册中符号很相似,便于用户使用。

选择 Assignments→Pin Planner 选项,就会弹出如图 7-35 所示的 Pin Planner 窗口。它包括器件的封装视图,并以不同的颜色和符号表示不同类型的引脚,用其他符号表示 I/O 块(Bank)。对话框中还包括已分配和未分配引脚的表格。

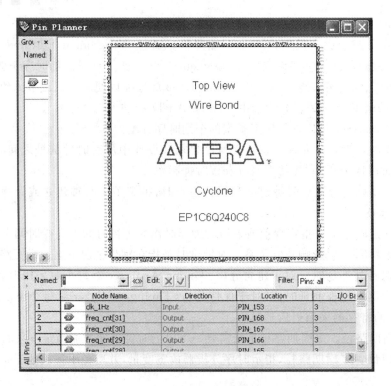

图 7-35　Pin Planner 窗口

用户可以将最上面未分配的节点名拖到中间封装视图相应的引脚处,就可完成引脚分配;或者右击封装视图相应的引脚名,选择 Pin Properties 选项,弹出如图 7-36 所示的引脚属性对话框。

Node name 下拉列表框里可以选择相应信号名称,属性对话框中含义与前面介绍的引脚分配是一样的,可以根据需要自行作出相应选择。

以上所有约束设置都保存在工程配置文件(＊.qsf)中。

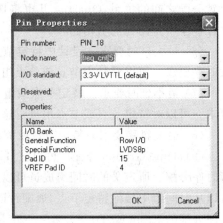

图 7-36　引脚属性对话框

4.操作实例

本实例中,延时需求设为 tsu＝2ns,tco＝12ns,tpd＝2ns,th＝2ns,fmax＝50MHz,信号名称依次对应引脚名称。

(1)设置全局时序约束。在图 7-29 中设置 tsu、tpd 和 th 为 2ns,tco 为 12ns;选择 Default requird fmax 为 50MHz;单击 Individual Clocks 按钮,对信号 clk_1Hz 和 freq_in 进行时钟约束设置,具体设置情况如图 7-37 所示;其余选项为默认值不变。

(2)引脚分配。单击工具栏的 ◈ 按钮,打开 Assignment Editor 对话框,在 Category 栏中单击 ▣ Pin 按钮,进行 Assignment Editor 的引脚分配。在如图 7-33 所示对话框中依次设置分配引脚。本实例中根据实际需要,将频率计的输入引脚 freq_in 和 clk_1Hz 分别锁

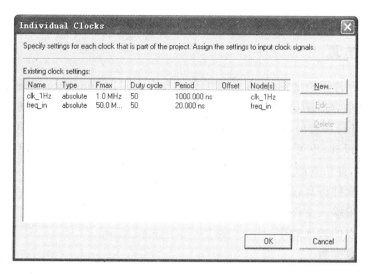

图 7-37　信号 clk_1Hz 和 freq_in 的时钟约束设置情况

定在目标芯片的第 28 和第 153 脚；将频率计的 32 位输出引脚 freq_cnt[31..0]从高到底依次锁定在目标芯片的第 168～158、141～132、128、41、21～13 脚。

（3）选择 Processing→Start→Start I/O Assignment Analysis 选项，进行 I/O 分配验证，直到没有错误为止。

（4）时序分析。选择 Processing→Start→Start Timing Analyzer 选项，进行时序分析。时序分析结束后，会在工程工作区弹出如图 7-38 所示的时序分析报告窗口。

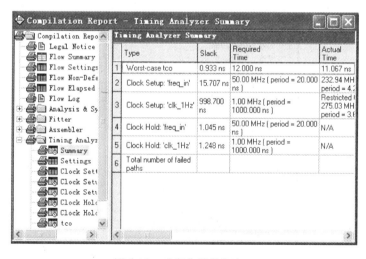

图 7-38　时序分析报告窗口

时序分析报告包括以下几部分：总结、时序要求的设置、时钟建立和保持的时序信息、tpd 和 tco、最小 tpd 和 tco、最大时钟到达斜移、最大数据到达斜移、最小脉冲宽度要求、在时序分析期间忽略的时序约束以及生成的消息信息。

（5）重新全编译。在时序约束和引脚分配结束后，需要再次重新编译，将约束加入工程中。单击工具栏的 ▶ 按钮，或者选择 Processing→Start Compilation 选项，即可进行重新全编译。

7.2.8 仿真

Quartus Ⅱ允许用户使用 EDA 仿真工具或 Quartus Ⅱ Simulator 对设计进行功能验证与时序仿真。其中,Quartus Ⅱ Simulator 可以对工程中的任何设计进行仿真。根据所需的信息类型,可以进行功能仿真以测试设计的逻辑功能,也可以进行时序仿真。Quartus Ⅱ软件可以仿真整个设计,也可以仿真设计的任何部分。用户可以指定工程中的任何设计实体为顶层设计实体,并仿真顶层实体及其所有附属设计实体。

Quartus Ⅱ软件仿真包括以下 4 个步骤。

(1) 建立波形输入文件。

(2) 设置节点的验证时序。

(3) 设置仿真参数。

(4) 运行 Simulator。

1. 创建一个波形输入文件

选择 File→New 选项,在弹出的对话框中选择 Vector Waveform File 选项,产生一个空白的波形输入文件,然后双击文件左侧栏的空白处,弹出 Insert Node or Bus 对话框,单击 Node Finder 按钮,进行节点选择,单击 OK 按钮后生成一个波形输入文件,然后以默认名称 4bitcymometer. vwf 对此文件命名、保存。波形输入文件的创建过程如图 7-39~图 7-42 所示。

图 7-39　波形输入文件的建立过程之步骤(1)

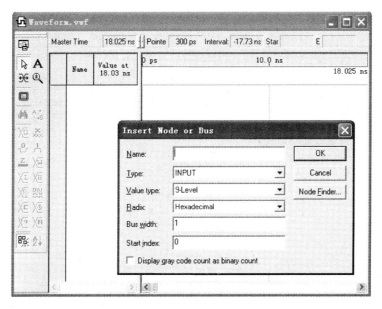

图 7-40 波形输入文件的建立过程之步骤(2)

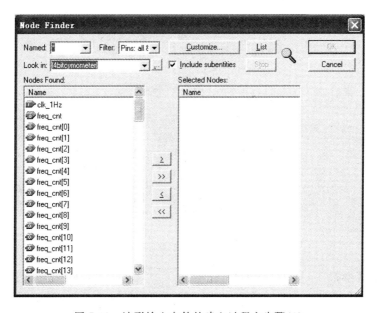

图 7-41 波形输入文件的建立过程之步骤(3)

2. 设置节点的验证时序

一般情况下,输入节点的时序应尽量做到全覆盖性,即把各种可能存在的情况都尽量考虑到。在各节点验证时序的设置中,应该根据工程的数据操作特点,把输入节点设置为不同的时序状态,以满足验证要求。在 Edit 菜单中设置好仿真的时间长度(End Time)、栅格宽度(Grid Size)以及各输入输出节点的属性及时序状态后,节点的设置就结束了。图 7-43 为波形输入工具条各按钮功能示意图。图 7-44 显示了为实例设置好的波形输入文件。

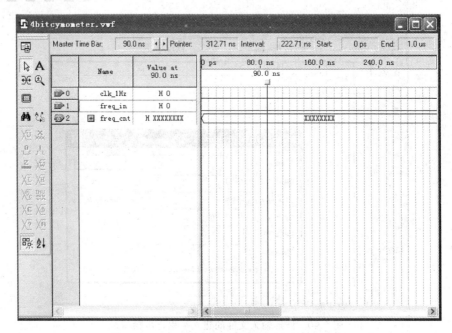

图 7-42　波形输入文件的建立过程之步骤(4)

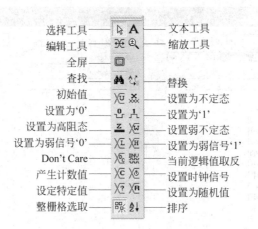

图 7-43　波形输入工具条

3. 设置仿真参数

选择 Assignments→Settings 选项,在弹出的 Settings 设置窗口中选择 Simulator Settings 选项或 Processing→Simulator Tool 选项,在仿真器的输入文件栏选择上一步生成的波形输入文件,设置仿真模式及其他仿真选项。如果执行功能仿真,则在仿真类型中选择 Functional 选项,在仿真开始前应先通过选择 Processing→Generate Functional Simulation Netlist 选项,产生功能仿真网表文件。如果要完成时序仿真,则在仿真类型中选择 Timing 选项。本例中选择时序仿真模式(Timing),如图 7-45 所示。

仿真参数设置完毕后,可单击 Start 按钮执行仿真,同时 Status 窗口显示仿真进度和处理时间。在仿真进行中,单击 Stop 按钮可随时中止仿真进程。仿真结束后,单击 Open 按钮可观察仿真输出波形。

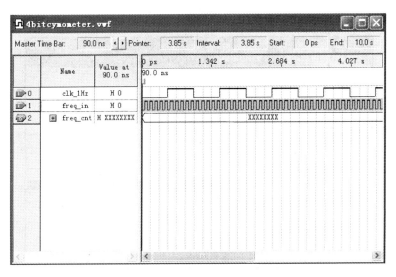

图 7-44　实例波形输入文件

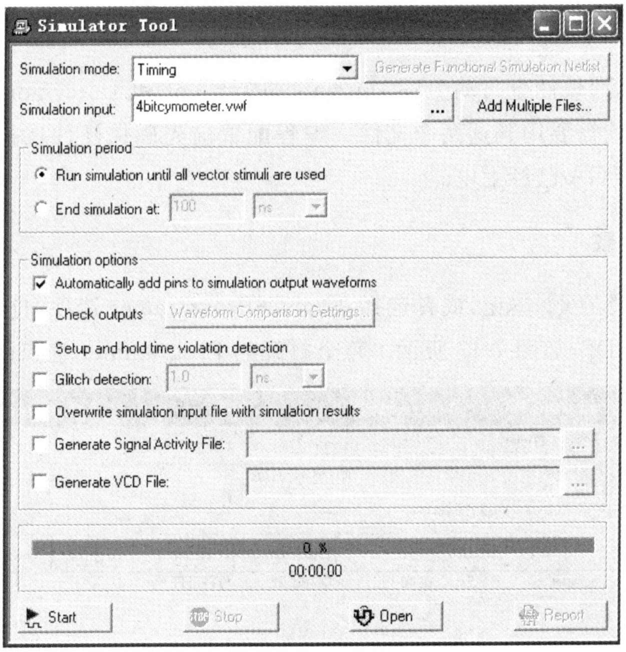

图 7-45　Simulator Tool 窗口

4. 分析仿真结果

仿真结束后,会弹出仿真的 Report 文件,在文件中会包括仿真的概述、参数设置、资源使用率以及得到的输出结果。用户可以观察仿真输出波形以及时序是否满足设计需要,逻辑是否正确,工程所要求的功能是否达到等。如果存在问题,则根据波形所反映出的问题对设计进行修改,然后再次进行仿真,直至得到满意的结果。本实例的仿真输出波形如图 7-46所示。图中测频控制信号 clk_1Hz 的周期设为 1s,待测频率输入信号 freq_in 的周期设为

1ms,仿真结果中,以十六进制形式显示的测频输出为000003E8,即十进制数1000。

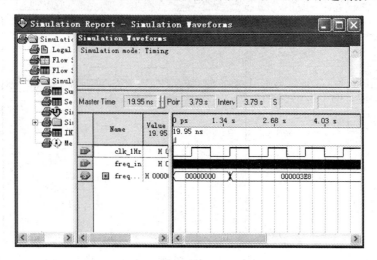

图 7-46 仿真波形

7.2.9 编程及配置

在前面全编译后,软件会自动生成 4bitcymometer.pof 和 4bitcymometer.sof 文件。下面的编程配置实例就需要用到这两个文件。编程配置前先确保硬件连接完好,下载线也已与电路板连接好,FPGA 已经上电。

1. 配置文件下载

(1)单击工具栏的 按钮,或者选择 Tools→Programmer 选项,打开 Quartus Ⅱ 编程器,建立一个新的 CDF,如图 7-47 所示。每个打开的 Programmer 窗口代表一个 CDF。

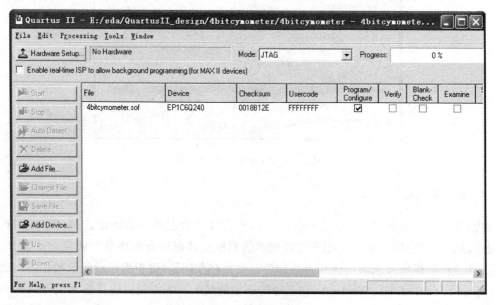

图 7-47 Quartus Ⅱ 编程器

（2）单击 Hardware Setup... 按钮，弹出如图 7-48 所示的硬件安装对话框，图中选项含义如下。

① Currently selected hardware 用于选择通过什么硬件来编程配置。

② Add Hardware 用于添加硬件。

③ Available hardware items 用于显示添加硬件后可用的硬件。

④ JTAG Settings 用于设置 JTAG 服务器以进行远程编程。

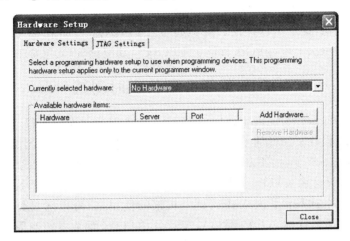

图.7-48　硬件安装对话框

（3）若图 7-48 中的 Available hardware items 框中为空，可以单击 Add Hardware... 按钮，弹出如图 7-49 所示的添加硬件对话框。

硬件类型主要有如下 3 种。

① ByteBlasterMV or ByteBlaster Ⅱ，其硬件接口为并口 LPT。

② MasterBlaster，其硬件接口为串口 COM，可以设置波特率。

③ EthernetBlaster，其通过网络连接，可以设置服务器和密码。

本例中用 ByteBlasterMV 下载，所以选择第①种，用并口连接。单击 OK 按钮，在图 7-48 中的 Available hardware items 框中会出现

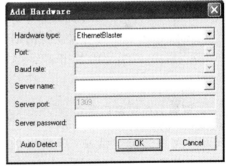

图 7-49　添加硬件对话框

ByteBlaster 的硬件，然后在 Currently selected hardware 下拉列表框中选择 ByteBlasterMV [LPT1]选项，接着单击图 7-48 中的Close按钮。

（4）在图 7-47 中的上侧中间 Mode 下拉列表框中选择 JTAG 选项，这一项用来选择下载方式。

（5）单击图 7-47 左侧的 Add File... 按钮，选择 4bitcymometer. sof 文件。在 File 列表中就会列出 4bitcymometer. sof。

（6）勾选 File 列表中的 Program/Configure 框。

（7）单击 Start 按钮，开始编程配置。当图 7-47 右上侧的 Progress 变为 100% 时，

编程结束。

2.编程配置器件

由于 FPGA 器件是基于 SRAM 结构,数据具有易失性,所以每次上电使用时须重新下载数据。为了使 FPGA 在上电启动后仍然保持原有的配置文件,并能正常工作,必须将配置文件烧写进专用的配置芯片中。EPCSx 是 Cyclone 系列器件的专用配置器件,Flash 存储结构,编程周期 10 万次。编程模式为 Active Serial 模式,编程接口为 ByteBlaster MV。编程流程跟上面相似,这里不再详述。编程成功后 FPGA 将自动被 EPCSx 器件配置而进入工作状态。此后每次上电,FPGA 都能被 EPCSx 自动配置,进入正常工作状态。

7.2.10 SignalTap Ⅱ 逻辑分析仪实时测试

编译、仿真、器件编程与配置结束后,接下来设计者需要对设计工程进行整体或局部模块调试。随着逻辑设计复杂性的不断增加,仅依赖于软件方式的仿真测试来了解设计系统的硬件功能已远远不够了,而不断需要重复进行的硬件系统的测试也变得更为困难。为了解决这些问题,设计者可以将一种高效的硬件测试手段和传统的系统测试方法相结合来完成。这就是 SignalTap Ⅱ 嵌入式逻辑分析仪的使用,它可以随设计文件一并下载于目标芯片中,用以捕捉目标芯片内部信号节点处的信息,而又不影响原硬件系统的正常工作。

当器件在系统内以系统速率运行时,SignalTap Ⅱ 可以读取器件内部节点或 I/O 引脚的状态,并将捕获的信号数据暂存在目标器件中的嵌入式 RAM(如 ESB、M4K)中,然后通过 MasterBlaster、ByteBlaster MV、ByteBlaster Ⅱ、USBBlaster 或 EthernetBlaster 等通信电缆将数据从器件的 RAM 资源上传至 Quartus Ⅱ 软件进行波形显示和分析。

SignalTap Ⅱ 逻辑分析仪支持的器件系列有:Cyclone 器件、Stratix 器件、Stratix GX 器件、Excalibur 器件、APEX Ⅱ 器件、APEX20KE 器件、APEX20KC 器件、APEX20K 器件和 Mercury 器件。

1.逻辑分析仪窗口简介

选择 File → new 选项,在弹出的对话框中选择 Verification/Debugging Files 下的 SignalTap Ⅱ Logic Analyzer File 选项,单击 OK 按钮,即打开如图 7-50 所示的 SignalTap Ⅱ逻辑分析仪窗口。SignalTap Ⅱ 窗口界面包括实例管理器、信号配置及显示部分、JTAG 状态及配置部分、层次显示部分和数据记录部分。

(1)实例管理器(Instance Manager)。SignalTap Ⅱ Logic Analyzer 进行调试时是以实例为基础的。用户可以在一个器件上建立多个实例以便于调试。实例管理器显示当前 SignalTap Ⅱ 文件夹中的实例、每个实例的当前状态、该实例中使用的逻辑单元和存储器容量以及每个逻辑分析仪在器件上要求的资源使用量。用户也可以同时使用多个逻辑分析仪进行调试,选择 Processing→Run Analysis 选项可以实现同时启动多个逻辑分析仪。

(2)信号设置及数据显示部分。信号设置部分负责设置实例的采样时钟、采样深度、RAM 类型、触发等级、触发类型、缓冲器捕获模式等参数,配置好的实例信息显示在左侧

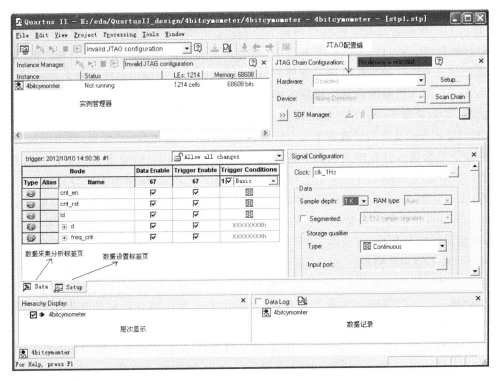

图 7-50　SignalTap II逻辑分析仪窗口

Setup 标签页中。

（3）JTAG 状态及配置部分。用于对器件进行编程。

（4）层次显示部分。用于显示或隐藏节点的层次。

（5）数据记录部分。用于显示触发部分。

2. 采用 SignalTap II逻辑分析仪调试实例的流程

在使用 SignalTap II Logic Analyzer 之前，用户必须首先创建一个 SignalTap II 文件（.stp），此文件包括所有配置设置并以波形显示所捕获的信号。一旦设置了 SignalTap II 文件，就可以编译工程，对器件进行编程并使用逻辑分析仪采集、分析数据。每个逻辑分析器实例均嵌入到器件的逻辑中。SignalTap II Logic Analyzer 在单个器件上支持的通道数多达 1024 个，采样达到 128Kb。以下步骤显示了使用 SignalTap II逻辑分析仪对实例进行调试的具体流程。

建立新的 SignalTap II文件。STP 文件包括 SignalTap II逻辑分析仪的设置和捕获到的数据的查看分析。创建方法是选择 Verification/Debugging Files 下的 SignalTap II Logic Analyzer File 选项，单击 OK 按钮即可完成 STP 文件的创建。

向 SignalTap II文件添加实例，并向实例调入待测信号。首先单击上排的 Instance 栏内的 auto_signaltap_0，更改此实例名为 4bitcymometer。为了调入待测信号，在 Setup 标签页的左边空白处双击，即弹出 Node Finder 对话框，单击 List 按钮，在左栏出现此工程相关的所有信号，包括内部信号。选择需要观察的信号名：内部计数使能信号 cnt_en、内部计数清零信号 cnt_rst、内部锁存信号 load、内部 32 位锁存器总线 d、32 位输出总线信号 freq_cnt。单击 OK 按钮后即可将这些信号调入 SignalTap Ⅱ 信号观察窗口。注意不要将工程的测频控制信号 clk_1Hz 调入信号观察窗,因为在本实例设计中打算调用工程的测频控制信号兼作逻辑分析仪的采样时钟。此外如果有总线信号,只需调入总线信号名即可,慢速信号可不调入。调入信号的数量应根据实际需要来决定,不可随意调入过多的或没有实际意义的信号,这会导致 SignalTap Ⅱ 无谓地占用芯片过多的资源。

(1) SignalTap Ⅱ 参数设置。单击全屏按钮和窗口左下角的 Setup 标签,即出现如图 7-50 所示的全屏编辑窗。首先输入逻辑分析仪的工作时钟信号 Clock,单击 Clock 栏右侧的 … 按钮,弹出 Node Finder 窗口,选中工程的测频控制信号 clk_1Hz 作为逻辑分析仪的采样时钟。在 Data 框的 Sample depth 下拉列表框选择采样深度为 1Kb,这个深度一旦确定,则实例 4bitcymometer 中每一位信号都获得同样的采样深度,所以必须根据待测信号的采样要求、信号组总的信号数量,以及本工程可能占用的 ESB/M4K 的规模,综合确定采样深度,以免发生 M4K 不够用的情况。然后是根据待观察信号的要求,在 Trigger position 栏设定采样深度中起始触发的位置,例如选择前点触发 Pre trigger position。最后是触发信号和触发方式的选择。这可以根据具体需求来选定。SignalTap Ⅱ 逻辑分析仪的触发类型有两种:Basic(基本)和 Advanced(高级)。当选择 Basic 类型时,用户需要设置触发模式(Trigger Pattern),包括无关项触发(Don't Care)、低电平触发(Low)、高电平触发(High)、下降沿触发(Falling Edge)、上升沿触发(Rising Edge)以及双沿触发(Either Edge)。当选择 Advanced 类型时,用户需要建立一个触发条件表达式,当这个表达式为真时,触发条件成立。如果需要触发信号,选中 Trigger in 选项,并在 Source 栏选择触发信号。本例中不需设置触发信号。

(2) 文件存盘。选择 File→Save 选项,在弹出的保存对话框中输入此 SignalTap Ⅱ 文件名为 4bitcymometer. stp。单击"保存"按钮后,将出现一个提示,如图 7-51 所示。这时应该单击"是"按钮,表示同意再次编译时将此 SignalTap Ⅱ 文件与工程捆绑在一起综合/适配,以便一同被下载进 FPGA 芯片中去完成实时测试任务。

图 7-51　提示对话框

(3) 编译下载。选择 Processing→Start Compilation 选项,启动全程编译。

(4) 对器件进行编程。在 JTAG Chain Configuration 中选择下载电缆、目标器件和下载文件后进行下载。如果系统没有扫描到目标器件,调试将不能进行。

(5) 启动 SignalTap Ⅱ 进行采样与分析。单击 Instance 名 4bitcymometer,再选择 Run Analysis(单步执行采集任务) 或 AutoRun Analysis(连续执行采集任务直到用户选择 Stop Analysis 停止采集为止)按钮启动逻辑分析仪,当所有触发条件满足时,逻辑分析仪将采集数据。

（6）停止采集后单击 Read data 按钮，采集的数据将显示在 STP 文件中，如图 7-52 所示。本次测试中，测频控制信号 clk_1Hz 外接 1Hz 的时钟频率，待测频率输入信号 freq_in 外接 256Hz 的时钟频率，测频输出为 00000100H。

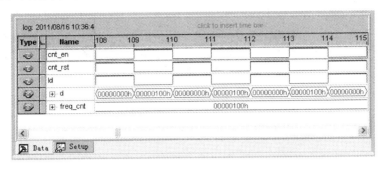

图 7-52　SignalTap Ⅱ逻辑分析仪实例

第8章 数字电子系统设计实践

本章通过若干个数字电子系统的设计实例,来详细说明如何在实际设计中,应用 VHDL 语言和原理图设计方法来设计复杂的逻辑电路,这些内容有常规的组合与时序逻辑系统的设计,也有接口系统的典型示例,还有实际应用系统的设计,其中有些设计实例可直接成为更大的数字系统或电子产品电路中的实用模块。

8.1 移位相加8位硬件乘法器设计

8.1.1 硬件乘法器的功能

纯组合逻辑电路构成的乘法器虽然工作速度比较快,但过于占用硬件资源,难以实现多位乘法器;基于 PLD 器件外接 ROM 九九表的乘法器则无法构成单片系统,也不实用。这里介绍由 8 位加法器构成的以时序逻辑方式设计的 8 位乘法器,在实际应用中具有一定的实用价值。它能够比较方便地实现两个 8 位二进制数的乘法运算。

8.1.2 硬件乘法器的设计思路

硬件乘法器的乘法运算可以通过逐项移位相加原理来实现,从被乘数的最低位开始,若为 1,则乘数左移后与上一次的和相加;若为 0,左移后以全零相加,直至被乘数的最高位。从图 8-1 的逻辑图上可以清楚地看出此乘法器的工作原理。

在图 8-1 中,start 信号的上跳沿与高电平有两个功能,即 16 位寄存器清零和被乘数 a[7..0]向移位寄存器 sreg8b 加载;它的低电平则作为乘法使能信号。乘法时钟信号从 clk 输入。当被乘数被加载于 8 位右移寄存器 sreg8b 后,随着每一时钟节拍,最低位在前,由低位至高位逐位移出。当为 1 时,与门 andarith 打开,8 位乘数 b[7..0]在同一节拍进入 8 位加法器,与上一次锁存在 16 位锁存器 reg16b 中的高 8 位进行相加,其和在下一时钟节拍的上升沿被锁进此锁存器。而当被乘数的移出位为 0 时,与门全零输出。如此往复,直至 8 个时钟脉冲后,乘法运算过程中止。此时 reg16b 的输出值即为最后的乘积。此乘法器的优点是节省芯片资源,它的核心元件只是一个 8 位加法器,其运算速度取决于输入的时钟频率。

8.1.3 硬件乘法器的设计

本设计采用层次描述方式,且用原理图输入和文本输入混合方式建立描述文件。图 8-1

是乘法器顶层图形输入文件,它表明了系统由 8 位右移寄存器(sreg8b)、8 位加法器
(adder8)、选通与门模块(andarith)和 16 位锁存器(reg16)所组成,它们之间的连接关系如
图 8-1 所示。

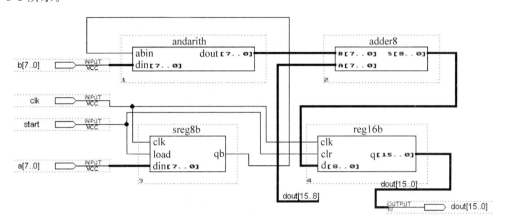

图 8-1　移位相加硬件乘法器电路原理图

乘法器中各模块采用 VHDL 语言输入,8 位右移寄存器的逻辑描述如例 8-1 所示。

【**例 8-1**】　8 位右移寄存器源程序

```
LIBRARY IEEE;
USE IEEE.STD_LOGIC_1164.ALL;
ENTITYsreg8b IS                                    --8 位右移寄存器
    PORT (clk : IN STD_LOGIC;    LOAD : IN STD_LOGIC;
            din : IN STD_LOGIC_VECTOR(7 DOWNTO 0);
             qb : OUT STD_LOGIC);
END sreg8b;
ARCHITECTURE behave OF sreg8b IS
    SIGNAL reg8 : STD_LOGIC_VECTOR(7 DOWNTO 0);
BEGIN
    PROCESS (clk, load)
    BEGIN
        IF  load = '1' THEN  reg8 <= din;          --装载新数据
        ELSIF clk'EVENT AND clk = '1' THEN
            reg8(6 DOWNTO 0) <= reg8(7 DOWNTO 1);   --数据右移
        END IF;
    END PROCESS;
    qb <= reg8(0);                                 --输出最低位
END behave;
```

8 位加法器的逻辑描述如例 8-2 所示。

【**例 8-2**】　8 位加法器源程序

```
LIBRARY IEEE;
USE IEEE.STD_LOGIC_1164.ALL;
USE IEEE.STD_LOGIC_UNSIGNED.ALL;
ENTITY adder8 IS
    PORT(b, a : IN STD_LOGIC_VECTOR(7 DOWNTO 0);
```

```
            s : OUT STD_LOGIC_VECTOR(8 DOWNTO 0));
END adder8;
ARCHITECTURE behav OF adder8 IS
    BEGIN
        s <= '0'&a + b ;
END behave;
```

选通与门模块逻辑描述如例 8-3 所示。

【例 8-3】 选通与门模块源程序

```
LIBRARY IEEE;
USE IEEE.STD_LOGIC_1164.ALL;
ENTITY andarith IS
    PORT ( abin : IN STD_LOGIC;
            din : IN STD_LOGIC_VECTOR(7 DOWNTO 0);
            dout : OUT STD_LOGIC_VECTOR(7 DOWNTO 0));
END andarith;
ARCHITECTURE behave OF andarith IS
BEGIN
    PROCESS(abin, din)
    BEGIN
        FOR i IN 0 TO 7 LOOP                        -- 循环,完成 8 位与 1 位运算
            dout(i) <= din(i) AND abin;
        END LOOP;
    END PROCESS;
END behave;
```

16 位锁存器逻辑描述如例 8-4 所示。

【例 8-4】 16 位锁存器源程序

```
LIBRARY IEEE;
USE IEEE.STD_LOGIC_1164.ALL;
ENTITY reg16b IS
    PORT ( clk,clr : IN STD_LOGIC;
            d : IN STD_LOGIC_VECTOR(8 DOWNTO 0);
            q : OUT STD_LOGIC_VECTOR(15 DOWNTO 0));
END reg16b;
ARCHITECTURE behave OF reg16b IS
    SIGNAL r16s : STD_LOGIC_VECTOR(15 DOWNTO 0);
BEGIN
    PROCESS(clk, clr)
    BEGIN
        IF clr = '1' THEN  r16s <= (OTHERS =>'0');  -- 清零信号
        ELSIF clk'EVENT AND clk = '1' THEN          -- 时钟到来时,锁存输入值,
                                                    -- 并右移低 8 位

            r16s(6 DOWNTO 0)  <= r16s(7 DOWNTO 1);  -- 右移低 8 位
            r16s(15 DOWNTO 7) <= d;                 -- 将输入锁到高 8 位
        END IF;
    END PROCESS;
q <= r16s;
END behave;
```

编译器将顶层图形输入文件和第二层次功能块 VHDL 输入文件相结合并编译,确定正确无误后,即可产生乘法器的目标文件。

8.1.4 硬件乘法器的波形仿真

硬件乘法器的波形仿真如图 8-2 所示,图中,a[7..0]和 b[7..0]分别为被乘数和乘数,分别设为 FD 和 9F,经过 8 个时钟脉冲后,输出为 9D23 即为 9F 与 FD 的乘积。从图中可以看出设计达到了要求。

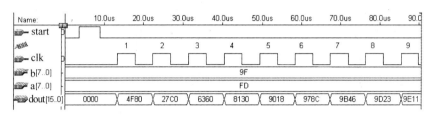

图 8-2 硬件乘法器的波形仿真

8.2 十字路口交通管理器设计

8.2.1 交通管理器的功能

该交通管理器控制十字路口甲、乙两道的红、黄、绿三色灯,指挥车辆和行人安全通行。交通管理器示意图如图 8-3 所示,图中,r1、y1、g1 是甲道红、黄、绿灯;r2、y2、g2 是乙道红、黄、绿灯。

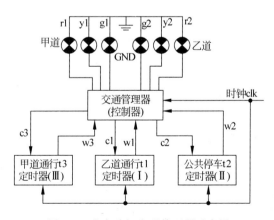

图 8-3 十字路口交通管理器示意图

该交通管理器由控制器和受其控制的 3 个定时器以及 6 个交通管理灯组成。图 8-3 中 3 个定时器分别确定甲道和乙道通行时间 t3、t1 以及公共的停车(黄灯亮)时间 t2。这 3 个定时器采用以秒信号为时钟的计数器来实现,c1、c2 和 c3 分别是这些定时器的工作使能信号,即当 c1、c2 或 c3 为 1 时,相应的定时器开始计数,w1、w2 和 w3 为定时计数器的指示信号,计数器在计数过程中,相应的指示信号为 0,计数结束时为 1。

8.2.2　交通管理器的设计思路

十字路口交通管理器是一个控制类型的数字系统,其数据处理单元较简单。在此直接按照功能要求,即常规的十字路口交通管理器规则,给出交通管理器工作流程如图 8-4所示。

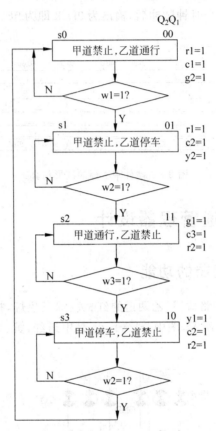

图 8-4　交通管理器工作流程

8.2.3　交通管理器的设计

本设计采用层次描述方式,也采用原理图输入和文本输入混合方式建立描述文件。图 8-5 是交通管理器顶层图形输入文件,它用原理图形式表明系统的组成,即系统由控制器和 3 个定时计数器组成,3 个定时计数器的模分别为 26、5 和 30。

在顶层图形文件中的各模块,其功能用第二层次 VHDL 源文件描述。

控制器的逻辑描述如例 8-5 所示。

【例 8-5】　控制器的逻辑描述

```
LIBRARY IEEE;
USE IEEE.STD_LOGIC_1164.ALL;
ENTITY traffic_control IS
  PORT(clk:IN STD_LOGIC;
```

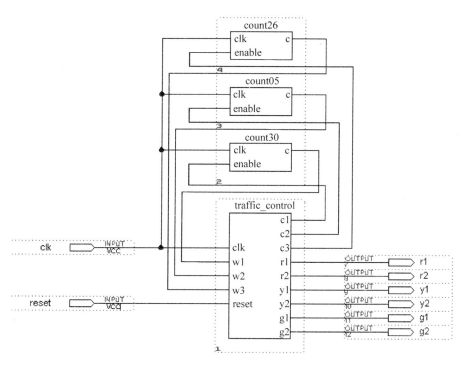

图 8-5 交通管理器顶层图形输入文件

```
        c1,c2,c3:OUT STD_LOGIC;              -- 各定时计数器的使能信号
        w1,w2,w3:IN STD_LOGIC;               -- 各定时计数器的工作信号
        r1,r2:OUT STD_LOGIC;                 -- 两个方向的红灯信号
        y1,y2:OUT STD_LOGIC;                 -- 两个方向的黄灯信号
        g1,g2:OUT STD_LOGIC;                 -- 两个方向的绿灯信号
        reset:IN STD_LOGIC);                 -- 复位信号
END traffic_control;
ARCHITECTURE behave OF traffic_control IS
   TYPE state_space IS (s0,s1,s2,s3);
   SIGNAL state:state_space;
BEGIN
PROCESS(clk)
    BEGIN
      IF reset = '1' THEN
        state <= s0;
      ELSIF(clk'EVENT AND clk = '1')THEN
        CASE state IS
          WHEN s0 => IF w1 = '1' THEN       -- 条件信号赋值语句
                  state <= s1;
               END IF;
          WHEN s1 => IF w2 = '1' THEN
                  state <= s2;
               END IF;
          WHEN s2 => IF w3 = '1' THEN
                  state <= s3;
               END IF;
```

```
            WHEN s3 = > IF w2 = '1' THEN
                        state < = s0;
                    END IF;
            END CASE;
        END IF;
END PROCESS;
    c1 < = '1' WHEN state = s0 ELSE'0';
    c2 < = '1' WHEN state = s1 OR state = s3 ELSE'0';
    c3 < = '1' WHEN state = s2 ELSE'0';
    r1 < = '1' WHEN state = s1 OR state = s0 ELSE'0';
    y1 < = '1' WHEN state = s3 ELSE'0';
    g1 < = '1' WHEN state = s2 ELSE'0';
    r2 < = '1' WHEN state = s2 OR state = s3 ELSE'0';
    y2 < = '1' WHEN state = s1 ELSE'0';
    g2 < = '1' WHEN state = s0 ELSE'0';
END behave;
```

3个定时计数器的逻辑描述如例8-6～例8-8所示。

【例8-6】 30s定时器源文件

```
LIBRARY IEEE;
USE IEEE.STD_LOGIC_1164.ALL;
ENTITY count30 IS
  PORT(clk :IN STD_LOGIC;
        enable:IN STD_LOGIC;
        c:OUT STD_LOGIC);
END count30;
ARCHITECTURE behave OF count30 IS
BEGIN
  PROCESS(clk)
    VARIABLE cnt:INTEGER RANGE 30 DOWNTO 0;
    BEGIN
      IF (clk'EVENT AND clk = '1')THEN
          IF enable = '1' AND cnt < 30 THEN
            cnt : = cnt + 1;
          ELSE
            cnt : = 0;
          END IF;
      END IF;
      IF cnt = 30 THEN
        c < = '1';
      ELSE
        c < = '0';
      END IF;
  END PROCESS;
END behave;
```

【例8-7】 5s定时器源文件

```
LIBRARY IEEE;
USE IEEE.STD_LOGIC_1164.ALL;
```

```
ENTITY count05 IS
   PORT(clk :IN STD_LOGIC;
         enable:IN STD_LOGIC;
         c:OUT STD_LOGIC);
END count05;
ARCHITECTURE behave OF count05 IS
BEGIN
   PROCESS(clk)
      VARIABLE cnt:INTEGER RANGE 5 DOWNTO 0;
      BEGIN
         IF (clk'EVENT AND clk = '1')THEN
            IF enable = '1' AND cnt < 5 THEN
               cnt : = cnt + 1;
            ELSE
               cnt : = 0;
            END IF;
         END IF;
         IF cnt = 5 THEN
            c < = '1';
         ELSE
            c < = '0';
         END IF;
   END PROCESS;
END behave;
```

【例 8-8】 26s 定时器源文件

```
LIBRARY IEEE;
USE IEEE.STD_LOGIC_1164.ALL;
ENTITY count26 IS
   PORT(clk :IN STD_LOGIC;
         enable:IN STD_LOGIC;
         c:OUT STD_LOGIC);
END count26;
ARCHITECTURE behave OF count26 IS
BEGIN
   PROCESS(clk)
      VARIABLE cnt:INTEGER RANGE 26 DOWNTO 0;
      BEGIN
         IF (clk'EVENT AND clk = '1')THEN
            IF enable = '1' AND cnt < 26 THEN
               cnt : = cnt + 1;
            ELSE
               cnt : = 0;
            END IF;
         END IF;
         IF cnt = 26 THEN
            c < = '1';
         ELSE
            c < = '0';
         END IF;
```

```
    END PROCESS;
END behave;
```

编译器将顶层图形输入文件和第二层次功能块 VHDL 输入文件相结合并编译,确定正确无误后,即可产生交通管理器的目标文件。

8.2.4 交通管理器的波形仿真

交通管理器的波形仿真如图 8-6 所示,从图中可以看出,首先是甲道禁止(r1 为高电平),乙道通行(g2 为高电平);经过 30s 后,转换成甲道禁止(r1 为高电平),乙道停车(y2 为高电平);经过 5s 后,转换成甲道通行(g1 为高电平),乙道禁止(r2 为高电平);经过 26s 后,转换成甲道停车(y1 为高电平),乙道禁止(r2 为高电平);再经过 5s,再次转换成甲道禁止(r1 为高电平),乙道通行(g2 为高电平)状态,完成一个工作循环。从图中可以看出,设计达到了设计要求。

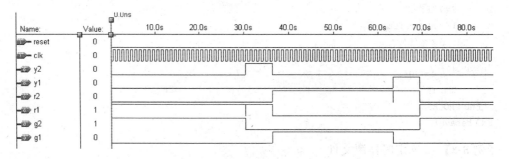

图 8-6 交通管理器的波形仿真

8.3 可编程定时/计数器设计

8.3.1 可编程定时/计数器的功能

在数字电路、计算机系统及实时控制系统中常需要用到定时信号,定时信号的产生可以利用软件编程或硬件的方法得到。在 8.2 节中,已对软件编程产生的定时器作了介绍,而硬件定时就是利用可编程定时/计数器,在简单软件控制下产生准确的延时时间。其基本原理是通过软件确定定时/计数器的工作方式、设置计数初值并启动计数器工作,当计数到给定值时,便自动产生定时信号。

8.3.2 可编程定时/计数器的设计思路

可编程定时/计数器的组成,包括数据缓冲器、读/写逻辑、控制字寄存器和计数器。本设计参考 8253 定时/计数器,自定义控制字格式,在来自 PROCESSER 的控制信号作用下,根据写入的控制字选择计数器和相应的输出模式,从而完成可编程定时/计数器的设计和仿真。其工作过程如图 8-7 所示。

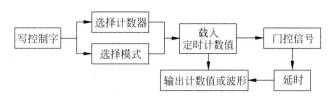

图 8-7　可编程定时/计数器工作过程

1．模型结构

（1）控制字寄存器。包含一个时钟输入，一个清零信号输入，一个写入信号输入，一个 3 位的控制字输入，一个 2 位的选通信号输出，一个计数器 1 载入控制输出，一个计数器 2 载入控制输出。

（2）定时/计数器 1。包含一个时钟输入，一个载入控制输入，一个门控制输入，一个 2 位选通方式输入，一个 8 位数据输入，一个 8 位数据输出，一个波形输出。

（3）定时/计数器 2。同定时/计数器 1。

2．控制字定义

定义控制字格式为：| SC2 | M1 | M0 |

对应功能：

SC2＝0，计数器 1；M1 M0＝01，频率发生器方式；

SC2＝1，计数器 2；M1 M0＝10，计数结束中断方式。

计数器的模式输入为 2 位，可自定义最多 4 种模式；数据输入 8 位，计数范围为 0～256；每个计数器各有一个门控信号和对应门控信号的波形输出，在门控信号作用下，计数/定时延时。

3．内部结构

所设计定时/计数器的内部结构图如图 8-8 所示。

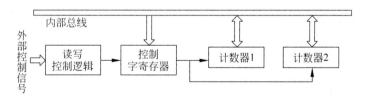

图 8-8　定时/计数器的内部结构

8.3.3　可编程定时/计数器的设计

1．控制字寄存器设计

控制字寄存器设计如例 8-9 所示，其主要功能是写入控制字，选择相应操作。

【例 8-9】 控制字寄存器

```
LIBRARY IEEE;
```

```
USE IEEE. STD_LOGIC_1164. ALL;
USE IEEE. STD_LOGIC_SIGNED. ALL;
ENTITY com_reg IS
    PORT(wt          :IN STD_LOGIC;                          -- 写入控制输入
        clk,reset    :IN STD_LOGIC;
        com_in       :IN STD_LOGIC_VECTOR(2 DOWNTO 0);       -- 控制字输入
        load0,load1  :OUT STD_LOGIC;                         -- 计数器1、2选通输出
        choi         :OUT STD_LOGIC_VECTOR(1 DOWNTO 0));     -- 选通方式输出
END com_reg ;
ARCHITECTURE behave OF com_reg IS
SIGNAL reg:STD_LOGIC_VECTOR(2 DOWNTO 0);
    -- 信号 reg 包含 SC2,M1,M0 这 3 位,当 SC2 = 0 时选择定时/计数器 1,当 SC2 = 1 时选择定时
    -- /计数器 2,当 M1M0 = 01 时,使用模式 1,当 M1M0 = 10 时,使用模式 3
BEGIN
  PROCESS(clk)
  BEGIN
    IF reset = '1' THEN
      load0 < = '0'; load1 < = '0'; choi < = "00";reg < = "000";
    ELSIF clk'EVENT AND clk = '1' THEN
      IF wt = '1' THEN
          reg < = com_in;
          CASE reg IS
              WHEN "001" = > choi < = "01"; load0 < = '1';load1 < = '0';
              WHEN "010" = > choi < = "10"; load0 < = '1';load1 < = '0';
              WHEN "101" = > load0 < = '0';load1 < = '1';choi < = "01";
              WHEN "110" = > load0 < = '0';load1 < = '1';choi < = "10";
              WHEN OTHERS = > NULL;
          END CASE;
        ELSE load0 < = '0'; load1 < = '0';
      END IF;
    END IF;
  END PROCESS;
END behave;
```

2. 定时/计数器 1 设计

定时/计数器1设计如例8-10所示,在选通方式1时,作为定时器;在选通方式2时,作为频率发生器。

【例8-10】 定时/计数器1

```
LIBRARY IEEE;
USE IEEE. STD_LOGIC_1164. ALL;
USE IEEE. STD_LOGIC_SIGNED. ALL;
ENTITY counter1 IS
PORT(load    :IN STD_LOGIC;                       -- 载入控制输入
    gate     :IN STD_LOGIC;                       -- 门控制输入
    clk      :IN STD_LOGIC;                        -- 时钟
    chio     :IN STD_LOGIC_VECTOR(1 DOWNTO 0);    -- 选通方式输入
    data_in  :IN STD_LOGIC_VECTOR(7 DOWNTO 0);    -- 数据输入
    data_out :OUT STD_LOGIC_VECTOR(7 DOWNTO 0);   -- 数据输出
```

```
      gateout  :OUT STD_LOGIC);                          -- 波形输出
END counter1 ;
ARCHITECTURE a OF counter1 IS
SIGNAL seldata,tmp:STD_LOGIC_VECTOR( 7 DOWNTO 0) : = "11111111";
BEGIN
    PROCESS(clk)
    BEGIN
        IF clk'EVENT AND clk = '1'THEN
          CASE chio   IS
            WHEN "10"  = >                               -- 选通方式为"10"时的工作情况
              IF load = '1'THEN
                  seldata < = data_in;
                    data_out < = "00000000";
                    gateout < = '1';
              ELSIF gate = '1'THEN
                  seldata < = seldata - 1;
                IF seldata = "00000000" THEN
                  gateout < = '1';seldata < = "00000000";
                ELSE
                  gateout < = '0';
                END IF;
                  data_out < = seldata;
              END IF;
            WHEN "01"  = >                               -- 选通方式为"10"时的工作情况
              IF load = '1'THEN
                    seldata < = data_in;
                    tmp < = data_in;
                    data_out < = "00000000";
                    gateout < = '1';
              ELSIF gate = '1'THEN
                  seldata < = seldata - 1;
                  IF seldata = "00000000" THEN
                    seldata < = tmp;
                    gateout < = '0';
                  ELSE
                    gateout < = '1';
                  END IF;
                  data_out < = seldata;
              END IF;
          WHEN OTHERS = >                                -- 其他情况
              data_out < = "00000000";
              ateout < = '1';
              tmp < = "00000000";
              seldata < = "00000000";
            END CASE;
        END IF;
  END PROCESS;
END a;
```

3. 定时/计数器 2 设计

定时/计数器 2 的设计与定时/计数器 1 基本相同,如例 8-11 所示。

【例 8-11】 定时/计数器 2

```
LIBRARY IEEE;
USE IEEE.STD_LOGIC_1164.ALL;
USE IEEE.STD_LOGIC_SIGNED.ALL;
ENTITY counter2 IS
    PORT(load,gate    :IN STD_LOGIC;
         clk          :IN STD_LOGIC;
         chio         :IN STD_LOGIC_VECTOR(1 DOWNTO 0);
         data_in      :IN STD_LOGIC_VECTOR(7 DOWNTO 0);
         data_out     :OUT STD_LOGIC_VECTOR(7 DOWNTO 0);
         ateout       :OUT STD_LOGIC);
END counter2 ;
ARCHITECTURE a OF counter2 IS
SIGNAL seldata,tmp:STD_LOGIC_VECTOR(7 DOWNTO 0) :="11111111";
BEGIN
    PROCESS(clk)
    BEGIN
        IF clk'EVENT AND clk='1' THEN
          CASE chio   IS
            WHEN "10" =>
              IF load='1' THEN
                  seldata<=data_in; data_out<="00000000"; gateout<='1';
              ELSIF gate='1' THEN
                  seldata<=seldata-1;
                  IF seldata="00000000" then
                      gateout<='1';seldata<="00000000";
                  ELSE
                      gateout<='0';
                  END IF;
                  data_out<=seldata;
              END IF;
            WHEN "01" =>
                IF load='1' THEN
                  seldata<=data_in;tmp<=data_in;
                  data_out<="00000000"; gateout<='1';
                ELSIF gate='1' THEN
                  seldata<=seldata-1;
                  IF seldata="00000000" THEN
                      seldata<=tmp;
                      gateout<='0';
                  ELSE
                      gateout<='1';
                  END IF;
                  data_out<=seldata;
                END IF;
            WHEN OTHERS =>
                  data_out<="00000000";
                  gateout<='1';
                  tmp<="00000000";
                  seldata<="00000000";
          END CASE;
```

```
      END IF;
   END PROCESS;
END a;
```

4. 可编程定时/计数器设计

根据以上各模块,设计可编程定时/计数器的顶层电路图如图 8-9 所示。

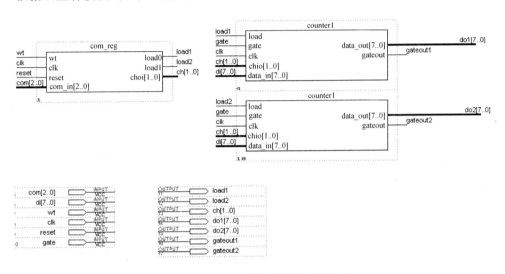

图 8-9 可编程定时/计数器的顶层电路

8.3.4 可编程定时/计数器的波形仿真

对以上所设计的原理图文件进行仿真得到波形仿真如图 8-10 所示,从图中可以看出,设计达到了设计要求。

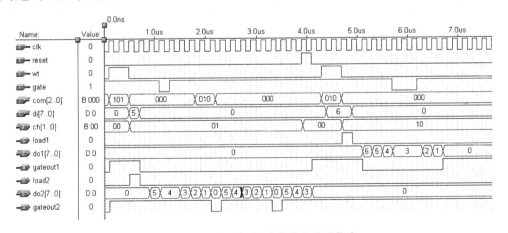

图 8-10 可编程定时/计数器的波形仿真

在仿真波形和实际应用时,注意以下问题。

(1) 载入控制字和载入计数数据顺序进行。

(2) 频率发生器方式时,计数不间断进行;计数结束中断方式时,只计数一次。

（3）选择频率发生器方式时，注意到计数器是从输入值递减至 0，即比所需计数值多 1，所以没有必要另外增加一个计数周期。

（4）门控信号的作用是延时，设计时要注意到模块内部能够保持被延时之前的计数值，否则计数数据丢失。

8.4 智能函数发生器设计

8.4.1 智能函数发生器的功能

函数发生器能够产生递增斜波、递减斜波、方波、三角波、正弦波及阶梯波，并可通过开关选择输出的波形。

8.4.2 智能函数发生器的设计思路

智能函数发生器可由递增斜波产生模块(icrs)、递减斜波产生模块(dcrs)、三角波产生模块(delta)、阶梯波产生模块(ladder)、正弦波产生模块(sin)、方波波产生模块(square)和输出波形选择模块(ch61a)组成，总体框图如图 8-11 所示。图中输出 q 接在 D/A 转换的数据端，在 D/A 转换器的输出端即可得到各种不同的函数波形。

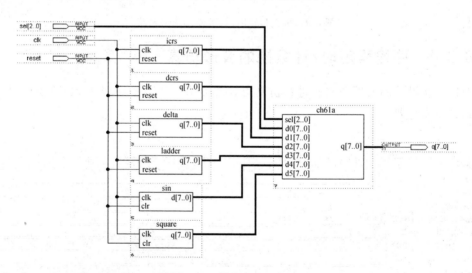

图 8-11 函数发生器总体框图

8.4.3 智能函数发生器各模块设计

递增模块 icrs 的 VHDL 程序描述如例 8-12 所示，其中 clk 为输入时钟端口，reset 为输入复位端口，q 为 8 位二进制输出端口。

【例 8-12】 递增模块源程序

```
LIBRARY IEEE;
USE IEEE.STD_LOGIC_1164.ALL;
```

```
USE IEEE.STD_LOGIC_UNSIGNED.ALL;
ENTITY icrs IS
  PORT(clk,reset:IN STD_LOGIC;
     q:OUT STD_LOGIC_VECTOR(7 DOWNTO 0));
END icrs;
ARCHITECTURE behave OF icrs IS
BEGIN
  PROCESS(clk,reset)
  VARIABLE tmp:STD_LOGIC_VECTOR(7 DOWNTO 0);
  BEGIN
    IF reset = '0' THEN
      tmp := "00000000";                    ——复位信号清零
    ELSIF clk'EVENT AND clk = '1' THEN
      IF tmp = "11111111" THEN
        tmp := "00000000";                  ——递增到最大值清零
      ELSE
        tmp := tmp + 1;                      ——递增运算
      END IF;
    END IF;
    q <= tmp;
  END PROCESS;
END behave;
```

递减模块 dcrs 的 VHDL 程序描述如例 8-13 所示,其中 clk 为输入时钟端口,reset 为输入复位端口,q 为 8 位二进制输出端口。

【例 8-13】 递减模块源程序

```
LIBRARY IEEE;
USE IEEE.STD_LOGIC_1164.ALL;
USE IEEE.STD_LOGIC_UNSIGNED.ALL;
ENTITY dcrs IS
  PORT (clk,reset:IN STD_LOGIC;
       q:OUT STD_LOGIC_VECTOR(7 DOWNTO 0));
END dcrs;
ARCHITECTURE behave OF dcrs IS
BEGIN
  PROCESS(clk,reset)
  VARIABLE tmp:STD_LOGIC_VECTOR(7 DOWNTO 0);
  BEGIN
    IF reset = '0' THEN
      tmp := "11111111";                    ——复位信号置最大值
    ELSIF clk'EVENT AND clk = '1' THEN
      IF tmp = "00000000" THEN
        tmp := "11111111";                  ——递减到0置最大值
      ELSE
        tmp := tmp - 1;                      ——递减运算
      END IF;
    END IF;
    q <= tmp;
  END PROCESS;
END behave;
```

　　三角波模块 delta 的 VHDL 程序描述如例 8-14 所示,其中 clk 为输入时钟端口,reset
为输入复位端口,q 为 8 位二进制输出端口。

【例 8-14】　三角波模块

```
LIBRARY IEEE;
USE IEEE.STD_LOGIC_1164.ALL;
USE IEEE.STD_LOGIC_UNSIGNED.ALL;
ENTITY delta IS
  PORT(clk,reset:IN STD_LOGIC;
      q:OUT STD_LOGIC_VECTOR(7 DOWNTO 0));
END delta;
ARCHITECTURE behave OF delta IS
BEGIN
  PROCESS(clk,reset)
  VARIABLE tmp:STD_LOGIC_VECTOR(7 DOWNTO 0);
  VARIABLE a:STD_LOGIC;
  BEGIN
    IF reset = '0' THEN
      tmp:= "00000000";
    ELSIF clk'EVENT AND clk = '1' THEN
      IF a = '0' THEN
        IF tmp = "11111110" THEN
          tmp:= "11111111";
          a:= '1';
        ELSE
          tmp:= tmp + 1;                   -- 递增运算
        END IF;
      ELSE
        IF tmp = "00000001" THEN
          tmp:= "00000000";
          a:= '0';
        ELSE
          tmp:= tmp - 1;                   -- 递减运算
        END IF;
      END IF;
    END IF;
    q <= tmp;
  END PROCESS;
END behave;
```

　　阶梯波模块 ladder 的 VHDL 程序描述如例 8-15,其中 clk 为输入时钟端口,reset 为输
入复位端口,q 为 8 位二进制输出端口。改变递增的常数,可改变阶梯的多少。

【例 8-15】　阶梯波模块

```
LIBRARY IEEE;
USE IEEE.STD_LOGIC_1164.ALL;
USE IEEE.STD_LOGIC_UNSIGNED.ALL;
ENTITY ladder IS
  PORT(clk,reset:IN STD_LOGIC;
      q:OUT STD_LOGIC_VECTOR(7 DOWNTO 0));
```

```
END ladder;
ARCHITECTURE behave OF ladder IS
BEGIN
  PROCESS(clk,reset)
  VARIABLE tmp:STD_LOGIC_VECTOR(7 DOWNTO 0);
  VARIABLE a:STD_LOGIC;
  BEGIN
    IF reset = '0' THEN
        tmp := "00000000";
    ELSIF clk'EVENT AND clk = '1' THEN
      IF a = '0' THEN
        IF tmp = "11111111" THEN
          tmp := "00000000";
          a := '1';
        ELSE
          tmp := tmp + 16;                    -- 阶梯常数为 16
          a := '1';
        END IF;
      ELSE
        a := '0';
      END IF;
    END IF;
    q <= tmp;
  END PROCESS;
END behave;
```

正弦波模块 sin 的 VHDL 程序描述如例 8-16 所示,其中 clk 为输入时钟端口,reset 为输入复位端口,q 为整数输出端口。为了方便起见,一个周期取 64 个点,计算出 64 个常数后,查表输出。

【例 8-16】　正弦波模块

```
LIBRARY IEEE;
USE IEEE.STD_LOGIC_1164.ALL;
USE IEEE.STD_LOGIC_UNSIGNED.ALL;
ENTITY sin IS
  PORT(clk,clr:IN STD_LOGIC;
       d:OUT INTEGER RANGE 0 TO 255);
END sin;
ARCHITECTURE behave OF sin IS
BEGIN
  PROCESS(clk,clr)
  VARIABLE tmp:INTEGER RANGE 0 TO 63;
  BEGIN
    IF clr = '0' THEN
      d <= 0;
    ELSIF clk'EVENT AND clk = '1' THEN
      IF tmp = 63 THEN                        -- 一个周期取 64 点
        tmp := 0;
      ELSE
        tmp := tmp + 1;
```

```
            END IF;
            CASE tmp IS                                    -- 查表输出
              WHEN 00 = > d < = 255;WHEN 01 = > d < = 254;WHEN 02 = > d < = 252;
              WHEN 03 = > d < = 249;WHEN 04 = > d < = 245;WHEN 05 = > d < = 239;
              WHEN 06 = > d < = 233;WHEN 07 = > d < = 225;WHEN 08 = > d < = 217;
              WHEN 09 = > d < = 207;WHEN 10 = > d < = 197;WHEN 11 = > d < = 186;
              WHEN 12 = > d < = 174;WHEN 13 = > d < = 162;WHEN 14 = > d < = 150;
              WHEN 15 = > d < = 137;WHEN 16 = > d < = 124;WHEN 17 = > d < = 112;
              WHEN 18 = > d < = 99; WHEN 19 = > d < = 87; WHEN 20 = > d < = 75;
              WHEN 21 = > d < = 64; WHEN 22 = > d < = 53; WHEN 23 = > d < = 43;
              WHEN 24 = > d < = 34; WHEN 25 = > d < = 26; WHEN 26 = > d < = 19;
              WHEN 27 = > d < = 13; WHEN 28 = > d < = 8;  WHEN 29 = > d < = 4;
              WHEN 30 = > d < = 1;   WHEN 31 = > d < = 0;  WHEN 32 = > d < = 0;
              WHEN 33 = > d < = 1;   WHEN 34 = > d < = 4;  WHEN 35 = > d < = 8;
              WHEN 36 = > d < = 13; WHEN 37 = > d < = 19; WHEN 38 = > d < = 26;
              WHEN 39 = > d < = 34; WHEN 40 = > d < = 43; WHEN 41 = > d < = 53;
              WHEN 42 = > d < = 64; WHEN 43 = > d < = 75; WHEN 44 = > d < = 87;
              WHEN 45 = > d < = 99; WHEN 46 = > d < = 112;WHEN 47 = > d < = 124;
              WHEN 48 = > d < = 137;WHEN 49 = > d < = 150;WHEN 50 = > d < = 162;
              WHEN 51 = > d < = 174;WHEN 52 = > d < = 186;WHEN 53 = > d < = 197;
              WHEN 54 = > d < = 207;WHEN 55 = > d < = 217;WHEN 56 = > d < = 225;
              WHEN 57 = > d < = 233;WHEN 58 = > d < = 239;WHEN 59 = > d < = 245;
              WHEN 60 = > d < = 249;WHEN 61 = > d < = 252;WHEN 62 = > d < = 254;
              WHEN 63 = > d < = 255;
              WHEN OTHERS = > NULL;
            END CASE;
          END IF;
      END PROCESS;
  END behave;
```

方波模块 square 的 VHDL 程序描述如例 8-17 所示,其中 clk 为输入时钟端口,reset 为输入复位端口,q 为整数输出端口。

【例 8-17】　方波模块

```
LIBRARY IEEE;
USE IEEE.STD_LOGIC_1164.ALL;
ENTITY square IS
  PORT(clk,clr:IN STD_LOGIC;
       q:OUT INTEGER RANGE 0 TO 255);
END square;
ARCHITECTURE behave OF square IS
SIGNAL a:BIT;
BEGIN
  PROCESS(clk,clr)
  VARIABLE cnt:INTEGER;
  BEGIN
    IF clr = '0' THEN
       a < = '0';
    ELSIF clk'EVENT AND clk = '1' THEN
       IF cnt < 63 THEN
          cnt : = cnt + 1;
```

```
            ELSE
                cnt : = 0;
              a < = NOT a;
            END IF;
        END IF;
    END PROCESS;
    PROCESS(clk,a)
    BEGIN
        IF clk'EVENT AND clk = '1' THEN
            IF a = '1' THEN
                q < = 255;
            ELSE
                q < = 0;
            END IF;
        END IF;
    END PROCESS;
END behave;
```

波形选择模块 ch61a 的 VHDL 程序描述如例 8-18 所示,其中 sel 为波形选择端口,d0～d5 为 8 位二进制输入端口,q 为 8 位二进制输出端口。该模块可以根据外部的开关状态选择输出的波形。

【例 8-18】 波形选择模块

```
LIBRARY IEEE;
USE IEEE.STD_LOGIC_1164.ALL;
ENTITY ch61a IS
    PORT(sel:IN STD_LOGIC_VECTOR(2 DOWNTO 0);
        d0,d1,d2,d3,d4,d5:IN STD_LOGIC_VECTOR(7 DOWNTO 0);
        q:OUT STD_LOGIC_VECTOR(7 DOWNTO 0));
END ch61a;
ARCHITECTURE behave OF ch61a IS
BEGIN
  PROCESS(sel)
  BEGIN
    CASE sel IS
      WHEN"000" = > q < = d0;              -- 递增波形输出
      WHEN"001" = > q < = d1;              -- 递减波形输出
      WHEN"010" = > q < = d2;              -- 三角波形输出
      WHEN"011" = > q < = d3;              -- 阶梯波形输出
      WHEN"100" = > q < = d4;              -- 正弦波形输出
      WHEN"101" = > q < = d5;              -- 方波输出
      WHEN OTHERS = > NULL;
    END CASE;
  END PROCESS;
END behave;
```

8.4.4 智能函数发生器的波形仿真

通过选择不同的 sel 值,可以实现不同的波形输出,第一次 sel 的值设为 0,输出为递增斜波,其波形仿真如图 8-12 所示,从图中可以看出,输出波形线性递增。

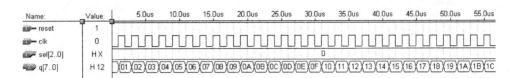

图 8-12　递增斜波

第二次 sel 的值设为 1,输出为递减斜波,其波形仿真如图 8-13 所示,从图中可以看出,输出波形线性递减。

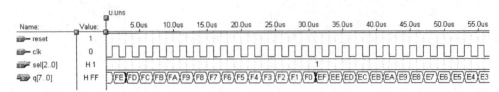

图 8-13　递减斜波

第三次 sel 的值设为 2,输出为三角波,其波形仿真如图 8-14 所示,从图中可以看出,输出波形线性增加到最大值后,再线性减少。

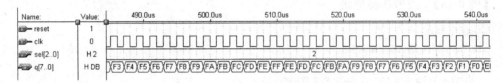

图 8-14　三角波

第四次 sel 的值设为 3,输出为阶梯波,其仿真波形如图 8-15 所示,从图中可以看出,递增的常数为 16。

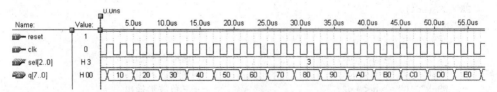

图 8-15　阶梯波

第五次 sel 的值设为 4,输出为正弦波,其波形仿真如图 8-16 所示,从图中可以看出,输出数据的变化规律为正弦规律。

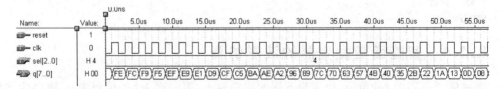

图 8-16　正弦波

第六次 sel 的值设为 5,输出为方波,其波形仿真如图 8-17 所示,从图中可以看出,输出波形按方波规律周期性变化。

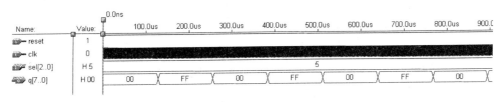

图 8-17　方波

8.5　数据采集系统设计

8.5.1　数据采集系统的功能

随着计算机在工业控制领域的不断推广应用,将模拟信号转换成数字信号以及将数字信号转换为模拟信号已成为计算机控制系统中不可缺少的环节。本系统以多路数据采集为例,介绍可编程逻辑器件在模数转换、数模转换及数据采集与处理中的设计方法。

本设计主要实现以下功能:通过模数转换器 ADC0809 对 8 路通道的数值进行循环检测,当检测到有任何一路的值大于预设值时就进行报警,并显示出所超出规定值的通道数。如无任何通道的输出值超出预设值时,就进行通道 0~通道 7 的循环检测。当需要对数据进行处理时,通过切换键将控制单元的功能转换到数据处理功能,本系统的数据处理功能主要实现对采样信号放大到 2 倍、缩小到 1/2 和保持采样信号不变这 3 种基本功能。在数据处理完成后,将数据输出给 DAC0832,再将数字信号转换为模拟量输出。

8.5.2　数据采集系统的设计思路

本系统主要由 3 大部分组成:数据输入单元、数据处理单元、数据输出单元,其示意图如图 8-18 所示。

图 8-18　数据采集系统示意图

1. 数据输入单元

数据输入单元的设计是通过 ADC0809 的常规应用来实现的,其具体电路如图 8-19 所示。

其中 ADC0809 的 CLOCK 信号是由外部接入的。此信号的数值没有固定的要求,只要足够高就可以了,通常信号频率为 640kHz、750kHz 等。ADC0809 的 START 信号也是由

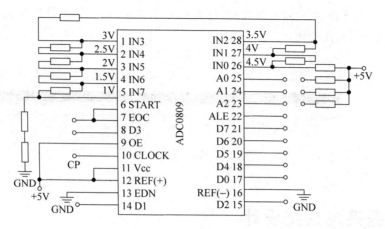

图 8-19　ADC0809 接线图

外部接入的,但此信号的频率不宜过高,要小于 1kHz。将 ADC0809 的输出给 CPLD 作为
输入。

2. 数据处理单元

选择工作模式是由按键 k1 来完成的。当 k1 为 0 时,器件工作于循环检测报警模式,当
k1 为 1 时,器件工作于数据采集及处理模式。当器件工作于数据采集及处理模式时,fun 是
用来选择工作方式的。fun 为 00 时,器件工作与放大 2 倍的方式;fun 为 01 时,器件工作于
缩小 1/2 的方式;fun 为 10 和 11 时,则所采集进来的数据不加处理就输出。在采集数据的
时候还可以选择所采数据是 ADC0809 的 8 路中的哪一路,这是由控制键 k3 来完成的。k3 是
一个三维矢量,由它来完成通道的选择,例如"111"表示第 7 路。总体框图如图 8-20 所示。

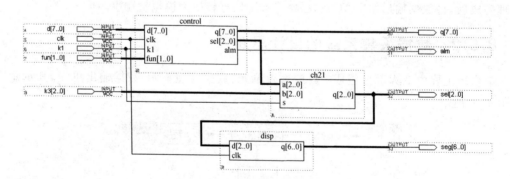

图 8-20　数据采集系统总体框图

其中,d[7..0]接 ADC0809 的数据端,q[7..0]接 DAC0832 的数据端,sel[2..0]接
ADC0809 的通道选择,seg[6..0]接数码管。

3. 数据输出单元

此单元设计所使用的芯片是 DAC0832,它的接线图如图 8-21 所示。由于此器件的工
作原理比较简单,线路也比较清晰,在此不作过多的介绍。

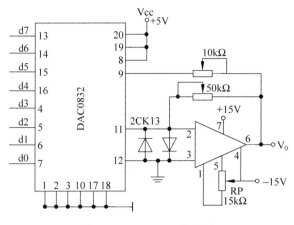

图 8-21　DAC0832 接线图

8.5.3　数据采集系统各模块设计

模块 control 为核心控制模块,实现题目要求的逻辑功能。因为 ADC0809 可将 0～+5V 电压转换成数字量,要实现电压增大 2 倍,DAC0832 的输出要达到 0～+10V。在这两个器件中就实现了增大到 2 倍的功能(调节运放的反馈电阻实现)。控制模块的源程序如例 8-19 所示。

【例 8-19】 控制模块

```
LIBRARY IEEE;
USE IEEE.STD_LOGIC_1164.ALL;
USE IEEE.STD_LOGIC_UNSIGNED.ALL;
ENTITY control IS
  PORT(d:IN STD_LOGIC_VECTOR(7 DOWNTO 0);
       clk,k1:IN STD_LOGIC;
       fun:IN STD_LOGIC_VECTOR(1 DOWNTO 0);
       q:OUT STD_LOGIC_VECTOR(7 DOWNTO 0);
       sel:OUT STD_LOGIC_VECTOR(2 DOWNTO 0);
       alm:OUT STD_LOGIC);
END control;
ARCHITECTURE behave OF control IS
BEGIN
  PROCESS(clk)
  VARIABLE x:STD_LOGIC;
  VARIABLE cnt:STD_LOGIC_VECTOR(2 DOWNTO 0);
  BEGIN
    IF clk'EVENT AND clk = '1' THEN
      IF k1 = '0' THEN                    -- 循环检测模式
        IF x = '0' THEN
          sel < = cnt;                    -- 选择通道
          cnt : = cnt + 1;
          x : = '1';
        ELSE
```

```
              IF d>"10000000" THEN        -- 常数决定电压超过几伏时报警改变常数可改变设置电压
                  alm<= '1';
              ELSE
                  alm<= '0';
                  x：= '0';
              END IF;
            END IF;
          ELSE                                      -- 数据处理模式
            IF fun = "00" THEN
                             -- 直接将数据送出,因为已经实现了增大到2倍,所以得到的电压为2倍
              q<= d;
            ELSIF fun = "01" THEN            -- 缩小到1/2
              q<= '0'&'0'&d(7 DOWNTO 2);
            ELSE                                    -- 对数据不作处理
              q<= '0'&d(7 DOWNTO 1);
            END IF;
          END IF;
        END IF;
      END PROCESS;
  END behave;
```

在两个工作模式下选择通道的方法不同,所以要通过2选1模块实现,其VHDL描述如例8-20所示。

【例8-20】 2选1模块

```
LIBRARY IEEE;
USE IEEE.STD_LOGIC_1164.ALL;
ENTITY ch21 IS
  PORT(a,b:IN STD_LOGIC_VECTOR(2 DOWNTO 0);
       s:IN STD_LOGIC;
       q:OUT STD_LOGIC_VECTOR(2 DOWNTO 0));
END ch21;
ARCHITECTURE behave OF ch21 IS
BEGIN
  PROCESS(s,a,b)
  BEGIN
    IF s = '0' THEN
      q<= a;
    ELSE
      q<= b;
    END IF;
  END PROCESS;
END behave;
```

模块 disp 是七段译码器,它与其他七段译码器的不同之处在于,在循环检测时,若没有通道超过设置的电压,则不显示。其 VHDL 描述如例 8-21 所示。

【例8-21】 七段译码器模块

```
LIBRARY IEEE;
USE IEEE.STD_LOGIC_1164.ALL;
```

```
ENTITY disp IS
  PORT(d:IN STD_LOGIC_VECTOR(2 DOWNTO 0);
       clk:IN STD_LOGIC;
       q:OUT STD_LOGIC_VECTOR(6 DOWNTO 0));
END disp;
ARCHITECTURE behave OF disp IS
BEGIN
  PROCESS(clk)
  VARIABLE x:STD_LOGIC;
  VARIABLE tmp:STD_LOGIC_VECTOR(2 DOWNTO 0);
  VARIABLE cnt:INTEGER RANGE 0 TO 3;
  BEGIN
    IF clk'EVENT AND clk = '1' THEN
      IF x = '0' THEN
        tmp := d;
        x := '1';
      ELSE
        IF cnt < 3 THEN
          cnt := cnt + 1;
        ELSE
          cnt := 0;
          IF tmp = d THEN      -- 若有通道超过设置电压,则显示通道的序号
            CASE d IS
              WHEN"000" => q <= "0111111";
              WHEN"001" => q <= "0000110";
              WHEN"010" => q <= "1011011";
              WHEN"011" => q <= "1001111";
              WHEN"100" => q <= "1100110";
              WHEN"101" => q <= "1101101";
              WHEN"110" => q <= "1111101";
              WHEN"111" => q <= "0100111";
              WHEN OTHERS => q <= "0000000";
            END CASE;
          ELSE
            q <= "0000000";    -- 若没有通道超过设置电压,则不显示
          END IF;
          x := '0';
        END IF;
      END IF;
    END IF;
  END PROCESS;
END behave;
```

8.5.4　数据采集系统的波形仿真

首先,使 k1='1',此时,器件工作于数据采集及处理模式,通过选择不同的 fun 值,可以实现不同的工作方式,第一次 fun 的值设为 3,其仿真波形如图 8-22 所示,从图中可以看出,输出数据是输入数据的一半,再通过输出运放,使输出值增大 2 倍,从而使数据保持不变。

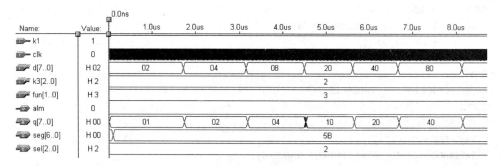

图 8-22　fun 值为 3 的波形仿真

第二次 fun 的值设为 0,其波形仿真如图 8-23 所示,从图中可以看出,输出数据与输入数据相同,再通过输出运放,使输出值增大 2 倍。

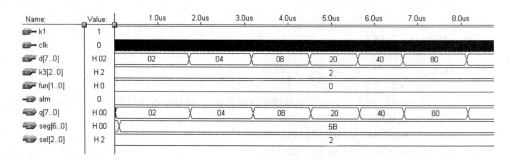

图 8-23　fun 值为 0 的波形仿真

第三次 fun 的值设为 1,其波形仿真如图 8-24 所示,从图中可以看出,输出数据是输入数据的 1/4,再通过输出运放,使输出值增大 2 倍,从而使输出数据为输入数据的 1/2。

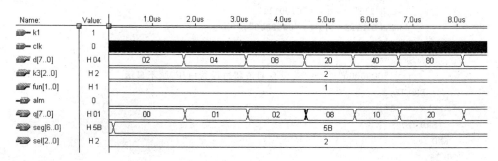

图 8-24　fun 值为 1 的波形仿真

第四次 fun 的值仍设为 1,k3 设为 2,其波形仿真如图 8-25 所示,从图中可以看出,输出数据情况与图相同,但显示器显示的通道数变为 0 通道。

其次,使 k1='0',此时,器件工作于循环检测报警模式,当无任何通道的输出值超出预设值时,就进行通道 0~通道 7 的循环检测,当检测到有任何一路的值大于预设值时,就进行报警,此时,alm='1',如图 8-26 所示。

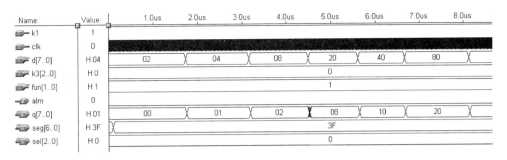

图 8-25 fun 值为 1, k3 值为 0 的波形仿真

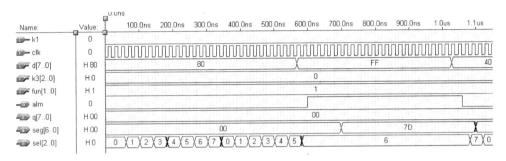

图 8-26 循环检测报警模式

8.6 乒乓游戏机设计

8.6.1 乒乓游戏机的功能

两人乒乓游戏机能够模拟乒乓球比赛的基本过程和规则,并能自动裁判和记分。乒乓游戏机是用 8 个发光二极管代表乒乓球台,中间两个发光二极管兼作乒乓球网,用点亮的发光二极管按一定的方向移动来表示球的运动。在游戏机的两侧各设置两个开关,一个是发球开关(s1a,s1b),另一个是击球开关(s2a,s2b)。甲乙两人按乒乓球比赛的规则来操作开关。

当甲方按动发球开关 s1a 时,靠近甲方的第一盏灯亮,然后发光二极管由甲向乙依次点亮,代表乒乓球在移动。当球过网后,按设计者规定的球位乙方就可以击球。若乙方提前击球或没有击着球,则判乙方失分,甲方记分牌自动加分。然后重新发球,比赛继续进行。比赛一直进行到一方记到 11 分,该局结束,记分牌清零,可以开始新的一局比赛。具体功能如下。

(1) 使用乒乓球游戏机的甲乙双方各在不同的位置发球或击球。

(2) 乒乓球的位置和移动方向由灯及依次点燃的方向决定,球移动的速度为 0.1~0.5s 移动一位。游戏者根据球的位置发出相应的动作,提前击球或出界均判失分。

(3) 比赛用 11 分为一局来进行,甲乙双方都应设置各自的记分牌,任何一方先记满 11 分,该方就算胜了此局。当记分牌清零后,又可开始新的一局比赛。

8.6.2　乒乓游戏机的设计思路

根据乒乓游戏机功能要求,可以分成 4 个模块来实现,其中 cornal 模块为整个程序的核心,它实现了整个系统的全部逻辑功能;模块 ch41 在数码管的片选信号变化时,送出相应的数据;模块 sel 产生数码管的片选信号;模块 disp 是七段译码器。各模块连接电路图如图 8-27 所示。

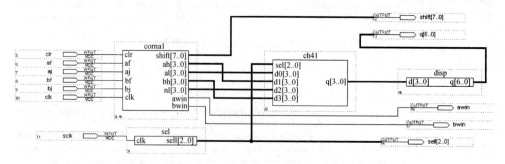

图 8-27　乒乓游戏机顶层电路图

8.6.3　乒乓游戏机各模块设计

模块 cornal 分两个进程,第一个进程实现逻辑功能,第二个进程将整数的记分转换为十进制数,便于译码显示。其 VHDL 程序描述如例 8-22 所示。

【例 8-22】　控制模块

```
LIBRARY IEEE;
USE IEEE.STD_LOGIC_1164.ALL;
USE IEEE.STD_LOGIC_UNSIGNED.ALL;
ENTITY cornal IS
  PORT(clr,af,aj,bf,bj,clk:IN STD_LOGIC;
              -- af、aj、bf、bj 分别为 a 方发球键、接球键,b 方发球键、接球键,均接按键开关
      shift:OUT STD_LOGIC_VECTOR(7 DOWNTO 0);      -- shift 表示球所在的位置,接发光二极管
      ah,al,bh,bl:OUT STD_LOGIC_VECTOR(3 DOWNTO 0);
      awin,bwin:OUT STD_LOGIC);
END cornal;
ARCHITECTURE behave OF cornal IS
SIGNAL amark,bmark:INTEGER;
BEGIN
  PROCESS(clr,clk)
  VARIABLE a,b:STD_LOGIC;
  VARIABLE she:STD_LOGIC_VECTOR(7 DOWNTO 0);
  BEGIN
   IF clr = '0' THEN
    a := '0';
    b := '0';
    she := "00000000";
    amark <= 0;
    bmark <= 0;
```

```vhdl
ELSIF clk'EVENT AND clk = '1' THEN
  IF a = '0' AND b = '0' AND af = '0' THEN         -- a 方发球
    a : = '1';
    she : = "10000000";
  ELSIF a = '0' AND b = '0' AND bf = '0' THEN      -- b 方发球
    b : = '1';
    she : = "00000001";
  ELSIF a = '1' AND b = '0' THEN                   -- a 方发球后
    IF she > 8 THEN
      IF bj = '0' THEN                             -- b 方过网击球
        amark < = amark + 1;                       -- a 方加 1 分
        a : = '0';
        b : = '0';
        she : = "00000000";
      ELSE
        she : = '0'&she(7 DOWNTO 1);               -- b 方没有击球
      END IF;
    ELSIF she = 0 THEN                             -- 球从 b 方出界
      amark < = amark + 1;                         -- a 方加 1 分
      a : = '0';
      b : = '0';
    ELSE
      IF bj = '0' THEN                             -- b 方正常击球
        a : = '0';
        b : = '1';
      ELSE
        she : = '0'&she(7 DOWNTO 1);               -- b 方没有击球
      END IF;
    END IF;
  ELSIF a = '0' AND b = '1' THEN                   -- b 方发球,情况同前
    IF she < 16 AND she/ = 0 THEN
      IF aj = '0' THEN
        bmark < = bmark + 1;
        a : = '0';
        b : = '0';
        she : = "00000000";
      ELSE
        she : = she(6 DOWNTO 0)&'0';
      END IF;
    ELSIF she = 0 THEN
      bmark < = bmark + 1;
      a : = '0';
      b : = '0';
    ELSE
      IF aj = '0' THEN
        a : = '1';
        b : = '0';
      ELSE
        she : = she(6 DOWNTO 0)&'0';
      END IF;
    END IF;
```

```
      END IF;
  END IF;
  shift <= she;
  END PROCESS;
  PROCESS(clk,clr,amark,bmark)
  VARIABLE aha,ala,bha,bla:STD_LOGIC_VECTOR(3 DOWNTO 0);
  VARIABLE tmp1,tmp2:INTEGER;
  VARIABLE t1,t2:STD_LOGIC;
  BEGIN
    IF clr = '0' THEN                          -- 清零
      aha := "0000";
      ala := "0000";
      bha := "0000";
      bla := "0000";
      tmp1 := 0;
      tmp2 := 0;
      t1 := '0';
      t2 := '0';
    ELSIF clk'EVENT AND clk = '1' THEN
      IF aha = "0001" AND ala = "0001" THEN    -- a 方得分达到 11 分,则保持
            aha := "0001";
            ala := "0001";
            t1 := '1';
      ELSIF bha = "0001" AND bla = "0001" THEN  -- b 方得分达到 11 分,则保持
            bha := "0001";
            bla := "0001";
            t2 := '1';
      ELSIF amark > tmp1 THEN
          IF ala = "1001" THEN
            ala := "0000";
            aha := aha + 1;
            tmp1 := tmp1 + 1;
          ELSE
            ala := ala + 1;
            tmp1 := tmp1 + 1;
          END IF;
      ELSIF bmark > tmp2 THEN
          IF bla = "1001" THEN
            bla := "0000";
            bha := bha + 1;
            tmp2 := tmp2 + 1;
          ELSE
            bla := bla + 1;
            tmp2 := tmp2 + 1;
          END IF;
        END IF;
      END IF;
      al <= ala;
      bl <= bla;
      ah <= aha;
      bh <= bha;
```

```
            awin < = t1;
            bwin < = t2;
      END PROCESS;
END behave;
```

送数据模块 ch41 的 VHDL 程序描述如例 8-23 所示。

【例 8-23】 送数据模块

```
LIBRARY IEEE;
USE IEEE.STD_LOGIC_1164.ALL;
ENTITY ch41 IS
  PORT(sel:IN STD_LOGIC_VECTOR(2 DOWNTO 0);
       d0,d1,d2,d3:IN STD_LOGIC_VECTOR(3 DOWNTO 0);
       q:OUT STD_LOGIC_VECTOR(3 DOWNTO 0));
END ch41;
ARCHITECTURE behave OF ch41 IS
BEGIN
  PROCESS(sel)
  BEGIN
    CASE sel IS
      WHEN"100" = > q < = d0;
      WHEN"101" = > q < = d1;
      WHEN"000" = > q < = d2;
      WHEN OTHERS = > q < = d3;
    END CASE;
  END PROCESS;
END behave;
```

产生数码管片选信号模块 sel 的 VHDL 程序描述如例 8-24 所示。

【例 8-24】 产生数码管片选信号模块

```
LIBRARY IEEE;
USE IEEE.STD_LOGIC_1164.ALL;
USE IEEE.STD_LOGIC_UNSIGNED.ALL;
ENTITY sel IS
  PORT(clk:IN STD_LOGIC;
       sell:OUT STD_LOGIC_VECTOR(2 DOWNTO 0));
END sel;
ARCHITECTURE behave OF sel IS
BEGIN
  PROCESS(clk)
  VARIABLE tmp:STD_LOGIC_VECTOR(2 DOWNTO 0);
  BEGIN
    IF clk'EVENT AND clk = '1' THEN
      IF tmp = "000" THEN
         tmp : = "001";
      ELSIF tmp = "001" THEN
         tmp : = "100";
      ELSIF tmp = "100" THEN
         tmp : = "101";
      ELSIF tmp = "101" THEN
```

```
        tmp : = "000";
      END IF;
    END IF;
    sell < = tmp;
  END PROCESS;
END behave;
```

七段译码器模块 disp 的 VHDL 程序描述如例 8-25 所示。

【例 8-25】 七段译码器模块

```
LIBRARY IEEE;
USE IEEE.STD_LOGIC_1164.ALL;
ENTITY disp IS
  PORT(d:IN STD_LOGIC_VECTOR( 3 DOWNTO 0);
      q:OUT STD_LOGIC_VECTOR( 6 DOWNTO 0));
END disp;
ARCHITECTURE behave OF disp IS
BEGIN
  PROCESS(d)
  BEGIN
    CASE d IS
      WHEN"0000" => q < = "0111111";
      WHEN"0001" => q < = "0000110";
      WHEN"0010" => q < = "1011011";
      WHEN"0011" => q < = "1001111";
      WHEN"0100" => q < = "1100110";
      WHEN"0101" => q < = "1101101";
      WHEN"0110" => q < = "1111101";
      WHEN"0111" => q < = "0100111";
      WHEN"1000" => q < = "1111111";
      WHEN OTHERS => q < = "1101111";
    END CASE;
  END PROCESS;
END behave;
```

8.6.4　乒乓游戏机的波形仿真

图 8-28 为 a 方发球,在恰当的时候 b 方接到球,当球回到 a 方时,a 方又接到球,但 b 方没有再接到球的仿真波形,从图中可以看出乒乓球的行动路线,并可以看出,此时 a 方得 1 分。

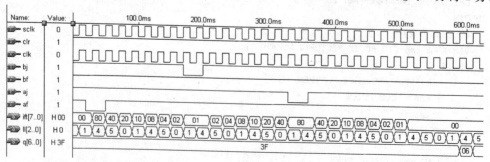

图 8-28　乒乓球仿真波形 1

图 8-29 为 a 方两次发球,b 方没有接到球,a 方得 2 分的仿真波形图。

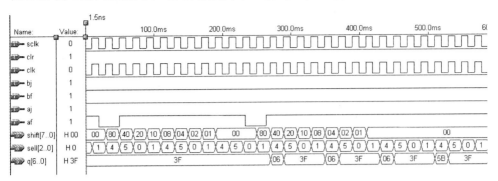

图 8-29　乒乓球仿真波形 2

图 8-30 为 a 方发球,b 方提前击球的情况,此时,a 方得 1 分。图中还显示了 a 方发球,b 方在规定的时候没有接到球的情况,此时 a 方又得 1 分。

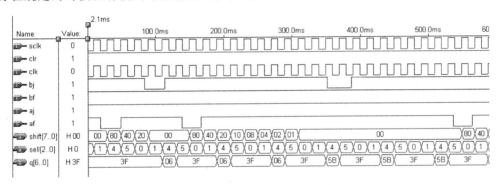

图 8-30　乒乓球仿真波形 3

图 8-31 为 b 方发球,a 方在恰当的位置接到球,而 b 方没有接到球的情况,此时 a 方得 1 分。

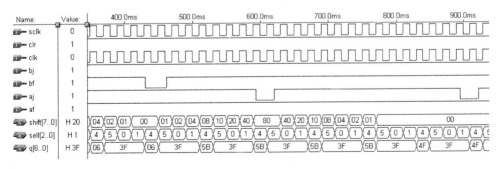

图 8-31　乒乓球仿真波形 4

图 8-32 为 a 方得分增加到 11 分的情况,此时 awin 输出高电平,输出分数保持不变。当清零信号按下时,得分清为零,awin 输出恢复低电平,又可开始新的一局比赛。

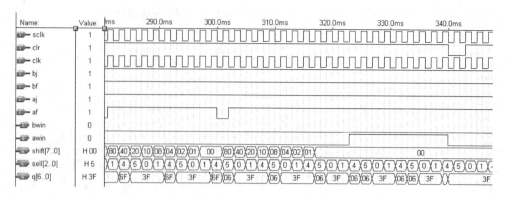

图 8-32 乒乓球仿真波形 5

8.7 数字频率计设计

8.7.1 数字频率计的功能

3 位数字频率计是用 3 个十进制数字显示的数字式频率计,其频率测量范围为 1MHz。为了提高测量精度,量程分别为 10kHz、100kHz 和 1MHz 3 档,即最大读数分别为 9.99kHz、99.9kHz 和 999kHz。要求量程自动换挡,具体功能如下。

(1) 当读数大于 999 时,频率计处于超量程状态,下一次测量时,量程自动增大一档。

(2) 当读数小于 999 时,频率计处于欠量程状态,下一次测量时,量程自动减少一档。

(3) 当超出频率测量范围时,显示器显示溢出。

(4) 采用记忆显示方法,即测量过程中不显示数据,待测量过程结束以后,显示测频结果,并将此结果保持到下次测量结束。显示时间不小于 1s。

(5) 小数点位置随量程变化自动移位。

(6) 增加测周期功能,就是当时钟频率低于 0.99kHz 时,显示的数值变成周期,以毫秒为单位。

8.7.2 数字频率计的设计思路

根据频率计的测频原理,可以选择合适的时基信号即闸门时间,对输入被测信号脉冲进行计数,实现测频的目的。在进行设计之前,首先搞清楚在什么情况下是测频率,在什么情况下是测周期,其实就是一个选择合适的时基信号的问题。在这个设计中,要在频率计提供的基准信号和输入信号之间作出选择,充当时基信号。当测频率时,要以输入信号作为时钟信号,因为输入信号的频率大于频率计提供的基准频率,在频率计提供的基准信号周期内,计算输入信号的周期数目,再乘以频率计基准频率,就是输入信号的频率值了,此时的时基信号为频率计的基准信号。当测周期时,要以频率计提供的基准信号作为时钟信号,因为频率计提供的时基频率大于输入信号的频率,在输入信号周期内,计算频率计提供的基准信号的周期数目,再乘以基准信号频率,就是输入信号的周期值了,此时的时基信号为输入信号。

1. 时基的设计

输入信号是随意的,没法预知其频率是多少,如何选取频率计提供的基准信号是关键。设计要求量程分别为10kHz、100kHz和1MHz 3档。测频率时,在某个档进行测量的时候,就需要提供该挡的时基。在10kHz档,该档最大读数为9.99kHz,同时也说明最小的读数是0.01kHz,所以提供的时基应该是频率为0.01kHz的脉冲。同样的道理100kHz档提供的时基应该是频率为0.1kHz的脉冲,1MHz档提供的时基应该是频率为1kHz的脉冲。要产生这3种脉冲,就得从输入的时钟中提取(这里假设输入的是20MHz的脉冲),分别采用分频的方法来产生这3种时基信号显然不可取,太浪费资源,因为分别产生得用到3个分频器,一个为20kHz分频器,用于产生频率为1kHz的脉冲;一个200kHz分频器,用于产生频率为0.1kHz的脉冲;一个2MHz分频器,用于产生频率为0.01kHz的脉冲。可以考虑先用一个20kHz分频器,产生频率为1kHz的脉冲,再利用一个10倍分频器对1kHz脉冲进行分频,产生0.1kHz的脉冲,一个100倍分频器对1kHz脉冲进行分频,产生0.01kHz的脉冲。同样用到了3个分频器,但是节约了资源。

接下来考虑具体的实现,在测频率的时候,由于采用输入信号作为时基,以输入信号为时钟,用一个计数器测量在一个时基周期里,输入信号的周期数目,如此就可以得到输入信号的频率。但是一个时基信号,例如频率为0.01kHz(周期为100ms)的脉冲信号,在整个100ms的周期里,根据占空比,有高电平也有低电平,这就给计数器计数的判断条件描述带来了麻烦。最好是能够产生一个高电平为100ms的脉冲信号作为时基,那么就能够在程序中以"如果时基信号为1"作为判断条件,如果满足条件则计数器计数,方便了程序的书写。同理,在这个设计中还要产生高电平为10ms和1ms的脉冲信号作为时基。

可以考虑使用状态机来实现这3种时基,因为采用状态机来控制时序很清楚,不容易出错。状态机用1kHz(周期为1ms)的脉冲信号触发,因为所要生产的时基中,频率最大(周期最小)的就是1kHz的脉冲,要产生高电平为10ms和1ms的脉冲信号,可以采用100个状态的状态机(状态1,状态2,……,状态100)。要产生高电平为1ms的脉冲信号,只要在状态99的时候产生高电平,状态100的时候回到低电平即可;要产生高电平为10ms的脉冲信号,则要在状态90的时候产生高电平,在状态100的时候回到低电平。需要产生哪个时基得根据此时频率计所在的档作为判断条件进行控制。在100个状态中,有很多状态的功能是相同的,可以将它们合并。

2. 计数器的设计

各个档之间的转换应遵循设计要求,要根据在时基有效时间内的计数值进行判断。计数器可以直接定义成一个整型信号,这样计数器计数(即加1)就十分方便,只要使用语句"计数器<=计数器+1;"就可以了。但是这个计数值要作为显示输出,就要将这个计数器用个位、十位、百位分开表示,而且要遵循加法"逢10进1"的规则。这样可以直接通过七段译码器进行显示。因为在不同的档位,小数点的位置是不同的,所以小数点的显示以所在档为判断条件。

3. 模块的划分

计数器在各个档是被反复应用的,如果在各个档分别设计计数器,就造成资源的浪费,而且在测周期和测频率的时候,计数器的时钟信号和输入信号要进行调换,但是计数功能是一样的,所以将计数器设计成单独的模块。七段译码器在个位、十位、百位中也都被利用到,因此也将其设计成单独的模块,重复引用就不需要在 3 个位显示的时候重复书写译码电路了。

另外,计数器的输入信号和时钟信号要通过一个进程来提供。在测频率时,进程向计数器提供的时钟信号是输入频率计的测量信号,计数器的输入信号是频率计提供的时基;在测周期时,进程向计数器提供的时钟信号是频率计提供的时基,计数器的输入信号是输入频率计的测量信号。

8.7.3 数字频率计各模块的设计和实现

1. 计数器的设计和实现

计数器设计如例 8-26 所示。

【例 8-26】 计数器模块

```
LIBRARY IEEE;
USE IEEE.STD_LOGIC_1164.ALL;
USE IEEE.STD_LOGIC_ARITH.ALL;
USE IEEE.STD_LOGIC_UNSIGNED.ALL;
ENTITY frequency IS
   PORT(treset:IN STD_LOGIC;                      --异步复位端口
        tclk:IN STD_LOGIC;                        --时钟输入
        tsig:IN STD_LOGIC;                        --信号输入
        tkeep1:OUT STD_LOGIC_VECTOR(3 DOWNTO 0);  --计数值个位
        tkeep2:OUT STD_LOGIC_VECTOR(3 DOWNTO 0);  --计数值十位
        tkeep3:OUT STD_LOGIC_VECTOR(3 DOWNTO 0)); --计数值百位
END ENTITY frequency;
ARCHITECTURE one OF frequency IS
SIGNAL tcou1:STD_LOGIC_VECTOR(3 DOWNTO 0);        --内部计数值个位
SIGNAL tcou2:STD_LOGIC_VECTOR(3 DOWNTO 0);        --内部计数值十位
SIGNAL tcou3:STD_LOGIC_VECTOR(3 DOWNTO 0);        --内部计数值百位
  BEGIN
ctrcou: PROCESS(treset,tclk)                      --控制计数功能的进程
      BEGIN
        IF treset = '1' THEN
          tcou1 < = "0000";tcou2 < = "0000";tcou3 < = "0000";
        ELSE
          IF tclk'EVENT and tclk = '1' THEN
            IF tsig = '1' THEN
                          --时基信号高电平为判断条件有效的时候遇到时钟上升沿触发
              IF tcou3 = "1010" THEN
                tcou3 < = "1010";                  --如果百位为 10,百位数值不变
              ELSE
```

```
                    IF tcou1 = "1001"AND tcou2 = "1001" AND tcou3 = "1001" THEN
                        tcou1 <= "0000";tcou2 <= "0000";tcou3 <= "1010";
                                    -- 如果计数值为 999,则计数值百位变成 10,十位、个位变为 0
                    ELSIF tcou1 = "1001" AND tcou2 = "1001" THEN
                        tcou1 <= "0000";tcou2 <= "0000";tcou3 <= tcou3 + 1;
                -- 如果百位小于 9,十位为 9 且个位为 9 的时候,百位数值加 1,十位、个位清零
                    ELSIF tcou1 = "1001" THEN
                        tcou1 <= "0000";tcou2 <= tcou2 + 1;
                        -- 如果百位和十位都小于 9 且个位为 9 的时候,个位清零,十位数值加 1
                    ELSE tcou1 <= tcou1 + 1;
                                                    -- 其他情况就是个位数值加 1
                    END IF;
                  END IF;
                ELSE                           -- 如果时基信号为 0,那么判断条件无效
                    tcou1 <= "0000";tcou2 <= "0000";tcou3 <= "0000";
                END IF;
            END IF;
          END IF;
        END PROCESS ctrcou;
oputctr:PROCESS(treset,tsig)                       -- 控制数值输出的进程
        BEGIN
            IF treset = '1' THEN
                tkeep1 <= "0000";tkeep1 <= "0000";tkeep3 <= "0000";
            ELSE
              IF tsig'EVENT AND tsig = '0' THEN     -- 时钟下降沿触发输出各位数值
                  tkeep1 <= tcou1;
                  tkeep2 <= tcou2;
                  tkeep3 <= tcou3;
              END IF;
            END IF;
        END PROCESS oputctr;
END one;
```

2. 七段译码器的设计

七段译码器将输入的 4 位 BCD 码以七段译码的方式输出。可以使用一个 7 位向量来分别表示七段译码器中的七段。七段译码器设计如例 8-27 所示。在该实例中采用数据流描述。

【例 8-27】 七段译码器模块

```
LIBRARY IEEE;
USE IEEE.STD_LOGIC_1164.ALL;
USE IEEE.STD_LOGIC_ARITH.ALL;
USE IEEE.STD_LOGIC_UNSIGNED.ALL;
ENTITY display IS
  PORT(data_in:IN STD_LOGIC_VECTOR(3 DOWNTO 0);
      -- 输入为 4 位二进制数,范围从 0~9
      data_out:OUT STD_LOGIC_VECTOR(0 to 6));    -- 七段译码输出
END  ENTITY display;
ARCHITECTURE one OF display IS
```

```
SIGNAL indata:STD_LOGIC_VECTOR(3 DOWNTO 0);              -- 内部数值信号
   BEGIN
      PROCESS(data_in)     -- 输入信号作为进程的敏感量触发进程
         BEGIN
         indata <= data_in;      -- 将输入信号赋值给内部数值信号
         CASE indata IS
            WHEN "0000" => data_out <= "1111110";       -- 0 的七段译码(依次类推)
            WHEN "0001" => data_out <= "0110000";
            WHEN "0010" => data_out <= "1101101";
            WHEN "0011" => data_out <= "1111001";
            WHEN "0100" => data_out <= "0110011";
            WHEN "0101" => data_out <= "1011011";
            WHEN "0110" => data_out <= "1011111";
            WHEN "0111" => data_out <= "1110000";
            WHEN "1000" => data_out <= "1111111";
            WHEN "1001" => data_out <= "1111011";
            WHEN OTHERS => data_out <= "0110001";        -- 其他时候输出出错表示
         END CASE;
      END PROCESS;
END one;
```

8.7.4　数字频率计的综合设计

要设计的数字频率计需要 3 个输入端口,一个脉冲输入端口 clk(频率为 20MHz);一个异步复位端口 reset,用于使系统回到初始状态;还有一个就是测试信号的输入端口 testsignal,用于输入待测试的信号。

该频率计需要 7 个输出端口,要有一个表示是显示频率还是周期的输出端口 unit;还有 3 个显示频率值的七段译码输出端口 display1、display2 和 display3,以及 3 个小数点输出端口 dot 向量。

频率计的 VHDL 语言描述如例 8-28 所示。

【例 8-28】 频率计源文件

```
LIBRARY IEEE;
USE IEEE.STD_LOGIC_1164.ALL;
USE IEEE.STD_LOGIC_ARITH.ALL;
USE IEEE.STD_LOGIC_UNSIGNED.ALL;
ENTITY dfre IS
   PORT(reset:IN STD_LOGIC;
        clk:IN STD_LOGIC;                              -- 时钟信号(频率为 20MHz)
        testsignal: IN STD_LOGIC;                      -- 测试信号输入端
        display1:OUT STD_LOGIC_VECTOR(0 TO 6);
        display2:OUT STD_LOGIC_VECTOR(0 TO 6);
        display3:OUT STD_LOGIC_VECTOR(0 TO 6);         -- 3 个七段译码器输出
        unit:OUT STD_LOGIC;                            -- 表示是周期还是频率的信号灯
        dot:OUT STD_LOGIC_VECTOR(2 DOWNTO 0));         -- 小数点
END ENTITY dfre;

ARCHITECTURE one OF dfre IS
```

```
TYPE state IS
(start,judge,count1,count2to89,count90,count91to98,count99,count100);
SIGNAL myfre:state;
SIGNAL frecou:INTEGER RANGE 0 to 99;              -- 用于状态机中的计数器,计数值从 0~99
SIGNAL clk1k:STD_LOGIC;                           -- 产生频率为 1kHz 的脉冲信号
SIGNAL cou1k:INTEGER RANGE 0 TO 9999;             -- 用于分频的计数器
SIGNAL enfre:STD_LOGIC;                           -- 代表时基的脉冲信号
SIGNAL flag:STD_LOGIC_VECTOR(2 DOWNTO 0);         -- 标志信号,1 表示 10kHz 测频档,2 表示
                                                  -- 100kHz 测频档,3 表示 1MHz 测频档,
                                                  -- 0 表示测周期档,4 表示溢出
SIGNAL keepcou1:STD_LOGIC_VECTOR(3 DOWNTO 0);
SIGNAL keepcou2:STD_LOGIC_VECTOR(3 DOWNTO 0);
SIGNAL keepcou3:STD_LOGIC_VECTOR(3 DOWNTO 0);
SIGNAL ttclk:STD_LOGIC;                           -- 输入计数器的时钟信号即时基
SIGNAL ttsig:STD_LOGIC;                           -- 输入计数器的测试信号
COMPONENT display IS                              -- 引用七段译码器
  PORT(data_in: IN STD_LOGIC_VECTOR(3 DOWNTO 0);
       data_out: OUT STD_LOGIC_VECTOR(0 TO 6));
END COMPONENT;
COMPONENT frequency IS                            -- 引用计数器
  PORT(treset: IN STD_LOGIC;
       tclk,tsig:IN STD_LOGIC;
       tkeep1:OUT STD_LOGIC_VECTOR(3 DOWNTO 0);
       tkeep2:OUT STD_LOGIC_VECTOR(3 DOWNTO 0);
       tkeep3:OUT STD_LOGIC_VECTOR(3 DOWNTO 0)
       );
END COMPONENT;
BEGIN
constrclk1k:PROCESS(reset,clk)                    -- 用 20MHz 的脉冲产生频率为 1kHz 脉冲的进程
BEGIN
  IF reset = '1' THEN
    cou1k < = 0;clk1k < = '0';
  ELSE
    IF clk'EVENT AND clk = '1' THEN
      IF cou1k = 9999 THEN
        cou1k < = 0;
        clk1k < = NOT clk1k;
      ELSE
        cou1k < = cou1k + 1;
      END IF;
    END IF;
  END IF;
END PROCESS constrclk1k;
ctrdot:PROCESS(flag)                              -- 控制小数点显示的进程,标志 flag 为敏感量
BEGIN
  CASE flag IS
    WHEN "000" = > dot < = "000";
    WHEN "001" = > dot < = "100";
    WHEN "010" = > dot < = "010";
    WHEN "011" = > dot < = "001";
    WHEN OTHERS = > dot < = "111";
```

```
          END CASE;
      END PROCESS ctrdot;
      ctrfre:PROCESS(reset,clk1k)                      -- 用于产生时基的状态机
      BEGIN
        IF reset = '1' THEN
          frecou <= 0;enfre <= '0';flag <= "001";myfre <= start;
        ELSE
          IF clk1k'EVENT AND clk1k = '1' THEN
            CASE myfre IS
              WHEN start => frecou <= 0;enfre <= '0';flag <= "011";myfre <= judge;
              WHEN judge =>
                IF flag = "000" THEN                   -- 如果标志为0,即频率计处于测周期档
                  IF keepcou3 = "0000"AND keepcou2 = "0000" AND keepcou1 = "0000" THEN
                    flag <= "001";enfre <= '1';
                  ELSE flag <= "000";
                  END IF;
                ELSIF flag = "100" THEN                -- 如果标志为4,即处于溢出档
                  IF keepcou3 = "1010" THEN
                    flag <= "100";
                  ELSE flag <= "011";
                  END IF;
                ELSIF flag = "010" THEN                -- 如果标志为2,即处于100kHz 档
                  IF keepcou3 <"0001" THEN
                    flag <= flag - 1;
                    enfre <= '1';
                  ELSIF keepcou3 = "1010" THEN
                    flag <= flag + 1;
                  ELSE flag <= flag;
                  END IF;
                ELSIF flag = "001" THEN                -- 如果标志为1,即处于10kHz 档
                  IF keepcou3 <"0001" THEN
                    flag <= flag - 1;
                  ELSIF keepcou3 = "1010" THEN
                    flag <= flag + 1;
                  ELSE flag <= flag;
                    enfre <= '1';
                  END IF;
                ELSE                                   -- 如果标志为3,即处于1MHz 档
                  IF keepcou3 <"0001" THEN
                    flag <= flag - 1;
                  ELSIF keepcou3 = "1010" THEN
                    flag <= flag + 1;
                  ELSE flag <= flag;
                  END IF;
                END IF;
                myfre <= count1;                       -- 处于计数状态1的时候
                WHEN count1 =>
                  IF flag = "001"OR flag = "000" THEN
                    enfre <= '1';
                  ELSE enfre <= enfre;
                  END IF;
```

```
                    frecou < = 1;
                    myfre < = count2to89;
                WHEN count2to89 = >                    -- 处于计数状态 2~89 的时候
                    IF frecou = 88 THEN
                       frecou < = 89;
                       myfre < = count90;
                    ELSE frecou < = frecou + 1;
                       myfre < = count2to89;
                    END IF;
                WHEN count90 = >                       -- 处于计数状态 90 的时候
                    IF flag = "010" THEN
                       enfre < = '1';
                    ELSE enfre < = enfre;
                    END IF;
                    frecou < = 90;
                    myfre < = count91to98;
                WHEN count91to98 = >                   -- 处于计数状态 91~98 的时候
                    IF frecou = 97 THEN
                       frecou < = 98;
                       myfre < = count99;
                    ELSE frecou < = frecou + 1;
                       myfre < = count91to98;
                    END IF;
                WHEN count99 = >                       -- 处于计数状态 99 的时候
                    IF flag = "011" OR flag = "100" THEN
                       enfre < = '1';
                    ELSE enfre < = enfre;
                    END IF;
                    frecou < = 99;
                    myfre < = count100;
                WHEN count100 = >                      -- 处于计数状态 100 的时候
                    frecou < = 100;
                    enfre < = '0';
                    myfre < = judge;                   -- 状态转移到判断状态
                WHEN OTHERS = > NULL;
            END CASE;
          END IF;
       END IF;
END PROCESS ctrfre;
ctrtt: PROCESS(reset, flag)                            -- 用于控制计数器输入的进程
BEGIN
   IF reset = '1' THEN
      ttclk < = '0'; ttsig < = '0'; unit < = '0';      -- 异步置位使得输入信号都为 0
   ELSE
      IF flag = 0 THEN ttclk < = clk1k; ttsig < = testsignal; unit < = '1';
      -- 如果标志为 0 即频率计处于测周期档
      ELSE ttclk < = testsignal; ttsig < = enfre; unit < = '0';
      -- 如果标志不为 0 即频率计处于测频率档
      END IF;
   END IF;
END PROCESS ctrtt;
```

```
c1:frequency PORT MAP(reset,ttclk,ttsig,keepcou1,keepcou2,keepcou3);
                                          -- 引用计数器
sis1:display PORT MAP(keepcou1,display1);     -- 引用七段译码器显示个位
dis2:display PORT MAP(keepcou2,display2);     -- 引用七段译码器显示十位
dis3:display PORT MAP(keepcou3,display3);     -- 引用七段译码器显示百位
END one;
```

在实例 8-28 中,state 是用于产生时基的状态机类型,共有开始状态(start)、判断状态 (judge)、计数状态 1(count1)、计数状态 2~89(count2 to 89)、计数状态 90(count90)、计数状态 91~98(count91 to 98)、计数状态 99(count99)、计数状态 100(count100)。这里,将计数状态 2 和计数状态 3 一直到计数状态 89 进行了合并,将计数状态 91 到计数状态 98 进行了合并,因为这些状态功能一致,所以合并。将计数状态 1、计数状态 90、计数状态 99 和计数状态 100 单独提取出来的原因是时基信号都在状态 100 清零,产生高电平为 100ms 的时基,需要在计数状态 1 的时候将时基信号置 1,由于从 1~99 只有 99ms,因此在计数状态 1 之前的 judge 状态中,如果处于 10kHz 测频档,就要将时基信号置 1;产生高电平为 10ms 的时基,需要在计数状态 90 的时候将时基信号置 1;产生高电平为 1ms 的时基,则需要在计数状态 99 将时基信号置 1,所以计数状态 1、计数状态 90 和计数状态 99 要单独提取。

在例 8-28 中,使用了前面例 8-26 和例 8-27 中设计的计数器和七段译码器。采用了自上而下的设计方法,从系统总体要求出发,自上而下地逐步将系统进行细化,最后完成整个硬件系统的设计。在本设计中,从频率计的功能出发来进行设计,并运用了多进程的 RTL 描述方式,描述了状态机和计数器的输入控制,同时运用了结构化的描述的方式,设计了计数器及七段译码器,然后在主程序中进行引用。进行 VHDL 语言设计的两大基本方法是:状态机和进程之间的通信。在设计中,通常将这两种方法综合起来应用,发挥它们各自的优势。

8.7.5 数字频率计的波形仿真

由于设计输入的脉冲信号为 20MHz,所以如果直接采用上面的设计进行仿真,那么将很浪费时间。在能够保证分频不错误的情况下,可以在结构体中省略分频的进程,并且将实体设计作出如下改动。

```
LIBRARY IEEE;
USE IEEE.STD_LOGIC_1164.ALL;
USE IEEE.STD_LOGIC_ARITH.ALL;
USE IEEE.STD_LOGIC_UNSIGNED.ALL;
ENTITY dfre IS
  PORT(reset:IN STD_LOGIC;
       clk1K:IN STD_LOGIC;                    -- 1kHz 的时钟信号
       testsignal: IN STD_LOGIC;              -- 测试信号输入端
       display1:OUT STD_LOGIC_VECTOR(0 TO 6);
       display2:OUT STD_LOGIC_VECTOR(0 TO 6);
       display3:OUT STD_LOGIC_VECTOR(0 TO 6);
        -- 3 个七段译码器输出
       unit:OUT STD_LOGIC;                    -- 表示是周期还是频率的信号灯
       dot:OUT STD_LOGIC_VECTOR(2 DOWNTO 0)); -- 小数点输出
END ENTITY dfre;
```

再次编译以后,在仿真中就可以直接采用 clk1k 的脉冲作为触发,即采用频率为 1kHz 的脉冲作为时钟信号。这是一种明智的仿真方法,很多时候都可以借鉴。

第一次仿真采用测试信号的周期为 $200\mu s$,即频率为 5kHz,按照频率计的设计,应该是自动换到 10kHz 测频档,显示为 5.00,单位为 kHz,波形仿真如图 8-33 所示。

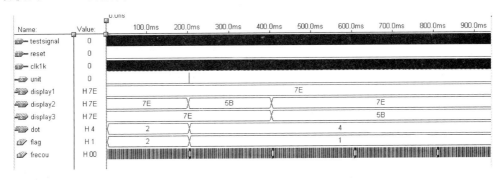

图 8-33　测试信号是频率为 5kHz 脉冲时的波形仿真图

在波形图中可以看到,开始的时候 flag 为 2,表示频率计处于 100kHz 测频档,但是这个档提供的时基不能满足要求,时基太小,计数器在时基为高电平的时候计数次数太少,不能达到 100 次,所以要自动换档。100kHz 测频档提供一个时基以后,马上换到 10kHz 测频档。可以看到 flag 变成 1 了,如图 8-34 所示。此时的时基符合要求,因此最后就稳定地显示频率数值。

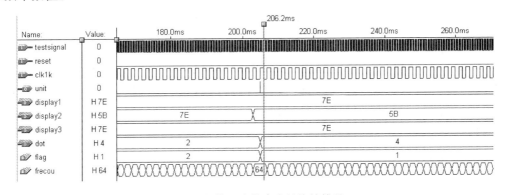

图 8-34　第一次仿真中的换挡情况

第二次仿真采用测试信号的周期为 $40\mu s$,即频率为 25kHz,按照频率计的设计,应该自动换挡到 100kHz 测频档,显示为 25.0,单位为 kHz,波形仿真如图 8-35 所示。

第三次仿真采用测试信号的周期为 $4\mu s$,即频率为 250kHz,按照频率计的设计,应该自动换挡到 1MHz 测频档,显示为 250,单位为 250,单位为 kHz,波形仿真如图 8-36 所示。

在波形图中可以看到,开始的时候 flag 为 2,表示频率计处于 100kHz 测频档,但是这个档提供的时基不能满足要求,时基太小,计数器在时基为高电平的时候计数次数超过了要求的范围,所以要自动换挡。100kHz 测频档一个时基以后,马上换到 1MHz 测频档。可以看到 flag 变成 3 了,如图 8-36 所示。此时的时基符合要求,因此最后就稳定地显示频率数值。

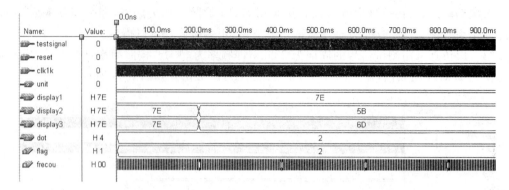

图 8-35 测试信号是频率为 25kHz 脉冲时的波形仿真图

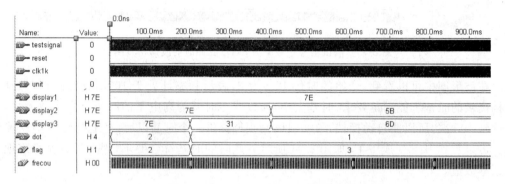

图 8-36 测试信号是频率为 250kHz 脉冲时的波形仿真图

第四次仿真采用测试信号的周期为 6ms,按照频率计的设计,应该自动换挡到测周期档,显示为 006,单位为 ms,仿真波形如图 8-37 所示,但是值得注意的是,测周期显示的数值是真正周期的一半,造成这种显示的原因和程序的设计有关。当测周期的时候,频率计提供的时基作为计数器的触发时钟,而测试信号作为输入信号,测试信号是占空比为 1 的信号,在计数器设计中,计数值加 1 的判断条件是输入信号为 1。因此,在一个输入信号周期里,只有半个周期计数器在计数,所以显示的周期只是真正周期的一半。

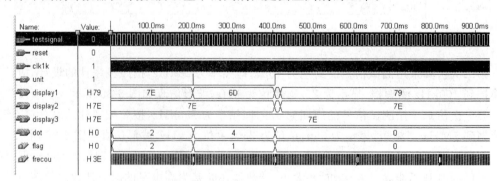

图 8-37 测试信号是周期为 6ms 脉冲时的波形仿真图

为解决这个问题,可以考虑将输入信号锁存,就是当在输入信号上升沿的时候触发锁存器,并且将输入信号的高电平锁存一个周期,锁存的程序如例 8-29 所示。

【例8-29】 锁存源程序

```
LIBRARY IEEE;
USE IEEE.STD_LOGIC_1164.ALL;
USE IEEE.STD_LOGIC_ARITH.ALL;
USE IEEE.STD_LOGIC_UNSIGNED.ALL;
ENTITY lock IS
   PORT(reset:IN STD_LOGIC;
        lockin:IN STD_LOGIC;
        lockout:OUT STD_LOGIC);
END lock;

ARCHITECTURE behave OF lock IS
SIGNAL inlock:STD_LOGIC;
BEGIN
PROCESS(reset,lockin)
BEGIN
   IF reset = '1' THEN
     inlock <= '0';
   ELSIF lockin'EVENT AND lockin = '1' THEN
     inlock <= NOT inlock;
   END IF;
END PROCESS;
   lockout <= inlock;
END behave;
```

当测量周期的时候,输入信号通过锁存器后再输入计数器,这样就能正确显示周期。

8.8 3层电梯控制器设计

8.8.1 3层电梯控制器的功能

电梯控制器是控制电梯按顾客要求自动上下的装置。3层电梯控制器的功能如下。

(1) 每层电梯入口处设有上下请求开关,电梯内设有顾客到达层次的停站请求开关。

(2) 设有电梯入口处位置指示装置及电梯运行模式(上升或下降)指示装置。

(3) 电梯每秒升(降)一层楼。

(4) 电梯到达有停站请求的楼层,经过1s电梯门打开,开门指示灯亮,开门4s后,电梯门关闭(开门指示灯灭),电梯继续进行,直至执行完最后一个请求信号后停留在当前层。

(5) 能记忆电梯内外所有请求,并按照电梯运行规则按顺序响应,每个请求信号保留至执行后消除。

(6) 电梯运行规则:当电梯处于上升模式时,只响应比电梯所在位置高的上楼请求信号,由下而上逐个执行,直到最后一个上楼请求执行完毕;如果高层有下楼请求,则直接升到由下楼请求的最高楼层,然后进入下降模式。当电梯处于下降模式时则与上升模式相反。

(7) 电梯初始状态为一层开门状态。

8.8.2　3层电梯控制器的设计思路

电梯控制器可以通过多种方法进行设计,但采用状态机来实现,思路比较清晰。可以将电梯等待的每秒钟以及开门、关门都看成一个独立的状态。由于电梯又是每秒上升或下降一层,所以就可以通过一个统一的1s为周期的时钟来触发状态机。根据电梯的实际工作情况,可以把状态机设置10个状态,分别是"电梯停留在1层"、"开门"、"关门"、"开门等待第1秒"、"开门等待第2秒"、"开门等待第3秒"、"开门等待第4秒"、"上升"、"下降"和"停止"状态。各个状态之间的转换条件可由上面的设计要求所决定。

8.8.3　3层电梯控制器的综合设计

1. 3层电梯控制器的实体设计

首先考虑输入端口,一个异步复位端口reset,用于在系统不正常时回到初始状态;在电梯外部,必须有升降请求端口,一层是最低层,不需要有下降请求,三层是最高层,不需要有上升请求,二层则上升、下降请求端口都有;在电梯的内部,应该设有各层停留的请求端口;一个电梯时钟输入端口,该输入时钟以1s为周期,用于驱动电梯的升降及开门关门等动作;另有一个按键时钟输入端口,时钟频率比电梯时钟高。

其次是输出端口,有升降请求信号以后,就得有一个输出端口来指示请求是否被响应,有请求信号以后,该输出端口输出逻辑'1',被响应以后则恢复逻辑'0';同样,在电梯内部也应该有这样的输出端口来显示各层停留是否被响应;在电梯外部,需要一个端口来指示电梯现在所处的位置;电梯开门关门的状态也能用一个输出端口来指示;为了观察电梯的运行是否正确,可以设置一个输出端口来指示电梯的升降状态。

2. 3层电梯控制器的结构体设计

首先说明一下状态。状态机设置了10个状态,分别是电梯停留在一层(stopon1)、开门(dooropen)、关门(doorclose)、开门等待第一秒(doorwait1)、开门等待第二秒(doorwait2)、开门等待第三秒(doorwait3)、开门等待第四秒(doorwait4)、上升(up)、下降(down)和停止(stop)。在实体说明中定义完端口之后,在结构体ARCHITECTURE和BEGIN之间需要有如下的定义语句,来定义状态机。

```
TYPE lift_state IS
(stopon1,dooropen,doorclose,doorwait1,doorwait2,doorwait3,doorwait4,up,down,stop);
                                                      -- 电梯的10个状态
SIGNAL mylift:lift_state;                  -- 定义为 lift 类型的信号 mylift
```

在结构体中,设计了两个进程互相配合,一个是状态机进程作为主要进程,另一个是信号灯控制进程作为辅助进程。状态机进程中的很多判断条件是以信号灯进程产生的信号灯信号为依据的,而信号灯进程中信号灯的熄灭又是由状态机进程中传出的clearup和cleardn信号来控制。

在状态机进程中,在电梯上升状态中,通过对信号灯的判断,决定下一个状态是继续上升还是停止;在电梯下降状态中,也是通过对信号灯的判断,决定下一个状态是继续下降还是停止；在电梯停止状态中，判断是最复杂的，通过对信号的判断，决定电梯是上升、下降还是停止。

在信号灯控制进程中，由于使用了专门的频率较高的按键时钟，所以使得按键的灵敏度增大，但是时钟频率不能过高，否则容易使按键过于灵敏。按键后产生的点亮的信号灯（逻辑值为'1'）用作状态机进程中的判断条件，而 clearup 和 cleardn 信号为逻辑'1'使得相应的信号灯熄灭。

3. 3 层电梯控制器设计

3 层电梯控制器的 VHDL 描述如例 8-30 所示。

【例 8-30】 3 层电梯控制器源程序

```vhdl
LIBRARY IEEE;
USE IEEE.STD_LOGIC_1164.ALL;
USE IEEE.STD_LOGIC_ARITH.ALL;
USE IEEE.STD_LOGIC_UNSIGNED.ALL;
ENTITY threeflift IS
  PORT(buttonclk:IN STD_LOGIC;                      -- 按键时钟
       liftclk:IN STD_LOGIC;                        -- 电梯时钟
       reset:IN STD_LOGIC;                          -- 异步复位按键
       f1upbutton:IN STD_LOGIC;                     -- 第一层上升请求按钮
       f2upbutton:IN STD_LOGIC;                     -- 第二层上升请求按钮
       f2dnbutton:IN STD_LOGIC;                     -- 第二层下降请求按钮
       f3dnbutton:IN STD_LOGIC;                     -- 第三层下降请求按钮
       fuplight:BUFFER STD_LOGIC_VECTOR(3 DOWNTO 1);    -- 电梯外部上升请求指示灯
       fdnlight:BUFFER STD_LOGIC_VECTOR(3 DOWNTO 1);    -- 电梯外部下降请求指示灯
       stop1button, stop2button, stop3button:IN STD_LOGIC;  -- 电梯内部请求按键
       stoplight:BUFFER STD_LOGIC_VECTOR(3 DOWNTO 1);   -- 电梯内部各层请求指示灯
       position:BUFFER INTEGER RANGE 1 TO 3;        -- 电梯位置指示
       doorlight:OUT STD_LOGIC;                     -- 电梯门开关指示灯
       udsig:BUFFER STD_LOGIC);                     -- 电梯升降指示
END threeflift;

ARCHITECTURE a OF threeflift IS
TYPE lift_state IS
(stopon1,dooropen,doorclose,doorwait1,doorwait2,doorwait3,doorwait4,up,down,stop);
SIGNAL mylift:lift_state;
SIGNAL clearup:STD_LOGIC;                           -- 用于清除上升请求指示灯的信号
SIGNAL cleardn:STD_LOGIC;                           -- 用于清除下降请求指示灯的信号
BEGIN
ctrlift:PROCESS(reset,liftclk)                      -- 控制电梯状态的进程
VARIABLE pos:INTEGER RANGE 3 DOWNTO 1;              -- 变量 pos 用于表示电梯的位置
  BEGIN
  IF reset = '1' THEN                               -- 异步复位信号如果为'1'时电梯的状态

    mylift <= stopon1;
    clearup <= '0';
    cleardn <= '0';
  ELSE                                              -- 否则异步复位信号为'0'时的正常工作情况
```

```
IF liftclk'EVENT AND liftclk = '1' THEN          -- 电梯时钟上升沿触发
  CASE mylift IS
    WHEN stopon1 = >                              -- 处于电梯停留在一层状态时
      doorlight < = '1';                          -- 开门指示灯亮,表示开门
      position < = 1;pos := 1;                    -- 电梯位置为'1'
      mylift < = doorwait1;                       -- 状态转移到开门等待第一秒状态
    WHEN doorwait1 = >                            -- 处于开门等待第一秒状态时
      mylift < = doorwait2;                       -- 状态转移到开门等待第二秒状态
    WHEN doorwait2 = >                            -- 处于开门等待第二秒状态时
      clearup < = '0';
      cleardn < = '0';
      mylift < = doorwait3;                       -- 状态转移到开门等待第三秒状态
    WHEN doorwait3 = >                            -- 处于开门等待第三秒状态时
      mylift < = doorwait4;                       -- 状态转移到开门等待第四秒状态
    WHEN doorwait4 = >                            -- 处于开门等待第四秒状态时
      mylift < = doorclose;                       -- 状态转移到关门状态
    WHEN doorclose = >                            -- 处于关门状态时
      doorlight < = '0';                          -- 开门指示灯灭,表示关门
      IF udsig = '0' THEN                         -- udsig = 0 表示上升模式
        IF position = 3 THEN                      -- 如果电梯在第三层
          IF
            stoplight = "000"AND fuplight = "000" AND fdnlight = "000" THEN
            udsig < = '1';                        -- 没有任何请求信号,那么将 udsig 置'1'
            mylift < = doorclose;                 -- 电梯处于关门状态
          ELSE udsig < = '1';mylift < = down;     -- 否则无论什么请求电梯都得下降
          END IF;
        ELSIF position = 2 THEN                   -- 如果电梯在第二层
          IF
            stoplight = "000" AND fuplight = "000" AND fdnlight = "000" THEN
            udsig < = '0';                        -- 没有任何请求信号,电梯仍处于上升模式
            mylift < = doorclose;                 -- 状态置回关门状态等待升降请求
          ELSIF
            stoplight(3) = '1'OR (stoplight(3) = '0'AND fdnlight(3) = '1') THEN
                                  -- 如果内部有三层停站请求或者有三层下降请求
            udsig < = '0';                        -- udsig 置'0',仍处于上升状态
            mylift < = up;
          ELSE udsig < = '1';mylift < = down;
                                  -- 其他情况电梯都得下降,此时 udsig 置'1'
          END IF;
        ELSIF position = 1 THEN                   -- 如果电梯在第一层
          IF
            stoplight = "000" AND fuplight = "000" AND fdnlight = "000" THEN
            udsig < = '0';
                        -- 没有任何请求信号,由于电梯处于第一层,肯定要上升,udsig 置'0'
            mylift < = doorclose;                 -- 状态置回关门状态等待升降请求
          ELSE udsig < = '0';mylift < = up;       -- 否则无论怎样电梯都得上升
          END IF;
        END IF;
      ELSIF udsig = '1'THEN                       -- udsig = 1 表示下降模式
        IF position = 1 THEN                      -- 如果电梯在第一层
          IF
```

```
                  stoplight = "000" AND fuplight = "000" AND fdnlight = "000" THEN
                      udsig < = '0';                      -- 没有任何请求信号
                      mylift < = doorclose;               -- 状态置回关门状态等待升降请求
                  ELSE udsig < = '0';mylift < = up;       -- 其他情况电梯都得上升
                  END IF;
              ELSIF position = 2 THEN                     -- 如果电梯在第二层
                  IF
                      stoplight = "000" AND fuplight = "000" AND fdnlight = "000" THEN
                      udsig < = '1';                      -- 没有任何请求信号,电梯仍处于下降模式
                      mylift < = doorclose;               -- 状态置回关门状态等待升降请求
                  ELSIF
                      stoplight(1) = '1'OR (stoplight(1) = '0'AND fuplight(1) = '1')
                  THEN                                    -- 如果内部有一层停站请求或者有一层上升请求
                      udsig < = '1';
                      mylift < = down;                    -- 状态转移到下降状态
                  ELSE udsig < = '0';mylift < = up;       -- 其他情况电梯都得上升
                  END IF;
              ELSIF position = 3 THEN                     -- 如果电梯停在第三层
                  IF
                      stoplight = "000" AND fuplight = "000" AND fdnlight = "000" THEN
                      -- 没有任何请求信号,由于电梯处于最高层,所以肯定要下降
                      udsig < = '1';
                      mylift < = doorclose;
                  ELSE udsig < = '1';mylift < = down;
                  END IF;
              END IF;
          END IF;
      WHEN up = >                                         -- 电梯处于上升状态时
          position < = position + 1;                      -- 信号 position 加 1 表示上升一层
          pos : = pos + 1;                                -- 变量 pos 加 1 表示上升一层
          IF pos < 3 AND (stoplight(pos) = '1'OR fdnlight(pos) = '1')
-- 如果即将到达的层不是最高层并且内部有该层停站请求或者该层外部有上升请求
              THEN mylift < = stop;                       -- 下一状态电梯停止
          ELSIF pos = 3 and (stoplight(pos) = '1'OR fdnlight(pos) = '1')
-- 如果即将到达的层是最高层且内部有该层停站请求或者该层外部有下降请求
                  THEN mylift < = stop;                   -- 下一状态为停止状态
          ELSE mylift < = doorclose;
          END IF;
      WHEN down = >                                       -- 电梯处于下降状态时
          position < = position - 1;                      -- 信号 position 减 1 表示下降一层
          pos : = pos - 1;                                -- 变量 pos 减 1 表示下降一层
          IF pos > 1 AND (stoplight(pos) = '1'OR fdnlight(pos) = '1')
-- 如果即将到达的层不是一层且内部有该层停站请求或者该层外部有下降请求
                  THEN mylift < = stop;                   -- 下一状态为停止状态
          ELSIF pos = 1 AND (stoplight(pos) = '1'OR fuplight(pos) = '1')
-- 如果即将到达的层是一层且内部有该层停站请求或者该层外部有上升请求
                  THEN mylift < = stop;                   -- 下一状态为停止状态
          ELSE mylift < = doorclose;
          END IF;
      WHEN stop = >                                       -- 电梯处于停止状态时
          mylift < = dooropen;                            -- 状态转移到开门状态
```

```
              WHEN dooropen = >                           -- 电梯处于开门状态时
                doorlight < = '1';
                IF udsig = '0' THEN                       -- 如果电梯处于上升模式
                  IF
                    position < = 2 AND (stoplight(position) = '1' OR fuplight(position) = '1') THEN
  -- 如果电梯位于二层或二层以下,且内部停站等于1或外部请求上升信号等于1,此时只用清
除上升请求指示灯
                        clearup < = '1';
                    ELSE clearup < = '1';cleardn < = '1';
                      -- 其他情况需同时清除上升和下降指示灯
                    END IF;
                ELSIF udsig = '1' THEN            -- 如果电梯处于下降模式
                    IF
                      position > = 2 AND (stoplight(position) = '1' OR fdnlight(position) = '1') THEN
  -- 如果电梯位于二层或二层以上,且内部停站等于1或外部请求下降信号等于1,此时只用清
除下降请求指示灯
                        cleardn < = '1';
                    ELSE clearup < = '1'; cleardn < = '1';
                                                    -- 其他情况需同时清除上升和下降指示灯
                    END IF;
                END IF;
                mylift < = doorwait1;
        END CASE;
      END IF;
    END IF;
END PROCESS ctrlift;
ctrlight:PROCESS(reset,buttonclk)                    -- 控制按键信号灯的进程
BEGIN
    IF reset = '1' THEN                             -- 异步复位信号为'1'时
        stoplight < = "000";fuplight < = "000";fdnlight < = "000";
    ELSE
        IF buttonclk'EVENT AND buttonclk = '1' THEN
          IF clearup = '1' THEN                     -- 当清除上升请求指示灯信号为'1'时
            stoplight(position)< = '0';fuplight(position)< = '0';
              -- 该层电梯内部停站信号灯和外部上升请求指示灯灭
          ELSE
            IF f1upbutton = '1' THEN fuplight(1)< = '1';
            ELSIF f2upbutton = '1' THEN fuplight(2)< = '1';
            END IF;                                 -- 如果按键,那么指示灯亮
          END IF;
          IF cleardn = '1' THEN                     -- 当清除下降请求指示灯信号为'1'时
            stoplight(position)< = '0';fdnlight(position)< = '0';
              -- 该层电梯内部停站信号灯和外部上升请求指示灯灭
          ELSE
            IF f2dnbutton = '1' THEN fdnlight(2)< = '1';
            ELSIF f3dnbutton = '1' THEN fdnlight(3)< = '1';
            END IF;                                 -- 如果按键,那么指示灯亮
          END IF;
          IF stop1button = '1' THEN stoplight(1)< = '1';
          ELSIF stop2button = '1' THEN stoplight(2)< = '1';
          ELSIF stop3button = '1' THEN stoplight(3)< = '1';
```

```
      END IF;                                    -- 如果按键,那么指示灯亮
    END IF;
  END IF;
END IF;
END PROCESS ctrlight;
END a;
```

8.8.4　3层电梯控制器的波形仿真

首先做一些符合实际情况的假设,就是有外部上升请求的乘客,进入电梯以后一定是按高层的内部停站按钮,有外部下降请求的乘客,进入电梯以后一定是按低层的内部停站按钮。而且乘客进入电梯以后必定要按按键。在同一时刻有多人按键的概率很小,所以按键一定有先后顺序。这些假设都是符合实际情况的。

图 8-38 是在第二层电梯外部有上升请求,也就是 f2upbutton 产生一个脉冲,可以看到电梯从一层上升到二层,position 信号由 1 变到 2,doorlight 信号逻辑'1'表示开门,'0'表示关门。当乘客进入电梯以后,在电梯内部要求上升到第三层,也就是 stop3button 产生一个脉冲,电梯上升到第三层,开门 4s 以后关门,停留在 3 层,position 最后的值为 3。在仿真图中,我们看不到 buttonclk,显示为一条黑色的线,是因为采用了频率较高的时钟。

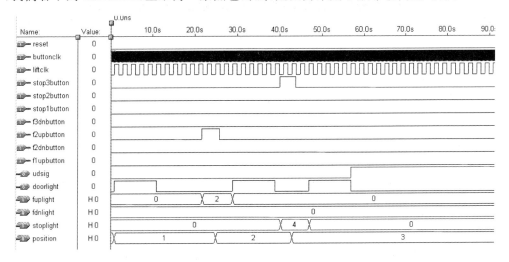

图 8-38　有上升请求的仿真波形

再看 fuplight 信号灯,当二层有上升请求的时候,它的值由 0 变到 2(注意,fuplight 和 fdnligh 是 3 位的二进制向量,这里的 2 代表"010",表示二层有请求;"100"也就是 4,表示三层有请求)。当电梯停留到二层以后,表明该请求被响应,所以它的值变为 0。由于没有下降请求信号,所以 fdnlight 信号灯的值一直都为 0。

图 8-39 是有下降请求的情况,它是图 8-38 的继续,当电梯停留在第三层的时候,在电梯外第二层有下降请求,这时 fdnlight 信号灯由 0 变为 2,说明第二层有下降请求。电梯下降到二层,响应了下降请求,所以 fdnlight 信号灯清零。这时,在电梯内部没有停留在哪层的请求,所以电梯就停留在二层,position 信号的值保持为 2。

如果同时有上升和下降请求信号电梯的运行情况如图 8-40 所示。

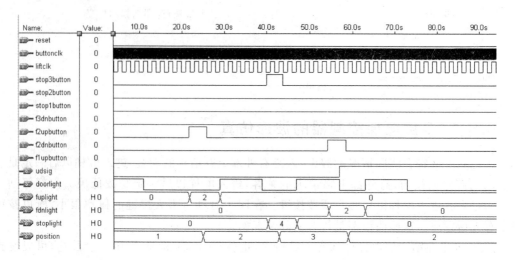

图 8-39　有下降请求的波形仿真

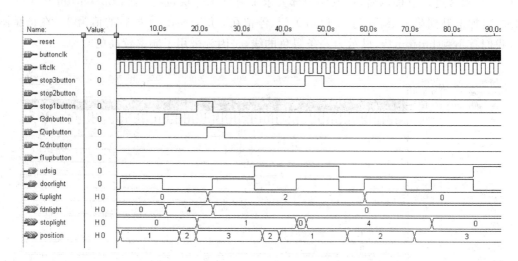

图 8-40　同时有上升和下降请求的波形仿真

图 8-40 仿真的情况是，原先电梯停留在一层，这时电梯外第三层有下降请求，电梯上升到三层，乘客进入电梯以后要求下降到一层。与此同时，在电梯外第二层有上升请求，电梯首先要响应下降请求然后再响应这个上升请求，所以电梯得先下降到一层，然后再上升到第二层，这是符合常理的。

从仿真波形看，电梯的位置变化和想象是一致的。电梯的运行完全正确。最后乘客在电梯内部要求上升到三层，所以电梯最后停留的位置为三层。

在图 8-41 的仿真中，原先电梯停留在一层，电梯外第三层有下降请求，电梯上升到三层，乘客进入电梯以后要求下降到一层。此时，二层有下降请求，接着又有上升请求，电梯首先在二层停留，然后下降到一层。随后要响应二层上升请求，上升到二层，乘客进入电梯以后要求上升到三层，所以最后电梯停留的位置是三层。

在本设计中，因为考虑了扩展性，所以在信号定义的时候就使用了二进制向量，而不是

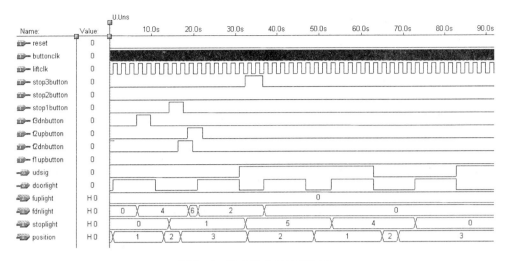

图 8-41　复杂请求的波形仿真

整数。在设计方法上也作了特殊设计,所以使得扩展性较好。如果要实现 n 层电梯的控制,首先在端口的地方就要加入所有的按键,而指示灯只要把向量中的 3 改成 n 就可以了。同时需要在按键控制进程里加入其他按键触发指使灯的语句。在电梯的升降状态,将 3 改成 n,在电梯的开门状态中将 2 改成 $n-1$,在关门状态,将 position=3 改成 position=n,关键是修改 position=2 的部分,如果按照每层罗列,将十分烦琐,所以得寻求各层的判断条件的共性。解决方法之一就是,新建一个全局向量 one 为 STD ＿ LOGIC ＿ VECTER(n DWONTO 3)位改写成 0,然后和 stoplight 与 fuplight 向量比较,如果有更高层的请求,那么 stoplight 或 fuplight 向量必定大于此时的 one 向量,如果 stoplight 和 fuplight 向量都小于 one 向量,表示没有更高层的内部上升请求,此时将 fdnlight 向量和 one 向量比较,如果大于,则表示高层有下降要求,电梯得上升。如果没有任何请求信号,则电梯停止,否则电梯下降。如此就可以大大简化程序,但是要注意的是 one 向量必须实时更新,以作为判断依据,可以另外写一个进程,用 buttonclk 来触发。

8.9　计算器设计

8.9.1　计算器的功能

计算器所要实现的功类似于我们日常生活中所用的计算器,即可以实现加、减、乘、除以及连加和连减功能,并且要正确显示计算结果,具体如下。

(1) 要求实现 8 位二进制数的加减法,实现两个 4 位二进制数的乘法运算,实现 8 位二进制数除以 4 位二进制数的除法,实现连续的加减运算。

(2) 计算器的输入包括:0～9 10 个数字按键,加减乘除四则运算的运算符按键,一个等号按键,一个清零按键。

(3) 计算器的输出采用七段译码器来显示计算结果。

8.9.2　计算器的设计思路

将计算器分为 4 个部分：计算部分、存储部分、显示部分和输入部分。合理设计这 4 部分将有利于资源的合理应用。

1. 计算器的计算部分

在该部分，可以将每一个数均表示成 8 位二进制数统一进行运算，各个计算数之间的计算可以直接使用 VHDL 语言中的运算符来实现。但在显示时，必须将个位、十位、百位分开显示，设计时使用比较的方法来实现各个位的分离。

另外，由于在 VHDL 语言中只能进行除数是 2 的幂的除法，不能进行任意数的除法，因此必须单独设计一个除法器来实现计算器的功能要求。该除法器可以利用减法运算和左移位运算实现除法运算。

2. 计算器的存储部分

在该设计中，存储部分需要 3 个存储器来实现：内部累加器(acc)、输入寄存器(reg)以及结果暂存器(ans)。

在存放数字时，将数字放入 acc 或者 reg 里面，当第一次按下数字键时，表示该数字是个位。当第二次按下数字键时，表示这次输入的是个位，上一次输入的是十位，所以要把第一次输入的数字乘以 10 再加上第二次输入的数字，来得到最终输入的数字。当第三次按下数字键时，可以将第一次输入的数字乘以 100 加上第二次输入的数字乘以 10 再加上第三次输入的数字，来得到最终输入的数字。

当进行第一次计算时，第一个数字存放在 acc 里面。按下运算符号以后，第二个数字存放在 reg 里面。当再按下运算符号或者等号时，第一次计算的结果将存放在 ans 里面，同时 reg 清零，等待下一个数字的输入。进行第二次运算时，将 ans 里面的结果与 reg 里面新输入的数字进行运算，再将运算结果存放在 ans 里面，直到最后按下等号按键结束运算。

3. 计算器的显示部分

输入第一个数字后至再一次按下数字按键输入第二个数字前，3 个七段译码器显示的都是第一个数字。当开始输入第二个数字的时候显示第二个数字，再次按下运算按键到输入第三个数字前，显示的是前两个数字的运算结果。依次类推，当最后按下等号按键的时候，显示最终的运算结果。

4. 计算器的输入部分

计算器的输入部分是由 0~9 10 个数字按键、加减乘除四则运算的运算符按键、一个等号按键和一个清零按键组成的，设计所要做的是对按键信息进行译码，使其在计算器内部可以使用。

8.9.3 计算器各模块的设计和实现

1. 计算器计算部分的设计和实现

这里所说的计算部分主要是指需要单独设计的除法器的设计。单独设计的除法器主要是使用减法运算和左移位运算来实现的。

整个除法器是基于连减和移位操作的,连减实际上就是基于数学上除法的基本原理。例如,$a \div b = c$ 余数是 d,就等价于 $a - c$ 个 b 后得到 d,而且 $d < b$;之所以可以使用移位操作,是因为所有运算的数都用二进制表示。

所设计的除法器主要部分为一个控制移位的控制器,另有一个由全加器组成的 4 位减法器。又因为规定了结果为 4 位,控制器首先比较被除数的高 4 位与除数的大小,判断是否溢出,溢出则退出,否则就做 4 次移位和减法得到结果。在每次做完减法以后都要判断是否够减,即判断是否有借位,不够的话,就恢复被减数,移一位再减。

例 8-31 是加法器的 VHDL 语言描述。其中 a 端口为被加数,b 端口为加数,ci 为输入进位,s 为结果的输出端口,co 为进位的输出端口。

【例 8-31】 加法器的 VHDL 语言描述

```
LIBRARY IEEE;
USE IEEE.STD_LOGIC_1164.ALL;
USE IEEE.STD_LOGIC_ARITH.ALL;
USE IEEE.STD_LOGIC_UNSIGNED.ALL;
ENTITY adder IS
  PORT(a:IN STD_LOGIC;
       b:IN STD_LOGIC;
       ci:IN STD_LOGIC;
       s:OUT STD_LOGIC;
       co:OUT STD_LOGIC
      );
END adder;

ARCHITECTURE behave OF adder IS
SIGNAL tem :STD_LOGIC;
SIGNAL stem:STD_LOGIC;
BEGIN
tem <= a XOR b;                          -- 中间变量
stem <= tem XOR ci;                      -- 结果
co <= (tem AND ci) or (a AND b);         -- 进位输出
s <= stem;                               -- 输出
END behave;
```

例 8-32 是利用加法器来实现减法器的 VHDL 语言描述。其中 a 端口为 4 位被减数,b 端口为 4 位减数,ci 为输入进位端口,s 为输出结果端口,co 为输出进位端口。

【例 8-32】 减法器的 VHDL 语言描述

```
LIBRARY IEEE;
USE IEEE.STD_LOGIC_1164.ALL;
```

```
USE IEEE.STD_LOGIC_ARITH.ALL;
USE IEEE.STD_LOGIC_UNSIGNED.ALL;
ENTITY suber IS
  PORT(a:IN STD_LOGIC_VECTOR(3 DOWNTO 0);
       b:IN STD_LOGIC_VECTOR(3 DOWNTO 0);
       ci:IN STD_LOGIC;
       s:OUT STD_LOGIC_VECTOR(3 DOWNTO 0);
       co:OUT STD_LOGIC
       );
END suber;

ARCHITECTURE behave OF suber IS
COMPONENT adder IS                            -- 引用加法器
PORT(a:IN STD_LOGIC;
     b:IN STD_LOGIC;
     ci:IN STD_LOGIC;
     s:OUT STD_LOGIC;
     co:OUT STD_LOGIC
     );
END COMPONENT;
SIGNAL btem:STD_LOGIC_VECTOR(3 DOWNTO 0);     -- 减数寄存
SIGNAL ctem:STD_LOGIC_VECTOR(4 DOWNTO 0);     -- 进位寄存
SIGNAL stem:STD_LOGIC_VECTOR(3 DOWNTO 0);     -- 结果寄存
BEGIN
btem(3 DOWNTO 0)<= NOT b (3 DOWNTO 0);        -- 先把减数求反
ctem(0)<= NOT ci;                             -- 输入进位也求反,从而对减数求补码
g1:FOR i IN 0 TO 3 GENERATE                   -- 连用4位全加器
add:adder PORT MAP (a(i),btem(i),ctem(i),stem(i),ctem(i+1));
END GENERATE;
s(3 downto 0)<= stem(3 downto 0);             -- 结果输出
co<= NOT ctem(4);                             -- 求反输出进位
END behave;
```

例 8-33 为单独设计的除法器的 VHDL 语言描述。其中,a 端口为 8 位被除数的输入端口,b 为 4 位除数的输入端口,clk 为时钟信号的输入端口,str 为启动信号的输入端口,s 为 4 位商的输出端口,y 为 4 位余数的输出端口。该除法器的设计中使用了状态机,它有 5 个状态:start 为开始状态,one 为第一次移位状态,two 为第二次移位状态,three 为正常运算结果的输出状态,eror 为溢出出错状态。ain 用来寄存被除数,bin 用来寄存除数,atem 为减法器的被减数输入,btem 为减法器的减数输入,stem 用来寄存运算结果,citem 为减法器的借位输入,cotem 为减法器的借位输出。

【例 8-33】 除法器的 VHDL 语言描述

```
LIBRARY IEEE;
USE IEEE.STD_LOGIC_1164.ALL;
USE IEEE.STD_LOGIC_ARITH.ALL;
USE IEEE.STD_LOGIC_UNSIGNED.ALL;
ENTITY diver IS
  PORT(a:IN STD_LOGIC_VECTOR(7 DOWNTO 0);
       b:IN STD_LOGIC_VECTOR(3 DOWNTO 0);
```

```vhdl
        clk:IN STD_LOGIC;
        str:IN STD_LOGIC;
        s:OUT STD_LOGIC_VECTOR(3 DOWNTO 0);
        y:OUT STD_LOGIC_VECTOR(3 DOWNTO 0)
        );
END ;

ARCHITECTURE behave OF diver IS
COMPONENT suber IS                               -- 引用减法器
   PORT(a:IN STD_LOGIC_VECTOR(3 DOWNTO 0);
    b:IN STD_LOGIC_VECTOR(3 DOWNTO 0);
    ci:IN STD_LOGIC;
    s:OUT STD_LOGIC_VECTOR(3 DOWNTO 0);
    co:OUT STD_LOGIC
   );
END COMPONENT;
TYPE   state_type IS (start,one,two,three,eror);  -- 状态定义
SIGNAL state:state_type;
SIGNAL ain:STD_LOGIC_VECTOR(7 DOWNTO 0);
SIGNAL bin:STD_LOGIC_VECTOR(3 DOWNTO 0);
SIGNAL atem:STD_LOGIC_VECTOR(3 DOWNTO 0);
SIGNAL btem:STD_LOGIC_VECTOR(3 DOWNTO 0);
SIGNAL stem:STD_LOGIC_VECTOR(3 DOWNTO 0);
SIGNAL citem:STD_LOGIC;
SIGNAL cotem:std_logic;
BEGIN
p2:PROCESS(clk)
VARIABLE n: INTEGER RANGE 0 TO 3;                -- 移位次数计数值
BEGIN
IF clk'EVENT AND clk = '1' THEN
 CASE state IS
 WHEN start = >                                  -- 开始状态
IF str = '1' THEN
   state < = one;
   atem(3 DOWNTO 0)< = a(7 DOWNTO 4);            -- 把高4位放到减法器被减数端
   btem(3 DOWNTO 0)< = b(3 DOWNTO 0);            -- 把除数放到减法器减数端
   ain(7 DOWNTO 0)< = a(7 DOWNTO 0);             -- 寄存被除数
   bin(3 DOWNTO 0)< = b(3 DOWNTO 0);             -- 寄存除数
END IF;
   WHEN one = >                                  -- 第一次移位
   IF cotem = '0' THEN
     state < = eror;
   ELSE
     ain(3 downto 1)< = ain(2 downto 0);         -- 被除数作移位
     ain(0)< = NOT cotem;                        -- 在最低位接受该位商值
     atem(3 downto 0)< = ain(6 downto 3);        -- 除数寄存器高4位输到减法器,作为被减数
     state < = two;
   END IF;
   WHEN two = >                                  -- 第二次移位
     IF n = 2 THEN
         state < = three;
```

```
            n := 0;
         ELSE
            state <= two;
            n := n + 1;
         END IF;
         IF cotem = '0' THEN
            atem(3 DOWNTO 1) <= stem(2 DOWNTO 0);
         ELSE
            atem(3 DOWNTO 1) <= atem(2 DOWNTO 0);
         END IF;
            ain(3 DOWNTO 1) <= ain(2 DOWNTO 0);
            ain(0) <= NOT cotem;
            atem(0) <= ain(3);
      WHEN three =>                                -- 第三次移位
         s(3 DOWNTO 1) <= ain(2 DOWNTO 0);
         s(0) <= NOT cotem;
         IF cotem = '0' THEN
            y(3 DOWNTO 0) <= atem(3 DOWNTO 0);
         ELSE
            y(3 DOWNTO 0) <= atem(3 DOWNTO 0);
         END IF;
            atem(3 DOWNTO 0) <= "0";
            btem(3 DOWNTO 0) <= "0";
            state <= start;
      WHEN eror =>                                 -- 溢出状态
         state <= start;                           -- 回到开始状态
         atem(3 DOWNTO 0) <= "0";
         btem(3 DOWNTO 0) <= "0";
      END CASE;
   END IF;
END PROCESS p2;
citem <= '0';
u1:suber PORT MAP (atem,btem,citem,stem,cotem);
END behave;
```

2. 计算器输入部分的设计和实现

计算器输入部分的设计主要是按键译码电路的设计和实现。例 8-34 是数字按键译码电路的 VHDL 语言描述。在该例中，reset 是异步复位信号的输入端口，inclk 是时钟信号的输入端口，innum 端口用来表示输入的按键向量，outnum 端口用来表示按键动作对应的输出数字，outflag 端口用来输出是否有按键动作。

【例 8-34】　数字按键译码电路的 VHDL 语言描述

```
LIBRARY IEEE;
   USE IEEE. STD_LOGIC_1164. ALL;
   USE IEEE. STD_LOGIC_ARITH. ALL;
   USE IEEE. STD_LOGIC_UNSIGNED. ALL;
ENTITY numdecoder IS
   PORT(reset:IN STD_LOGIC;
        inclk:IN STD_LOGIC;
```

```
            innum:STD_LOGIC_VECTOR(9 DOWNTO 0);
            outnum:BUFFER STD_LOGIC_VECTOR(3 DOWNTO 0);
            outflag:OUT STD_LOGIC);
END;

ARCHITECTURE behave OF numdecoder IS
BEGIN
  PROCESS(inclk,reset)
  BEGIN
    IF reset = '1' THEN
      outnum <= "0000";
    ELSIF inclk'EVENT AND inclk = '1' THEN
      CASE innum IS
        WHEN "0000000001" => outnum <= "0000";outflag <= '1'; -- 按下第 1 个键表示输入 0
        WHEN "0000000010" => outnum <= "0001";outflag <= '1'; -- 以下类似
        WHEN "0000000100" => outnum <= "0010";outflag <= '1';
        WHEN "0000001000" => outnum <= "0011";outflag <= '1';
        WHEN "0000010000" => outnum <= "0100";outflag <= '1';
        WHEN "0000100000" => outnum <= "0101";outflag <= '1';
        WHEN "0001000000" => outnum <= "0110";outflag <= '1';
        WHEN "0010000000" => outnum <= "0111";outflag <= '1';
        WHEN "0100000000" => outnum <= "1000";outflag <= '1';
        WHEN "1000000000" => outnum <= "1001";outflag <= '1';
        WHEN OTHERS => outnum <= outnum; outflag <= '0';   -- 不按键时保持
      END CASE;
    END IF;
  END PROCESS;
END behave;
```

3. 计算器显示部分的设计和实现

计算器显示部分的设计和实现,实际上就是七段译码器的设计和实现,其 VHDL 语言描述如例 8-35 所示。例中,indata 是输入 4 位二进制数的端口,outdata 是输出 7 位译码的端口,用 WITH 语句来实现译码。

【例 8-35】 七段译码器的 VHDL 语言描述

```
LIBRARY IEEE;
 USE IEEE.STD_LOGIC_1164.ALL;
 USE IEEE.STD_LOGIC_ARITH.ALL;
 USE IEEE.STD_LOGIC_UNSIGNED.ALL;

ENTITY vdecode IS
  PORT( indata: IN STD_LOGIC_VECTOR(3 DOWNTO 0);
       outdata: OUT STD_LOGIC_VECTOR(0 TO 6) );
END;

ARCHITECTURE behave OF vdecode  IS
BEGIN
WITH indata SELECT
 outdata <= "1111110" WHEN "0000",   -- 0 的显示,以下类似
```

```
          "0110000" WHEN "0001",
          "1101101" WHEN "0010",
          "1111001" WHEN "0011",
          "0110011" WHEN "0100",
          "1011011" WHEN "0101",
          "1011111" WHEN "0110",
          "1110000" WHEN "0111",
          "1111111" WHEN "1000",
          "1111011" WHEN "1001",
          "0000000" WHEN OTHERS;
   END behave;
```

在这个设计中,使用一个 8 位二进制寄存器来存放运算数和运算结果,因此要将它们显示出来,就得将 8 位二进制数转换成个位、十位和百位。

可以使用一个有限状态机来将 8 位二进制数转换成各位数,每一个数位都使用一个 4 位二进制数寄存器,百位使用 view1,十位使用 view2,个位使用 view3,"0000"～"1001"分别代表十进制数的 0～9。状态机有 4 个状态,即"取数状态"、"产生百位数状态"、"产生十位数状态"和"产生个位数状态"。

在计算器中,将要显示的数字,无论是运算数还是运算结果,都存放在 keep 寄存器中,在"取数状态"将 keep 寄存器中存放的数值存放到 ktemp 中。

在"产生百位数字状态"中,由于计算都限制在 8 位二进制数中,百位数字最多显示 2,所以将整个 ktemp 中的数值分别和 100、200 进行比较,以确定 view1 中存放的百位数字,取出 ktemp 中数值的 100 以下部分。在"产生十位数字状态"中,将 ktemp 中的数值和 10,20,…,90 分别比较,以确定 view2 中存放的十位数字,然后取出 ktemp 中数值的 10 以下的部分。在"产生个位数字状态"中,将 ktemp 中的数值直接放在 view3 中就是个位的数值。

产生的 view1、view2 和 view3 经过七段译码器显示,就是当前计算器要显示的运算结果或运算数。

例 8-36 是将 8 位二进制数转换成个位、十位、百位的过程作为一个进程的 VHDL 语言描述。

【例 8-36】 8 位二进制数转换成个位、十位、百位的进程

```
ctrview:PROCESS(c,clk)
BEGIN
  IF c = '1' THEN
    view1 <= "0000";view2 <= "0000";view3 <= "0000";
    viewstep <= takenum;
  ELSIF clk'EVENT AND clk = '1' THEN
    CASE viewstep IS
      WHEN takenum  =>
         ktemp <= keep;
         viewstep <= hundred;
      WHEN hundred =>
         IF ktemp >= "11001000" THEN                    -- 如果 ktemp 大于 200
          view1 <= "0010";ktemp <= ktemp - "11001000";  -- 百位为 2,ktemp - 200
         ELSIF ktemp >= "01100100" THEN                 -- 如果 ktemp 大于 100
```

```
            view1 <= "0001";ktemp <= ktemp - "01100100";        -- 百位为 1,ktemp - 100
          ELSE view1 <= "0000";                                  -- 百位为 0
          END IF;
            viewstep <= ten;
        WHEN ten =>                                              -- 产生 10 位数字
         IF ktemp >= "01011010" THEN
          view2 <= "1001";ktemp <= ktemp - "01011010";
         ELSIF ktemp >= "01010000" THEN
          view2 <= "1000";ktemp <= ktemp - "01010000";
         ELSIF ktemp >= "01000110" THEN
          view2 <= "0111";ktemp <= ktemp - "01000110";
         ELSIF ktemp >= "00111100" THEN
          view2 <= "0110";ktemp <= ktemp - "00111100";
         ELSIF ktemp >= "00110010" THEN
          view2 <= "0101";ktemp <= ktemp - "00110010";
         ELSIF ktemp >= "00101000"THEN
          view2 <= "0100";ktemp <= ktemp - "00101000";
         ELSIF ktemp >= "00011110" THEN
          view2 <= "0011";ktemp <= ktemp - "00011110";
         ELSIF ktemp >= "00010100" THEN
          view2 <= "0010";ktemp <= ktemp - "00010100";
         ELSIF ktemp >= "00001010" THEN
          view2 <= "0001";ktemp <= ktemp - "00001010";
         ELSE view2 <= "0000";
         END IF;
           viewstep <= one;
        WHEN one  =>                                             -- 产生个位数字
         view3 <= ktemp(3 DOWNTO 0);
         viewstep <= takenum;
        WHEN OTHERS => NULL;
      END CASE;
    END IF;
  END PROCESS ctrview;
```

8.9.4 计算器的综合设计

首先进行计算器的实体设计,也就是对计算器的输入输出端口进行设计。根据对计算器的分析可知,计算器的输入端口由 0～9 共 10 个数字按键、加减乘除运算按键、等号按键和清零按键组成,输出端口是 3 个分别显示个位、十位、百位的七段译码器。

在设计结构体时,由于在该设计中存在很多的通信网络,所以不能急于求成,而应该先设计完成最基本的功能,然后在此基础上添加其他的功能来完善设计。可以首先进行加减法运算的实现,不考虑乘除法以及连加连减功能。因为加减法是最基本的计算,而且加减法操作的显示过程也具有典型的代表意义,乘除法运算只是内部的计算过程不同,在显示上和加减法是一致的。在加减法运算调试成功以后,再添加乘法运算,再调试成功以后,添加除法运算,因为除法运算用到了单独的除法器模块。最后添加连加连减的功能,这样循序渐进,才能保证设计的准确完整。

例 8-37 是计算器综合设计的 VHDL 语言描述。其中端口 inclk 为时钟信号的输入端口,num 为数字按键的输入端口,plus 为加法按键的输入端口,subt 为减法按键的输入端口,mult 为乘法按键的输入端口,mdiv 为除法按键的输入端口,equal 为等号按键的输入端口,c 为清零按键的输入端口,onum1、onum2、onum3 为 3 个七段译码器。信号 viewstep 是一个有限状态机 state 类型的信号,信号 ktemp 用来暂存显示时的不同的数位,信号 flag 用来标志是否第一次输入数字,f1 用来标志是否开始输入第二个数字,acc 是用来存放第一个数字的累加器,reg 是用来存放第二个及以后数字的寄存器,keep 是用来存放要显示的数字的暂存器,ans 是用来存放各步计算结果的寄存器,dans 是用来存放除法结果的寄存器,numbuffer 是数字输入的缓存,vf 用来标志是否是最终结果,strdiv 是除法计算开始的信号,numclk 用来将数字从缓存 numbuffer 放入累加器 acc 或寄存器 reg 中,clear 用来清除 reg 中的数字,inplus 是同步的加信号,insubt 为同步减信号,inmult 为同步乘信号,inmdiv 为同步除信号,inequal 为同步等于信号。view1、view2、view3 用来分别存放各位数字,其中 view1 用来存放百位,view2 用来存放十位,view3 用来存放个位。cou 是用来记忆是第几次计算的信号,clk_gg 是用来产生分频时钟的信号,clk 为分频以后的时钟信号。

【例 8-37】 计算器 VHDL 语言描述

```
LIBRARY IEEE;
   USE IEEE.STD_LOGIC_1164.ALL;
   USE IEEE.STD_LOGIC_ARITH.ALL;
   USE IEEE.STD_LOGIC_UNSIGNED.ALL;
ENTITY  cal IS
   PORT(inclk:IN STD_LOGIC;
        num:IN STD_LOGIC_VECTOR(9 DOWNTO 0);
        plus:IN STD_LOGIC;                            -- 加法按键
        subt:IN STD_LOGIC;                            -- 减法按键
        mult:IN STD_LOGIC;                            -- 乘法按键
        mdiv:IN STD_LOGIC;                            -- 除法按键
        equal:IN STD_LOGIC;                           -- 等号键
        c:IN STD_LOGIC;                               -- 清零键
        onum1,onum2,onum3:OUT STD_LOGIC_VECTOR(0 TO 6));   -- 3 个七段译码显示管
END cal;
ARCHITECTURE behave OF cal IS
TYPE state IS (takenum,hundred,ten,one);
SIGNAL viewstep:state;
SIGNAL ktemp:STD_LOGIC_VECTOR(7 DOWNTO 0);            -- 分位显示的暂存器
SIGNAL flag: STD_LOGIC;                               -- 是否是第一次输入数字的标志符
SIGNAL f1:STD_LOGIC;                                  -- 是否开始输入第二个数字的标志
SIGNAL acc:STD_LOGIC_VECTOR(7 DOWNTO 0);              -- 存放第一个数字的累加器
SIGNAL reg:STD_LOGIC_VECTOR(7 DOWNTO 0);              -- 存放第二个以及以后数字的寄存器
SIGNAL keep:STD_LOGIC_VECTOR(7 DOWNTO 0);             -- 存放显示数字的暂存器
SIGNAL ans:STD_LOGIC_VECTOR(7 DOWNTO 0);              -- 存放各步计算结果的寄存器
SIGNAL dans:STD_LOGIC_VECTOR(3 DOWNTO 0);             -- 存放除法结果的寄存器
SIGNAL numbuff:STD_LOGIC_VECTOR(3 DOWNTO 0);          -- 数字输入缓存
SIGNAL vf:STD_LOGIC;                                  -- 表示是否最后结果
SIGNAL strdiv:STD_LOGIC;                              -- 除法计算开始的信号
SIGNAL numclk:STD_LOGIC;                              -- 将数字从缓存放入累加器或寄存器
SIGNAL clear:STD_LOGIC;                               -- 清除累加器中的信号
SIGNAL inplus:STD_LOGIC;                              -- 同步加信号
```

```
SIGNAL insubt:STD_LOGIC;                              -- 同步减信号
SIGNAL inmult:STD_LOGIC;                              -- 同步乘信号
SIGNAL inmdiv:STD_LOGIC;                              -- 同步除信号
SIGNAL inequal:STD_LOGIC;                             -- 同步等于信号
SIGNAL view1,view2,view3:STD_LOGIC_VECTOR(3 DOWNTO 0);  -- 分位的显示寄存器
SIGNAL cou:STD_LOGIC_VECTOR(1 DOWNTO 0);             -- 用来记忆是第几次计算的信号
SIGNAL clk_gg:STD_LOGIC_VECTOR(11 DOWNTO 0);        -- 用于产生分频时钟的信号
SIGNAL clk:STD_LOGIC;                                -- 分频后的时钟信号
COMPONENT numdecoder IS                              -- 引用数字按键的译码电路
   PORT(reset:IN STD_LOGIC;
        inclk:IN STD_LOGIC;
        innum:IN STD_LOGIC_VECTOR(9 DOWNTO 0);
        outnum:BUFFER STD_LOGIC_VECTOR(3 DOWNTO 0);
        outflag:OUT STD_LOGIC);
END COMPONENT;
COMPONENT vdecode IS                                 -- 引用七段译码器
PORT(indata:IN STD_LOGIC_VECTOR(3 DOWNTO 0);
     outdata:OUT STD_LOGIC_VECTOR(0 TO 6));
END COMPONENT;
COMPONENT diver IS                                   -- 引用除法器
   PORT(a:IN STD_LOGIC_VECTOR(7 DOWNTO 0);
        b:IN STD_LOGIC_VECTOR(3 DOWNTO 0);
        clk:IN STD_LOGIC;
        str:IN STD_LOGIC;
        s:OUT STD_LOGIC_VECTOR(3 DOWNTO 0);
        y:OUT STD_LOGIC_VECTOR(3 DOWNTO 0));
END COMPONENT;
BEGIN
inum1:numdecoder port map(c,clk,num,numbuff,numclk);
clock:PROCESS(inclk,c)        -- 进程 clock 用于产生分频时钟,使得 12 位向量 clk_gg 不断加 1,
                              -- 然后输出 12 位中的某一位
   BEGIN
     IF c = '1' THEN
        clk_gg(11 DOWNTO 0)<= "0";
     ELSIF inclk'EVENT AND inclk = '1' THEN
        clk_gg(11 DOWNTO 0)<= clk_gg(11 DOWNTO 0) + 1;
     END IF;
END PROCESS clock;
        clk <= clk_gg(11);    -- 用于同步运算符号,也就是使运算符号从一次按键开始直到下一个运
                              -- 算符号按键按下保持 1,而在其他的时刻为 0
pacecal:PROCESS(c,clk)
   BEGIN
     IF c = '1' THEN
        inplus <= '0';insubt <= '0';inmult <= '0';inmdiv <= '0';
     ELSIF clk'EVENT AND clk = '1' THEN
        IF plus = '1' THEN
           inplus <= '1';insubt <= '0';inmult <= '0';inmdiv <= '0';
        ELSIF subt = '1' THEN
           inplus <= '0';insubt <= '1';inmult <= '0';inmdiv <= '0';
        ELSIF mult = '1' THEN
           inplus <= '0';insubt <= '0';inmult <= '1';inmdiv <= '0';
```

```
              ELSIF mdiv = '1' THEN
                 inplus <= '0'; insubt <= '0'; inmult <= '0'; inmdiv <= '1';
              END IF;
           END IF;
        END PROCESS pacecal;
        ctrflag:PROCESS(c,clk)                              -- 用于产生 flag 信号
           BEGIN
              IF c = '1' THEN
                flag <= '0';
              ELSIF clk'EVENT AND clk = '1' THEN
                 IF inplus = '1' OR insubt = '1' OR inmult = '1' OR inmdiv = '1' THEN
                   flag <= '1';
                 ELSE flag <= '0';
                 END IF;
              END IF;
        END PROCESS ctrflag;
        ctrfirstnum:PROCESS(c,numclk)                       -- 用于输入第一个运算数
           BEGIN
              IF c = '1' THEN
                acc <= "00000000";
              ELSIF numclk'EVENT AND numclk = '0' THEN
               IF flag = '0' THEN
                 acc <= acc * "1010" + numbuff;
               END IF;
            END IF;
        END PROCESS ctrfirstnum;
        ctrsecondnum:PROCESS(c,numclk)                      -- 用于输入第二个以后的运算数
            BEGIN
               IF c = '1' OR clear = '1' THEN
                 reg <= "00000000";   fl <= '0';
               ELSIF numclk'EVENT AND numclk = '0' THEN
                  IF flag = '1' THEN
                    fl <= '1';
                    reg <= reg * "1010" + numbuff;
                  END IF;
               END IF;
        END PROCESS ctrsecondnum;
        ctrclear:PROCESS(c,clk)                             -- 用于产生 clear 信号
           BEGIN
              IF c = '1' THEN
                clear <= '0';
              ELSIF clk'EVENT AND clk = '1' THEN
                 IF plus = '1' OR subt = '1' THEN
                   clear <= '1';
                 ELSE clear <= '0';
                 END IF;
              END IF;
        END PROCESS ctrclear;
        ctrinequal:PROCESS(c,clk)                           -- 用于产生 inequal 信号
           BEGIN
              IF c = '1' THEN
```

```
            inequal < = ′0′;
        ELSIF clk′EVENT AND clk = ′1′ THEN
            IF plus = ′1′OR subt = ′1′OR mult = ′1′OR mdiv = ′1′OR equal = ′1′THEN
                inequal < = ′1′;
            ELSE inequal < = ′0′;
            END IF;
        END IF;
END PROCESS ctrinequal;
ctrcou:PROCESS(c,inequal)                              -- 用于产生 cou 信号
    BEGIN
        IF c = ′1′THEN
            cou < = "00";
        ELSIF inequal′EVENT AND inequal = ′1′THEN
            IF cou = "10"THEN
                cou < = cou;
            ELSE cou < = cou + 1;
            END IF;
        END IF;
END PROCESS ctrcou;
ctrcal:PROCESS(c,inequal)                              -- 用于实现运算
    BEGIN
        IF c = ′1′THEN
            ans < = "00000000";
            strdiv < = ′0′;
        ELSIF inequal′EVENT AND inequal = ′1′THEN
            IF flag = ′1′THEN
                IF inplus = ′1′THEN
                    IF cou = "10" THEN
                        ans < = ans + reg;
                    ELSE ans < = acc + reg;
                    END IF;
                ELSIF insubt = ′1′THEN
                    IF cou = "10" THEN
                        ans < = ans - reg;
                    ELSE ans < = acc - reg;
                    END IF;
                ELSIF inmult = ′1′THEN
                    IF acc < = "00001111" AND reg < = "00001111" THEN
-- 将乘数和被乘数限制在 4 位二进制数范围内
                        ans < = acc(3 downto 0) * reg(3 downto 0);
                    ELSE ans < = "00000000";
                    END IF;
                ELSIF inmdiv = ′1′THEN
                    strdiv < = ′1′;
                END IF;
                else strdiv < = ′0′;
            END IF;
        END IF;
END PROCESS ctrcal;
d1:diver PORT MAP (acc,reg(3 DOWNTO 0),clk,strdiv,dans);    -- 将除法结果放在 dans 中
```

```
ctrvf:PROCESS(c,equal)                              -- 用来产生 vf 信号
  BEGIN
    IF c = '1' THEN
      vf < = '0';
    ELSIF equal 'EVENT AND equal = '1' THEN
      vf < = '1';
    END IF;
END PROCESS ctrvf;


ctrkeep:PROCESS(c,clk)                              -- 用于控制 keep 寄存器
  BEGIN
    IF c = '1' THEN                                 -- keep 寄存器清零
      keep < = "00000000";
    ELSIF clk 'EVENT AND clk = '0' THEN
      IF flag = '0' THEN                            -- 输入第 2 个数以前 keep 中存放 acc 中的数
        keep < = acc;
      ELSIF flag = '1' AND fl = '1' AND vf = '0' THEN
-- 输入第 2 个数以后 keep 中存放 reg 中的数
        keep < = reg;
      ELSIF flag = '1' AND fl = '0' AND vf = '0' AND cou = "10" THEN
                                                    -- keep 中存放 ans 中的内容
        keep < = ans;
      ELSIF flag = '1' AND vf = '1' THEN            -- 最终的计算结果
        IF inmdiv = '0' THEN
          keep < = ans;
        ELSE
          keep(3 DOWNTO 0)< = dans;
        END IF;
      END IF;
    END IF;
END PROCESS ctrkeep;
ctrview:PROCESS(c,clk)
  BEGIN
    IF c = '1' THEN
      view1 < = "0000";view2 < = "0000";view3 < = "0000";
      viewstep < = takenum;
    ELSIF clk 'EVENT AND clk = '1' THEN
      CASE viewstep IS
        WHEN takenum = >
          ktemp < = keep;
          viewstep < = hundred;
        WHEN hundred = >
          IF ktemp > = "11001000" THEN
            view1 < = "0010";ktemp < = ktemp - "11001000";
          ELSIF ktemp > = "01100100" THEN
            view1 < = "0001";ktemp < = ktemp - "01100100";
          ELSE view1 < = "0000";
          END IF;
```

```
              viewstep < = ten;
          WHEN ten = >
            IF ktemp > = "01011010" THEN
              view2 < = "1001";ktemp < = ktemp − "01011010";
            ELSIF ktemp > = "01010000" THEN
              view2 < = "1000";ktemp < = ktemp − "01010000";
            ELSIF ktemp > = "01000110" THEN
              view2 < = "0111";ktemp < = ktemp − "01000110";
            ELSIF ktemp > = "00111100" THEN
              view2 < = "0110";ktemp < = ktemp − "00111100";
            ELSIF ktemp > = "00110010" THEN
              view2 < = "0101";ktemp < = ktemp − "00110010";
            ELSIF ktemp > = "00101000"THEN
              view2 < = "0100";ktemp < = ktemp − "00101000";
            ELSIF ktemp > = "00011110" THEN
              view2 < = "0011";ktemp < = ktemp − "00011110";
            ELSIF ktemp > = "00010100" THEN
              view2 < = "0010";ktemp < = ktemp − "00010100";
            ELSIF ktemp > = "00001010" THEN
              view2 < = "0001";ktemp < = ktemp − "00001010";
            ELSE view2 < = "0000";
            END IF;
              viewstep < = one;
          WHEN one  = >
            view3 < = ktemp(3 DOWNTO 0);
            viewstep < = takenum;
          WHEN OTHERS  = > NULL;
        END CASE;
      END IF;
END PROCESS ctrview;
v1: vdecode PORT MAP (view1,onum1);            − − 七段译码显示百位
v2: vdecode PORT MAP (view2,onum2);            − − 七段译码显示十位
v3: vdecode PORT MAP (view3,onum3);            − − 七段译码显示个位
END behave;
```

8.9.5　计算器的波形仿真

在设计中,由于需要进行分频,因此如果将整个设计不加修改地进行仿真,很浪费时间。因此,在保证分频不出错的情况下,在仿真中将省略分频部分,直接在输入端口输入分频以后的时钟。

首先仿真 1＋2＋3−4＝2 的过程,目的是检验连加连减功能是否正确,仿真波形如图 8-42 所示。可以看到没有输入的时候,3 个七段译码器输出 onum1、onum2 和 onum3 显示"000"(以对应数字的显示代码显示,后面也按此方式显示),按下"1"键以后显示"001",按下"＋"键以后一直到按数字键之前,都是显示"001",当按下"2"键以后,显示"002",再次按下"＋"号键时显示"003",当按下"3"键以后显示"003",按下"−"键以后显示"006",按下"4"键显示"004",最后按下等号,得到结果"002"。可见连加连减显示的过程及结果都正确。

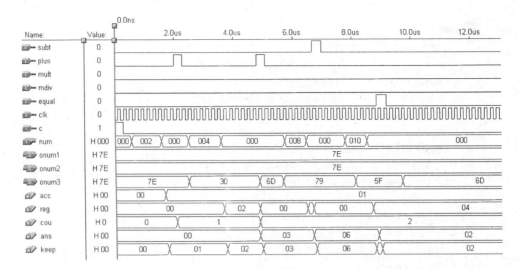

图 8-42　十进制 $1+2+3-4=2$ 的仿真波形

另一种连加连减方式,就是不断按等号键来实现连加或者连减。例如,输入 $1+2$ 以后不断按等号键,实现不断的加 2 操作,对于这种情况的仿真结果如图 8-43 所示。从 ans 中可以看出所保存的暂时的计算结果,显示的结果也随着等号键的按键动作而不断变化,keep 中存放的是实时要显示的数值。

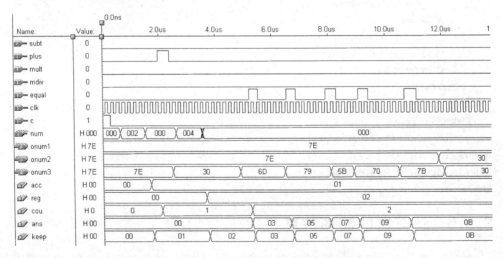

图 8-43　连加运算 $1+2+2+2+2+2$ 的波形仿真

连减情况与连加情况类似,例如首先输入 $100-1$,以后不断按等号键,实现不断的减 1 操作,这种情况的仿真如图 8-44 所示。

图 8-45 中仿真的是 $32+21=53$ 的过程。按"3"键的时候显示"003",再按"2"键的时候显示"032",按下"+"键以后一直到再次按数字键时都是显示"032",当按下"2"键的时候,显示"002",再按下"1"键显示"021",按下等号得到结果"053"。keep 中存放的是十六进制的"35",十进制是"53"。

图 8-46 中仿真的是 $32-21=11$ 的过程,情况与图 8-45 类似。

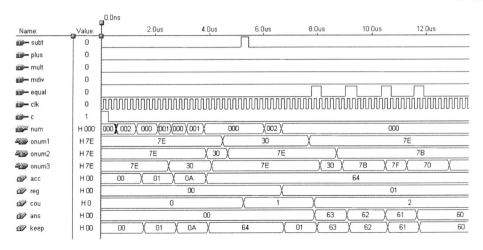

图 8-44 连减运算 100－1－1－1－1 的波形仿真

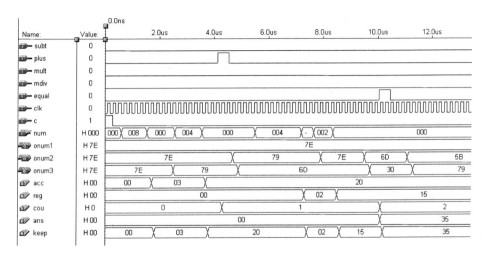

图 8-45 十进制 32＋21＝53 的波形仿真

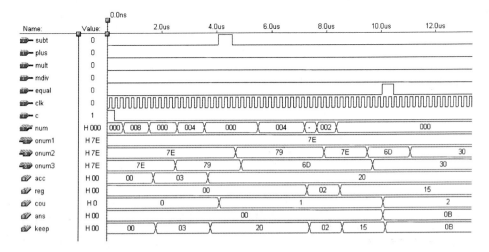

图 8-46 十进制 32－21＝11 的波形仿真

图 8-47 中仿真的是 $12 \times 12 = 144$ 的过程,仿真情况与图 8-45 类似。

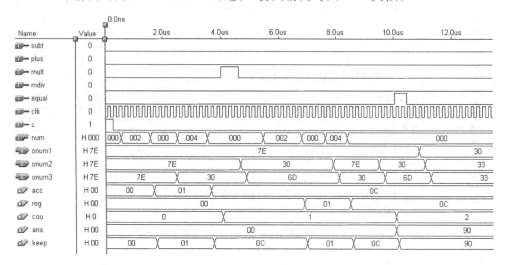

图 8-47　十进制 $12 \times 12 = 144$ 的波形仿真

在图 8-48 中,仿真的是 $100 \div 10$ 的过程,仿真情况与图 8-47 类似。

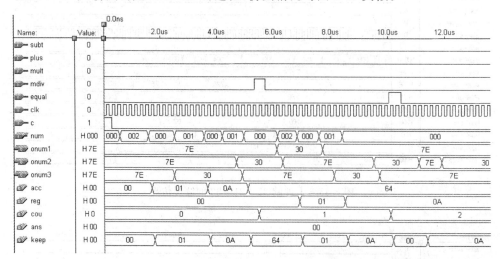

图 8-48　十进制 $100 \div 10 = 10$ 的波形仿真

8.10　健身游戏机设计

8.10.1　健身游戏机的功能

在健康日益受到关注的 21 世纪,健身已经成为越来越多的人的选择。健身游戏机便是一个很好的健身器材。本系统利用数字电路知识模仿现实生活中的跳舞机,实现了记分、最高分、难度自动调节、显示剩余失误次数(以下简称命数)等功能,与实际跳舞机基本一致,具体功能介绍如下。

（1）用 8 个灯作为目标，与之对应有 8 个按键来实现"踩"的功能。每一次 8 个灯中随机出现一个灯处于"亮"的状态，在灯"亮"的时间内要求"踩"到对应的按键便加 1 分，且灯熄灭，否则扣一条命。

（2）以设定初始命数，得分每过 10 分便加一条命，而且每失误一次便扣一条命，命数为"0"时，游戏结束。需重新开始，方可继续游戏。

（3）该游戏共分 4 个难度级别，每个级别速度不同。级别越高，速度越快，灯"亮"的时间越短，这就要求"踩"得要更快、更准。得分每过 10 分，难度便自动升高一级。

（4）该游戏还实现了暂停功能，在游戏中按"暂停键"后，游戏暂停，再次按下"暂停键"，游戏继续。

8.10.2　健身游戏机的设计思路

1. 系统基本组成

系统基本组成如图 8-49 所示，其中各模块的组成与功能介绍如下。

（1）存储器模块主要由 ROM 组成，用于存储控制灯"亮"与否的随机序列。

（2）速度选择模块主要由数据选择器和分频器组成，用来选择游戏速度，速度快慢由分频器实现。

（3）得分记分模块主要由计数器组成，用来记录所得分数。

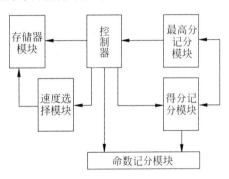

图 8-49　系统基本组成框图

（4）最高分模块由带有置数功能的计数器组成，若当前游戏分数高于以往最高分，则将当前分数置为最高分。

（5）命数模块用于记录所剩余的条数，为零时游戏结束，主要由一组 BCD 加减法器组成。

2. 系统简单流程

系统简单流程如图 8-50 所示。

8.10.3　健身游戏机的综合设计

1. 控制器模块设计

控制器模块是整个系统的中央控制器，其输入输出端如下。

模块输入端：控制器时钟 clk2，游戏开始 begin，游戏暂停 pause，命数（BCD 码）w[3..0]。

模块输出端：分数保持 fb，存储保持 cb，分数置零 fz，存储清零 cz。

其功能描述如下。

当 begin 为上升沿脉冲时，游戏开始，系统各模块处于初始状态，计数器清零，fz＝0，cz＝0。

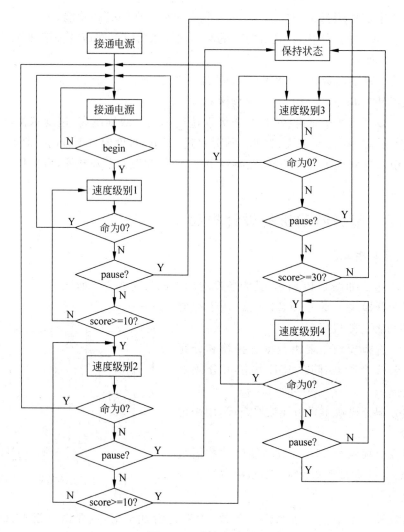

图 8-50　系统流程图

当 pause＝1,游戏处于暂停状态,其余各模块处于保持状态,fb＝1,cb＝1,再次使
pause＝0,则游戏继续。

控制器模块的 VHDL 描述如例 8-38 所示。

【例 8-38】　控制器源文件

```
LIBRARY IEEE;
USE IEEE.STD_LOGIC_1164.ALL;
USE IEEE.STD_LOGIC_UNSIGNED.ALL;
ENTITY control IS
  PORT(clk,bg,za          :  IN     STD_LOGIC;
       fb,cb,fz,cz,o1      :  OUT    STD_LOGIC;
       q                   :  IN     STD_LOGIC_VECTOR(3 DOWNTO 0));
END  control;
ARCHITECTURE  a  OF  control IS
  TYPE tt  IS  (sa,sb,sc,sd);              -- 定义枚举类型
```

```
SIGNAL state : tt;
  BEGIN
    PROCESS(clk)
    BEGIN
      IF (bg = '1')THEN
        state <= sc;
      ELSIF(clk'EVENT AND clk = '1') THEN
        CASE    state    IS
          WHEN    sa = >
            fb <= '0';cb <= '0';fz <= '0';cz <= '0';o1 <= '0';
              IF (za = '0') THEN
                state <= sa;
                  IF (q = "0000") THEN
                    state <= sd;
                  END IF;
              ELSE
                  state <= sb;
              END IF;
          WHEN    sb = >
            fb <= '1';cb <= '1';fz <= '0';cz <= '0';o1 <= '0';
              IF (za = '0') THEN
                state <= sa;
              ELSE
                state <= sb;
              END IF;
          WHEN    sc = >
            fb <= '0';cb <= '0';fz <= '1';cz <= '0';o1 <= '0';
            state <= sa;
          WHEN    sd = >
            fb <= '1';cb <= '0';fz <= '0';cz <= '1';o1 <= '0';
            state <= sd;
        END CASE;
      END IF;
    END PROCESS;
  END a;
```

2. 存储器模块设计

存储器模块用于存储控制灯"亮"与否的随机序列,其输入输出端如下。

输入端:时钟输入端 dd,存储保持端 cb,存储清零端 cz。

输出端:一个 8 位的随机序列,每列 8 位中有且仅有一位是"1",其余为"0"。

模块功能为:模块中有一个 ROM,事先存储了 64 组 8 位的随机序列。另外有一个模 64 的计数器,通过时钟 dd 来计数,所得输出加到 ROM 的地址端,来达到输出随机数列的功能。

生成的存储器模块如图 8-51 所示。

其中:

第 1 级为模 64 的计数器,它有一个使能端 cnt_en,当输入为"1"时(即 cb=0 时),可以计数;输入为"0"时(即 cb=1 时),停止计数。

aclr 为异步清零端,当输入为"1"(即 cz=1 时),清零;当输入为"0"(即 cz=0 时),无

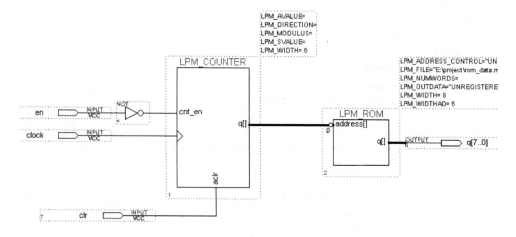

图 8-51　存储器电路图

作用。

3. 速度选择模块设计

速度选择模块用来选择游戏速度,速度快慢由分频率器实现,其输入输出端如下。

输入端:时钟输入端 clk1,存储器置零端 cz,得分数据端 data[7..0]。

输出端:时钟端 dd。

模块功能说明如下。

第 1 级为分频器,由输入时钟 clk1 控制,输出产生 4 级不同频率的时钟(clk_2、clk_4、clk_8、clk_16)。该分频器有置零端 reset,当 reset 为"0"时(即 cz=1),置零。

第 2 级为数据选择器,数据选择端由模块 comp 输出得到,当模块 comp 的输入数据 data[7..0]在[0,9]之间时,输出端 e[1..0]为 00,选择输出 clk_16;data[7..0]在[10,19]之间时,输出端 e[1..0]为 01,选择输出 clk_8;data[7..0]在[20,29]之间时,输出端 e[1..0]为 10,选择输出 clk_4;data[7..0]大于 29 时,输出端 e[1..0]为 11,选择输出 clk_2。该数据选择器同样有一个清零端 n,当 n=1(即 cz=1)时清零。

速度选择模块各器件的 VHDL 文件描述如下。

分频器的 VHDL 文件如例 8-39 所示。

【例 8-39】　分频器源文件

```
LIBRARY IEEE;
USE IEEE.STD_LOGIC_1164.ALL;
USE IEEE.STD_LOGIC_UNSIGNED.ALL;
ENTITY timegenerator IS
    PORT(reset          : IN    STD_LOGIC;
         SIGNAL clk_input: IN    STD_LOGIC;
         SIGNAL clk_2    : OUT   STD_LOGIC;
         SIGNAL clk_4    : OUT   STD_LOGIC;
         SIGNAL clk_8    : OUT   STD_LOGIC;
         SIGNAL clk_16   : OUT   STD_LOGIC);
END timegenerator;
ARCHITECTURE  behave  OF  timegenerator  IS
```

```
     SIGNAL count: STD_LOGIC_VECTOR(3 DOWNTO 0);
       BEGIN
         PROCESS(reset, clk_input)
           BEGIN
             IF reset = '0' THEN
               count <= "0000";
             ELSE
               IF clk_input'EVENT AND clk_input = '1' THEN
                   count <= count + 1;
               ELSE
                   NULL;
               END IF;
             END IF;
           END PROCESS;
             clk_2 <= count(0);
             clk_4 <= count(1);
             clk_8 <= count(2);
             clk_16 <= count(3);
END behave;
```

数据选择器的 VHDL 文件如例 8-40 所示。

【例 8-40】 数据选择器源文件

```
LIBRARY IEEE;
USE IEEE.STD_LOGIC_1164.ALL;
ENTITY mux_41 IS PORT(a, b, c, d, n :IN   STD_LOGIC;
                              s :IN   STD_LOGIC_VECTOR(1 DOWNTO 0);
                              x :OUT STD_LOGIC);
END mux_41;
ARCHITECTURE  archmux  OF  mux_41  IS
BEGIN
  PROCESS(a, b, c, d)
  BEGIN
    IF(n = '0') THEN
      IF s = "00" THEN
        x <= a;
      ELSIF s = "01" THEN
        x <= b;
      ELSIF   s = "10"THEN
        x <= c;
      ELSE   x <= d;
      END   IF;
    ELSE
      x <= '0';
    END   IF;
  END   PROCESS;
END  archmux;
```

控制模块 COPM 的 VHDL 文件如例 8-41 所示。

【例 8-41】 控制模块源文件

```
LIBRARY IEEE;
USE IEEE.STD_LOGIC_1164.ALL;
ENTITY comp IS
```

```
PORT(a:IN STD_LOGIC_VECTOR(7 DOWNTO 0);
     h,l:OUT STD_LOGIC);
END comp;
ARCHITECTURE  behave  OF comp IS
BEGIN
  l<='1'
  WHEN (((a>"00010000"  OR  a="00010000")  AND  a<"00100000")  OR (a>"00110000" OR a
="00110000"))
    ELSE  '0';
  h<='1'
  WHEN (a="00100000"  OR  a>"00100000")
    ELSE  '0';
END  behave;
```

由上述 3 模块组成的速度选择模块如图 8-52 所示。

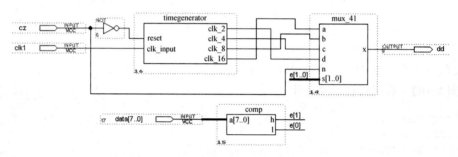

图 8-52　速度选择模块

4. 得分记分模块

(1) 模块简介:该模块可分为两大部分,一部分为游戏电路,一部分为记分电路。

(2) 游戏电路:该游戏在每次灯亮的时间内按对应的键即得一分。故可将每个灯的电平状态与相应的按键相与后再相或得到,模块电路如图 8-53 所示。

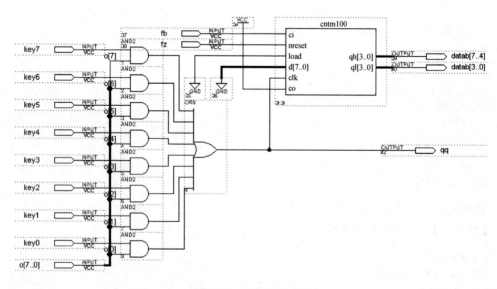

图 8-53　得分记分模块

电路介绍如下。

第一级为与或门组成的电路,实现了得分输出高电平脉冲的功能,否则一直处于低电平。

第二级为记分电路,该记分模块为一个模 100 的计数器,由游戏模块的输出 qq 作为时钟输入。co 为计数使能端,接到 Vcc,一直处于计数状态。ci 为计数保持端,当 ci＝1(即 fb＝1)时,保持。nreset 为异步清零端,当 nreset＝1(即 fz＝1)时,清零。

该模块由 VHDL 语言写成,文件如例 8-42 所示。

【例 8-42】 模 100 计数器源文件

```
LIBRARY IEEE;
USE IEEE.STD_LOGIC_1164.ALL;
USE IEEE.STD_LOGIC_UNSIGNED.ALL;
ENTITY    cntm100    IS
    PORT( ci     :    IN       STD_LOGIC;
          nreset :    IN       STD_LOGIC;
          load   :    IN       STD_LOGIC;
          d      :    IN       STD_LOGIC_VECTOR(7 DOWNTO 0);
          clk    :    IN       STD_LOGIC;
          co     :    IN       STD_LOGICc;
          qh     :    BUFFER   STD_LOGIC_VECTOR(3 DOWNTO 0);
          ql     :    BUFFER   STD_LOGIC_VECTOR(3 DOWNTO 0));
END cntm100;


ARCHITECTURE   behave   OF   cntm100   IS
  BEGIN
    PROCESS(clk,nreset,load)
      BEGIN
        IF (nreset = '1') THEN
           qh<= "0000";
           ql<= "0000";
        ELSIF(load = '1') THEN
          qh<= d(7 DOWNTO 4);
          ql<= d(3 DOWNTO 0);
        ELSIF(clk'EVENT AND clk = '1') THEN
          IF(ci = '0' AND co = '1')    THEN
            IF(ql = 9)    THEN
              ql<= "0000";
              IF(qh = 9)   THEN
                qh<= "0000";
              ELSE
                qh<= qh+ 1;
              END IF;
            ELSE
              ql<= ql+ 1;
            END  IF;
          END IF;
        END IF;
    END  PROCESS;
END behave;
```

5．命数记分模块

该模块由计数器、加法器和减法器组成。初始命数可以设定，失误一次减一条命，失误次数由游戏次数与得分数相减得到，其组成电路如图 8-54 所示。

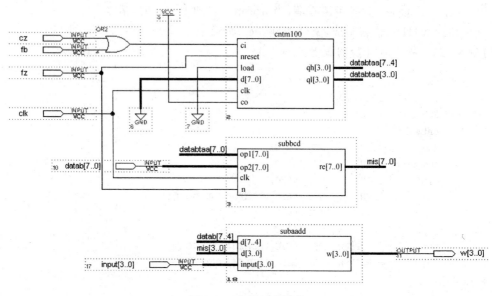

图 8-54　命数记分模块

其中的计数器模块，采用以上的模 100 计数器，该计数器记录游戏次数。BCD 码减法器模块采用的是通过游戏次数减去得分即可得到失误次数，在时钟下降沿计算，可以达到消除延时的功能。该电路由 VHDL 语言写成，源文件如例 8-43 所示。

【例 8-43】　BCD 码减法器源文件

```
LIBRARY IEEE;
USE IEEE.STD_LOGIC_1164.ALL;
USE IEEE.STD_LOGIC_UNSIGNED.ALL;
ENTITY  subbcd  IS
    PORT( op1,op2 :IN  STD_LOGIC_VECTOR(7 DOWNTO 0);
         clk,n   :IN   STD_LOGIC;
         re      :OUT  STD_LOGIC_VECTOR(7 DOWNTO 0));
END  subbcd;
ARCHITECTURE  behave  OF  subbcd  IS
    SIGNAL  a,b,c,d :STD_LOGIC_VECTOR(3 DOWNTO 0);
    BEGIN
      a<=op1(3  DOWNTO  0);b<=op2(3  DOWNTO  0);
      c<=op1(7  DOWNTO  4);d<=op2(7 DOWNTO  4);
    PROCESS(clk)
    BEGIN
      IF (n='1') THEN
         re<="00000000";
      ELSIF(clk'EVENT  AND  clk='0')  THEN
         IF(a>=b)   THEN
```

```
            re(3 DOWNTO 0)< = a - b;
            re(7 DOWNTO 4)< = c - d;
         ELSE
            re(3 DOWNTO 0)< = a + 10 - b;
            re(7 DOWNTO 4)< = c - d - 1;
         END IF;
      END   IF;
   END   PROCESS;
END behave;
```

游戏中若分数每过 10 分,则命数加 1,每失误一次,命数减 1,初始命数为 3。故可以由一个加法器和减法器模块实现。电路如图 8-55 所示(图中减法器和加法器由 LPM 库中设定取出)。

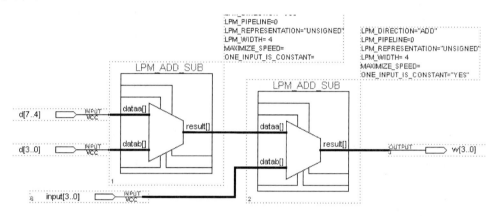

图 8-55 加法器和减法器模块

6. 最高记分模块

该模块利用以上模 100 的计数器的置数功能实现。若当前游戏分数高于所存最高分,则将当前分数置为最高分。该电路由两级组成,第 1 级为一个比较器,将当前分数与所存最高分比较,若高于最高分,则输出高电平到计数器的置数端,将当前分数置为最高分,电路如图 8-56 所示。

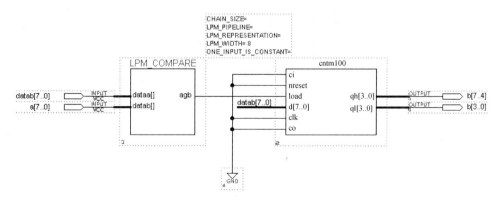

图 8-56 最高分记分模块

7. 系统输出电路

该电路包括最高分与当前分数切换显示电路和灯显示电路。由于数码管数量有限故将最高分与当前分数进行切换显示。灯显示电路需在按键正确之后,使灯熄灭。

切换显示电路的作用是当输入选择端 c＝1 时,显示当前分数;c＝0 时,显示最高分。该数据选择器的 VHDL 描述如例 8-44 所示。

【例 8-44】 切换显示电路源文件

```
LIBRARY IEEE;
USE IEEE.STD_LOGIC_1164.ALL;
ENTITY  mux2  IS
  PORT(da :IN STD_LOGIC_VECTOR(7 DOWNTO 0);
       db :IN STD_LOGIC_VECTOR(7 DOWNTO 0);
       c  :IN STD_LOGIC;
       oa :OUT STD_LOGIC_VECTOR(7  DOWNTO  0));
END  mux2;

ARCHITECTURE mux21 OF mux2 IS
  BEGIN
    WITH  c  SELECT
      oa <= da WHEN '1',
         db WHEN OTHERS;
END mux21;
```

灯显示电路如图 8-57 所示。

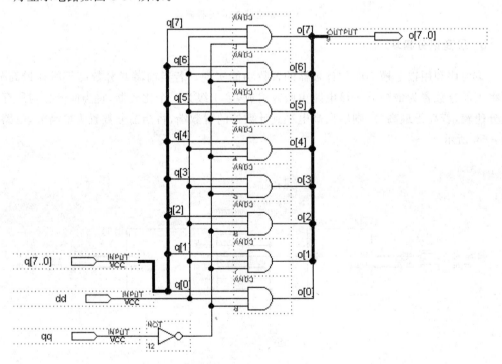

图 8-57　灯显示电路

8. 系统完整电路图

系统完整电路如图 8-58 所示。

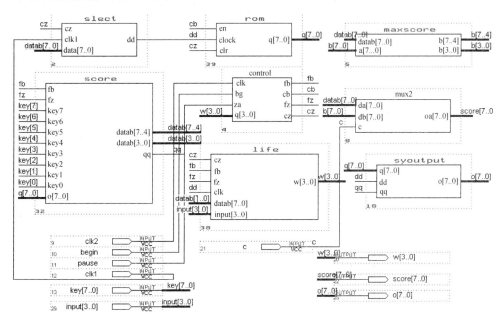

图 8-58　系统完整电路

8.10.4　健身游戏机的波形仿真

图 8-59 和图 8-60 给出了健身游戏机的两个仿真波形图，从该两个波形图可以看出，设计达到了本项目的功能要求。

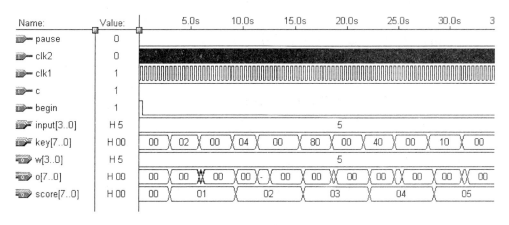

图 8-59　系统仿真波形图 1

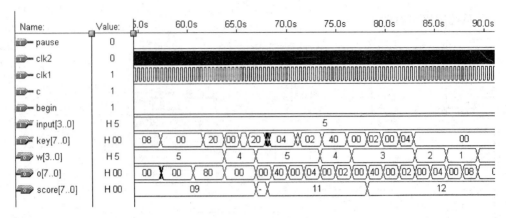

图 8-60　系统仿真波形图 2

8.11　CRC 校验设计

CRC(Cyclic Redundancy Check,循环冗余校验)是一种数字通信中的常用信道编码技术。经过 CRC 方式编码的串行发送序列码,成为 CRC 码,其特征是信息字段和校验字段的长度可以任意选定。

8.11.1　CRC 校验编码原理

CRC 码由两部分组成,前部分是信息码,就是需要校验的信息,后部分是校验码,如果 CRC 码共长 nb,信息码长 kb,就称为 (n,k) 码,剩余的 r 位即为校验码($n=k+r$)。其中 r 位 CRC 校验码是通过 k 位有效信息序列被一个事先选择的 $r+1$ 位"生成多项式"相"除"后得到的余数。这里的除法是"模 2 运算"。

CRC 码的编码规则如下。

(1) 将原信息码(kb)左移 r 位($n=k+r$),右则补零。

(2) 运用一个生成多项式 $g(x)$(也可看成二进制数)用模 2 除上面的式子,得到的余数就是校验码。

例如,对于一个 3 位信息码,4 位校验码的 CRC 码(($7,3$)码),假设生成多项式定为 $g(x)=x^4+x^3+x^2+1$。任意一个由二进制位串组成的代码都可以和一个系数仅为"0"和"1"取值的多项式一一对应。对于 $g(x)=x^4+x^3+x^2+1$ 的理解:生成多项式中包含的系数项对应的位为 1,即从右往左数,x^4 代表的第 5 位是 1,x^3 代表的第 4 位是 1,因为没有 x^1,所以第 2 位就是 0。因此生成多项式 $g(x)$ 代表了二进制序列:11101。则信息码 110 产生的 CRC 码就是:

110 0000/11101 = 1001

需要说明的是:模 2 除法就是在除的过程中用模 2 加,模 2 加实际上就是我们熟悉的异或运算,即加法不考虑进位,其公式是:$0+0=1+1=0,1+0=0+1=1$。也就是"相异"则真,"非异"则假。

因此对于上面的 CRC 校验码的计算可以按照如下步骤：设 $a=11101, b=1100000$，取 b 的前 5 位 11000 与 a 异或得到 101；101 加上 b 尚未除到的 00 得到 10100，然后与 a 异或得到 01001，也就是余数为 1001，即校验码为 1001，所以 CRC 码是 1101001。

CRC 校验码一般在有效信息发送时产生，拼接在有效信息后被发送；在接收端，CRC 码用同样的生成多项式相除，除尽表示无误，弃掉 r 位 CRC 校验码，接收有效信息；反之，则表示传输出错、纠错或请求重发。

标准的 CRC 码是：CRC-CCITT 和 CRC-16，它们的生成多项式是：
$$\text{CRC-CCITT}=x^{16}+x^{12}+x^5+1 \qquad \text{CRC-16}=x^{16}+x^{15}+x^2+1$$

8.11.2　CRC 校验设计实例

图 8-61 为一个 CRC 校验、纠错模块设计的实例，其代码如例 8-45 所示。

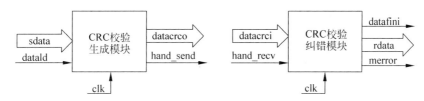

图 8-61　CRC 校验、纠错模块

各端口的定义说明如下。

sdata：12 位的待发送信息。

datald：sdata 的装载控制信号。

merror：误码警告信号。

datafini：数据接收校验完成。

rdata：接收模块（纠错模块）接收的 12 位有效信息数据。

datacrco：附加上 5 位 CRC 校验码的 17 位 CRC 码，在生成模块被发送，在接收模块被接收。

hand_send,hand_recv：生成、纠错模块的握手信号，协调相互之间的关系。

clk：时钟信号。

【例 8-45】　CRC 校验模块的 VHDL 实现

```
LIBRARY IEEE;
USE IEEE.STD_LOGIC_1164.ALL;
USE IEEE.STD_LOGIC_UNSIGNED.ALL;
USE IEEE.STD_LOGIC_ARITH.ALL;
ENTITY crcm IS
PORT(clk,hand_recv,datald,rst: IN   STD_LOGIC;
    sdata           : IN    STD_LOGIC_VECTOR(11 DOWNTO 0);
    datacrci        : IN    STD_LOGIC_VECTOR(16 DOWNTO 0);
    datacrco        : OUT   STD_LOGIC_VECTOR(16 DOWNTO 0);
    rdata           : OUT   STD_LOGIC_VECTOR(11 DOWNTO 0);
    datafini        : OUT   STD_LOGIC;
    merror,hand_send : OUT   STD_LOGIC);
```

```
    END crcm ;
    ARCHITECTURE behav OF crcm IS
        CONSTANT multi_coef:STD_LOGIC_VECTOR(5 DOWNTO 0) : = "110101";
            -- 生成多项式系数
        SIGNAL cnt,rcnt: STD_LOGIC_VECTOR(4 DOWNTO 0);
        SIGNAL dtemp,sdatam,rdtemp: STD_LOGIC_VECTOR(11 DOWNTO 0);
        SIGNAL rdatacrc: STD_LOGIC_VECTOR(16 DOWNTO 0);
        SIGNAL st,rt: STD_LOGIC;                          -- st: 编码状态指示
    BEGIN
    PROCESS (clk,rst)
        VARIABLE crcvar:STD_LOGIC_VECTOR(5 DOWNTO 0);
    BEGIN
        IF rst = '1' THEN
            st <= '0';
            cnt <= (OTHERS = >'0');
            hand_send <= '0';
        ELSE
            IF(clk'EVENT AND clk = '1') THEN
                IF(st = '0'AND datald = '1') THEN          -- 空闲状态,有数据装载
                    dtemp <= sdata;                        -- 读取待编码数据
                    sdatam <= sdata;
                    cnt <= (OTHERS = >'0');                -- 计数值复位
                    hand_send <= '0';
                    st <= '1';                             -- 未校验完
                ELSIF(st = '1'AND cnt < 7) THEN
                    cnt <= cnt + 1;
                    IF(dtemp(11) = '1')THEN
                        crcvar : = dtemp(11 DOWNTO 6) XOR multi_coef ;     -- 模 2 除法
                        dtemp <= crcvar(4 DOWNTO 0)&dtemp(5 DOWNTO 0)&'0';
                    ELSE
                        dtemp <= dtemp(10 DOWNTO 0)&'0';   -- 首位为 0 则左移
                    END IF;
                ELSIF(st = '1'AND cnt = 7) THEN            -- 校验码生成完成
                    datacrco <= sdatam & dtemp(11 DOWNTO 7);  -- 构成 CRC 码
                    hand_send <= '1';                      -- 允许发送
                    cnt <= cnt + 1;
                ELSIF(st = '1'AND cnt = 8) THEN
                    hand_send <= '0';                      -- 状态复位
                    st <= '1';
                END IF;
            END IF;
        END IF;
    END PROCESS;
    PROCESS (hand_recv,clk,rst)
        VARIABLE rcrcvar:STD_LOGIC_VECTOR(5 DOWNTO 0);
    BEGIN
        IF rst = '1' THEN
            rt <= '0';
            rcnt <= (OTHERS = >'0');
            merror <= '0';
        ELSE
```

```
        IF(clk'EVENT AND clk = '1') THEN
            IF(rt = '0'AND hand_recv = '1') THEN          -- 非解码状态,有数据待接收
                rdtemp <= datacrci(16 DOWNTO 5);          -- 获取数据
                rdatacrc <= datacrci;                     -- 读取 CRC 码
                rcnt <= (OTHERS =>'0');                   -- 计数值复位
                rt <= '1';merror <= '0';
            ELSIF(rt = '1'AND rcnt < 7) THEN
                datafini <= '0';
                rcnt <= rcnt + 1;
                rcrcvar := rdtemp(11 DOWNTO 6) XOR multi_coef ;
                IF(rdtemp(11) = '1')THEN
                    rdtemp <= rcrcvar(4 DOWNTO 0)&rdtemp(5 DOWNTO 0)&'0';
                ELSE
                    rdtemp <= rdtemp(10 DOWNTO 0)&'0';
                END IF;
            ELSIF(rt = '1'AND rcnt = 7) THEN
                datafini <= '1';                          -- 解码完成
                rdata <= rdatacrc(16 DOWNTO 5);
                IF(rdatacrc(4 DOWNTO 0)/ = rdtemp(11 DOWNTO 7))THEN
                    merror <= '1';                        -- 校验错误
                END IF;
            END IF;
        END IF;
    END IF;
END PROCESS;
END behav;
```

8.12　线性时不变 FIR 滤波器设计

随着科技的发展,数字信号处理在众多领域得到了广泛应用。而在数字信号处理的应用中,数字滤波器是很重要的一部分。数字滤波器是一种用来过滤时间离散信号的数字系统,通过抽样数据进行数学处理来达到频域滤波的目的。根据其单位冲激响应函数的时域特性可分为两类:无限冲激响应(IIR)滤波器和有限冲激响应(FIR)滤波器。与 IIR 滤波器相比,FIR 的实现是非递归的,总是稳定的。更重要的是,FIR 滤波器在满足幅频响应要求的同时,可以获得严格的线性相位特性。因此,它在高保真的信号处理,如数字音频、数据传输、图像处理等领域得到了广泛应用。

8.12.1　线性时不变滤波器原理

对于滤波器可以借用 IP Core 来实现,但是对于一些阶数较低的线性时不变 FIR 滤波器来讲,利用 IP Core 来实现反而使得原本简单的设计复杂化,增加资源消耗和设计成本。因此,在这里介绍一种适用于阶数很低的线性时不变 FIR 滤波器的 FPGA 设计方法。

FIR 滤波器的特点有以下几个方面。

(1) 系统单位冲激响应 $h(n)$ 在有限个 n 值处不为零。

(2) 系统函数 $H(Z)$ 在 $|Z|>0$ 处收敛,在 $|Z|>0$ 处只有零点,有限 Z 平面只有零点,而

全部极点都在 $Z=0$ 处(因果系统)。

(3) 结构上主要是非递归结构,没有输出到输入的反馈,但有些结构中(例如频率抽样结构)也包含反馈的递归部分。

设 FIR 滤波器的单位冲激响应 $h(n)$ 为一个 N 点序列,$0 \leqslant n \leqslant N-1$,则滤波器的差分方程为:

$$y(n) = \sum_{m=0}^{N-1} h(m)x(n-m) \tag{8-1}$$

其直接实现形式如图 8-62 所示。

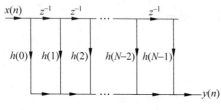

图 8-62　FIR 滤波器直接实现形式

FIR 滤波器的线性相位也是非常重要的,如果 FIR 滤波器单位冲激响应 $h(n)$ 为实数,$0 \leqslant n \leqslant N-1$,且满足以下两个条件。

偶对称:$h(n)=h(N-1-n)$

奇对称:$h(n)=-h(N-1-n)$

即 $h(n)$ 关于 $n=N-1/2$ 对称,则这种 FIR 滤波器具有严格的线性相位。

8.12.2　线性时不变滤波器设计流程

滤波器的线性时不变是指滤波器的系数不随时间变化,实现该 FIR 滤波器算法的基本元素就是存储单元、乘法器、加法器、延时单元等,其设计流程如图 8-63 所示。线性时不变的数字 FIR 滤波器不用考虑通用可编程滤波器结构,利用数字滤波器设计软件如 MATLAB 中的 FDATool 直接生成 FIR 滤波器的系数,通过仿真图来判断设计的滤波器是否达到设计要求,如果没有达到,则修改滤波器参数重新生成满足要求的滤波器系数。将生成的滤波器常系数量化后导出,存入 FPGA 的 ROM 宏模块中,然后通过程序中的读写控制将系数读出并与相应的数值相乘后累加,便得到了滤波以后的结果。

下面来说明详细设计流程。

(1) 首先打开 MATLAB 软件,在 Command Window 中输入 FDATool,弹出如图 8-64 所示窗口。在弹出的窗口中根据需要设计的滤波器要求设置相应参数,然后单击 Design Filter 按钮,通过窗口右上方的按钮可以观察设计滤波器的幅频特性和相频特性等,用来判断设计滤波器是否满足要求。如果不满足要求,则修改滤波器的参数重新设计滤波器,直到满足要求为止。然后选择 File→Export 选项可以将滤波器系数导入 Workspace 中,设计者将系数以 2^n 量化后将其存储下来,通过下列 MATLAB 程序生成 filter.mif 文件。

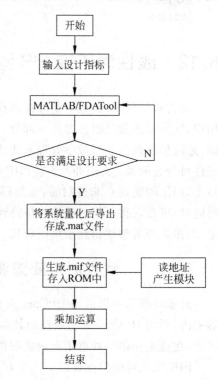

图 8-63　线性时不变 FIR 滤波器设计流程

filter.mif 文件的生成程序(MATLAB 语言)

```
clear all;
clc;
load E:\experiment\fiter_coef\coef;          % 文件存储路径
width = M;                                    % 常数 M 具体值为量化后的滤波器系数位宽
depth = N;                                    % 常数 N 具体值为滤波器阶数
fpn = fopen( 'E: \filter_fpga_design\filter.mif ', 'w');% filter.mif 文件存储路径
fprintf(fpn, '\nWIDTH = % d; ',width);
fprintf(fpn, '\nDEPTH = % d; ',depth);
fprintf(fpn, '\nADDRESS_RADIX = DEC; ');
fprintf(fpn, '\nDATA_RADIX = DEC; ');
fprintf(fpn, '\nCONTENT BEGIN');
for n = 1:depth
  fprintf(fpn, '\n % d: ',n − 1);
  fprintf(fpn, '% d',round(coef(n)));
  fprintf(fpn, '; ');
end
fprintf(fpn, '\n END; ');
state = fclose( 'all');
if state~= 0
    disp( 'File close error! ');
end
```

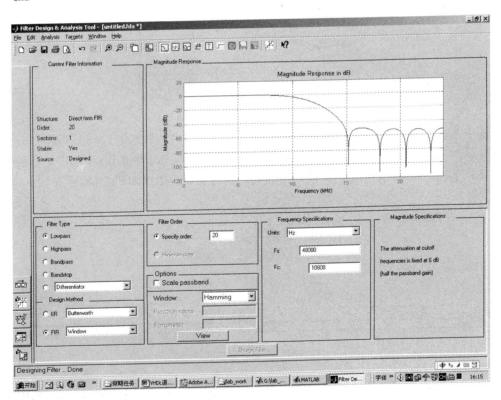

图 8-64　FDATool 窗口

(2) 打开 QuartusⅡ软件，生成一个 Project，在这个工程中利用宏模块 altsyncram 或者是 lpm_rom 生成 ROM 模块，然后将 filter. mif 文件放入该 ROM 块中。

(3) 设计一个地址发生器，产生该 ROM 块的读地址。该地址发生器其实就是一个模为前面定义的常数 N 的计数器，该计数器可由宏模块 lpm_counter 产生。

(4) 将地址发生器生成的读地址输出端口与 ROM 的读地址输入端相连，按照顺序读出滤波器系数，然后再根据时序关系跟对应的需要滤波的数据相乘后叠加便可以得到滤波以后的结果。假设滤波器阶数为常数 M，则一般情况下需要的乘法器个数为 M 个，加法器个数为($M-1$)个。

8.12.3 线性时不变滤波器设计实例

按照上面所述 4 个步骤，就可以完成一个简单的线性时不变 FIR 滤波器设计。下面给出一个 9 阶 FIR 滤波器的设计实例，该滤波器时域冲激响应波形如图 8-65 所示。

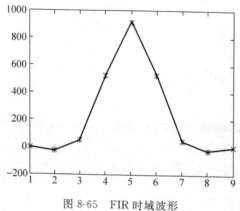

图 8-65 FIR 时域波形

图中从左到右对应的滤波器系数分别为：−3、−28、44、528、921、528、44、−28、−3。将这些系数存入 ROM 中，为了让 ROM 块一次读出所有系数，可将 filter. mif 文件的数据存储格式从图 8-66 转换为图 8-67 所示的形式。其转换过程依次如图 8-68(a)～图 8-68(d)所示。

Addr	+0	+1	+2	+3	+4	+5	+6	+7
0	-3	-28	44	528	921	528	44	-28
8	-3							

图 8-66 数据存储格式(1)

Addr	+0
0	11111111101111111001000000001011000100001000000111001100101000010000000001011001111110010011111111101

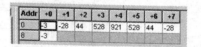

图 8-67 数据存储格式(2)

根据图 8-62 所示的结构，可以很容易地得到 9 阶 FIR 滤波器的电路设计图，如图 8-69 所示。该电路包含移位寄存器、权值输出、系数加权以及求和网络等部分组成。

由图 8-69 可见，该滤波器消耗的主要是 FPGA 片内乘法器和加法器资源。如果滤波器

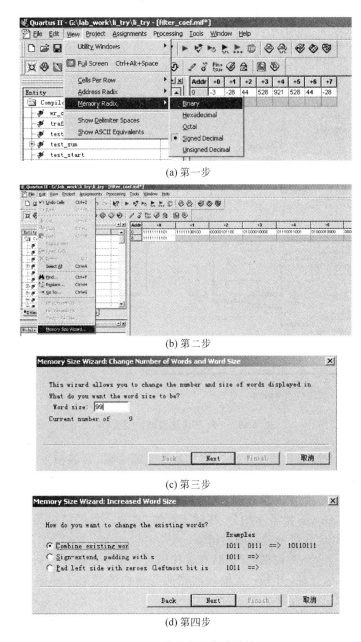

(a) 第一步

(b) 第二步

(c) 第三步

(d) 第四步

图 8-68 数据存储格式转换

的阶数不高,滤波器系数位数不宽,则并不会消耗很多片内资源,因此这也不乏为一种适用的设计方法。

数字系统设计课题

1. 带数字显示的秒表:设计一块用数码管显示的秒表,开机显示 00.00.00,用户可随时清零、暂停、计时,最大计时 59 分钟,最小精确到 0.01 秒。

2. 彩灯闪烁装置:使用 8×8 矩阵显示屏设计一个彩灯闪烁装置。第一帧以一个光点为一个像素点,从左上角开始逐点扫描,终止于右下角。第二帧以两个光点为一个像素点,

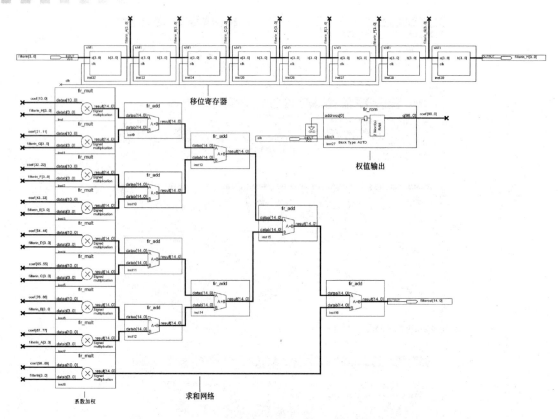

图 8-69　9 阶 FIR 滤波器顶层文件

从左上角开始逐点扫描,终止于右下角。第三帧重复第一帧,第四帧重复第二帧,周而复始地重复运行下去。

3. 抢答器:设计一个 4 人抢答器,先抢为有效,用发光二极管显示是否抢到优先答题权。每人 2 位记分显示,答错了不加分,答对了可加 10 分。每题结束后,裁判按复位,可重新抢答下一题。累计加分可由裁判随时清除。

4. 密码锁:设计一个 2 位的密码锁,开锁代码为 2 位十进制并行码。当输入的密码与锁内的密码一致时,绿灯亮,开锁;当输入的密码与锁内的密码不一致时,红灯亮,不能开锁。密码可以由用户自行设置。

5. 出租车计费器:设计一个出租车计费器,计费标准为:按行驶里程计费,起步价为8.00 元,并在车行 3km 后按 2.20 元/km 计费,当计费达到或超过 20 元时,每千里加收50%的车费。能够模拟汽车启动、停止、暂停以及加速等状态。能够将车费和路程显示出来,各有两位小数。

6. 自动售邮票的控制电路:用两个发光二极管分别模拟售出面值为 6 角和 8 角的邮票,购买者可以通过开关选择一种面值的邮票,灯亮表示邮票售出,用开关分别模拟 1 角、5角和 1 元硬币投入,用发光二极管分别代表找回剩余的硬币。每次只能售出一枚邮票,当所投硬币达到或超过购买者所选面值时,售出一枚邮票,并找回剩余的硬币,回到初始状态;当所投硬币值不足面值时,可以通过一个复位键退回所投硬币,回到初始状态。

7. 简易数字存储示波器:利用可编程逻辑器件设计并制作一台用普通示波器显示被测波形的简易数字存储示波器。

参 考 文 献

1. 徐志军,王金明等.EDA 技术与 PLD 设计.北京:人们邮电出版社,2006.
2. 潘松,黄继业,潘明.EDA 技术实用教程——Verilog HDL 版(第 4 版).北京:科学出版社,2010.
3. 潘松、黄继业.EDA 技术实用教程.北京:科技出版社,2002.
4. 黄正谨,徐坚等.CPLD 系统设计技术入门.北京:电子工业出版社,2002.
5. 甘历.VHDL 应用与开发实践.北京:科学出版社,2003.
6. 王振红.VHDL 数子电路设计与应用实践教程.北京:机械工业出版社,2003.
7. 齐洪喜,陆颖.VHDL 电路设计实用教程.北京:清华大学出版社,2004.
8. 冯涛,王虎.可编程逻辑器件开发技术——MAX+plus Ⅱ入门与提高.北京:人民邮电出版社,2002.
9. Stefan Sjoholm[美].边计年,薛宏熙译.用 VHDL 设计电子线路.北京:清华大学出版社,2000.
10. 潘松.EDA 技术应用与发展管窥.电子世界 2004,3.
11. IEEE Standard VHDL Language Reference Manual. IEEE Press,1987.
12. FLEX 10K Embedded Programmable Logic Device Family Data Sheet,March 2001,Version 4.1.
13. VHDL Language Reference Guide,Alde Inc. Henderson NV USA,1999.

图 书 资 源 支 持

感谢您一直以来对清华大学出版社图书的支持和爱护。为了配合本书的使用，本书提供配套的资源，有需求的读者请扫描下方的"书圈"微信公众号二维码，在图书专区下载，也可以拨打电话或发送电子邮件咨询。

如果您在使用本书的过程中遇到了什么问题，或者有相关图书出版计划，也请您发邮件告诉我们，以便我们更好地为您服务。

我们的联系方式：

地　　址：北京市海淀区双清路学研大厦 A 座 701

邮　　编：100084

电　　话：010-83470236　　010-83470237

资源下载：http://www.tup.com.cn

客服邮箱：tupjsj@vip.163.com

QQ：2301891038（请写明您的单位和姓名）

用微信扫一扫右边的二维码，即可关注清华大学出版社公众号。

科技传播·新书资讯

电子电气科技荟

资料下载·样书申请

书圈

禁止吸烟　　禁止烟火　禁止触摸　禁止用水灭火

附图1　禁止标志

当心爆炸　　当心机械伤人　　当心绊倒　　当心坠落

附图2　警告标志

必须穿防护服　　必须戴安全帽　　必须系安全带　　必须戴护耳器

附图3　指令标志

紧急出口　　　避险处　　　可动火区　　　紧急出口

附图4　提示标志

《安全标志及其使用导则》(GB 2894—2008)图片摘录

必须戴防护眼镜

必须戴防毒面具

必须戴安全帽

必须系安全带

必须加锁

必须戴防尘口罩

必须戴护耳器

必须戴防护帽

可动火区

避险处

应急避难场所

应急电话